现·代·农·药·应·用·技·术·丛·书

杀虫剂卷

（第二版）

郑桂玲　孙家隆　主编

U0389450

化学工业出版社

·北京·

内容简介

　　本书在第一版基础上，简要介绍了杀虫剂的基础知识与当前各类作物的主要虫害，以杀虫剂品种为主线，详细介绍了当前主要杀虫剂品种信息及其应用技术，包括结构式（包含分子式、分子量和 CAS 登录号）、名称（化学名称、其他名称）、理化性质、毒性、作用机制与特点、适宜作物、防除对象、剂型、应用技术、注意事项等内容，另外，在每个单剂品种后面，还重点介绍了主要复配制剂的应用技术等内容。

　　本书内容丰富新颖，编排科学合理，实用性强，可供农业技术人员及农药经销人员阅读，也可供大专院校农药、植保等专业师生及相关研究人员参考。

图书在版编目（CIP）数据

　　现代农药应用技术丛书. 杀虫剂卷/郑桂玲，孙家隆主编. —2版. —北京：化学工业出版社，2021.7（2024.4重印）
　　ISBN 978-7-122-38981-7

　　Ⅰ.①现… Ⅱ.①郑… ②孙… Ⅲ.①杀虫剂-农药-施用
Ⅳ.①S482

　　中国版本图书馆 CIP 数据核字（2021）第 072498 号

责任编辑：刘　军　孙高洁
文字编辑：陈小滔
责任校对：宋　夏
装帧设计：关　飞

出版发行：化学工业出版社（北京市东城区青年湖南街 13 号　邮政编码 100011）
印　　装：大厂聚鑫印刷有限责任公司
880mm×1230mm　1/32　印张 15¼　字数 494 千字
2024 年 4 月北京第 2 版第 4 次印刷

购书咨询：010-64518888
售后服务：010-64518899
网　　址：http://www.cip.com.cn
凡购买本书，如有缺损质量问题，本社销售中心负责调换。

定　　价：58.00 元

"现代农药应用技术丛书"编委会

主　　任：孙家隆

副 主 任：金　静　齐军山　郑桂玲　周凤艳

委　　员：（按姓名汉语拼音排序）

顾松东　郭　磊　韩云静　李长松

曲田丽　武　健　张　博　张茹琴

张　炜　张悦丽

本书编写人员名单

主　　编：郑桂玲　孙家隆

副 主 编：顾松东　张　炜　郭　磊

编写人员：(以姓名汉语拼音排序)

　　　　　高庆华　山东省滨州市农业农村局

　　　　　顾松东　青岛农业大学

　　　　　郭　磊　青岛农业大学

　　　　　李长友　青岛农业大学

　　　　　孙家隆　青岛农业大学

　　　　　张　炜　青岛农业大学

　　　　　张振芳　青岛农业大学

　　　　　郑桂玲　青岛农业大学

丛书序

  本丛书自 2014 年出版以来，受到普遍好评。业界的肯定，实为对作者的鼓励和鞭策。

  自党的十八大以来，全国各行各业在蒸蒸日上、突飞猛进地发展。农药的研究与应用，更是日新月异，空前繁荣。

  根据 2017 年 2 月 8 日国务院第 164 次常务会议修订通过的《农药管理条例》，结合新时代"三农"发展需要，对"现代农药应用技术丛书"进行了全面修订。这次修订，除了纠正原丛书中不妥之处和更新农药品种之外，还做了如下调整。首先是根据国家相关法律法规，删除了农业上禁止使用的农药品种，并对限制使用的农药品种做了特殊的标注说明。考虑到当前农业生产的多元性，丛书在第一版的基础上增加了相当数量的农药新品种，特别是生物农药品种，力求满足农业生产的广泛需要。新版丛书入选农药品种达到 600 余种，几乎涵盖了当前使用的全部农药品种。再者是考虑到农业基层的实际需要，在具体品种介绍时力求简明扼要、突出实用性、加强应用技术和安全使用注意事项，以期本丛书具有更强的实用性。《杀虫剂卷》还对入选农药品种的相关复配剂及应用做了比较全面的介绍。第三是为了读者便于查阅，对所选农药品种按照汉语拼音顺序编排，同时删除了杀鼠剂部分。

  这套丛书，一如其他诸多书籍，表达了作者期待已久的愿望，寄托着作者无限的祝福，那就是作者们真诚的、永远的初心：衷心希望这套丛书能够贴近三农、服务三农，为三农蒸蒸日上、健康发展助力。

  本丛书再版之际，首先衷心感谢化学工业出版社的大力支持以及广大读者的关心和鼓励。

农药应用技术发展极快，新技术、新方法不断涌现，限于作者的水平和经验，这次修订也只能从当前比较成熟的实用资料中做一些选择与加工，难免有疏漏之处，恳请广大读者赐予宝贵意见，以便在重印和再版时作进一步修改和充实。

孙家隆

2020 年 10 月 8 日

前 言

本书自 2014 年 2 月出版以来，一晃已经历时多年，其间本书得到了业界的肯定及各位读者的厚爱，这是对我们的支持和鼓励，也推动了本书第二版的酝酿。

自本书第一版出版以来，防治农作物虫害的杀虫剂发生了较大变化，例如有的杀虫剂因高毒而被列入禁用农药名单，如三氯杀螨醇；还有一些杀虫剂已经被限制使用，如毒死蜱在蔬菜上禁用。作者强烈感觉到本书第一版已不能满足时代的要求，也不能为读者提供正确的参考，因此，及时修订出版显得必要和迫切。

这次修订除了纠正第一版中的不妥之处外，还对之前的内容做了如下调整：首先在概论中的主要害虫里增加了茶树害虫部分，并对主要虫害的药物防治进行了更新，增加了害虫形态和为害状照片 40 余张；其次根据国家相关法律法规，对杀虫剂品种及其应用进行了更新和完善。

在本书编写过程中，青岛农业大学研究生张壮、本科生王浩瀚参与了部分资料的收集工作，在此对两位同学表示诚挚的感谢！

这次本书再版也是一个新的开始，真心希望能够编写出一本内容完备、信息量大、重点突出、实用性强的现代杀虫剂应用手册。但是由于作者水平所限，经验不足，书中恐有疏漏和不妥之处，希望得到广大读者、同行、专家们的批评指正。

编者
2020 年 12 月 8 日

第一版前言

随着农业现代化进程的日益发展，杀虫剂在农业经济发展中起着重要作用，成为农业生产不可或缺的生产资料。为了普及杀虫剂的基本知识，指导人们安全、合理、有效使用杀虫剂，我们编写了本书。

本书结合我国大田作物、蔬菜、果树、茶树、桑树等种植过程中多发和常见害虫防治的需要，系统介绍了杀虫剂使用的基本知识及常用杀虫剂的使用，概论部分介绍了杀虫剂的分类、剂型、安全使用、技术原理、不同作物施药技术及主要虫害的药物防治。各论部分对常用的有机磷类、氨基甲酸酯类、拟除虫菊酯类、杂环类杀虫剂、生物杀虫剂、杀螨剂等进行了较为详细的介绍，主要包括其结构式、理化性质、毒性、作用特点、适宜作物、防除对象、应用技术和常用复配制剂等内容。

近年来，我国农业种植结构不断调整优化，作物虫害防治用药选择也发生了很大变化。如有机氯杀虫剂在农药发展过程以及农业生产中曾起过重要作用，但由于残留等问题，目前大部分品种已被禁止或限制使用。还有一些高毒、高残留杀虫剂如甲胺磷、对硫磷等品种相继被禁止在农业上使用，因此本书不再专门介绍。相应的一些高效、安全、环境友好的杀虫剂新品种、新剂型不断问世并得到广泛应用，所以书中收进一些新杀虫剂品种如氯虫苯甲酰胺等的应用，以求新颖、实用。本书可供农业技术人员及农药经销人员阅读，也可供农药、植物保护专业研究生，企业基层技术人员及相关研究人员参考。

这里需要说明的是，本书中在介绍农药品种理化性质时，其相对密度均以4℃下纯水为参比物。

在本书编写过程中，研究生刘芳、苏芮，本科生朱殿霄、陆海霞参与了部分资料收集和整理工作，在此表示深深的谢意！

由于作者水平所限，书中恐有疏漏、不妥之处，希望得到广大读者、同行、专家们的批评指正。

编者

2013 年 10 月

目 录

第一章

杀虫剂概论

第一节　杀虫剂的种类

一、按作用方式分类

（1）胃毒剂　药剂经昆虫取食，由消化系统吸收并到达靶标后起到毒杀作用。胃毒剂只对咀嚼式口器害虫起作用，如敌百虫、溴氰菊酯等。

（2）触杀剂　药剂与昆虫表皮、足、触角、气门等部位接触后渗入虫体，或腐蚀虫体表皮蜡质层，或堵塞气门等而使害虫中毒死亡，如辛硫磷、马拉硫磷等。

（3）内吸剂　药剂被植物吸收后能在植物体内传导并到达害虫的取食部位，其原体或活化代谢物随害虫吸食植物汁液进入虫体而起到毒杀作用。

（4）熏蒸剂　利用有毒的气体、液体或固体挥发而产生的蒸气进入害虫体内，使害虫中毒死亡，如溴甲烷等。

（5）驱避剂　药剂依靠其物理或化学作用使昆虫忌避而远离药剂所在处，从而保护寄主植物或特殊场所，如樟脑丸对卫生害虫有驱避作用。

（6）拒食剂　害虫接触或取食药剂后，其正常的生理功能受到影响，出现厌食、拒食，不能正常发育或因饥饿、失水而死亡，如印楝素等。

（7）不育剂　药剂被昆虫摄入后，能够破坏其生殖功能，使害虫失去繁殖能力，如喜树碱等。

二、按毒理作用分类

（1）神经毒剂　药剂作用于害虫的神经系统，主要是干扰破坏昆虫神经生理、生化过程而导致其中毒死亡。如氨基甲酸酯类杀虫剂是乙酰胆碱酯酶的抑制剂，昆虫中毒后出现过度兴奋，麻痹而死。

（2）呼吸毒剂　药剂作用于昆虫气门、气管而影响气体运送，使其窒息死亡，或者是药剂抑制害虫的呼吸酶而使其中毒死亡，如鱼藤酮等。

（3）消化毒剂　药剂作用于害虫的消化系统，破坏其中肠或影响其消化酶系而使害虫致死，如苏云金杆菌等。

（4）特异性杀虫剂　药剂可引起害虫生理上的反常反应，如使害虫离作物远去的驱避剂，使害虫味觉受抑制不再取食导致饥饿而死的拒食剂，影响成虫生殖机能使雌性和雄性之一不育，或两性皆不育的不育剂，影响害虫生长、变态、生殖的昆虫生长调节剂等。

三、按来源和化学成分分类

（1）无机杀虫剂　主要由天然矿物原料加工、配制而成，又称矿物性杀虫剂。如砷酸铅、氟硅酸钠和矿物油乳剂等。这类杀虫剂一般药效较低，对作物易引起药害，砷剂对人的毒性大，有机合成杀虫剂大量使用以后，大部分已被淘汰。

（2）化学合成杀虫剂　主要是由碳氢元素构成的一类杀虫剂，多采用有机化学合成方法制得，能够大规模工业化生产。为目前使用最多的一类杀虫剂。如有机磷类、氨基甲酸酯类、拟除虫菊酯类、杂环类杀虫剂等。这类杀虫剂使用不当会造成环境污染。

（3）生物源杀虫剂　生物本身或代谢产生的具有杀虫活性的物质，根据来源又可分为植物源、微生物源、外激素和昆虫生长调节剂类杀虫剂等。植物源杀虫剂的有效成分来源于植物，如生物碱、除虫菊酯类等。微生物源杀虫剂的有效成分为微生物或其代谢产物，如苏云金杆菌、白僵菌、核型多角体病毒、阿维菌素等。

四、按化学成分和化学结构分类

（1）有机氯类杀虫剂　此类农药为一类含有氯元素的有机杀虫剂，是发现和应用最早的一类人工合成杀虫剂。如滴滴涕、六六六等。由于此类农药长期过量使用导致残留和污染严重，许多国家相继限用或禁用。

（2）有机磷类杀虫剂　此类杀虫剂因为具有杀虫谱广、杀虫方式多样、在环境中易分解、解毒容易、抗性产生相对较慢、对作物安全等特点成为我国使用最为广泛、用量最大的一类杀虫剂。如辛硫磷、马拉硫磷等。但是此类农药中的一些种类毒性高，使用时应注意安全，而且多数有机磷类杀虫剂不能与碱性农药混用。

（3）氨基甲酸酯类杀虫剂　属于有机酯类农药。此类农药不同结构类型的品种，其毒力及防治对象差别很大，多数种类速效性好、持效期短、选择性强，对天敌安全，增效性能多样，多数品种毒性低、残留量低，少数品种毒性高、残留量高。如灭多威、仲丁威等。

（4）拟除虫菊酯类杀虫剂　属于有机酯类农药。此类农药具有高效、广谱、毒性低、残留低等优点，但多数品种只有触杀和胃毒作用，无内吸和熏蒸作用，且害虫易产生抗药性，不能与碱性农药混用。如氯氰菊酯、溴氰菊酯等。

（5）沙蚕毒素类杀虫剂　此类农药属于神经毒剂。这类杀虫剂品种不多，但杀虫谱广，残留低、污染小，具有多种杀虫作用，可用于防治对有机磷、氨基甲酸酯、拟除虫菊酯类农药产生抗性的害虫，但对蜜蜂和家蚕毒性较高。如杀虫单、杀虫双等。

（6）杂环类杀虫剂　此类农药具有超高效、杀虫谱广、作用机制独特、对环境相容性好等特点，正在逐步取代高毒的有机磷杀虫剂。如吡虫啉、噻虫嗪等。

（7）其他杀虫剂　包括几丁质合成抑制剂、甲脒类杀虫剂等。

第二节　杀虫剂常用剂型

（1）乳油（EC）　由农药原药、溶剂和乳化剂等按一定比例经过溶化、混合制成的透明单相油状液混合物。乳油加水稀释后可自行乳化，变成不透明的乳状液（乳剂），具有防效高、用途广等优点。

（2）粉剂（DP） 由农药原药和填料等按一定比例经机械粉碎而制成的粉状物。我国粉剂的粉粒细度要求95%能通过200目筛，粉粒平均直径为30μm，水分含量小于1.5%，pH为5~9。粉剂可以直接使用，有效成分含量比较低。具有使用方便、药粒细、残效期长、药粉能均匀分布、防效高等优点。

（3）可湿性粉剂（WP） 由农药原药、填料和湿润剂等按一定比例经机械粉碎而制成的粉状物。我国可湿性粉剂的粉粒细度要求99.5%能通过200目筛，药粒平均直径为25μm，悬浮率在28%~40%，水分含量小于2.5%，pH为5~9。可湿性粉剂具有展布性好、黏附力强等优点。

（4）颗粒剂（GR） 由农药原药、辅助剂和载体制成的颗粒状物，其颗粒直径一般为250~600μm。要求颗粒有一定的硬度，在贮运过程中不易破碎。颗粒剂可分为遇水解体和不解体两种类型。颗粒剂具有施用方便、残效期长、使用时沉降性好、飘移性小、不受水源限制等优点。

（5）可溶液剂（SL） 农药原药的可溶性剂型，是药剂以分子或离子状态分散在溶剂中而又不分解的溶液。具有加工方便、成本低等优点。

（6）悬浮剂（SC） 又称胶悬剂，是用不溶于水或微溶于水的固体农药原药、分散剂、湿展剂、载体、消泡剂和水超微粉碎后制成的黏稠性悬浮液。有效成分的含量一般为5%~50%，平均粒径一般为3μm。具有耐雨水冲刷、持效期长等优点。

（7）气雾剂（AE） 利用发射剂急骤气化时所产生的高速气流将药液分散雾化的一种罐装制剂。气雾剂常压下必须装在耐压罐中。具有使用方便、速效、用药量少等优点。

（8）烟剂（FU） 由农药原药、助燃剂、氧化剂及消燃剂等配制成的粉状制剂，细度要求通过80目筛。具有使用方便、节省劳力等优点，适宜防治仓库、温室及保护地栽培作物害虫。

（9）可溶粉剂（SP） 由农药原药、填料和助剂加工而成。为近年来发展的一种新剂型。具有使用方便，药效好，便于包装、运输和贮藏等优点。

（10）微囊悬浮剂（CS） 利用胶囊技术把固体、液体农药等活性物质包在囊壁中形成的微小囊状制剂。微胶囊粒径一般在 $1\sim800\mu m$。

（11）超低容量液剂（UL） 是供超低容量喷雾使用的一种专用剂型，具有喷量少、功效高、浓度高、雾滴小、对作物安全等特点，但受风力影响较大，对操作技术人员要求比较高。

第三节　杀虫剂安全使用知识

（1）杀虫剂的购买　农药由使用单位指定专人凭证购买。买药时必须注意农药的包装，防止破漏。注意农药的品名、有效成分含量、出厂日期、使用说明等。

（2）杀虫剂的运输　运输前应先检查包装是否完整，如果发现有渗漏、破裂的，应用规定的材料重新包装后运输，并及时妥善处理被污染的地面、运输工具和包装材料。严禁用载人客车、牲畜运输车、食品运输车等装卸农药，运载车辆最好配备衬垫和护栏，使运输更加安全。搬运农药时应轻拿轻放，防止造成包装破损和泄漏。

（3）杀虫剂的储存　农药不得与粮食、蔬菜、瓜果、食品、日用品等混载、混放，不能与石灰等碱性物品及硫酸铵等酸性物品混放，严禁与爆竹等易燃易爆品存放在一起。储存农药应配备专门的仓库，库房应通风好，保持适宜的温度、湿度，避免强光照射，门、窗应加锁，并指定专人保管，应定期检查储存的农药包装和有效期。

（4）杀虫剂的正确安全应用　杀虫剂的合理使用对于农产品安全以及延长杀虫剂的使用寿命是非常重要的，在使用过程中应注意以下几方面。

① 农药选择　根据害虫类型、作物类型，选用适宜的农药和类型。优先选择用量少、毒性低、在产品和环境中残留量低的品种，严禁使用禁用农药，限制使用高毒农药。

② 适时喷药　主要考虑害虫生长规律和农药性能，过迟或过早喷药都可能造成防效不理想。

③ 按照农药标签上的推荐剂量适量用药　严格控制施药次数、施药量和安全间隔期。

④ 合理选择施药方法　根据害虫生长规律、杀虫剂性质、加工剂

型和环境条件选择不同的施药方法。

⑤ 做好安全防护工作　杀虫剂会对人体、动物等有一定的毒性，如果使用不当，将会引起中毒和死亡事故的发生，因此，在使用杀虫剂时应采取安全的防护措施，严防人、畜中毒。体弱、患皮肤病的人员及哺乳期、孕期、经期妇女不得喷药，严禁带儿童到作业地点，施药人员喷药时必须戴口罩，穿长衣、长裤等，喷药后要洗澡，喷药时间不超过6h，施药人员如出现头晕、恶心、呕吐等症状，应及时就医。

⑥ 合理复配混用农药　两种混用的杀虫剂不能起化学变化，田间混用杀虫剂的物理性状如悬浮率等应保持不变，混用杀虫剂品种要求有不同的作用方式和防治靶标，不同杀虫剂混用后要达到增效目的，不能有抵消作用。

⑦ 合理轮换使用杀虫剂　轮换使用时要采用不同作用机制的杀虫剂，避免长期使用单一的杀虫剂，防止或延缓害虫产生抗性。

⑧ 配药浓度准确　配药时农药的浓度要准确，同时应使农药在水中分散均匀，充分溶解。

⑨ 施药均匀　特别是施用触杀剂时，叶背、叶面均需喷药，将药液喷到虫体上，不能有丢行、漏株的现象，以保证施药质量。

⑩ 施药时间要适当　一般应在无风或微风的天气施药，同时还应注意气温的高低，气温低时多数有机磷农药效果不好，因此，宜在中午前后施药。

第四节　杀虫剂使用技术原理

一、杀虫剂的作用机理

（1）胃毒作用　药剂经害虫口器摄入体内，到达中肠后被肠壁细胞吸收，然后进入血腔，并通过血液流动传到虫体的各部位而引起害虫中毒死亡。主要对咀嚼式口器的害虫起作用。

（2）触杀作用　药剂通过接触害虫表皮、气门、足等部位进入虫体引起害虫中毒死亡。喷射时一定要将药液喷到虫体上，才能起到毒杀害虫的作用。

（3）熏蒸作用　药剂以气体状态通过害虫呼吸系统进入虫体内，而使害虫中毒死亡。典型的熏蒸杀虫剂都具有很强的气化性，或常温下就是气体（如溴甲烷）。由于药剂以气态形式进入害虫体内，因此在施药时必须密闭使用，而且需要较高的环境温度和湿度。

（4）内吸作用　药剂施用到植物体上并被植物体吸收，通过输导组织传送到植物体的各部分，害虫吸食植物汁液后中毒死亡。内吸杀虫剂主要用于防治刺吸式口器害虫。植物在日出前后呼吸作用最强，所以在日出前后处理植株防效好。

（5）昆虫生长调节作用　药剂通过抑制昆虫生长发育，如抑制蜕皮、抑制新表皮的形成以及抑制取食等而导致害虫死亡。

有些无机杀虫剂和植物性杀虫剂，其杀虫作用都比较简单，有的只有胃毒作用，有的只有触杀作用，而有机合成杀虫剂，常具有 2～3 种杀虫作用。

二、杀虫剂浓度与稀释

1. 常用杀虫剂浓度的表示方法

（1）百分浓度　用百分法表示杀虫剂有效成分的含量，指一百份药液中含杀虫剂的份数，符号是％。如 40％辛硫磷乳油，表示 100 份这种乳油中含有 40 份辛硫磷的有效成分。百分浓度又分为重量百分浓度与容量百分浓度两种，固体与固体之间或固体与液体之间配药时常用重量百分浓度，液体之间的配药常用容量百分浓度。

（2）倍数法　药液（或药粉）中稀释剂（水或填充料等）的用量为原药用量的倍数，也就是说把药剂稀释多少倍的表示方法。如 80％敌敌畏乳油 800 倍液，即表示 1g 80％敌敌畏乳油应加水 800g。因此，倍数法一般不能直接反映出药剂有效成分的含量。稀释倍数越大，药液的浓度越小。

2. 杀虫剂的稀释方法

杀虫剂在使用过程中，要采用正确、合理、科学的稀释方法，对保证药效、防止污染具有重要作用。不同剂型的杀虫剂稀释方法如下文介绍。

（1）粉剂　使用时一般不需要稀释，但当作物高大、生长旺盛时，为使药剂均匀喷洒在作物表面，可以适量混入填充料，边添加边搅拌，直到填充料全部加完。

（2）液体　用药量少的可以直接稀释，即在准备好的配药容器内盛好所需用的清水，然后将定量药剂慢慢倒入水中并搅拌均匀，即可喷雾使用。如果用药量较多，则需采用两步配制方法：先用少量的水将农药稀释成母液，再将配制好的母液按稀释比例倒入准备好的清水中，搅拌均匀即可。

（3）可湿性粉剂　采取两步配制方法，即先用少量水配成较浓母液，然后倒入药水桶中稀释。如果可湿性粉剂质量不好，粉粒往往会团聚在一起形成较大的团粒，若直接倒入药水桶中配制，粗团粒尚未充分分散，便立即沉入水底，再搅拌均匀就比较困难。两次的用水量要等于所需水的总量，否则会使药液浓度与预期的不相符，从而影响药效。

（4）颗粒剂　有效成分含量低，需要借助填充料填充。可用干燥均匀的小土粒或同性化学肥料作为填充料，使用时只需将颗粒剂与填充料拌匀即可。在选用化学肥料作为填充料时要注意，杀虫剂与化肥的酸碱性必须一致，以免混合后引起杀虫剂分解失效。

第五节　不同作物主要虫害药物防治及施药技术

一、地下害虫

1. 蛴螬类

蛴螬是金龟甲幼虫的通称，属鞘翅目金龟甲总科。蛴螬是地下害虫中种类最多、分布最广、为害最重的一个类群。常见有鳃金龟科的华北大黑鳃金龟（*Holotrichia oblita*）、暗黑鳃金龟（*Holotrichia parallela*）以及丽金龟科的铜绿丽金龟（*Anomala corpulenta*）、黄褐丽金龟（*Anomala exoleta*）等。蛴螬食性颇杂，可以为害多种农作物、蔬菜、果树、林木、牧草的地下部分。蛴螬咬断幼苗的根、茎，断口整齐平截，常造成地上部幼苗枯死，被害状易识别；蛴螬还可以取食萌发的种子。许多种类的成虫还喜食作物、果树和林木的叶片、嫩芽、花蕾等，造成不同程度的损失。

药物防治　主要采用种子处理、土壤处理等方法。

（1）种子处理　方法简便，用药量低，对环境安全。防治花生蛴螬，用30％辛硫磷微胶囊悬浮剂按药种比1∶（40～60）拌种，将药剂加适量水充分搅拌均匀，务必使种子均匀粘上药液，晾干后播种，播种后立即覆土；或在花生播种时，用3％辛硫磷颗粒剂6.0～8.0kg/亩（1亩≈667m^2）均匀拌种，撒施并覆土。

（2）土壤处理　结合播前整地，用药剂处理土壤。花生播种后，每亩用35％辛硫磷微胶囊悬浮剂600～800g兑水40kg，土壤施药后立即覆土，喷雾穴施时药液一定要均匀；或用5％噻虫嗪颗粒剂500～1000g/亩与一定量的细土混合均匀，于花生播种前全田撒施，后覆土10cm。

2. 金针虫类

金针虫是叩头虫的幼虫，属鞘翅目叩头甲科，世界各地均有分布。我国常见的有沟金针虫（*Pleonomus canaliculatus*）、细胸金针虫（*Agriotes fuscicollis*）、褐纹金针虫（*Melanotus caudex*）、宽背金针虫（*Selatosomus latus*）等。金针虫主要以幼虫在土壤中为害各种作物、蔬菜和林木，咬食刚播下的种子使其不能发芽，咬食幼苗根使其不能生长，甚至枯萎死亡。一般受害苗主根很少被咬断，被害部位不整齐，呈丝状。此外，金针虫还能蛀入块根或块茎，有利于病菌侵入而腐烂。

药物防治　主要采用种子处理、土壤处理等方法。

（1）种子处理　防治玉米和花生金针虫，用3％辛硫磷水乳种衣剂按药种比1∶（30～40）进行种子包衣，晾干后播种；或在花生播种时，用3％辛硫磷颗粒剂6～8kg/亩均匀拌种，撒施并覆土；或用40％噻虫嗪悬浮种衣剂加3～4倍水稀释，按每100kg种子加255～460g药剂立即进行种子包衣，晾干后播种。

（2）土壤处理　结合播前整地，用药剂处理土壤。于花生播种时，用3％辛硫磷颗粒剂4～5kg/亩拌细土沟施，施用后及时覆土。

3. 蝼蛄类

蝼蛄属直翅目蝼蛄科，俗称土狗子、拉拉蛄、地拉蛄。我国主要有华北蝼蛄（*Gryllotalpa unispina*）和东方蝼蛄（*Gryllotalpa orientalis*）[早期记载的非洲蝼蛄（*Gryllotalpa africana*）应为东方蝼蛄]。蝼蛄以成虫和若虫咬食作物种子和幼苗，特别喜欢刚发芽的种子，造成缺苗断垄，咬食幼根和嫩茎，扒成乱麻状或丝状，使幼苗生长不良甚至死亡。特别是蝼蛄在土壤表层爬行形成隧道，导致吊种或吊根，使得种子不能发芽，幼苗失水而死。

药物防治　主要采用种子处理防治。

防治花生蝼蛄，在花生播种时，用3％辛硫磷颗粒剂按4～6kg/亩兑细土45kg，混匀后施于播种沟内并覆土。

4. 地老虎类

地老虎属鳞翅目夜蛾科切根夜蛾亚科，是为害农作物的重要害虫。其中小地老虎（*Agrotis ypsilon*）分布最广、为害最重，黄地老虎（*Agrotis segetum*）在我国北方地区发生也较普遍，此外，白边地老虎（*Euxoa oberthuri*）、大地老虎（*Agrotis tokionis*）、警纹地老虎（*Agrotis exclamationis*）、八字地老虎（*Xestia c-nigrum*）等常在局部地区猖獗为害。地老虎是多食性害虫，1～2龄幼虫为害作物新叶或嫩叶，3龄以后幼虫切断作物幼茎、叶柄，严重时造成缺苗断垄，甚至毁种，需要重播。

药物防治　主要采用种子处理和喷雾等方法防治。

（1）种子处理　防治玉米小地老虎，用3％辛硫磷水乳种衣剂按药种比1∶（30～40）进行种子包衣；防治花生小地老虎，于花生播种时用3％辛硫磷颗粒剂按4～5kg/亩拌细土沟施，施用后应及时覆土。

（2）喷雾　防治牡丹小地老虎，于3龄幼虫前施药，用25g/kg高效氯氟氰菊酯20～40g/亩均匀喷雾；防治棉花地老虎，在低龄幼虫始发盛期施药，用23％高效氯氟氰菊酯微囊悬浮剂5～7.5g/亩均匀喷雾，注意对棉花叶片正反两面均匀喷雾；防治草坪地老虎，在1～2龄幼虫盛发期施药，用23％高效氯氟氰菊酯微囊悬浮剂15～20g/亩均匀喷雾；防治烟草小地老虎，在幼虫3龄前用5％高效氯氟氰菊酯微乳剂10～15g/亩均匀喷雾。

5. 根蛆类

根蛆是指在土中为害发芽的种子或植物根茎部的双翅目蝇、蚊的幼虫，它们常造成作物的严重损失。我国主要有韭菜迟眼蕈蚊（*Bradysia odoriphaga*）和种蝇（*Delia platura*）、葱地种蝇（*Delia antiqua*）、萝卜地种蝇（*Delia floralis*）等。韭菜迟眼蕈蚊属于眼蕈蚊科，种蝇、葱地种蝇和萝卜地种蝇属于花蝇科。韭菜迟眼蕈蚊又称韭蛆，以幼虫钻食韭菜、蒜的地下部分，使地上部萎蔫、断叶，甚至死亡。

药物防治　主要包括撒施和灌根防治。

（1）撒施　防治韭菜韭蛆，在韭蛆发生初期施药，用2%吡虫啉颗粒剂按1～1.5kg/亩拌细土撒施于沟内，撒施后立即覆土；或用10%吡虫啉可湿性粉剂200～300g/亩于上茬韭菜收割后第2d拌土撒施；在韭菜收割后或定植期，韭蛆幼虫发生初期施药，用0.5%噻虫胺颗粒剂按3～4.2kg/亩拌细沙撒施，之后立即覆土，施药后须保持一定的土壤湿度；或在上茬韭菜收割后第2d用50g/kg氟啶脲乳油200～300g/亩拌土撒施，浇足量水。

（2）灌根　防治韭菜韭蛆，在韭菜零星倒伏时或韭蛆幼虫盛发初期，用10%噻虫胺悬浮剂按225～250g/亩灌根1次，施药时，将所需药液倒入喷雾器内，用水稀释搅拌均匀后，采用去掉喷头的喷雾器将药液灌入韭菜根部，可视土壤墒情来确定用水量；或在韭菜收割后第2～3d，用5%氟铃脲乳油300～400g/亩根部喷淋1次，施药后浇水一次。

二、水稻害虫

1. 二化螟

二化螟（*Chilo suppressalis*）又名钻心虫、白穗虫，属鳞翅目螟蛾科。以幼虫钻蛀稻株为害，取食叶鞘、穗苞、稻茎内壁组织等。水稻不同生育期造成不同的被害状，叶鞘被害造成"枯鞘"，秧苗期和分蘖期受害造成"枯心"，孕穗期受害形成"枯孕穗"，抽穗期受害形成"白穗"，黄熟期受害形成"虫伤株"。

药物防治　主要采用喷雾防治。应在蚁螟孵化盛期及时喷药，一般在初见枯心时施药，可以有效地把幼虫消灭在3龄以前。

（1）用5%甲氨基阿维菌素苯甲酸盐微乳剂15～20g/亩均匀喷雾；或用5%甲氨基阿维菌素苯甲酸盐水分散粒剂10～15g/亩均匀喷雾。

（2）用18%杀虫双水剂200～250g/亩喷雾；或用3.6%杀虫双颗粒剂1～1.2kg/亩撒施。施药的水田水深应保持4～6cm为宜，施药后要保持水田10d，漏水田和无水田不宜使用。

（3）用20%三唑磷乳油100～120g/亩均匀喷雾。

（4）用90%杀虫单可溶粉剂50～60g/亩兑水50kg喷雾。

（5）用20%呋虫胺可溶粒剂30～50g/亩均匀喷雾。

（6）用45%毒死蜱乳油60～80g/亩均匀喷雾。

2. 稻纵卷叶螟

稻纵卷叶螟（*Cnaphalocrocis medinalis*）属鳞翅目螟蛾科，又称刮青虫、白叶虫、小苞虫。以幼虫取食为害，初孵幼虫取食心叶，出现针头状小点，也有先在叶鞘内为害，随着虫龄增大，缀丝纵卷水稻叶片成虫苞，并匿居其内取食叶肉，剩留一层表皮，形成白色条斑，使水稻秕粒增加，导致减产，甚至绝收。

药物防治　主要采用喷雾防治，在盛孵期和低龄幼虫期施药。

（1）用 5%甲氨基阿维菌素苯甲酸盐水分散粒剂 10～15g/亩均匀喷雾。

（2）用 5%阿维菌素乳油 18～24g/亩均匀喷雾。

（3）用 8000IU/μL 苏云金杆菌悬浮剂 400～500g/亩均匀喷雾；或用 16000IU/mg 苏云金杆菌可湿性粉剂 100～400g/亩均匀喷雾。

（4）用 30%茚虫威悬浮剂 6～8g/亩均匀喷雾；或用 15%茚虫威悬浮剂 15～20g/亩均匀喷雾。

（5）用 35%氯虫苯甲酰胺水分散粒剂 4～6g/亩均匀喷雾。

（6）用 40%毒死蜱乳油 80～100g/亩均匀喷雾；或用 45%毒死蜱乳油 70～90g/亩均匀喷雾。

3. 稻飞虱

稻飞虱属半翅目飞虱科。我国为害水稻的飞虱主要有褐飞虱（*Nilaparvata lugens*）、灰飞虱（*Laodelphax striatellus*）和白背飞虱（*Sogatella furcifera*）。飞虱以成虫、若虫群集在稻株下部，通过刺吸汁液造成减产，同时产卵刺伤水稻茎秆组织造成寄主干枯，分泌蜜露影响寄主的光合作用和呼吸作用，还可传播多种植物病毒病。

药物防治　在飞虱产卵盛期或若虫高峰期用药，主要采用喷雾防治。

（1）用 20%呋虫胺悬浮剂 25～30g/亩均匀喷雾；或用 25%呋虫胺可湿性粉剂 16～32g/亩均匀喷雾。

（2）用 25%噻虫嗪水分散粒剂 3～4g/亩均匀喷雾；或用 30%噻虫嗪悬浮剂 2～4g/亩均匀喷雾。

（3）用 25%吡蚜酮可湿性粉剂 18～20g/亩均匀喷雾；或用 50%吡蚜酮可湿性粉剂 10～15g/亩均匀喷雾。

（4）用 25%噻嗪酮可湿性粉剂 30～40g/亩均匀喷雾；或用 50%噻嗪酮悬浮剂 15～20g/亩均匀喷雾。

（5）用10％吡虫啉可湿性粉剂10～20g/亩均匀喷雾；或用20％吡虫啉可溶液剂7.5～10g/亩均匀喷雾。

（6）用20％仲丁威乳油150～175g/亩均匀喷雾；或用25％仲丁威乳油125～150g/亩均匀喷雾。

（7）用20％速灭威乳油150～200g/亩均匀喷雾；或用25％速灭威可湿性粉剂100～200g/亩均匀喷雾。

（8）用20％异丙威乳油150～200g/亩均匀喷雾；或用40％异丙威可湿性粉剂100～125g/亩均匀喷雾。

（9）用40％毒死蜱乳油75～90g/亩均匀喷雾；或用45％毒死蜱乳油65～85g/亩均匀喷雾。

三、小麦害虫

1. 麦蚜

麦蚜俗称小麦腻虫、油汗、蜜虫等，属于半翅目蚜科。我国为害麦类的蚜虫常见的种类有麦长管蚜（*Sitobion avenae*）、麦二叉蚜（*Schizaphis graminum*）、禾谷缢管蚜（*Rhopalosiphum padi*）、麦无网长管蚜（*Acyrthosiphon dirhodum*）4 种。麦蚜群集于植株茎、叶、穗部刺吸汁液，影响小麦生长发育，另外麦蚜也是病毒病的媒介，影响小麦的产量和品质。

药物防治　主要采用种子包衣和喷雾防治，喷雾防治应在麦蚜发生初盛期施药。

（1）用600g/kg吡虫啉悬浮种衣剂300～400g/100kg种子进行种子包衣，播种前根据种子量确定制剂用药量，按清水15～20g/kg种子混合均匀，调成浆状药液，倒在种子上充分搅拌，待种子均匀着药后，摊开晾于通风阴凉处，晾干后播种。

（2）用30％噻虫嗪悬浮种衣剂400～533g/100kg种子进行种子包衣。手工包衣：根据种子量确定制剂用药量，加适量清水，混合均匀调成浆状药液，倒在种子上充分搅拌，待均匀着药后，摊开晾于通风阴凉处。一般小麦加药液量10～20g/kg种子。机械包衣：按推荐制剂用药量加适量清水，混合均匀调成浆状药液，选用适宜的包衣机械，根据要求调整药种比进行包衣处理。将种子倒入，充分搅拌均匀，晾干后即可播种。

（3）用10％吡虫啉可湿性粉剂10～20g/亩（南方地区）、30～40g/

亩（北方地区）均匀喷雾；或用 25%吡虫啉可湿性粉剂 12～16g/亩均匀喷雾。

（4）用 2.5%高效氯氟氰菊酯乳油 18～24g/亩均匀喷雾。

（5）用 50%抗蚜威可湿性粉剂 10～15g/亩均匀喷雾。

（6）用 80%敌敌畏乳油 50g/亩均匀喷雾；或用 50%敌敌畏乳油 80g/亩均匀喷雾。

（7）用 40%氧乐果乳油 50～75g/亩均匀喷雾。

（8）用 5%啶虫脒乳油 36～48g/亩均匀喷雾。

（9）用 25%吡蚜酮可湿性粉剂 16～20g/亩均匀喷雾；或用 25%吡蚜酮悬浮剂 16～24g/亩均匀喷雾。

（10）用 20%呋虫胺悬浮剂 25～30g/亩均匀喷雾。

2. 小麦吸浆虫

小麦吸浆虫俗称小红虫、黄疸虫、麦蛆等，属双翅目瘿蚊科，主要有麦红吸浆虫（*Sitodiplosis mosellana*）和麦黄吸浆虫（*Contarinia tritici*）两种，是一种世界性的害虫。吸浆虫以幼虫刺破种皮，吸食正在灌浆的麦粒，造成小麦瘪粒减产。

药物防治 包括撒毒土和喷雾防治。

（1）用 2.5%甲基异硫磷颗粒剂 1.5～2.0kg/亩撒施，可用于小麦田的前期处理，也可于吸浆虫幼虫化蛹前，用本品加适量细沙或细土混合均匀，拌成毒土，均匀撒施。

（2）用 5%毒死蜱颗粒剂 1.0～2.0kg/亩撒施，在小麦抽穗、孕穗期用药，直接或拌毒土撒施，然后进行浅浇水保湿。

（3）用 5%高效氯氟氰菊酯水乳剂 7～11g/亩均匀喷雾。

（4）用 5%氯氟·吡虫啉悬浮剂 6～10g/亩均匀喷雾；或用 7.5%氯氟·吡虫啉悬浮剂 30～50g/亩均匀喷雾。

3. 麦螨

麦螨又称红蜘蛛、火龙、红旱、麦虱子，为害小麦的螨类主要有麦叶爪螨（麦圆蜘蛛）（*Penthaleus major*）和麦岩螨（麦长腿蜘蛛）（*Petrobia latens*）。麦螨属蜘蛛纲蜱螨目，麦圆蜘蛛属叶爪螨科，麦长腿蜘蛛属叶螨科。麦螨以成螨和若螨刺吸麦株汁液，受害叶片失绿形成黄白色斑点，严重时叶尖枯焦，全株枯黄乃至枯死。

药物防治 应于害螨初发期施药，主要采用喷雾防治。

（1）用 1.5%阿维菌素超低容量液剂 40～80g/亩进行超低容量均匀

喷雾。

　　（2）用 4％联苯菊酯微乳剂 30～50g/亩均匀喷雾。

　　（3）用 30％唑酮·氧乐果乳油 100～107g/亩均匀喷雾。

　　（4）用 25％氰戊·氧乐果乳油 10～15g/亩均匀喷雾。

　　（5）用 20％联苯·三唑磷微乳剂 20～30g/亩均匀喷雾。

四、棉花害虫

1. 棉蚜

　　棉蚜（*Aphis gossypii*）又称瓜蚜，也叫腻虫、蜜虫、油汗，属半翅目蚜科，是棉花苗期及现蕾以后的重要害虫。棉蚜以成、若蚜群集于棉叶背面或嫩尖，在棉叶背面和嫩头部分吸食汁液，使棉叶畸形生长，向背面卷缩。棉蚜排泄蜜露影响光合作用，产生黑霉病。棉苗期的蚜害也促使茎枯病和叶部病害流行，引起棉苗大量死亡。

　　药物防治　主要有种子处理及喷雾防治，注意新梢及嫩叶处一定要喷雾均匀、周到。

　　（1）用 600g/kg 吡虫啉悬浮种衣剂 600～800g/100kg 种子进行种子包衣。棉花种子要先脱绒；可以手工包衣也可以机械包衣，使种衣剂均匀附着在种子表面，晾干后用于播种。

　　（2）按 70％噻虫嗪悬浮种衣剂 300～600g/100kg 种子用药量稀释，将药浆与棉花种子充分搅拌，直到药液均匀分布到种子表面，晾干后备播；或用 25％噻虫嗪水分散粒剂 6～12g/亩均匀喷雾。

　　（3）用 10％吡虫啉可湿性粉剂 15～25g/亩喷雾；或用 70％吡虫啉水分散粒剂 2～4g/亩喷雾。

　　（4）每亩用 40％辛硫磷乳油 50～100g，或 20％氰戊菊酯乳油 25～50g，或 80％敌敌畏乳油 50～100g，或 20％啶虫脒可溶粉剂 3～4.5g，或 4.5％高效氯氰菊酯乳油 22～45g 稀释后均匀喷雾。

2. 棉铃虫

　　棉铃虫（*Helicoverpa armigera*）又称棉实夜蛾，属鳞翅目夜蛾科。棉铃虫是一种多食性害虫，寄主植物有 30 多科 200 余种，是棉花蕾铃期重要的钻蛀性害虫，主要蛀食蕾、花、铃，也取食嫩尖和嫩叶，造成棉花严重减产。

　　药物防治　主要采用喷雾防治，于棉铃虫卵孵化盛期至低龄幼虫发生期施药。

（1）用苏云金杆菌 8000IU/mg 悬浮剂 250～400g/亩均匀喷雾；或用苏云金杆菌 16000IU/mg 可湿性粉剂 100～500g/亩均匀喷雾。

（2）每亩可用 40%辛硫磷乳油 50～100g，或 4.5%高效氯氰菊酯乳油 30～45g，或 2.5%高效氯氟氰菊酯乳油 60～70g，或 25g/kg 溴氰菊酯乳油 40～50g，或 15%茚虫威悬浮剂 14～18g，或 20%灭多威乳油 50～75g，或 75%硫双威可湿性粉剂 50～60g，或 1.8%阿维菌素乳油 80～83g 稀释后均匀喷雾。

（3）用 10 亿 PIB/g 棉铃虫核型多角体病毒可湿性粉剂 100～150g/亩均匀喷雾。

3. 棉盲蝽

棉盲蝽属半翅目盲蝽科，在我国棉区为害棉花的盲蝽有绿盲蝽（*Apolygus lucorum*）、苜蓿盲蝽（*Adelphocoris lineolatus*）、中黑盲蝽（*Adelphocoris suturalis*）、三点盲蝽（*Adelphocoris fasciaticollis*）、牧草盲蝽（*Lygus pratensis*）等。棉盲蝽以成虫和若虫刺吸棉株汁液，子叶期被害，生长点干枯不再长新芽；1～3 片真叶期生长点被害，主茎停止生长，不定芽丛生，造成多头棉；顶部嫩叶被害，被害点初现小黑点，随着叶片长大小孔变大，造成不规则的烂叶；幼蕾被害后干枯脱落，大蕾被害后呈现黑斑，花瓣不能正常开放；幼铃受害后轻者出现水渍斑，重者满布黑斑，僵化脱落，大铃受害呈现畸形。

药物防治 主要采用喷雾防治，于棉盲蝽发生初期施药。由于棉盲蝽白天一般在树下杂草及行间作物上潜伏，夜晚为害，所以喷药防治可选在傍晚或早晨进行，要对行间作物、地上杂草全面喷药，以达到良好的防治效果。如每亩可使用 45%马拉硫磷乳油 60～90g，5.0%顺式氯氰菊酯乳油 40～50g，25%噻虫嗪水分散粒剂 4～8g，2.5%溴氰菊酯乳油 20～40g 稀释后均匀喷雾。

4. 棉红铃虫

棉红铃虫（*Pectinophora gossypiella*），属于鳞翅目麦蛾科，为世界性棉花害虫。红铃虫主要为害棉花的蕾、花、铃和棉籽，青铃为害最多。幼蕾受害后不久就脱落，中、大型蕾受害后仍能开花；花期受害后花冠扭曲，花瓣不能展开或是落花；青铃受害后形成烂铃或僵瓣；棉籽受害后形成空壳或双连籽。

药物防治 主要采用喷雾防治，于棉红铃虫卵孵盛期至低龄幼虫发生期施药。每亩使用药剂和剂量如 20%氰戊菊酯乳油 25～50g，2.5%

高效氯氟氰菊酯乳油 20～60g，4.5%高效氯氰菊酯乳油 22～45g，2.5%联苯菊酯乳油 80～140g，20%甲氰菊酯乳油 30～40g，45%杀螟硫磷乳油 55～110g 等，按使用说明稀释后均匀喷雾。

5. 棉叶螨

棉叶螨属于蛛形纲蜱螨目叶螨科，棉田常见的有朱砂叶螨（*Tetranychus cinnabarinus*）、二斑叶螨（*Tetranychus urticae*）、截形叶螨（*Tetranychus truncatus*）等。棉叶螨以成螨、若螨和幼螨刺吸寄主汁液，同时分泌有害物质使寄主植物生理代谢紊乱，棉叶先呈现失绿的红斑，继而出现红叶干枯，甚至使叶、花、蕾和铃产生脱离，状如火烧。

药物防治　主要采用棉花拌种、浸种和喷雾防治，在若螨盛发期喷雾防治。每亩使用药剂和剂量如 40%氧乐果乳油 62.5～100g，73%炔螨特乳油 25～35g 等，按使用说明稀释后均匀喷雾。

五、玉米害虫

1. 玉米螟

玉米螟俗称玉米钻心虫、箭杆虫，属鳞翅目螟蛾科。在我国发生的玉米螟主要有亚洲玉米螟（*Ostrinia furnacalis*）和欧洲玉米螟（*Ostrinia nubilalis*）两个种，为害农作物的优势种为亚洲玉米螟。

药物防治　主要采用灌心叶和喷雾防治，卵孵盛期至低龄幼虫期施药。

（1）用 8000IU/μL 苏云金杆菌悬浮剂 150～200g/亩加细沙灌心叶；或用 16000IU/mg 苏云金杆菌可湿性粉剂 50～100g/亩加细沙灌心叶。

（2）用 40%辛硫磷乳油 75～100g/亩灌心叶；或用 5%辛硫磷颗粒剂 150～240g/亩撒施。

（3）每亩用 1.8%阿维菌素乳油 30～40g，或 5%甲氨基阿维菌素水分散粒剂 6～10g 稀释后均匀喷雾。

（4）在卵孵高峰期、玉米喇叭口期用 2.5%溴氰菊酯乳油 20～30g/亩拌 2kg 细沙撒施入玉米喇叭口中。

（5）用 400 亿孢子/g 球孢白僵菌可湿性粉剂 100～120g/亩均匀喷雾。

（6）用 5%氯虫苯甲酰胺悬浮剂 16～20g/亩均匀喷雾。

2. 黏虫

黏虫 (*Mythimna separate*)，又名剃枝虫、五色虫、夜盗虫，属鳞翅目夜蛾科。具有群聚性、迁飞性、杂食性、暴食性，为全国性重要农业害虫。黏虫大发生时常将叶片全部吃光，仅剩光秆，造成大面积减产，甚至颗粒无收。

药物防治 主要采用种子包衣和喷雾防治，喷雾防治应在低龄幼虫期施药。

（1）用50%氯虫苯甲酰胺种子处理悬浮剂380～530g/100kg种子加适量清水，混合均匀调成浆状药液，进行包衣处理。

（2）用100亿孢子/g球孢白僵菌可分散油悬浮剂600～800g/亩均匀喷雾。

（3）用5%高效氯氟氰菊酯水乳剂8～10g/亩均匀喷雾；或用2.5%高效氯氟氰菊酯水乳剂16～20g/亩均匀喷雾。

（4）用2.5%溴氰菊酯乳油20～25g/亩均匀喷雾。

六、油料及经济作物害虫

1. 大豆食心虫

大豆食心虫 (*Leguminivora glycinivorella*) 俗称蛀荚蛾、蛀荚虫，属鳞翅目小卷蛾科。大豆食心虫为单食性害虫，主要食害大豆，幼虫蛀入豆荚，咬食豆粒，常年虫食率10%～20%，严重时可达30%～40%。

药物防治 在成虫发生盛期和在幼虫入荚前进行喷雾防治。

（1）用2.5%高效氯氟氰菊酯乳油15～20g/亩均匀喷雾；或用2.5%高效氯氟氰菊酯水乳剂16～20g/亩均匀喷雾。

（2）用2.5%溴氰菊酯乳油16～24g/亩均匀喷雾。

（3）用20%氰戊菊酯乳油20～30g/亩均匀喷雾。

（4）用50%倍硫磷乳油120～160g/亩均匀喷雾。

（5）用14%氯虫·高氯氟微囊悬浮-悬浮剂10～20g/亩均匀喷雾。

2. 豆荚螟

豆荚螟 (*Etiella zinckenella*) 俗称红虫，属鳞翅目螟蛾科，幼虫蛀入大豆及其他豆科植物荚内，食害豆粒，影响产量和品质。

药物防治 主要采用喷雾防治，在卵孵盛期至低龄幼虫期施药。每亩可用20%氰戊菊酯乳油20～40g，或20%氯虫苯甲酰胺6～12g稀释后均匀喷雾。

3. 花生蚜

花生蚜（*Aphis medicaginis*）又称豆蚜、苜蓿蚜、槐蚜，属半翅目蚜科。花生蚜在花生的幼苗到收获期均可为害，花生受害后生长停滞、植株矮小、叶片卷缩，影响开花、结果，排出大量的蜜露，可引起霉菌寄生，严重时可造成植株枯死。花生蚜又是花生病毒病的传毒介体，能传播花生矮缩病与花生丛簇病。

药物防治 主要有种子包衣和喷雾防治。

（1）用30％噻虫嗪种子处理悬浮剂200～400g/100kg种子进行种子包衣，按照每100kg种子加1～2.5kg水的比例稀释成药浆，混合均匀后与种子充分地搅拌，直到药液均匀分布到种子表面，晾干后播种。

（2）用16％噻虫·高氯氟种子处理微囊悬浮-悬浮剂（937.5～1375）g/100kg种子均匀拌种，阴干后播种。

（3）用25％甲·克悬浮种衣剂按药种比1∶（40～50）均匀拌种，晾干后播种。

（4）用2.5％溴氰菊酯乳油20～25g/亩均匀喷雾。

七、蔬菜害虫

1. 菜粉蝶

菜粉蝶（*Pieris rapae*）属鳞翅目粉蝶科，幼虫称菜青虫。菜粉蝶分布遍及世界各地，寄主主要是十字花科植物，且喜食甘蓝类蔬菜。以幼虫咬食寄主叶片，咬成孔洞或缺刻，严重时叶片全部吃光，只残留粗脉和叶柄。而且常因其为害引起软腐病的发生。

药物防治 主要采用喷雾防治，在菜青虫发生初期施药。

（1）用50％敌敌畏乳油80～120g/亩均匀喷雾；或用77.5％敌敌畏乳油50～70g/亩均匀喷雾。

（2）每亩可用40％辛硫磷乳油50～75g，或5％高效氯氟氰菊酯水乳剂15～20g，或用2.5％高效氯氟氰菊酯乳油20～40g，或2.5％溴氰菊酯乳油20～40g，或5％溴氰菊酯可湿性粉剂20～30g，或用20％氰戊菊酯乳油20～40g，或15％茚虫威悬浮剂5～10g等稀释后均匀喷雾。

（3）用8000IU/μL苏云金杆菌悬浮剂200～300g/亩均匀喷雾；或用16000IU/mg苏云金杆菌可湿性粉剂25～50g/亩均匀喷雾。

（4）用0.3％苦参碱水剂60～100g/亩均匀喷雾。

（5）用 1.8％阿维菌素乳油 15～25g/亩均匀喷雾；或用 1.8％阿维·高氯氟乳油 30～55g/亩均匀喷雾。

（6）用 20％灭幼脲悬浮剂 20～30g/亩均匀喷雾。

2. 小菜蛾

小菜蛾（*Plutella xylostella*）属于鳞翅目菜蛾科，以为害十字花科蔬菜为主，是世界性蔬菜害虫，全国普遍发生。幼虫有集中为害菜心的习性，使白菜、甘蓝等叶菜类的生长发育发生严重障碍，不能包心结球。幼虫咬食留种株的嫩茎、幼荚和籽粒，造成孔洞，影响结实。小菜蛾大发生时减产 50％～75％，甚至绝收。

药物防治 主要采用喷雾防治，在卵孵化盛期至幼虫 2 龄前施药。在防治中，提倡不同类型的农药混配使用，以减缓其抗药性发生的速度。

（1）用 8000IU/μL 苏云金杆菌悬浮剂 200～300g/亩均匀喷雾；或用 16000IU/mg 苏云金杆菌可湿性粉剂 50～75g/亩均匀喷雾。

（2）用 15％茚虫威悬浮剂 14～18g/亩均匀喷雾。

（3）用 5％阿维菌素乳油 10～14g/亩均匀喷雾；用 1.8％阿维菌素乳油 30～40g/亩均匀喷雾；或用 15％阿维·虫螨腈悬乳剂 25～30g/亩均匀喷雾。

（4）用 50％丁醚脲悬浮剂 50～67g/亩均匀喷雾；或用 25％丁醚脲乳油 80～120g/亩均匀喷雾。

（5）用 5％氟啶脲乳油 40～60g/亩均匀喷雾；或用 15％甲维·氟啶脲水分散粒剂 25～30g/亩均匀喷雾。

（6）用 5％高效氯氟氰菊酯水乳剂 15～20g/亩均匀喷雾；或用 2.5％高效氯氟氰菊酯乳油 40～80g/亩均匀喷雾。

（7）用 4.5％高效氯氰菊酯乳油 15～40g/亩均匀喷雾；或用 1.8％阿维·高氯氟乳油 30～55g/亩均匀喷雾。

（8）用 2.5％溴氰菊酯乳油 18～27g/亩均匀喷雾。

3. 菜蚜

菜蚜是为害十字花科蔬菜蚜虫的统称，我国已知菜蚜种类主要有 3 种，即桃蚜（*Myzus persicae*）、萝卜蚜（菜缢管蚜）（*Lipaphis erysimi*）、甘蓝蚜（*Brevicoryne brassicae*），均属半翅目蚜科。菜蚜以成、若蚜聚集在幼苗、嫩茎、嫩叶和近地面的叶背刺吸植株的汁液，使受害植株叶面皱缩、发黄，严重时使外叶塌地枯萎，菜不能包心，严重地影响蔬菜的产量与品质。此外，这 3 种蚜虫还可传播十字花科蔬菜的病毒病，如黄瓜花叶病毒、花椰菜花叶病毒，为害程度已远远超过了其直接为害造成的损失。

药物防治　主要采用喷雾防治，在蚜虫发生期施药。

（1）用 10％吡虫啉可湿性粉剂 10～20g/亩均匀喷雾；或用 20％吡虫啉可溶液剂 7.5～10g/亩均匀喷雾；或用 1.8％阿维·吡虫啉可湿性粉剂 25～40g/亩均匀喷雾；或用 5％氯氰·吡虫啉乳油 30～50g/亩均匀喷雾；或用 25％吡虫·辛硫磷乳油 50～60g/亩均匀喷雾。

（2）每亩可用 25％吡蚜酮可湿性粉剂 20～25g，或 5％啶虫脒乳油 24～36g，或 25％噻虫嗪水分散粒剂 6～8g，或 20％氰戊菊酯乳油 20～40g，或 2.5％高效氯氟氰菊酯乳油 20～40g，或 4.5％高效氯氰菊酯乳油 5～27g，或 0.3％苦参碱水剂 80～120g，或 0.6％烟碱·苦参碱乳油 60～120g，或 2.5％鱼藤酮乳油 100～150g 等稀释后均匀喷雾。

4. 黄条跳甲

黄条跳甲属鞘翅目叶甲科。在我国为害十字花科蔬菜的主要有黄曲条跳甲（*Phyllotreta striolata*）、黄狭条跳甲（*Phyllotreta vittula*）、黄宽条跳甲（*Phyllotreta humilis*）和黄直条跳甲（*Phyllotreta rectilineata*）等。成虫俗称蹦蹦虫、菜蚤、黄条跳虫、土跳蚤、菜蚤子、黄跳蚤等，幼虫俗称白蛆。成虫和幼虫都能为害，被害叶面布满稠密的椭圆形小孔洞，幼苗期受害常造成秧苗断垄，甚至全田毁种，还可将留种菜株的嫩菜表面、果梗、嫩梢咬成疤痕或咬断，幼虫蛀害寄主根皮，形成不规则条状疤痕。此外幼虫造成的伤口常引起十字花科蔬菜软腐病。

药物防治　主要采用种子包衣、喷雾和颗粒剂撒施防治，在黄条跳甲盛发期施药。

（1）用 15％哒螨灵乳油 40～60g/亩均匀喷雾；或用 20％呋虫·哒螨灵悬浮剂 75～90g/亩均匀喷雾。

（2）用 45％马拉硫磷乳油 83～111g/亩均匀喷雾。

（3）用 0.4％呋虫胺颗粒剂 6.0～8.0kg/亩撒施，施药后覆浅土，保持土壤湿润以利于有效成分的释放和均匀分布。

（4）用 30％噻虫嗪悬浮种衣剂按 800～1600g/100kg 种子进行拌种，100kg 种子加水 1～5kg 混合成药浆，以药浆与种子比为 1∶（20～100）与种子充分搅拌，直到药液均匀分布到种子表面，晾干后播种。

（5）用 5％啶虫脒乳油 60～120g/亩均匀喷雾；或用 10％啶虫·哒

螨灵微乳剂 40～50g/亩均匀喷雾。

5. 甜菜夜蛾

甜菜夜蛾（*Spodoptera exigua*）属鳞翅目夜蛾科，又叫白菜褐夜蛾、玉米叶夜蛾。在十字花科蔬菜上，低龄时常群集在心叶中结网为害，然后分散为害叶片，严重时仅留叶脉与叶柄。3龄后还可钻蛀豆荚以及大葱叶和辣椒、番茄的果实，造成落果、烂果。

药物防治　主要采用喷雾防治，在卵孵盛期或低龄幼虫期施药。

（1）用20％虫酰肼悬浮剂70～100g/亩均匀喷雾；或用20％虫酰·辛硫磷乳油80～100g/亩均匀喷雾。

（2）用5％虱螨脲悬浮剂30～40g/亩均匀喷雾；或用10％甲维·虱螨脲悬浮剂1.5～2g/亩均匀喷雾；或用12％虱脲·虫螨腈悬浮剂30～50g/亩均匀喷雾；或用25％虱脲·虫螨腈微乳剂27～33g/亩均匀喷雾。

（3）用10％虫螨腈悬浮剂50～70g/亩均匀喷雾；或用12％甲维·虫螨腈悬浮剂10～15g/亩均匀喷雾；或用30％虫螨·茚虫威悬浮剂9～11g/亩均匀喷雾。

（4）用15％茚虫威悬浮剂10～18g/亩均匀喷雾；或用10％甲维·茚虫威悬浮剂20～30g/亩均匀喷雾；或用35％甲氧·茚虫威悬浮剂8～12g/亩均匀喷雾。

（5）用5.0％氟啶脲乳油40～80g/亩均匀喷雾；或用5％高氯·氟啶脲乳油50～70g/亩均匀喷雾。

（6）用5％氯虫苯甲酰胺悬浮剂30～60g/亩均匀喷雾；或用6％阿维·氯苯酰悬浮剂40～50g/亩均匀喷雾。

（7）用6.0％乙基多杀菌素悬浮剂20～40g/亩均匀喷雾；或用34％乙多·甲氧虫悬浮剂20～24g/亩均匀喷雾。

（8）用5％甲氨基阿维菌素水分散粒剂3～4.5g/亩均匀喷雾；或用3％甲氨基阿维菌素微乳剂3～5g/亩均匀喷雾；或用3％高氯·甲维盐微乳剂40～50g/亩均匀喷雾。

6. 斜纹夜蛾

斜纹夜蛾（*Spodoptera litura*）属鳞翅目夜蛾科，又名斜纹夜盗虫。以幼虫为害植物叶部，也为害花及果实，虫口密度大时常将全田作物吃成光秆或仅剩叶脉，常蛀入心叶，把内部吃空，造成腐烂和污染，且能转移为害。大发生时能造成严重减产。

药物防治　主要采用喷雾防治，在卵孵盛期或低龄幼虫期施药。

（1）用20％虫酰肼悬浮剂25～42g/亩均匀喷雾；或用10％虫螨·虫酰肼可湿性粉剂60～100g/亩均匀喷雾。

（2）用10％虫螨腈悬浮剂40～60g/亩均匀喷雾；或用12％甲维·虫螨腈悬浮剂10～15g/亩均匀喷雾。

（3）用10亿PIB/g斜纹夜蛾核型多角体病毒悬浮剂50～75g/亩均匀喷雾；或用6亿PIB/g斜纹夜蛾核型多角体病毒悬浮剂40～70g/亩均匀喷雾。

（4）每亩可用80％敌百虫可溶液剂90～100g，或5％氯虫苯甲酰胺悬浮剂45～54g，或16000IU/mg苏云金杆菌可湿性粉剂200～250g，或5％甲氨基阿维菌素水分散粒剂3～4g，或2％甲氨基阿维菌素微乳剂5～7g，或12％甲维·虫螨腈悬浮剂10～15g，或25％甲维·虫酰肼40～60g等稀释后均匀喷雾。

（5）用1.1％斜纹夜蛾诱集性信息素挥散芯1～3枚/亩诱捕，诱芯需要与夜蛾类诱捕器配套使用。

7. 菜螟

菜螟（*Oebia undalis*）俗称剜心虫、钻心虫、萝卜螟，属鳞翅目螟蛾科。以幼虫为害菜苗，吐丝缀合心叶，于其内食害菜心，长大后可蛀入茎髓，形成隧道，造成无心菜或造成菜苗死亡，甚至钻食根部，使之断根，且可传播软腐病。

药物防治　应掌握在幼虫孵化盛期或初见心叶受害和丝网时喷药，一般间隔5～7d喷药一次，连喷2～3次。用药同菜青虫。

8. 温室白粉虱

温室白粉虱（*Ttrialeurodes vaporariorum*）又名小白蛾，属半翅目粉虱科。以成虫和若虫吸食植株汁液，被害叶片失绿、变黄萎蔫，甚至全株死亡。除直接为害外，由于种群数量大，群聚为害，分泌的大量蜜露严重污染叶片与荚果，往往引起煤污病的大发生，影响光合作用，使蔬菜失去商品价值。

药物防治　主要采用喷雾防治。

（1）用2.5％联苯菊酯乳油20～40g/亩均匀喷雾；或用6％联菊·啶虫脒微乳剂25～30g/亩均匀喷雾。

（2）用20％吡虫啉可溶液剂15～20g/亩均匀喷雾。

（3）用20％啶虫脒可溶液剂4.5～6.75g/亩均匀喷雾；或用21％

啶虫·辛硫磷乳油 40～60g/亩均匀喷雾。

（4）用 40％呋虫胺可溶粉剂 15～25g/亩喷雾；或用 30％呋虫·哒螨灵水分散粒剂均匀喷雾。

（5）用 25％噻虫嗪水分散粒剂 7～15g/亩均匀喷雾；或用 22％噻虫·高氯氟 5～10g/亩均匀喷雾。

（6）在保护地白粉虱发生初期施药，与 15％敌敌畏烟剂 390～450g/亩点燃放烟。

（7）用 10％溴氰虫酰胺可分散油悬剂 43～57g/亩均匀喷雾。

9. 马铃薯瓢虫

我国为害马铃薯的瓢虫有酸浆瓢虫（*Henosepilachna vigintioctopunctata*）和马铃薯瓢虫（*Henosepilachna vigintioctomaculata*）2 种，前者又称茄二十八星瓢虫、小二十八星瓢虫，后者又称马铃薯二十八星瓢虫、大二十八星瓢虫，均属鞘翅目瓢虫科。成虫、幼虫均可啃食叶片、果实和嫩茎，被害叶片仅留叶脉和一层表皮，形成透明密集的条痕，后变为褐色斑痕，或将叶片吃成穿孔，严重时叶片枯萎。果实受害则被啃食成许多凹纹，逐渐变硬而粗糙，并有苦味，失去商品价值。

药物防治 主要采用喷雾防治，应掌握在幼虫盛孵期，在幼虫分散为害之前施药。用 4.5％高效氯氰菊酯乳油 22～44g/亩均匀喷雾。

10. 潜叶蝇类

潜叶蝇类属双翅目芒角亚目潜蝇科，为害蔬菜的主要有豌豆潜叶蝇（*Chromatomyia horticola*）、美洲斑潜蝇（*Liriomyza sativae*）、南美斑潜蝇（*Liriomyza huidobrensis*）等。豌豆潜叶蝇又叫豌豆植潜蝇、豌豆彩潜蝇，美洲斑潜蝇又名蔬菜斑潜蝇、美洲甜瓜斑潜蝇、苜蓿斑潜蝇、蛇形斑潜蝇、甘蓝斑潜蝇等。潜叶蝇类是主要的潜食性害虫，幼虫形成可见的潜道，粪便分布于线形潜道的两边，每潜道内有 1 头幼虫，影响蔬菜生长，严重的可造成叶片枯死。成虫产卵、取食也造成伤斑，使植物叶片的叶绿素细胞受到破坏，严重时造成叶片白化，后期可干枯死亡。

药物防治 主要采用喷雾防治，在美洲斑潜蝇发生初期施药。

（1）用 80％灭蝇胺水分散粒剂 15～18g/亩均匀喷雾；或用 30％灭蝇胺悬浮剂 30～50g/亩均匀喷雾；或用 31％阿维·灭蝇胺悬浮剂 16～22g/亩均匀喷雾；或用 50％灭胺·杀虫单可溶粉剂 35～45g/亩均匀喷雾。

（2）用 1.8％阿维菌素乳油 22～28g/亩均匀喷雾；或用 20％阿维·杀虫单微乳剂 30～60g/亩均匀喷雾；或用 1.8％阿维·高氯氟乳油 56～112g/亩均匀喷雾。

（3）用 25％乙基多杀菌素水分散粒剂 11～14g/亩均匀喷雾。

八、果树害虫

1. 桃小食心虫

桃小食心虫（*Carposina sasakii*）简称桃小，又称桃蛀果蛾，属于鳞翅目卷蛾总科蛀果蛾科。桃小食心虫只为害果实，一般从萼洼处蛀入幼果，蛀果孔流出泪珠状果胶叫"流眼泪"，2～3d 后果胶凝干留下一白色膜（白灰），随着果实生长，蛀果孔愈合成 1 个小黑点。入果幼虫在果皮下纵横潜食，此时解剖，蛀道呈褐色细线状，随着果实生长，果面显现潜痕，果实外观畸形称"猴头果"。随着虫体食量加大，逐渐深入果心为害，并将粒状虫粪排泄在果心内，造成所谓"豆沙馅"，幼虫老熟后脱荚，在果实胴部开绿豆粒般大圆形脱果孔，周围有红晕称"红眼圈"。果实膨大后期受害，一般不形成"豆沙馅"。

药物防治 主要采用喷雾防治，在桃小食心虫卵孵化期至低龄幼虫钻蛀期间施药。

（1）用 2.5％联苯菊酯乳油 833～1250 倍液均匀喷雾；或用 10％联苯菊酯乳油 3000～4000 倍液均匀喷雾。

（2）用 2.5％高效氯氟氰菊酯乳油 3000～4000 倍液均匀喷雾；或用 14％氯虫·高氯氟微囊悬浮-悬浮剂 3000～5000 倍液均匀喷雾。

（3）用 4.5％高效氯氰菊酯乳油 1350～2250 倍液均匀喷雾；或用 20％高氯·马乳油 1000～2000 倍液均匀喷雾。

（4）用 1.8％阿维菌素乳油 2000～4000 倍液均匀喷雾；或用 6％阿维·氯苯酰悬浮剂 3000～4000 倍液均匀喷雾。

（5）用 40％毒死蜱乳油 1660～2500 倍液均匀喷雾。

2. 梨小食心虫

梨小食心虫（*Grapholitha molesta*）简称梨小，又称东方果蛀蛾，属鳞翅目小卷叶蛾科，因其为害桃梢，故俗称桃折心虫。为害果实常由萼洼处蛀入，蛀果孔小，脱果孔大。在梨上由于脱果孔易腐烂而形成一圆形疤痕，故称之为"黑膏药"。核果类果实受害，多在果核周围蛀食果肉，不表现梨果系列症状。在桃树上先为害新梢，由新梢叶梗基部蛀入，一直蛀到木质部，并在木质部内取食。当新梢木质化后，再转移到另一新梢为害。

药物防治　主要采用喷雾防治和迷向防治，喷雾应在卵孵盛期至低龄幼虫钻蛀前进行。

（1）用 20％氰戊菊酯乳油 10000～20000 倍液均匀喷雾。

（2）用 25g/L 高效氯氟氰菊酯乳油 3000～4000 倍液均匀喷雾。

（3）用 25g/L 溴氰菊酯乳油 2500～3000 倍液均匀喷雾。

（4）用 16000IU/mg 苏云金杆菌可湿性粉剂 100～200 倍液均匀喷雾。

（5）用 5％梨小食心虫性迷向素饵剂 80～100g/亩进行投饵。在春季桃树露红期（越冬代成虫羽化前）使用，将产品投放在距地面 1.5～1.8m 处的小枝条上，离地面约 2/3 处，使梨小食心虫迷向以干扰自然界梨小食心虫雌雄交配。

3. 苹小卷叶蛾

苹小卷叶蛾（*Adoxophyes orana*）又称棉褐带卷蛾，旧称苹果卷蛾、苹小黄卷蛾、橘小黄卷蛾、茶小黄卷蛾和远东卷叶蛾，属鳞翅目卷蛾总科卷蛾科。以幼虫粘食幼芽、花蕾、嫩叶成虫苞，隐藏其中剥食叶片，残留表皮。也可以啃食苹果、桃、梨、李等多种果实的果皮，果面出现的成片不规则形麻坑状卷叶虫伤称"麻面果"。

药物防治　主要采用喷雾防治，在卵孵盛期和幼虫卷叶前施药。

（1）用 50％敌敌畏乳油 1000～1250 倍液均匀喷雾；或用 77.5％敌敌畏乳油 1600～2000 倍液均匀喷雾。

（2）用 45％杀螟硫磷乳油 37～74g/亩均匀喷雾。

（3）用 20％虫酰肼悬浮剂 2000～2500 倍液均匀喷雾。

（4）用 24％甲氧虫酰肼悬浮剂 2500～3750 倍液均匀喷雾。

（5）用 25％氯虫·啶虫脒可分散油悬浮剂 3000～4000 倍液均匀喷雾。

（6）用 3％甲氨基阿维菌素微乳剂 3000～4000 倍液均匀喷雾；或用 6％甲维·杀铃脲悬浮剂 1500～2000 倍液均匀喷雾。

4. 黄斑卷蛾

黄斑卷蛾（*Acleris fimbriana*）又称黄斑长翅卷叶蛾、桃黄斑卷叶虫，属鳞翅目卷叶蛾科。幼虫食害嫩叶、新芽，稍大卷叶，或平叠叶片及贴叶果面，食叶肉呈纱网状和孔洞，并啃食贴叶果的果皮，呈不规则形凹疤，多雨时常腐烂脱落。

药物防治　主要采用喷雾防治。

发生严重的果园，于第 1 代幼虫发生期用 40％水胺硫磷乳油 1500 倍液均匀喷雾，严重时在第 2 代幼虫期再喷 1 次（柑橘树禁用）。

5. 金纹细蛾

金纹细蛾（*Lithocolletis ringoniella*）又称苹果细蛾、苹果潜叶蛾，属鳞翅目细蛾科。幼虫潜入叶背表皮下潜食海绵组织，造成下表皮与叶肉组织分离，叶背面形成枯黄色、椭圆形、泡囊状皱褶扭曲的虫斑，下表皮内散落着黑色虫粪，严重时一张叶片上有虫斑达 10 余处，叶片焦枯、提早落叶。后期在栅栏组织上下穿食，并吐丝收紧下表皮而使其皱缩，叶片向下弯曲。

药物防治　主要采用喷雾防治，在卵孵盛期至低龄幼虫期施药。

（1）用 25％灭幼脲悬浮剂 1500～2000 倍液均匀喷雾；或用 20％灭幼脲悬浮剂 1200～2000 倍液均匀喷雾；或用 30％哒螨·灭幼脲可湿性粉剂 1500～2000 倍液均匀喷雾。

（2）用 25％除虫脲可湿性粉剂 1000～2000 倍液均匀喷雾；或用 20％甲维·除虫脲 2000～3000 倍液均匀喷雾。

（3）用 25g/L 高效氟氯氰菊酯乳油 1500～2000 倍液均匀喷雾。

（4）用 35％氯虫苯甲酰胺可分散粒剂 17500～25000 倍液均匀喷雾。

6. 柑橘潜叶蛾

柑橘潜叶蛾（*Phyllocnistis citrella* Stainton）属于鳞翅目潜蛾科，别名鬼画符。以幼虫在嫩芽、嫩叶表皮下钻蛀为害，形成白色弯曲虫道，受害叶片卷缩脱落，间或为害幼嫩枝条。

药物防治　主要采用喷雾防治，在卵孵化期至低龄幼虫期施药。

（1）用 25％除虫脲可湿性粉剂 2000～4000 倍液均匀喷雾。

（2）用 25g/L 高效氯氟氰菊酯乳油 800～2000 倍液均匀喷雾。

（3）用 10％氯氰菊酯水乳剂 1000～1300 倍液均匀喷雾；或用 52.25％氯氰·毒死蜱乳油 500～1000 倍液均匀喷雾。

（4）用 1.8％阿维菌素乳油 3000～4000 倍液均匀喷雾；或用 6％阿维·氯苯酰悬浮剂 3000～4000 倍液均匀喷雾。

（5）用 20％啶虫脒可湿性粉剂 12000～16000 倍液均匀喷雾。

（6）用 25g/L 溴氰菊酯乳油 2500～5000 倍液均匀喷雾。

（7）用 20％氰戊菊酯乳油 10000～20000 倍液均匀喷雾。

7. 蚧类

蚧类属半翅目，为害果树的蚧类主要有硕蚧科的草履蚧（*Drosicha corpulenta*）和吹绵蚧（*Icerya purchasi*），粉蚧科的康氏粉蚧（*Pseudococcus comstocki*），绒蚧科的柿绒蚧（*Eriococcus kaki*）、紫薇绒蚧（*Eriococcus lagerostroemiae*），蜡蚧科的朝鲜球坚蚧（*Didesmococcus koreanus*）、日本球坚蚧（*Eulecanium kunoensis*）、东方盔蚧（*Parthenolecanium orientalis*）和日本龟蜡蚧（*Ceroplastes japonicus*），盾蚧科的桃白蚧（*Pseudaulacaspis pentagona*）、梨圆蚧（*Quadraspidiotus perniciosus*）和矢尖蚧（*Unaspis yanonensis*）等。

药物防治　主要采用喷雾防治，在低龄若虫发生期施药。防治柑橘树介壳虫注意喷药时必须均匀周到，确保叶片的正反两面，嫩梢，果实，枝干和树干完全着药。

（1）用95%矿物油乳油50～60倍液均匀喷雾；或用95%矿物油乳油100～200倍液均匀喷雾。

（2）用45%石硫合剂结晶粉早春180～300倍液均匀喷雾，晚秋300～500倍液均匀喷雾。

（3）用22.4%螺虫乙酯悬浮剂3000～5000倍液倍液均匀喷雾；或用33%螺虫·噻嗪酮悬浮剂3500～4500倍液均匀喷雾。

（4）用25%噻嗪酮悬浮剂1000～1500倍液均匀喷雾；或用30%噻嗪·毒死蜱乳油600～1000倍液均匀喷雾。

（5）用200g/L双甲脒乳油1000～1500倍液均匀喷雾。

（6）用40%毒死蜱乳油800～1600倍液均匀喷雾；或用40%啶虫·毒死蜱微乳剂2667～4000倍液均匀喷雾；或用20%氯氰·毒死蜱乳油800～1000倍液均匀喷雾。

（7）用30%松脂酸钠水乳剂150～200倍液均匀喷雾。

8. 果树蚜虫

果树上蚜虫种类繁多，常见的蚜虫主要有蚜科的桃蚜（*Myzus persicae*）、绣线菊蚜（苹果黄蚜）（*Aphis citricola*）、苹果瘤蚜（*Myzus malisuctus*）、梨二叉蚜（*Schizaphis piricola*）、桃粉蚜（*Hyaloptera amygdali*）、桃瘤蚜（*Tuberocephalus momonis*），根瘤蚜科的梨黄粉蚜（*Aphanostigma jakusuiensis*），绵蚜科的苹果绵蚜（*Eriosoma lanigerum*）等。主要为害桃、李、杏、苹果、梨、山楂、柑橘等果树，以成虫和若虫群集芽、叶、嫩梢上刺吸汁液，被害叶向背面不规则地卷曲皱缩，严重影响果树枝叶的发育。

药物防治 主要采用喷雾防治，在蚜虫低龄若虫始盛期施药。

（1）用50％敌敌畏乳油1000～1250倍液均匀喷雾；或用77.5％敌敌畏乳油1600～2000倍液均匀喷雾。

（2）用45％毒死蜱乳油1500～2000倍液均匀喷雾。

（3）用10％吡虫啉可湿性粉剂3000～4000倍液均匀喷雾；或用20％吡虫啉可溶液剂5000～6000倍液均匀喷雾；或用5％联苯·吡虫啉乳油1500～2500倍液均匀喷雾；或用5％氯氰·吡虫啉乳油1000～2000倍液均匀喷雾；或用22％吡虫·毒死蜱乳油1500～2500倍液均匀喷雾。

（4）用45％马拉硫磷乳油1350～1800倍液均匀喷雾。

（5）用25g/L溴氰菊酯乳油750～1500倍液均匀喷雾。

（6）用20％氰戊菊酯乳油800～1000倍液均匀喷雾；或用10％氯氰·啶虫脒乳油1000～2000倍液均匀喷雾；或用30％氰戊·马拉松乳油2000～2500倍液。

（7）用21％噻虫嗪悬浮剂4000～5000倍液均匀喷雾；或用12％溴氰·噻虫嗪悬浮剂1450～2400倍液均匀喷雾；或用22％噻虫·高氯氟微囊悬浮-悬浮剂5000～10000倍液。

（8）用40％辛硫磷乳油1000～2000倍液均匀喷雾。

9. 北方果树螨类

北方地区果树上发生的害螨类主要有叶螨科的山楂红叶螨（*Tetranychus viennensis*）、二斑叶螨（*Tetranychus urticae*）、苹果全爪螨（*Panonychus ulmi*）、细须螨科的柿细须螨（*Tenuipalpus zhizhilashviliae*）、葡萄短须螨（*Brevipoalpus lewisi*）等。其中，苹果树以二斑叶螨、苹果爪螨和山楂红叶螨为优势种，受害叶片的正面呈现花花点点或成片的失绿斑点，严重时叶片呈苍白色，而叶反面暗褐色（锈红色），严重时整个叶片变脆，焦枯脱落。

药剂防治 主要采用喷雾防治。

（1）在苹果树萌芽前用45％石硫合剂结晶粉20～30倍液均匀喷雾。

（2）用40％辛硫磷乳油1000～2000倍液均匀喷雾。

（3）用1.8％阿维菌素乳油3000～4000倍液均匀喷雾；或用5％阿维·哒螨灵乳油1500～2000倍液均匀喷雾；或用12.5％阿维·三唑锡

可湿性粉剂 1000～1500 倍液均匀喷雾；或用 1.8％阿维菌素乳油 3000～6000 倍液均匀喷雾。

（4）在卵盛期用 15％哒螨灵乳油 1500～2000 倍液均匀喷雾；防治苹果树叶螨，用 73％炔螨特乳油 2000～3000 倍液均匀喷雾；或用 73％炔螨·矿物油 2000～3000 倍液均匀喷雾。

（5）在苹果落花后，卵孵化盛期及幼、若螨集中发生期施药，用 10％四螨·哒螨灵乳油 1500～2500 倍液均匀喷雾。

10. 柑橘全爪螨

柑橘全爪螨（*Panonychus citri*）属于蛛形纲蜱螨目叶螨科，又名柑橘红蜘蛛、柑橘红叶螨。以成螨、若螨、幼螨密集于叶片中脉附近和叶缘处，刺吸叶片、嫩梢、果皮汁液，叶片受害最重。早期主要在叶背为害，严重发生时，叶片正、反面均有为害。被害叶片正面呈现灰白色失绿小斑点，失去光泽，严重时全叶灰白，大量落叶和落果，影响树势和产量。

药物防治 主要采用喷雾防治，在柑橘红蜘蛛发生初期和卵孵化盛期施药。

（1）用 20％四螨嗪悬浮剂 1200～2000 倍液均匀喷雾，在柑橘萌芽前用药 1～2 次，杀死越冬螨卵；花后在卵孵化初期集中用药；或用 10％四螨·哒螨灵乳油 1500～2500 倍液均匀喷雾。

（2）用 57％炔螨特乳油 1500～2000 倍液均匀喷雾。

（3）用 20％三唑锡可湿性粉剂 1200～1600 倍液均匀喷雾；或用 30％螺螨·三唑锡悬浮剂 2000～2500 倍液均匀喷雾。

（4）用 45％石硫合剂结晶粉早春 180～300 倍液、晚秋 300～500 倍液均匀喷雾。

（5）用 43％联苯肼酯悬浮剂 1800～3400 倍液均匀喷雾；或用 40％联肼·乙螨唑悬浮剂 8000～10000 倍液均匀喷雾；或用 40％联肼·螺螨酯 2500～3000 倍液均匀喷雾。

（6）用 50％苯丁锡可湿性粉剂 2000～3350 倍液均匀喷雾；或用 10％苯丁·哒螨灵乳油 1500～2000 倍液均匀喷雾；或用 38％苯丁·炔螨特乳油 1500～2500 倍液均匀喷雾。

（7）用 45％石硫合剂结晶粉在早春用 180～300 倍液、晚秋 300～500 倍液喷雾。

（8）用 97％矿物油乳油 150～200 倍均匀喷雾；或用 24.5％阿维·

矿物油 1000～2000 倍均匀喷雾；或用 34％哒螨·矿物油乳油 1000～1500 倍液均匀喷雾。

11. 柑橘锈螨

柑橘锈螨（*Phyllocoptruta oleivora*）属于蛛形纲蜱螨目瘿螨科，别称柑橘锈壁虱。以若螨和成螨在果面、叶片和绿色嫩梢细枝上为害，刺破表皮细胞，吸吮汁液。果皮失去光泽，最后变成红褐色或黑色，果面粗糙，满布龟裂网状细纹。叶子受害后变色脱落，严重时影响树势，次年不能开花结实。

药物防治　主要采用喷雾防治，在柑橘锈壁虱始盛期施药。

（1）用 1.8％阿维菌素乳油 3000～4000 倍液均匀喷雾；或用 5％阿维·虱螨脲乳油 4000～6000 倍液均匀喷雾。

（2）每亩可用 5％虱螨脲悬浮剂 2000～2500 倍液，20％苯丁锡悬浮剂 1000～1200 倍液，21％阿维·苯丁锡悬浮剂 2000～3000 倍液，95％矿物油乳油 100～200 倍液，45％石硫合剂结晶粉 300～500 倍液均匀喷雾。

九、茶树害虫

1. 尺蠖

尺蠖属于鳞翅目尺蛾科，为害茶树的尺蠖类有 10 多种，主要有茶尺蠖（*Ectropis oblique*）、油桐尺蠖（*Buzura supressaria*）、木橑尺蠖（*Culcula panterinaria*）、茶银尺蠖（*Scopula subpunctaria*）、灰茶尺蠖（*Ectropis grisescens*）、云尺蠖（*Buzura thibetaria*）等。1～2 龄幼虫多分布在茶树表层叶缘与叶面，取食表皮和叶肉，咬食嫩叶边缘呈网状半透膜斑，3 龄后爬散，4 龄后暴食，将叶片咬成"C"字形缺刻，甚至蚕食整张叶片。大发生时常将整片茶园啃食一光，状如火烧。

药物防治　主要采用喷雾防治，在卵孵盛期至低龄幼虫发生期用药。

（1）用 25g/L 联苯菊酯乳油 20～40mL/亩均匀喷雾；或用 5.3％联苯·甲维盐 2000～4000 倍液均匀喷雾。

（2）用 25g/L 高效氯氟氰菊酯乳油 10～20mL/亩均匀喷雾；或用 22％噻虫·高氯氟微囊悬浮-悬浮剂 4～6g/亩均匀喷雾；或用 26％辛硫·高氯氟乳油 1000～1500 倍液均匀喷雾。

（3）每亩可用 4.5％高效氯氰菊酯乳油 22～40g，或 0.5％苦参碱水剂 75～90g 稀释后均匀喷雾。

（4）用 97％敌百虫原药 1078～2156 倍液均匀喷雾；或用 90％敌百虫原药 1000～2000 倍液均匀喷雾；或用 87％敌百虫原药 967～1933 倍液均匀喷雾。

（5）用 45％杀螟硫磷乳油 900～1800 倍液，或 20％除虫脲悬浮剂 1500～2000 倍液均匀喷雾。

（6）用 20 亿 PIB/mL 甘蓝夜蛾核型多角体病毒悬浮剂 50～60mL/亩均匀喷雾。

2. 刺蛾

刺蛾属于鳞翅目刺蛾科，为害茶树的有扁刺蛾（*Thosea sinensis*）、黄刺蛾（*Cnidocampa flavescens*）、丽绿刺蛾（*Parasa lepida*）、茶刺蛾（*Iragoides fasciata*）、红点龟形小刺蛾（*Narosa nigrisigna*）等。幼虫栖居叶背取食，幼龄幼虫取食下表皮和叶肉，中龄以后咬食叶片成缺刻，从叶尖向叶基取食，留下平直如刀切的半截叶片，为害严重时只留下叶柄和枝条。

药物防治　主要采用喷雾防治，在低龄幼虫发生期用药。

（1）用 97％敌百虫原药 1078～2156 倍液均匀喷雾；或用 90％敌百虫原药 1000～2000 倍液均匀喷雾；或用 87％敌百虫原药 967～1933 倍液均匀喷雾。

（2）用 25g/L 溴氰菊酯乳油 10～20mL/亩均匀喷雾。

3. 叶蝉

叶蝉属于半翅目叶蝉科。为害茶树的叶蝉主要有小贯小绿叶蝉 [*Empoasca*（*Matsumurasca*）*onukii*]、假眼小绿叶蝉（*Empoasca vitis*）、烟翅小绿叶蝉（*Empoasca limbiferaa*）、棉叶蝉（*Empoasca biguttula*）、黑尾叶蝉（*Nephotettix bipunctatus*）等。茶园叶蝉雌成虫在嫩梢内产卵，导致输导组织受损，养分丧失，水分供应不足。成、若虫均刺吸茶树嫩梢或芽叶汁液，茶树芽叶失水、生长迟缓、叶脉变红，进而叶边叶尖焦干、生长停止、芽叶脱落。为害后的芽叶在加工过程中易断碎，严重影响茶叶的品质。

小绿叶蝉种类较多，且外形特征相似，茶园里的小绿叶蝉种类很难仅靠体色和斑纹特征进行区分，初期在对茶园小绿叶蝉优势种上的分类有争议。近年的研究表明，中国茶树上的优势种实则为小贯小绿叶蝉。

药物防治　主要采用喷雾防治，在卵孵盛期至低龄若虫始盛期施药。

（1）用 25g/L 联苯菊酯乳油 80～100mL/亩均匀喷雾；或用 20％氟啶虫酰胺·联苯菊酯悬浮剂 15～23g/亩均匀喷雾；或用 40％联菊·丁醚脲悬浮剂 33～40g/亩均匀喷雾。

（2）用 25g/L 高效氯氟氰菊酯乳油 40～80mL/亩均匀喷雾；或用 22％噻虫·高氯氟微囊悬浮-悬浮剂 5.6～6.7g/亩均匀喷雾。

（3）用 25％噻虫嗪水分散粒剂 4～6g/亩均匀喷雾。

（4）用 500g/L 丁醚脲悬浮剂 100～120mL/亩均匀喷雾；或用 42％丁醚·茚虫威悬浮剂 23～32g/亩均匀喷雾。

（5）用 150g/L 茚虫威乳油 17～22mL/亩均匀喷雾；或用 30％哒螨·茚虫威 13～15g/亩均匀喷雾。

（6）用 20％呋虫胺悬浮剂 30～40g/亩均匀喷雾。

4. 粉虱

粉虱属于半翅目粉虱科。茶园主要种类有黑刺粉虱（*Aleurocanthus spiniferus*）和柑橘粉虱（*Dialeurodes citri*）。若虫栖居在叶片背面刺吸汁液，同时分泌排泄物落到下方叶片正面，诱发煤污病；发生严重的茶园，叶片正面全部被黑色粉状物覆盖，致使树势衰弱，新梢停止生长，芽叶稀少，枝叶枯竭，甚至导致茶树停止生长，大量落叶或成片枯死。

药物防治　主要采用喷雾防治，在卵孵盛期施药。

（1）用 25g/L 溴氰菊酯乳油 10～20mL/亩均匀喷雾。

（2）用 25g/L 联苯菊酯乳油 80～100mL/亩均匀喷雾；或用 40％联苯·噻虫啉悬浮剂 15～20g/亩均匀喷雾；或用 32％联苯·噻虫嗪悬浮剂 20～30g/亩均匀喷雾。

5. 茶蚜

茶蚜（*Toxoptera aurantii*）属半翅目蚜科。茶蚜又名茶二叉蚜、可可蚜、橘二叉蚜，俗称腻虫、蜜虫。茶蚜以成、若虫聚集刺吸芽梢和嫩叶，引起芽叶萎缩，生长停滞，严重时新梢枯褐。排泄蜜露诱发茶树煤烟病。受害芽叶制成的干茶色暗汤浊且带有腥味。

药物防治　主要采用喷雾防治。用 25g/L 溴氰菊酯乳油 10～20mL/亩均匀喷雾，或用 10％氯氰菊酯乳油 2000～5000 倍液均匀喷雾。

6. 茶园害螨

我国主要有细须螨科的卵形短须螨（*Brevipalpus obovatus*）、叶螨科的咖啡小爪螨（*Oligonychus coffeae*）、跗线螨科的侧多食跗线螨（*Polyphagotarsonemus latus*）、瘿螨科的茶橙瘿螨（*Acaphylla theae*）和茶叶瘿螨（*Calacarus carinatus*）。发生较为普遍的是茶橙瘿螨和茶叶瘿螨，以成螨和幼螨吸食叶片汁液，前者主要为害成叶和幼嫩芽叶，也为害老叶，后者为害老叶和成叶。螨少时症状不明显，螨多时则被害叶失去光泽，主脉红褐色，芽叶萎缩，呈现褐色锈斑，严重时枝叶干枯，状似火烧，后期大量落叶，严重影响茶叶品质和产量。

药物防治　主要采用喷雾防治，在若螨发生盛期施药。

（1）用 97% 矿物油乳油 135～220 倍均匀喷雾。

（2）用 0.5% 藜芦碱可溶液剂 600～800 倍液均匀喷雾。

阿维菌素

（abamectin）

B$_{1a}$, R=CH$_2$CH$_3$
B$_{1b}$, R=CH$_3$

B$_{1a}$: C$_{48}$H$_{72}$O$_{14}$, 873.09；B$_{1b}$: C$_{47}$H$_{70}$O$_{14}$, 859.06; 71751-41-2

其他名称 螨虫素、齐螨素、害极灭、杀虫丁、avermectin。

理化性质 原药精粉为白色或黄色结晶（含 B$_{1a}$80％，B$_{1b}$＜20％），蒸气压＜200nPa，熔点 150～155℃，21℃时溶解度在水中 7.8μg/L、丙酮中 100g/L、甲苯中 350g/L、异丙醇中 70g/L、氯仿中 25g/L。常温下不易分解。在 25℃，pH 5～9 的溶液中无分解现象。在通常贮存条件下稳定，对热稳定，对光、强酸、强碱不稳定。

毒性　原药急性 LD_{50}（mg/kg）：野鸭经口 84.6，北美鹑经口＞2000；兔经皮＞2000。被土壤微生物迅速降解，无生物富集。

作用特点　阿维菌素是从土壤微生物中分离的天然产物，它是一种大环内酯双糖类化合物。干扰昆虫的神经生理活动，刺激释放 γ-氨基丁酸，而 γ-氨基丁酸对节肢动物的神经传导有抑制作用，螨类和昆虫与药剂接触后即出现麻痹症状，不活动不取食，2～4d 后死亡。阿维菌素对昆虫和螨类具有触杀和胃毒作用，并有微弱的熏蒸作用，无内吸作用，不杀卵，但它对叶片有很强的渗透作用，可杀死表皮下的害虫，且残效期长。阿维菌素因不引起昆虫迅速脱水，所以它的致死作用较慢。对捕食性和寄生性天敌虽有直接杀伤作用，但由于植物表面残留少，因此对益虫的损伤小。

适宜作物　蔬菜、果树、水稻、棉花等。

防除对象　蔬菜害虫如菜青虫、小菜蛾、美洲斑潜蝇、二化螟、玉米螟、斜纹夜蛾等；棉花害虫如棉铃虫、红蜘蛛等；果树害虫如红蜘蛛、柑橘潜叶蛾、梨木虱、柑橘锈壁虱、二斑叶螨、梨小食心虫、桃小食心虫等；水稻害虫如稻纵卷叶螟、二化螟等；卫生害虫如蜚蠊（蟑螂）等。

应用技术　以 1.8％阿维菌素乳油、3.2％阿维菌素乳油、5％阿维菌素乳油、1.8％阿维菌素可湿性粉剂、0.1％阿维菌素杀蟑饵剂为例。

（1）防治蔬菜害虫

① 菜青虫　在卵孵盛期至低龄幼虫期施药，用 1.8％阿维菌素乳油 30～40g/亩均匀喷雾；或用 3.2％阿维菌素乳油 60～80g/亩均匀喷雾。

② 小菜蛾　在卵孵盛期至低龄幼虫期施药，用 1.8％阿维菌素乳油 30～40g/亩均匀喷雾；或用 3.2％阿维菌素乳油 20～25g/亩均匀喷雾；或用 1.8％阿维菌素可湿性粉剂 30～40g/亩均匀喷雾；或用 5％阿维菌素乳油 10～12g/亩均匀喷雾。

③ 美洲斑潜蝇　在幼虫发生始盛期或成虫高峰期施药，用 1.8％阿维菌素乳油 40～80g/亩均匀喷雾；或用 3.2％阿维菌素乳油 30～45g/亩均匀喷雾。

④ 二化螟　在茭白二化螟盛期至低龄幼虫始盛期施药，用 1.8％阿维菌素乳油 35～50g/亩均匀喷雾；或用 5％阿维菌素乳油 12～18g/亩均匀喷雾。

⑤ 玉米螟　在姜玉米螟产卵到孵化初期施药，用 1.8％阿维菌素乳

油 30～40g/亩均匀喷雾；或用 3.2％阿维菌素乳油 17～22.5g/亩均匀喷雾。

⑥ 斜纹夜蛾　在芋头斜纹夜蛾卵孵盛期到低龄幼虫发生期施药，用 1.8％阿维菌素乳油 45～50g/亩均匀喷雾。

（2）防治水稻害虫

① 稻纵卷叶螟　在卵孵盛期至低龄幼虫期施药，用 1.8％阿维菌素乳油 15～20g/亩均匀喷雾；或用 3.2％阿维菌素乳油 9.4～12.5g/亩均匀喷雾；或用 5％阿维菌素乳油 8～12g/亩均匀喷雾。

② 二化螟　在卵孵化盛期至幼虫期施药，用 3.2％阿维菌素乳油 50～80g/亩均匀喷雾；或用 5％阿维菌素乳油 10～15g/亩均匀喷雾。

（3）防治棉花害虫

① 红蜘蛛　在初发期施药，用 1.8％阿维菌素乳油 40～60g/亩均匀喷雾；或用 3.2％阿维菌素乳油 40～60g/亩均匀喷雾；或用 5％阿维菌素乳油 16～20g/亩均匀喷雾。

② 棉铃虫　在低龄幼虫期施药，用 1.8％阿维菌素乳油 80～120g/亩均匀喷雾；或用 3.2％阿维菌素乳油 50～70g/亩均匀喷雾。

（4）防治果树害虫

① 红蜘蛛　在柑橘红蜘蛛发生始盛期施药 1 次，用 1.8％阿维菌素乳油 3000～3500 倍液均匀喷雾；或用 5％阿维菌素乳油 5000～7000 倍液均匀喷雾。

② 潜叶蛾　在柑橘潜叶蛾发生初期施药，用 1.8％阿维菌素乳油 2000～3000 倍液均匀喷雾；或用 3.2％阿维菌素乳油 3000～5000 倍液均匀喷雾。

③ 柑橘锈壁虱　在若螨发生初期施药，用 1.8％阿维菌素乳油 4000～8000 倍液均匀喷雾；或用 3.2％阿维菌素乳油 3000～5000 倍液均匀喷雾。

④ 梨木虱　在若虫发生高峰期施药，用 1.8％阿维菌素乳油 4000～8000 倍液均匀喷雾；或用 3.2％阿维菌素乳油 3000～4000 倍液均匀喷雾。

⑤ 桃小食心虫　在苹果树桃小食心虫卵孵盛期至低龄幼虫期施药，用 1.8％阿维菌素乳油 2000～4000 倍液均匀喷雾。

⑥ 二斑叶螨　在苹果树二斑叶螨始盛期施药，用 1.8％阿维菌素乳油 3000～4000 倍液均匀喷雾。

（5）防治卫生害虫　蟑螂在蟑螂出没或栖息处，将 0.1％阿维菌素杀蟑饵剂直接点状投放用于边角、缝隙或裂缝中，每平方米施1～2点。

注意事项

① 本品见光易分解，应在早晚使用。

② 本品对蜜蜂、家蚕、鱼类等水生生物毒性较高，周围开花植物花期禁用，蚕室和桑园附近禁用；远离水产养殖区、河塘等水体施药，禁止在河塘等水体中清洗施药器具；赤眼蜂等天敌放飞区域禁用。

③ 不可与碱性物质混合使用。

④ 在甘蓝、萝卜、小油菜上的安全间隔期分别为3d、7d、5d，每季最多使用2次；在菜豆上的安全间隔期为7d，每季最多使用3次；在黄瓜上的安全间隔期为2d，每季最多使用3次；在姜上的安全间隔期为14d，每季最多施药1次；在茭白上的安全间隔期为14d，每季最多使用2次；在水稻、棉花上的安全间隔期为21d，每季最多使用2次；在柑橘树和苹果树上的安全间隔期为14d，每季最多使用2次；在梨树上的安全间隔期为21d，每季最多使用2次。

相关复配剂及应用

(1) 阿维·虫螨腈

主要活性成分 阿维菌素，虫螨腈。

作用特点 本品为阿维菌素与虫螨腈复配而成，阿维菌素是一种由放线菌发酵产生的具有杀虫杀螨活性的物质，具有触杀和胃毒作用。虫螨腈为新型吡咯类杀虫杀螨剂。二者复配有明显的增效作用，具有触杀、胃毒作用，对作物安全。

剂型 12％、10％、15％、14％、20％悬浮剂。

应用技术

① 小菜蛾 在低龄幼虫始盛期施药，用12％水乳剂25～34g/亩均匀喷雾；或用10％水乳剂20～40g/亩均匀喷雾；或用15％悬浮剂25～30g/亩均匀喷雾。

② 斜纹夜蛾 在卵孵盛期或低龄幼虫期施药，用20％悬浮剂15～20g/亩均匀喷雾。

③ 甜菜夜蛾 在卵孵盛期或低龄幼虫期施药，用14％悬浮剂20～30g/亩均匀喷雾。

注意事项

① 本品对蜜蜂、家蚕有毒，开花作物花期及蚕室、桑园附近禁用；赤眼蜂等天敌放飞区域禁用；对鱼类等水生生物有毒，远离水产养殖

区、河塘等水域附近施药，残液严禁倒入河中，禁止在江河湖泊中清洗施药器具。

② 不可与碱性物质混合使用。

③ 与不同作用机理的杀虫剂交替使用，以延缓抗性的产生。

④ 菠菜、葫芦科作物禁用。

⑤ 在甘蓝上的安全间隔期为14d，每季最多使用2次。

（2）阿维·氟铃脲

主要活性成分　阿维菌素，氟铃脲。

作用特点　本品由阿维菌素与氟铃脲混配而成。阿维菌素具有触杀、胃毒和微弱的熏蒸作用，对叶片具有较强的渗透作用，可杀死表皮下的害虫；氟铃脲为苯甲酰脲类昆虫生长调节剂，是几丁质合成抑制剂，具有较高的杀虫和杀卵活性。两者复配取长补短，既杀虫又杀卵，持效期较长。

剂型　5%微乳剂，3%悬浮剂，11%水分散粒剂，8%、2.5%、1.8%乳油。

应用技术

① 甜菜夜蛾　在卵孵化盛期至低龄幼虫期施药，用5%微乳剂30～40g/亩均匀喷雾。

② 小菜蛾　在卵孵化盛期至低龄幼虫期施药，用3%乳油12～26g/亩均匀喷雾；或用11%水分散粒剂20～30g/亩均匀喷雾。

③ 菜青虫　在卵孵化盛期至低龄幼虫期施药，用2.5%乳油40～60g/亩均匀喷雾。

④ 松毛虫　在幼虫初发期施药，用5%微乳剂4000～5000倍液均匀喷雾；或用1.8%乳油3000～4000倍液均匀喷雾。

⑤ 棉铃虫　在卵孵化盛期或1～2龄幼虫盛期施药，用3%悬浮剂60～90g/亩均匀喷雾。

注意事项

① 本品对蜜蜂、家蚕有毒，开花作物花期及蚕室、桑园附近禁用；赤眼蜂等天敌放飞区域禁用；对鱼类等水生生物有毒，远离水产养殖区、河塘等水域附近施药，残液严禁倒入河中，禁止在江河湖泊中清洗施药器具。

② 不可与碱性物质混合使用。

③ 与不同作用机理的杀虫剂交替使用，以延缓抗性的产生。

④ 在甘蓝上的安全间隔期为10d，每季最多使用1次；在棉花上的

安全间隔期为14d，每季最多使用2次；在森林里的植物上每季最多施药1次。

（3）阿维·哒螨灵

主要活性成分　阿维菌素，哒螨灵。

作用特点　本品是由阿维菌素和哒螨灵复配的触杀性杀螨剂，可用于防治害螨。对螨的整个生长期即卵、幼螨、若螨和成螨都有很好的效果，对移动期的成螨同样有较明显的速杀作用，防治红蜘蛛效果良好。

剂型　10.5%水乳剂，5%乳油。

应用技术

① 红蜘蛛　在苹果树、柑橘树红蜘蛛发生初期施药，用10.5%水乳剂2500～3000倍液均匀喷雾；或用5%乳油1000～1500倍液均匀喷雾。在蔷薇科观赏花卉树红蜘蛛发生初期施药，用10.5%水乳剂2500～3000倍液均匀喷雾。

② 二斑叶螨　在苹果树二斑叶螨若螨高峰期施药，用5%乳油1000～2000倍液均匀喷雾。

注意事项

① 本品对蜜蜂、家蚕有毒，开花作物花期及蚕室、桑园附近禁用；赤眼蜂等天敌放飞区域禁用；对鱼类等水生生物有毒，远离水产养殖区、河塘等水域附近施药，残液严禁倒入河中，禁止在江河湖泊中清洗施药器具。

② 不可与呈碱性和酸性的农药等物质混合使用。

③ 与不同作用机理的杀虫剂交替使用，以延缓抗性的产生。

④ 在苹果上的安全间隔期为14d，每季最多使用1次；在柑橘树上安全间隔期为21d，每季最多使用2次；蔷薇科观赏花卉每季使用1次。

（4）阿维·螺螨酯

主要活性成分　阿维菌素，螺螨酯。

作用特点　本品由阿维菌素和螺螨酯复配而成。其中阿维菌素是一种放线菌发酵产生的具有杀螨活性物质的制剂，具有触杀和胃毒作用。螺螨酯属于非内吸性杀螨剂，具有触杀和胃毒作用，其作用机制为抑制害螨体内脂质合成、阻断能量代谢，其杀卵效果较好。

剂型　20%、30%悬浮剂。

应用技术　在柑橘树红蜘蛛发生初期施药，用20%悬浮剂4000～6000倍液均匀喷雾；或用30%悬浮剂6000～8000倍液均匀喷雾。

注意事项

① 本品对蜜蜂、家蚕有毒，开花作物花期及蚕室、桑园附近禁用；赤眼蜂等天敌放飞区域禁用；对鱼类等水生生物有毒，远离水产养殖区、河塘等水域附近施药，残液严禁倒入河中，禁止在江河湖泊中清洗施药器具。

② 不可与碱性物质混合使用。

③ 与不同作用机理的杀虫剂交替使用，以延缓抗性的产生。

④ 使用本品后的柑橘至少间隔30d才能收获，每季最多使用1次。

（5）阿维·茚虫威

主要活性成分　阿维菌素，茚虫威。

作用特点　本品由阿维菌素和茚虫威复配而成，其中阿维菌素以胃毒为主兼触杀作用，能有效渗入植物表皮组织，具有较长的残效期。茚虫威通过干扰昆虫钠离子通道，使害虫中毒后麻痹死亡，以触杀和胃毒作用为主。

剂型　6％微乳剂，12％悬浮剂，12％可湿性粉剂，8％水分散粒剂。

应用技术

① 稻纵卷叶螟　在卵孵化盛期或1～2龄幼虫期施药，用6％微乳剂31.7～44.3g/亩均匀喷雾；或用12％可湿性粉剂15～20g/亩均匀喷雾；或用12％悬浮剂12～20g/亩均匀喷雾。

② 二化螟　在卵孵化盛期或1～2龄幼虫期施药，用6％微乳剂31.7～44.3g/亩均匀喷雾。

③ 小菜蛾　在低龄若虫盛发期施药，用8％水分散粒剂20～40g/亩均匀喷雾。

注意事项

① 本品对蜜蜂、家蚕有毒，开花作物花期及蚕室、桑园附近禁用；赤眼蜂等天敌放飞区域禁用；对鱼类等水生生物有毒，远离水产养殖区、河塘等水域附近施药，残液严禁倒入河中，禁止在江河湖泊中清洗施药器具。

② 不可与碱性物质混合使用。

③ 与不同作用机理的杀虫剂交替使用，以延缓抗性的产生。

④ 在水稻、甘蓝上的安全间隔期为21d，每季最多使用2次。

（6）阿维·吡蚜酮

主要活性成分　阿维菌素，吡蚜酮。

作用特点　本品是由阿维菌素与吡蚜酮复配而成的杀虫剂，具有良好的增效作用，具有触杀、胃毒和内吸传导作用。阿维菌素是一种大环内酯双糖类生物杀虫杀螨剂，作用机理是干扰害虫神经的生理活动来杀死害虫；吡蚜酮是新型杂环类高效选择性杀虫剂，其作用机理独特，成虫或若虫接触药剂后，产生口针阻塞效应，停止取食为害，饥饿致死。

剂型　18％悬浮剂，36％水分散粒剂。

应用技术

① 稻飞虱　在稻飞虱为害初期、若虫 3 龄期前施药，用 18％悬浮剂 20～25g/亩在早晚或者阴天均匀喷雾。

② 蚜虫　在甘蓝蚜虫发生初盛期施药，用 36％水分散粒剂 5～10g/亩均匀喷雾。

注意事项

① 本品对蜜蜂、家蚕有毒，开花作物花期及蚕室、桑园附近禁用；赤眼蜂等天敌放飞区域禁用；对鱼类等水生生物有毒，远离水产养殖区、河塘等水域附近施药，残液严禁倒入河中，禁止在江河湖泊中清洗施药器具。

② 不可与碱性物质混合使用。

③ 与不同作用机理的杀虫剂交替使用，以延缓抗性的产生。

④ 在水稻上的安全间隔期为 21d，每季最多用药 2 次；在甘蓝上的安全间隔期为 14d，每季最多使用 2 次。

(7) 阿维·辛硫磷

主要活性成分　阿维菌素，辛硫磷。

作用特点　本品是阿维菌素与高效低毒有机磷杀虫剂辛硫磷复配的杀虫剂，以触杀和胃毒作用为主，对虫卵也有一定的杀伤作用，具有杀虫快、击倒力强、持效期较长的优点。

剂型　15％、20％乳油。

应用技术

① 小菜蛾　在卵孵化盛期至低龄幼虫期施药，用 15％乳油 75～100g/亩均匀喷雾；或用 20％乳油 40～50g/亩均匀喷雾。

② 山楂红蜘蛛　在苹果树红蜘蛛始盛期施药，用 20％乳油 500～1000 倍液均匀喷雾。

注意事项

① 本品对蜜蜂、家蚕有毒，开花作物花期及蚕室、桑园附近禁用；

赤眼蜂等天敌放飞区域禁用；对鱼类等水生生物有毒，远离水产养殖区、河塘等水域附近施药，残液严禁倒入河中，禁止在江河湖泊中清洗施药器具。

② 不可与碱性物质混合使用。

③ 与不同作用机理的杀虫剂交替使用，以延缓抗性的产生。

④ 辛硫磷对高粱、黄瓜、菜豆、甜菜等敏感，施药时避免药液飘移到上述作物上。

⑤ 在甘蓝、萝卜、小油菜上的安全间隔期为 7d，每季最多使用 2 次，在大白菜上的安全间隔期为 14d，每季最多使用 1 次；在苹果树上的安全间隔期为 14d，每季最多使用 3 次。

（8）阿维·印楝素

主要活性成分 阿维菌素，印楝素。

作用特点 本品为微生物源农药阿维菌素和植物源农药印楝素复配而成，具有触杀、胃毒、拒食、忌避和抑制昆虫生长发育的作用。

剂型 0.8%乳油。

应用技术 在小菜蛾卵孵化盛期至低龄幼虫期施药，用 0.8%乳油 40～60g/亩均匀喷雾。

注意事项

① 本品对蜜蜂、家蚕有毒，开花作物花期及蚕室、桑园附近禁用；赤眼蜂等天敌放飞区域禁用；对鱼类等水生生物有毒，远离水产养殖区、河塘等水域附近施药，残液严禁倒入河中，禁止在江河湖泊中清洗施药器具。

② 不可与呈碱性的农药等物质混合使用。

③ 最后一次施药距收获期 5d，每季最多使用 3 次。

（9）阿维·苏云菌

主要活性成分 阿维菌素，苏云金杆菌。

作用特点 本品为生物源农药阿维菌素和微生物农药苏云金杆菌复配而成，对昆虫具有触杀和胃毒作用，并有微弱的熏蒸作用，无内吸作用，但它对叶片有很强的渗透作用，可杀死表皮下的害虫，且残效期长。

剂型 1.6%悬乳剂，2%、1.1%可湿性粉剂。

应用技术

① 小菜蛾 在卵孵盛期至低龄幼虫期施药，用 1.6%悬乳剂 75～125g/亩均匀喷雾；或用 2%可湿性粉剂 40～50g/亩均匀喷雾；或用

1.1%可湿性粉剂75~100g/亩均匀喷雾。

②菜青虫　在卵孵盛期至低龄幼虫期施药，用2%可湿性粉剂40~50g/亩均匀喷雾。

③松毛虫　在卵孵盛期至低龄幼虫期施药，用1.6%悬乳剂50~70g/亩均匀喷雾。

注意事项

①本品对蜜蜂、鸟类、家蚕等毒性高，养蜂地区及蜜源作物花期禁止使用，蚕室和桑园附近禁用；在赤眼蜂等天敌放飞区禁用；远离水产养殖区施药，禁止在河塘等水体中清洗施药器具，清洗器械水不要倒入水道、池塘、河流。

②不能与呈碱性的农药等物质混用。

③在叶菜类上的安全间隔期7d，每季最多使用2次。

（10）阿维·多霉素

主要活性成分　多杀霉素，阿维菌素。

作用特点　本品由阿维菌素和多杀霉素混配而成，作用于昆虫神经系统，具有触杀、胃毒和熏蒸作用。

剂型　5%悬浮剂，4%、5%水乳剂。

应用技术

①稻纵卷叶螟　在卵孵盛期或低龄幼虫发生初盛期施药，用5%悬浮剂50~60g/亩均匀喷雾。

②瓜实蝇　在苦瓜瓜实蝇发生初期施药，用5%悬浮剂30~40g/亩均匀喷雾。

③小菜蛾　在低龄幼虫发生初盛期施药，用5%水乳剂25~30g/亩均匀喷雾。

注意事项

①本品严禁与碱性物质混用。

②本品对蜜蜂、家蚕毒性高，花期开花植物周围禁用，施药期间应密切注意对附近蜂群的影响，蚕室及桑园附近禁用；对鱼类等水生生物有毒，施药后的田水不得直接排入河塘等水域，远离水产养殖区、河塘等水体施药，禁止在河塘等水域内清洗施药器具；鸟类等保护区禁用；赤眼蜂等天敌昆虫放飞区禁用。

③建议与其他作用机制不同的杀虫剂轮换使用，以延缓抗性产生。

④在苦瓜上的安全间隔期为7d，每季最多使用3次；在甘蓝上的

安全间隔期为 7d，每季最多使用 2 次；在水稻上的安全间隔期为 14d，每季最多使用 2 次。

桉油精
（eucalyptol）

$C_{10}H_{18}O$, 154.24, 470-82-6

化学名称 1,3,3-三甲基-2-氧双环［2.2.2］辛烷。

其他名称 桉树脑、桉叶素、桉树醇、桉树精、蚊菌清。

理化性质 不溶于水，易溶于乙醇、氯仿、乙醚、冰醋酸、油等有机溶剂。

毒性 大鼠急性 LD_{50}（mg/kg）：经口 3160，经皮 2000。

作用特点 为植物源杀虫剂，以触杀作用为主，具有高效、低毒等特点。其有效成分能直接抑制昆虫体内乙酰胆碱酯酶的合成，阻碍神经系统的传导，干扰虫体水分的代谢而导致死亡。

适宜作物 蔬菜。

防除对象 蔬菜害虫蚜虫，卫生害虫蚊。

应用技术 以 5% 桉油精可溶液剂、5.6% 驱蚊挥散芯为例。

（1）防治蔬菜害虫　在蚜虫始盛期施药，用 5% 桉油精可溶液剂 70～100g/亩均匀喷雾。

（2）防治卫生害虫　将 5.6% 驱蚊挥散芯固定在衣服、鞋子、手提包等随身物品上即可，亦可固定于婴儿车、床边、办公桌椅等家具的近人位置。

注意事项

① 不能与碱性农药等物质混用。

② 本品对蜜蜂、鱼类、鸟类有毒。施药时避免对周围蜂群产生影响，蜜源作物花期桑园和蚕室附近禁用；远离水产养殖区施药，不要让药剂污染河流、水塘和其他水源和鸟雀聚集地。

③ 本品在十字花科蔬菜上的安全间隔期为 7d，每季最多使用 2 次。

倍硫磷

（fenthion）

C₁₀H₁₅O₃PS₂, 278.3, 55-38-9

化学名称 O,O-二甲基-O-(3-甲基-4-甲硫苯基)硫代磷酸酯。

其他名称 百治屠、倍太克斯、芬杀松、拜太斯、番硫磷、Baycid、Baytex、Mercaptophos、Lebaycid、Queletox、Bayer 29493。

理化性质 纯品倍硫磷为无色油状液体，沸点 87℃（1.333Pa）。相对密度 1.250（20℃），易溶于甲醇、乙醇、二甲苯、丙酮等有机溶剂，难溶于石油醚，在水中溶解度为 54～56mg/kg。工业品呈棕黄色，带特殊臭味，对光和热比较稳定。在 100℃时，pH 1.8～5 的介质中，水解半衰期为 36h，在 pH 11 的介质中，水解半衰期为 95min。用过氧化氢或高锰酸钾可使硫醚链氧化，生成相应的亚砜和砜类化合物。

毒性 大鼠急性经口 LD$_{50}$（mg/kg）：215（雄），245（雌）。大鼠急性经皮 LD$_{50}$ 330～500mg/kg。大鼠 60d 饲喂试验最大允许剂量为 10mg/kg，用 50mg/kg 剂量喂狗 1 年，对其体重和摄食量无影响。对鱼 LC$_{50}$ 约 1mg/L（48h）。

作用特点 倍硫磷的作用机制是抑制昆虫体内的乙酰胆碱酯酶，属广谱杀虫剂，具有触杀和内吸作用，残效期长，对作物有一定的渗透作用。在植物体内倍硫磷氧化成亚砜和砜，具有较高的杀虫活性。

适宜作物 小麦、大豆等。

防除对象 小麦害虫如小麦吸浆虫等；大豆害虫如大豆食心虫等；卫生害虫如臭虫、蚊（幼虫）、蝇（幼虫）等。

应用技术 以 50％乳油，2％水乳剂为例。

（1）防治小麦害虫　在小麦吸浆虫成虫发生始盛期施药，用 50％乳油 50～100g/亩兑水喷雾，重点是麦穗。

（2）防治大豆害虫　在大豆食心虫成虫盛发期施药，用 50％乳油 120～160g/亩兑水 45～55kg 均匀喷雾。

（3）防治卫生害虫

① 臭虫　将 2％水乳剂倒入 20 倍的水中搅匀，按 15mL/m² 进行表面均匀喷雾施药，随配随用，不要贮存配好的药液。重点处理明亮处

的墙面、玻璃、纱门、纱窗及电线、绳索等。

② 蚊（幼虫）、蝇（幼虫） 室外用 50％乳油兑水施药，按 $3g/m^2$ 喷洒，可有效杀灭害虫。

注意事项

① 不能与碱性农药混用。

② 对蜜蜂、鱼类等水生生物、家蚕有毒，施药期间应避免对周围蜂群的影响；开花植物花期、蚕室和桑园附近禁用；远离水产养殖区施药；禁止在河塘等水体中清洗施药器具。

③ 对十字花科蔬菜的幼苗、梨树、高粱、啤酒花易引起药害，使用中应防止飘移到上述作物上。

④ 大风天或预计 1h 内降雨请勿施药。

⑤ 为延缓害虫抗性的产生，建议与其他不同作用机制的杀虫剂轮换使用。

相关复配剂及应用 氰戊·倍硫磷。

主要活性成分 倍硫磷，氰戊菊酯。

作用特点 为有机磷类杀虫剂倍硫磷和拟除虫菊酯类杀虫剂氰戊菊酯的复配制剂，对害虫具有触杀、胃毒作用，对作物表皮有一定的渗透能力。

剂型 25％乳油。

应用技术 在菜蚜蚜虫发生始盛期施药，用 25％乳油 28～30g/亩均匀喷雾。

注意事项

① 禁止在茶树上使用

② 不能与碱性农药混用，或前后紧接着使用。

③ 避开有蜜蜂、家蚕、水生生物等存在的敏感区域。

④ 高粱、啤酒花、十字花科蔬菜幼苗对该药敏感，施药时应避免药液飘移到上述作物上，以防产生药害。

⑤ 避免在烈日、大风及下雨天气条件下施药。

⑥ 注意与其他不同作用机制的杀虫剂轮换使用，以延缓害虫抗性的产生。

⑦ 最后一次施药至作物收获时允许间隔天数为12d，每季最多使用3次。

苯丁锡

(fenbutatin oxide)

$$\left[\left\langle\bigcirc\right\rangle-\underset{|}{\overset{|}{C}}-CH_2-\underset{|}{\overset{|}{C}}-Sn\right]_3O-Sn\left[\underset{|}{\overset{|}{C}}-CH_2-\underset{|}{\overset{|}{C}}-\left\langle\bigcirc\right\rangle\right]_3$$

$C_{60}H_{78}OSn_2$, 1053, 13356-08-6

化学名称　双[三(2-甲基-2-苯基丙基)锡]氧化物。

其他名称　螨完锡、杀螨锡、克螨锡、托尔克、螨烷锡、芬布锡、Torque、Vendex、Osadan、Neostanox。

理化性质　工业品苯丁锡为白色或淡黄色结晶，熔点138～139℃，纯品熔点145℃；溶解度（23℃，g/L）：水0.000005，内酮6，二氯甲烷380，苯140；水能使其分解成三(2-甲基-2-苯基丙基)锡氢氧化物，经加热或失水又返回为氧化物。

毒性　苯丁锡原药急性LD_{50}（mg/kg）：大白鼠经口2630、小鼠经口1450，大白鼠经皮＞2000。

作用特点　苯丁锡属感温型抑制神经组织的有机锡杀螨剂，是一种非内吸性杀螨剂。苯丁锡对害螨具有触杀、胃毒、渗透作用，对成螨、若螨杀伤力较强，杀卵作用小。施药后3d开始见效，第14d时达到高峰，气温在22℃以上时，药效提高，低于15℃时，药效差。对人、畜低毒，对眼、皮肤、呼吸道刺激性较大。对鸟类、蜜蜂低毒，对天敌影响小，对鱼类高毒。

适宜作物　果树、茶树、花卉等。

防除对象　果树害螨如红蜘蛛、柑橘叶螨、柑橘锈螨、苹果叶螨、茶橙瘿螨、茶短须螨、菊花叶螨、玫瑰叶螨、锈壁虱等。

应用技术　以20%苯丁锡可湿性粉剂、50%苯丁锡可湿性粉剂、10%苯丁锡乳油为例。

① 防治柑橘树红蜘蛛　在成螨或若螨发生初期、气候温暖时施药，用20%苯丁锡可湿性粉剂800～1500倍液均匀喷雾，或用10%苯丁锡乳油500～600倍液均匀喷雾。

② 防治柑橘树锈壁虱　在锈壁虱发生始盛期施药，用50%苯丁锡可湿性粉剂200～333.3mg/kg均匀喷雾。

注意事项

① 在使用前，务请仔细阅读该产品标签。在番茄收获前10d停用

本剂。

②已对有机磷类和有机氯类农药产生抗药性的害螨，对本剂无交互抗药性。

③应储存于阴凉、通风的库房，远离火种、热源，防止阳光直射，保持容器密封。应与氧化剂、碱类分开存放，切忌混储。配备相应品种和数量的消防器材，储区应备有泄漏应急处理设备和合适的收容材料。

④在桑园、蚕室附近和周围开花植物花期禁止使用，施药期间应密切关注对附近蜂群的影响，赤眼蜂等天敌放飞区禁用。远离水产养殖区、河塘等水体施药，避免污染水源。禁止在河塘等水体中清洗施药器具。

⑤禁止儿童、孕妇及哺乳期的妇女接触。

⑥建议与其他作用机制不同的杀虫剂轮换使用，以延缓抗性产生。

⑦在柑橘树上的安全间隔期为 21d，每季最多使用 2 次。

相关复配剂及应用

（1）苯丁·联苯肼

主要活性成分　苯丁锡，联苯肼酯。

作用特点　对螨的各个生育阶段有效，对害螨有强触杀作用，对成螨和幼螨杀伤力强，同时具有杀卵活性，持效期长。

剂型　30%悬浮剂。

应用技术　在害螨盛发初期施药，用 30%悬浮剂 2000～2500 倍液均匀喷雾。

注意事项

①对蜜蜂、鱼类等水生生物、家蚕有毒，施药期间应避免对周围蜂群的影响。

②不可与碱性农药等物质混合使用。

③孕妇及哺乳期妇女避免接触。

④建议与其他作用机制不同的杀虫剂轮换使用，以延缓抗性产生。

⑤在柑橘树上的安全间隔期为 30d，每季最多使用 2 次。

（2）苯丁·螺螨酯

主要活性成分　螺螨酯，苯丁锡。

作用特点　由有机锡类杀螨剂苯丁锡和季酮酸类杀螨剂螺螨酯复配

而成，为全新的二元混配杀螨剂，有增效效果，对现有杀螨剂产生抗性的有害螨表现出优异的防治效果。其既能对螨类起触杀作用，又能抑制害螨体内的脂肪合成，阻断害螨的能量代谢。

剂型　25%悬浮剂。

应用技术　在红蜘蛛发生初期施药，用25%悬浮剂1500~2000倍液均匀喷雾。

注意事项

① 本品对蜜蜂、家蚕有毒，蚕室和桑园附近禁用。

② 建议与其他作用机制不同的杀螨剂轮换使用，以延缓抗性产生。

③ 避免孕妇及哺乳期妇女接触。

④ 在柑橘树上的安全间隔期为30d，每季最多使用1次。

（3）苯丁·唑螨酯

主要活性成分　唑螨酯，苯丁锡。

作用特点　具有不同作用机理而且有相互增效作用的两种药剂复配而成的杀螨剂，与其他杀螨剂无交互抗性。以触杀性为主，具有杀螨速度较快、击倒性强的特点。对螨卵、幼螨、若螨及成螨均有杀伤活性，持效期长。

剂型　24%悬浮剂。

应用技术　在红蜘蛛发生初期施药，用24%悬浮剂1000~1500倍液均匀喷雾。

注意事项

① 对蜜蜂、家蚕有毒，蚕室和桑园附近禁用。

② 建议与其他作用机制不同的杀螨剂轮换使用。

③ 避免孕妇及哺乳期妇女接触。

④ 在柑橘树上的安全间隔期为30d，每季最多使用2次。

（4）苯丁·哒螨灵

主要活性成分　哒螨灵，苯丁锡。

作用特点　具有触杀作用，对害螨的幼螨、若螨、成螨都有较好的防效，持效期较长。

剂型　10%乳油。

应用技术　在柑橘树果期和果实上红蜘蛛虫口增长期施药，用10%乳油1000~1500倍液均匀喷雾。

注意事项

① 不能与石硫合剂和波尔多液等强碱性物质混用。

② 对某些葡萄品种敏感，使用时应注意避开。

③ 对蜜蜂、鱼类等水生生物、家蚕有毒。

④ 建议与其他作用机制不同的杀虫剂轮换使用。

⑤ 在柑橘树上的安全间隔期为28d，每季最多使用2次。

（5）苯丁·炔螨特

主要活性成分　炔螨特，苯丁锡。

作用特点　由苯丁锡和炔螨特复配加工而成，具有触杀、胃毒、熏蒸作用，速效性和持效性较好，持效期较长。

剂型　38%乳油。

应用技术　在害螨发生初期施药，用38%乳油1500～2500倍液。

注意事项

① 建议与其他作用机制不同的杀螨剂轮换使用，以延缓抗性产生。

② 对蜜蜂、鱼类等水生生物、家蚕有毒，施药期间应避免对周围蜂群的影响、蜜源作物花期、蚕室和桑园附近禁用。

③ 孕妇及哺乳期妇女应避免接触。

④ 在柑橘树上的安全间隔期为30d，每季最多使用2次。

吡虫啉

（imidacloprid）

$C_9H_{10}ClN_5O_2$, 255.7, 105827-78-9

化学名称　1-(6-氯-3-吡啶甲基)-N-硝基亚咪唑烷-2-基胺。

其他名称　咪蚜胺、吡虫灵、蚜虱净、扑虱蚜、大功臣、灭虫精、一遍净、益达胺、比丹、高巧、康福多、一扫净、Admire、Confidor、Gaucho、NTN 33893。

理化性质　纯品吡虫啉为白色结晶，熔点143.8℃；溶解度（20℃，g/L）：水0.51，甲苯0.5～1，甲醇10，二氯甲烷50～100，乙腈20～50，丙酮20～50。

毒性　吡虫啉原药急性 LD_{50}（mg/kg）：大白鼠经口 681（雄）、825（雌），经皮＞2000；对兔眼睛和皮肤无刺激性；对动物无致畸、致突变、致癌作用。

作用特点　吡虫啉为硝基亚甲基类内吸杀虫剂，作用于烟碱型乙酰胆碱受体，干扰害虫运动神经系统，使化学信号传递失灵，造成害虫麻痹死亡。吡虫啉具有内吸、触杀、胃毒、驱避作用等多重药效，对人、畜、植物和天敌安全。吡虫啉为高效、广谱、低毒、低残留杀虫剂，与目前常见的神经毒性杀虫剂作用机制不同，因此与有机磷、氨基甲酸酯和拟除虫菊酯类杀虫剂无交互抗性。吡虫啉速效性好，残留期可达 25d 左右。药效和温度呈正相关，温度高，杀虫效果好。主要用于防治刺吸式口器害虫及其抗性品系。

适宜作物　蔬菜、水稻、小麦、玉米、棉花、烟草、果树、茶树等。

防除对象　蔬菜害虫如蚜虫、白粉虱、韭蛆、蓟马等；水稻害虫如稻飞虱、稻水象甲、稻蓟马、稻瘿蚊等；小麦害虫如蚜虫等；杂粮害虫如蚜虫等；棉花害虫如棉蚜等；果树害虫如柑橘潜夜蛾、蚜虫、梨木虱等；茶树害虫如茶小绿叶蝉等。

应用技术　以 10% 吡虫啉可湿性粉剂、70% 吡虫啉拌种剂为例。

（1）防治蔬菜害虫　在蚜虫低龄若虫期施药，用 10% 吡虫啉可湿性粉剂 10～20g/亩均匀喷雾。

（2）防治水稻害虫　在稻飞虱低龄若虫期施药，用 10% 吡虫啉可湿性粉剂 10～30g/亩均匀喷雾。

（3）防治小麦害虫　在蚜虫初始期或穗蚜发生初盛期施药，用 10% 吡虫啉可湿性粉剂 10～20g/亩（南方地区）、30～40g/亩（北方地区）均匀喷雾。

（4）防治棉花害虫　用 70% 吡虫啉湿拌种剂进行种子处理，每 100kg 棉种用 70% 吡虫啉拌种剂 500～714g，加水 1.5～2kg，将药剂调成糊状，再将种子倒入，搅拌均匀，要求所有的种子均沾上药剂。如果种子太湿，摊开晾于通风阴凉处；或在蚜虫低龄若虫期施药，用 10% 吡虫啉可湿性粉剂 15～25g/亩均匀喷雾。

注意事项

① 不能与碱性农药混用。

② 使用时不能污染养蜂、养蚕场所及相关水源。

③ 勿让儿童接触本品，不能与食品、饲料存放一起。

④ 远离火源或热源。

⑤ 本品在棉花上的安全间隔期为 14d，每季棉花最多使用 3 次；在小麦作物上使用的安全间隔期为 20d，每季最多使用 2 次；在水稻上使用的安全间隔期为 14d，每季作物最多使用 2 次；在甘蓝上使用的安全间隔期为 7d，每季作物最多使用 2 次。

相关复配剂及应用

（1）马拉·吡虫啉

主要活性成分 吡虫啉，马拉硫磷。

作用特点 本品具有胃毒、触杀及较好的内吸作用。作用于昆虫神经系统，干扰害虫神经系统使化学信号传递失灵导致死亡。

剂型 6％可湿性粉剂。

应用技术 在十字花科蔬菜蚜虫始盛期施药，用 6％可湿性粉剂 50～70g/亩均匀喷雾。

注意事项

① 该药对天敌毒性低。

② 能和多数农药或肥料混用，不可与呈碱性的农药等物质混合使用，建议和其他不同作用机制的杀虫剂轮换使用。

③ 不能用于防治线虫和螨类。

④ 避免儿童、孕妇及哺乳期妇女接触。

⑤ 本品在甘蓝、萝卜上的安全间隔期为 10d，每季最多使用 2 次。

（2）吡虫·三唑磷

主要活性成分 吡虫磷，三唑磷。

作用特点 具有强烈的触杀和胃毒作用，无内吸作用。杀卵作用明显，渗透性较强，可以被植物吸收并传导，用于防治刺吸式口器、咀嚼式口器害虫，杀死处于隐蔽部位的害虫。

剂型 25％乳油。

应用技术 在二化螟、三化螟、稻飞虱幼虫三龄前或若虫孵化高峰期施药，用 25％乳油 100～120g/亩均匀喷雾。

注意事项

① 本品高毒，使用时需注意。

② 对蜂、鸟、蚕、水蚤有毒，对鱼、藻类有毒，对天敌赤眼蜂有极高风险性，在鸟类保护区、养蚕地区、养蜂地区及开花植物花期禁止使用。

③ 避免儿童、孕妇及哺乳期妇女接触。

④ 建议与其他机制不同的杀虫剂轮换使用。

⑤ 本品在水稻上的安全间隔期为30d，每季最多使用2次。

（3）吡虫·辛硫磷

主要活性成分　吡虫啉，辛硫磷。

作用特点　内吸性杀虫剂，用于防治刺吸式口器害虫。具有触杀、胃毒作用，并具有较强的击倒作用。通过干扰害虫神经系统，导致其死亡。

剂型　22％、25％、30％乳油。

应用技术

① 十字花科蔬菜蚜虫　在十字花科蔬菜蚜虫若虫期施药，用25％乳油20～60g/亩均匀喷雾。

② 花生蛴螬　在花生开花期施药，用22％乳油450～600g/亩撒毒土。

③ 棉花蚜虫　在若虫盛发初期施药，用30％乳油15～20g/亩均匀喷雾。

注意事项

① 不能用于防治线虫和螨类。

② 对蜜蜂、鱼类等水生生物、家蚕有毒，施药期间应避免污染水源。

③ 对西瓜、黄瓜、菜豆、高粱和甜菜等都敏感，不慎使用会引起药害。

④ 不可与呈碱性的农药等物质混合使用。

⑤ 儿童、孕妇及哺乳期妇女避免接触。

⑥ 在光照条件下易分解，所以田间喷雾最好在傍晚和夜间施用。

⑦ 药液随配随用，不能与碱性药剂等物质混用。

⑧ 本品在水稻上使用的安全间隔期为15d，每季最多使用次数为2次；在甘蓝、白菜上使用的安全间隔期为7d，每季最多使用2次；在花生上每季最多使用1次。

（4）吡虫·杀虫单

主要活性成分　吡虫啉，杀虫单。

作用特点　具有内吸、触杀、胃毒和一定的熏蒸作用。杀虫杀卵，耐雨水冲刷。作用于烟碱型乙酰胆碱受体，干扰害虫的神经系统，导致化学信号传递失灵而使其死亡。

剂型 35％可湿性粉剂。

应用技术 二化螟、三化螟、稻纵卷叶螟、稻飞虱虫害发生期均可施药，在卵孵盛期至低龄幼虫或若虫期施药最佳，用35％可湿性粉剂86～150g/亩均匀喷雾。

注意事项

① 不能用于防治线虫和螨类。

② 本品对家蚕、蜜蜂、鱼类有高毒，使用时应注意。

③ 严禁在茄科、菊科等蔬菜以及梨树、桃树、棉花上使用。

④ 作物收获前14d禁用。

⑤ 不能与强酸、强碱性农药混用。

⑥ 儿童及孕妇、哺乳期妇女避免接触。

⑦ 本品在甘蔗下种时或甘蔗苗期沟施施药1次，安全间隔期为15d；在水稻上使用安全间隔期为21天，每季作物最多使用次数为2次。

（5）吡虫·杀虫双

主要活性成分 吡虫啉，杀虫双。

作用特点 干扰害虫的神经系统，使化学信号传递失灵而导致害虫死亡。具有触杀、胃毒和内吸作用，主要用于防治刺吸式口器害虫。

剂型 14.5％微乳剂。

应用技术 在水稻稻飞虱低龄若虫期、稻纵卷叶螟卵孵盛期至低龄幼虫期施药，用14.5％微乳剂150～200g/亩均匀喷雾。

注意事项

① 不能用于防治线虫和螨类。

② 在推荐剂量下使用安全，能和多数农药混用，不可与强酸、强碱性的农药等物质混合使用。

③ 对蜜蜂、鱼类、鸟类、家蚕有毒。

④ 儿童及孕妇、哺乳期妇女避免接触。

⑤ 豆类、棉花及白菜、甘蓝等十字花科蔬菜对杀虫双敏感，施药时应避免药液飘移到上述作物上。

⑥ 本品在甘蔗上最多施药1次，安全间隔期为收获期；在水稻上使用的安全间隔期为14d，每季最多使用1次。

（6）吡虫·毒死蜱

主要活性成分 吡虫啉，毒死蜱。

作用特点 具有触杀、胃毒和内吸作用，为胆碱酯酶抑制剂。通过抑制害虫体内神经中的乙酰胆碱酶使中枢神经正常传导受阻，导致害虫麻痹死亡。

剂型　13％、22％乳油。

应用技术

① 棉花蚜虫　在棉花蚜虫始盛发期施药，用 13％乳油 50～70g/亩均匀喷雾。

② 柑橘白粉虱　在白粉虱若虫低龄期施药，用 22％乳油 2000～2200 倍液均匀喷雾。

③ 稻飞虱　在稻飞虱卵孵化高峰至 1～2 龄若虫高峰期施药，用 22％乳油 40～60g/亩均匀喷雾。

注意事项

① 为保护蜜蜂，请避开花期使用。

② 不能与碱性物质混用。

③ 本品对烟草敏感，禁止在蔬菜上使用。

④ 禁止儿童、孕妇及哺乳期妇女接触本品。

⑤ 鸟类保护区附近禁用，施药后立即覆土。

⑥ 毒死蜱禁止在蔬菜上使用。

⑦ 本品在水稻上使用的安全间隔期为 21d，每季作物最多使用 2 次；在棉花上的安全间隔期为 21d，每季作物最多使用次数为 3 次。

(7) 吡虫・噻嗪酮

主要活性成分　吡虫啉，噻嗪酮。

作用特点　具有胃毒、触杀和内吸多种方式协同作用。既可破坏昆虫中枢神经的正常传导，使之神经麻痹后死亡，又抑制昆虫几丁质合成和新陈代谢，使害虫脱皮畸形或翅畸形而缓慢死亡。

剂型　18％悬浮剂，10％乳油。

应用技术

① 稻飞虱　在稻飞虱卵孵高峰期至三龄若虫盛期之前施药，用 18％悬浮剂 30～40g/亩均匀喷雾。

② 茶小绿叶蝉　在高峰前期施药，用 10％乳油 60～80g/亩均匀喷雾。

注意事项

① 安全间隔期为 14d。

② 不能与碱性物质混用。

③ 对鱼类、家蚕、蜜蜂高毒，使用时需注意。

④ 避免孕妇及哺乳期妇女接触。

⑤ 本品在水稻上使用的安全间隔期21d，每季使用次数2次；在茶树上使用的安全间隔期10d，每季作物最多使用1次。

（8）吡虫·虫螨腈

主要活性成分　吡虫啉，虫螨腈。

作用特点　吡虫·虫螨腈是一种烟碱类与吡咯类复配而成的杀虫剂，具有广谱、高效、低毒的特点，兼有胃毒和触杀作用。

剂型　20％、45％悬浮剂。

应用技术　在蓟马发生初期施药，用20％悬浮剂20～30g/亩，或用45％悬浮剂15～20g/亩均匀喷雾。

注意事项

① 不可与碱性农药及铜制剂混用。

② 建议与其他作用机制不同的杀虫剂轮换使用，以延缓抗性产生。

③ 使用时注意对鸟类、鱼类、家蚕、蜜蜂的保护。

④ 孕妇及哺乳期妇女禁止接触。

⑤ 本品在豇豆上的使用安全间隔期为5d，每季作物使用1次；在节瓜上的使用安全间隔期为7d，每季作物使用1次。

（9）吡虫·杀螟丹

主要活性成分　吡虫啉，杀螟丹。

作用特点　害虫接触药剂后，中枢神经正常传导受阻，使其麻痹身亡。两者混配后对防治水稻蓟马有着较好的效果。

剂型　7％颗粒剂。

应用技术　在蓟马发生初期均匀撒施，不得用于漏水田，且用药的水稻田要平整，施药时要有3～5cm水层，用药后保水5～7d，以确保药效。

注意事项

① 不能与碱性农药混合使用，要尽量减少用药次数和用药量，与不同作用机理的农药交替使用以减缓害虫抗药性产生。

② 水稻扬花期或作物被淋湿时，不宜施药。

③ 严格按登记批准剂量使用，浓度过高，对水稻也会产生药害。

④ 对蜜蜂、鱼类等水生生物、家蚕有毒，施药期间应避免对周围生物的影响。

⑤ 孕妇和哺乳期妇女禁止接触。

⑥ 本品在水稻上安全间隔期为 21d，每季最多使用次数为 1 次。

（10）吡虫·咯·苯甲

主要活性成分 吡虫啉，咯菌腈，苯醚甲环唑。

作用特点 吡虫·咯·苯甲是吡虫啉、咯菌腈、苯醚甲环唑三元复配的杀虫、杀菌种衣剂，兼具预防和治疗活性，用于种子包衣处理，持效期较长，能有效防治小麦蚜虫。

剂型 23％、52％悬浮种衣剂。

应用技术 防治小麦蚜虫，按照播种量，量取推荐用量的药剂，加入适量水稀释并搅拌成均匀药浆［药浆种子比为 1∶（50～100）］，将种子与药浆充分搅拌，晾干后即可播种。

注意事项

① 仅限种子处理。

② 播种后必须覆土，严禁畜禽进入，鸟类保护区禁用。

③ 孕妇及哺乳期妇女避免接触。

④ 本品在小麦上每季用药 1 次。

（11）吡虫啉·咯菌腈·嘧菌酯

主要活性成分 嘧菌酯，吡虫啉，咯菌腈。

作用特点 本产品为三元复配杀虫杀菌剂。吡虫啉是氯烟碱类杀虫剂，内吸性较强，活性较高，同时具备胃毒和触杀作用，主要防治蚜虫等刺吸性害虫。咯菌腈为非内吸苯吡咯类化合物，对许多病原菌有非常好的防效。嘧菌酯通过抑制病原菌线粒体的呼吸作用来阻止其能量合成，是一种较新的作用机理的杀菌剂，具有保护和治疗双重功效。

剂型 11％种子处理悬浮剂。

应用技术 防治花生蛴螬时，按推荐用药量，每 100kg 种子加入 11％种子处理悬浮剂 1.4～1.8kg。加入适量水，将药浆与种子充分搅拌，直到药液均匀分布到种子表面，晾干后即可。

注意事项

① 废弃物应妥善处理，不能乱丢乱放，也不能做他用。

② 孕妇及哺乳期妇女避免接触。

③ 本品每季最多使用 1 次。

（12）吡虫·毒·苯甲

主要活性成分 吡虫啉，毒死蜱，苯醚甲环唑。

作用特点 吡虫·毒·苯甲是由烟碱类内吸性杀虫剂吡虫啉、有机磷类杀虫剂毒死蜱和三唑类内吸传导型杀菌剂三元复配而成。具有较好的内吸、触杀、胃毒和熏蒸作用。在推荐剂量范围内对种子及幼苗安全。对小麦刺吸式口器害虫蚜虫、地下害虫金针虫和土传真菌病害全蚀病防效良好，持效期长，活性高。

剂型　15%悬浮种衣剂。

应用技术　防治小麦蚜虫、金针虫时，按推荐用药量，每100kg种子加入15%悬浮种衣剂1.25～1.5kg，加入适量水，将药浆与种子充分搅拌，直到药液均匀分布到种子表面，晾干后即可。

注意事项

①　不能与碱性物质混用，或前后紧接着使用。建议与其他作用机制不同的杀虫杀菌剂轮换使用。

②　只作种子包衣处理，严禁田间喷雾。不能加水且不能与其他肥料、农药混配使用。

③　对鸟类、鱼类、家蚕、蜜蜂有毒。

④　本品每季最多使用1次。

⑤　毒死蜱禁止在蔬菜上使用。

（13）吡虫·高氟氯

主要活性成分　吡虫啉，高效氟氯氰菊酯。

作用特点　吡虫啉是烟碱类超高效杀虫剂，害虫接触药剂后，中枢神经正常传导受阻，使其麻痹死亡。高效氟氯氰菊酯是一种合成的拟除虫菊酯类杀虫剂，具有触杀和胃毒作用。

剂型　18%悬浮种衣剂，20%悬浮剂，9%可分散油悬浮剂。

应用技术

①　玉米金针虫　按推荐用药量，每100kg种子加入18%悬浮种衣剂500～1000g。将药浆与种子充分搅拌，直到药液均匀分布到种子表面，晾干后即可。

②　蚜虫　在蚜虫发生盛期施药，用20%悬浮剂7.5～10g/亩均匀喷雾。

③　蓟马　在蓟马始发盛期施药，用9%可分散油悬浮剂22～33g/亩均匀喷雾。

注意事项

①　对蜜蜂低毒；对鱼类等水生生物有一定毒性；对家蚕高毒，施药期间应避免对周围蜂群的影响；开花植物花期、蚕室和桑园附近禁用。

②　孕妇及哺乳期妇女禁止接触。

③ 建议与其他作用机制不同的杀虫剂轮换使用，以延缓抗性产生。

④ 本品在甘蓝上的安全间隔期为 7d，每季作物最多使用 2 次；在节瓜上使用的安全间隔期为 7d，每季最多使用次数为 2 次；在玉米上每季最多使用次数为 1 次。

（14）吡虫·硫双威

主要活性成分　硫双威，吡虫啉。

作用特点　吡虫啉是烟碱类超高效杀虫剂，害虫接触药剂后，中枢神经正常传导受阻，使其麻痹死亡。硫双威是以硫原子连接的双氨基甲酸酯类杀虫剂，主要是胃毒作用，有较强的选择性，在土壤中残效期很短。吡虫·硫双威为吡虫啉与硫双威复配而成，具有内吸、触杀和胃毒作用。

剂型　50％悬浮种衣剂。

应用技术　防治蛴螬、小地老虎时，按推荐用药量，每 100kg 种子用药 400～600g。加入适量水，将药浆与种子充分搅拌，直到药液均匀分布到种子表面，晾干后即可。

注意事项

① 播种后同时用土将种子覆盖，防止本品对蜜蜂、鸟造成毒害；不要在蜜源植物花期、鸟类活动区拌种。

② 远离水产养殖区、河塘等水体附近使用。禁止在河塘等水域清洗施药器具。

③ 孕妇及哺乳期妇女应避免接触。

④ 处理后的种子应及时使用。

⑤ 不可与呈碱性的农药等物质混合使用。

⑥ 本品每季最多使用一次。

—————— **吡蚜酮** ——————

（pymetrozine）

C$_{10}$H$_{11}$N$_5$O, 217.23, 123312-89-0

化学名称　(*E*)-4,5-二氢-6-甲基-4-(3-吡啶亚甲基氨基)-1,2,4-三嗪-3(2H)酮。

其他名称　吡嗪酮、飞电、Chese、Plenum、Fulfill、Endeavor、Chin-Yung。

理化性质　纯品吡蚜酮为无色结晶，熔点 217℃；溶解度（20℃，g/L）：水 0.29，乙醇 2.25。

毒性　吡蚜酮原药急性 LD_{50}（mg/kg）：大鼠经口＞5000、经皮＞2000。对兔眼睛和皮肤无刺激性；对动物无致畸、致突变、致癌作用。

作用特点　吡蚜酮作用于害虫体内血液中血清素信号传递途径，从而导致类似神经中毒的反应，取食行为的神经中枢被抑制，通过影响流体吸收的神经中枢调节而干扰正常的取食活动。吡蚜酮选择性极佳，对某些重要天敌或益虫，如棉铃虫的天敌七星瓢虫、草蛉，叶蝉及飞虱科的天敌蜘蛛等益虫几乎无害。吡蚜酮具有优良的内吸活性，叶面试验表明，其内吸活性（LC_{50}）是抗蚜威的 2～3 倍，是氯氰菊酯的 140 倍以上。可以防治抗有机磷和氨基甲酸酯类杀虫剂的桃蚜等抗性品系害虫。

适宜作物　蔬菜、小麦、水稻、棉花、果树、观赏植物等。

防除对象　水稻害虫如稻飞虱等；小麦害虫如蚜虫等；蔬菜害虫如蚜虫等；茶树害虫如茶小绿叶蝉等。

应用技术　以 25％吡蚜酮可湿性粉剂、50％吡蚜酮水分散粒剂为例。

（1）防治水稻害虫　在稻飞虱低龄若虫发生高峰期，用 25％吡蚜酮可湿性粉剂 20～24g/亩均匀喷雾，或用 50％吡蚜酮水分散粒剂 8～12g/亩均匀喷雾。

（2）防治小麦害虫　在麦蚜虫害始发期至盛发期施药，用 25％吡蚜酮可湿性粉剂 16～20g/亩均匀喷雾。

（3）防治蔬菜害虫　在蚜虫发生初盛期，用 50％吡蚜酮水分散粒剂 10～25g/亩均匀喷雾。

（4）防治茶树害虫　在茶小绿叶蝉低龄若虫盛期，用 50％吡蚜酮水分散粒剂 2500～5000 倍液均匀喷雾。

（5）防治观赏植物害虫　在蚜虫低龄若虫始盛期用药，用 50％吡蚜酮水分散粒剂 20～30g/亩均匀喷雾。

注意事项

① 悬浮剂施药时应注意清洗药袋，不能与碱性农药混用。

② 远离水产养殖区施药，禁止在河塘等水体中清洗施药器具。

③ 使用本品时应穿戴防护服避免吸入药液，施药时不可吃东西和饮水。施药后应及时洗手、洗脸。

④ 建议与其他不同作用机制的杀虫剂轮换使用。

⑤ 勿让儿童、孕妇及哺乳期妇女接触本品。加锁保存。不能与食品、饲料存放一起。

⑥ 在小麦上的安全间隔期为 21d，每季最多使用 1 次；在水稻上的安全间隔期为 14d，每季最多使用 1 次。

相关复配剂及应用

（1）吡蚜·噻嗪酮

主要活性成分 吡蚜酮，噻嗪酮。

作用特点 兼具吡蚜酮和噻嗪酮的特性。具有较强的内吸性、强触杀性，兼具胃毒作用，通过抑制昆虫几丁质合成和干扰新陈代谢使若虫蜕皮畸形或翅畸形而死亡。

剂型 25％悬浮剂，25％可湿性粉剂，50％水分散粒剂。

应用技术 在稻飞虱低龄若虫高峰期施药，用 25％可湿性粉剂 25～30g/亩均匀喷雾，或用 25％悬浮剂 30～40g/亩均匀喷雾，或用 50％水分散粒剂 13～20g/亩均匀喷雾。

注意事项

① 本品在水稻上使用的安全间隔期为 14d，每季最多使用 3 次。

② 不能与碱性物质混用。

③ 在规定剂量内使用，本品对鱼类、家蚕、蜜蜂等有益生物影响为低风险，禁止在河塘等水域内清洗施药器械。

④ 建议与其他作用机制不同的杀虫剂轮换使用，以延缓抗性的产生。

⑤ 孕妇及哺乳期妇女禁止接触本产品。

⑥ 大白菜、萝卜对本品敏感，应避免药液飘移到上述作物。

（2）吡蚜·呋虫胺

主要活性成分 呋虫胺，吡蚜酮。

作用特点 吡蚜酮与呋虫胺科学混配，对稻飞虱防效较好，产品具有触杀、胃毒及良好的内吸传导活性，持效期长。

剂型 70％水分散粒剂，75％可湿性粉剂。

应用技术 在稻飞虱卵孵盛期或低龄若虫盛发期施药，用 70％水分散粒剂 8～11g/亩均匀喷雾，或用 75％可湿性粉剂 9～12g/亩均匀喷雾。

注意事项

① 建议与其他作用机制不同的杀虫剂轮换使用。

② 对蜜蜂、家蚕、赤眼蜂等生物有毒。

③ 不能与碱性农药等物质混用。

④ 避免孕妇及哺乳期的妇女接触。

⑤ 在水稻上的安全间隔期为 21d，每季最多使用 1 次。

丙溴磷

（profenofos）

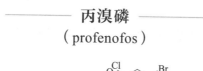

$C_{11}H_{15}BrClO_3PS$, 373.63, 41198-08-7

化学名称　O-乙基-S-丙基-O-（4-溴-2-氯苯基）硫代磷酸酯。

其他名称　多虫磷、溴氯磷、布飞松、菜乐康、菜乐康、克捕灵、克捕赛、库龙、速灭抗、Curacron、Polycron、Selecron、Nonacron、CGA15324S。

理化性质　无色透明液体，沸点 110℃（0.13Pa）；工业品原药为淡黄至黄褐色液体；20℃时水中溶解度为 20mg/L，能与大多数有机溶剂互溶。常温储存会慢慢分解，高温更容易引起质量变化。

毒性　原药急性大鼠 LD_{50}（mg/kg）：358（经口）、3300（经皮），对鸟和鱼毒性较高。

作用特点　丙溴磷的主要作用是抑制昆虫体内乙酰胆碱酯酶，为广谱性杀虫剂，可通过内吸、触杀及胃毒等作用方式防治害虫。丙溴磷具有速效性，在植物叶片上有较好的渗透性，同时具有杀卵性能，对其他有机磷、拟除虫菊酯产生抗性的棉花害虫也有效。

适宜作物　水稻、棉花、甘蓝、柑橘树、苹果树、甘薯等。

防除对象　水稻害虫如稻纵卷叶螟、二化螟等；棉花害虫如棉铃虫、棉盲蝽等；蔬菜害虫如小菜蛾、斜纹夜蛾等；果树害虫如柑橘红蜘蛛等；甘薯线虫如甘薯茎线虫等。

应用技术　以 40%、50%、500g/L、720g/L 乳油，10% 颗粒剂为例。

（1）防治水稻害虫

① 稻纵卷叶螟　在卵孵盛期至低龄幼虫期施药，用50%乳油80～100g/亩兑水朝稻株中上部均匀喷雾。

② 二化螟　在卵孵始盛期至高峰期施药，用720g/L乳油40～50mL/亩兑水朝稻株中下部喷雾。防治水稻害虫时田间应保持3～5cm的水层3～5d。

（2）防治棉花害虫

① 棉铃虫　在卵孵盛期至低龄幼虫期施药，用500g/L乳油75～125mL/亩均匀喷雾。

② 棉盲蝽　在低龄若虫盛期施药，用720g/L乳油40～50mL/亩均匀喷雾。

（3）防治蔬菜害虫

① 小菜蛾　在低龄幼虫盛期施药，用40%乳油60～90g/亩均匀喷雾。喷雾最好在傍晚。

② 斜纹夜蛾　在低龄幼虫盛期施药，用40%乳油80～100g/亩，上午九点以前或者下午五点以后喷雾。

（4）防治果树害虫　柑橘叶螨螨口密度达2～3头/叶时施药，用50%乳油2000～3000倍液均匀喷雾；苹果树叶螨螨口密度达到2～3头/叶时施药，用40%乳油2000～4000倍液均匀喷雾。

（5）防治甘薯线虫　防治甘薯茎线虫在甘薯移栽时施药，用10%颗粒剂2～3kg/亩，用细土拌匀，开沟法进行施用，均匀撒于沟内。

注意事项

① 不可与碱性物质混用。

② 对鱼、水生生物和蜜蜂毒性高，施药期间应避免对周围蜂群的影响；开花植物花期、蚕室和桑园附近禁用；赤眼蜂等天敌放飞区域禁用；远离水产养殖区、河塘等水体施药；禁止在河塘等水域中清洗施药器具。

③ 对苜蓿、高粱、棉花、瓜类、豆类、十字花科蔬菜和核桃花期有药害，使用时应注意避免药液飘移到上述作物上。

④ 尽量不要在烈日下施药，宜在傍晚施药。

⑤ 大风天或预计1h内降雨请勿施药。

⑥ 建议与其他作用机制不同的杀虫剂交替使用。

⑦ 在水稻上的安全间隔期为28d，每季最多用1次；在棉花上的安全间隔期为21d，每季最多用2次；在甘蓝上的安全间隔期为14d，每

季最多用 2 次；在柑橘树上的安全间隔期为 28d，每季最多用 2 次；在苹果树上的安全间隔期为 60d，每季最多用 2 次。

相关复配剂及应用

（1）甲维·丙溴磷

主要活性成分 丙溴磷，甲氨基阿维菌素苯甲酸盐。

作用特点 为丙溴磷和甲氨基阿维菌素苯甲酸盐复配的杀虫/杀螨剂，具有触杀、胃毒、熏蒸等作用，能快速渗入害虫及作物表皮组织，击倒速度快，杀伤力强，持效期长。

剂型 15.2%、20%、24.3%、31%乳油。

应用技术

① 稻纵卷叶螟 在卵孵盛期至低龄幼虫期施药，用 20%乳油 107～133g/亩均匀喷雾。

② 小菜蛾 甘蓝上低龄幼虫盛发期施药，用 15.2%乳油 80～120g/亩均匀喷雾。

③ 斜纹夜蛾 甘蓝上低龄幼虫盛发期施药，用 31%乳油 40～65g/亩均匀喷药。

④ 棉花红蜘蛛 叶螨发生始盛期施药，用 24.3%乳油 45～60g/亩均匀喷雾。

注意事项

① 不能与碱性物质和铜制剂混用。

② 对蜜蜂、鱼类等水生生物、家蚕有毒，施药期间应避免对周围蜂群的影响；赤眼蜂等天敌放飞区禁用；周围开花作物花期禁用；蚕室和桑园附近禁用；远离水产养殖区施用；禁止在河塘等水体中清洗施药器具。

③ 瓜类、豆类、苜蓿和高粱等作物对该药较敏感，施药时应避免药液飘移到上述作物上。

④ 预计 1h 内降雨请勿施药。

⑤ 为减缓害虫抗性的产生，建议与其他作用机制不同的杀虫剂轮换使用。

⑥ 在水稻上的安全间隔期为 21d，每季最多用 2 次；在甘蓝上的安全间隔期为 12d，每季最多用 2 次；在棉花上的安全间隔期为 21d，每季最多用 2 次。

（2）阿维·丙溴磷

主要活性成分 丙溴磷，阿维菌素。

作用特点 为有机磷类杀虫剂丙溴磷和大环内酯类杀虫剂阿维菌素的复配制剂,具有触杀和胃毒作用,并有微弱的熏蒸效用。阿维·丙溴磷无内吸性,不杀卵,但对叶片有渗透作用;不但有丙溴磷的速效性,而且具备阿维菌素持效期长的特点。

剂型 20%乳油,40%水乳剂。

应用技术

① 稻纵卷叶螟 在卵孵盛期至低龄幼虫期施药,用20%乳油60~100g/亩兑水重点喷布水稻植株上半部。

② 二化螟 在卵孵始盛期至高峰期施药,用40%水乳剂40~50g/亩兑水重点喷布水稻植株下半部。田间保持水层3~5cm深,保水3~5d。

③ 棉花红蜘蛛 当害螨在始盛期时施药,用20%乳油30~50g/亩均匀喷雾。

注意事项

① 不得与碱性农药等物质混用,以免降低药效。

② 对蜜蜂有毒,开花植物花期禁用,施药期间应密切注意对附近蜂群的影响;对家蚕有毒,蚕室及桑园附近禁用;对鱼类等水生生物有毒,鱼或虾蟹套养稻田禁用;赤眼蜂等天敌放飞区、鸟类保护区附近禁用。

③ 高粱、瓜类、豆荚、苜蓿、橘和桃花期等对该药较敏感,施药时应避免药液飘移到上述作物上。

④ 大风或预计1h内降雨请勿施药。

⑤ 建议与其他作用机制的杀虫剂交替使用,以延缓害虫抗性的产生。

⑥ 在水稻上的安全间隔期为28d,每季最多使用2次;在棉花上的安全间隔期为21d,每季最多使用2次。

（3）氟啶·丙溴磷

主要活性成分 丙溴磷,氟啶脲。

作用特点 为丙溴磷和氟啶脲的复配杀虫剂。氟啶脲作用机理为抑制几丁质合成,阻碍昆虫正常蜕皮,使卵的孵化、幼虫蜕皮以及蛹发育畸形,成虫羽化受阻;丙溴磷为乙酰胆碱酯酶抑制剂,使神经递质乙酰胆碱积累,胆碱受体被反复激活,造成昆虫神经过度兴奋而死亡。两者混配,具有触杀、胃毒作用,对棉花棉铃虫有良好的防效。

剂型 30%乳油。

应用技术 在棉铃虫卵孵盛期至低龄幼虫期施药，用30%乳油50～70g/亩均匀喷雾。视虫害发生情况，每7～10d施药一次，可连续用药2～3次。

注意事项

① 勿与碱性物质和铜制剂混用。

② 对鸟类、蜜蜂、鱼类等水生生物、家蚕、赤眼蜂有毒。在鸟类保护区、赤眼蜂等天敌放飞区禁用；养蜂地区及开花植物花期、蚕室和桑园附近禁用；对虾、蟹等甲壳类生物剧毒，不得在水田及虾、蟹养殖地附近使用。

③ 对棉花、瓜、豆类、苜蓿、高粱、十字花科蔬菜和核桃花期有药害，施药时应注意避免药液飘移到上述作物上。

④ 大风天或预计1h之内有雨请勿施药。

⑤ 建议与不同作用机制杀虫剂轮换使用。

⑥ 使用本品后的棉花至少应间隔21d才能收获，每季最多使用3次。

（4）氯氰·丙溴磷

主要活性成分 丙溴磷，氯氰菊酯。

作用特点 为两种相互增效且有协同作用的有效成分丙溴磷和氯氰菊酯组成，具有胃毒、触杀和渗透作用，对防治棉铃虫、柑橘潜叶蛾及小菜蛾有良好的效果。

剂型 44%乳油。

应用技术

① 柑橘潜叶蛾 在成虫盛发期施药，用44%乳油2000～3000倍液均匀喷雾。

② 棉铃虫 在卵孵盛期至低龄幼虫期施药，用44%乳油80～100g/亩均匀喷雾。

③ 小菜蛾 在低龄幼虫期施药，用44%乳油60～80g/亩均匀喷雾。

注意事项

① 不宜与碱性物质混用。

② 对蜜蜂、鱼类等水生生物及家蚕有毒，施药期间应避免对周围蜂群、蜜源作物、水产养殖区、蚕室和桑园的影响。

③ 苜蓿、高粱、瓜类、核桃花期对该药敏感，施药时应避免药液

飘移到上述作物上，以防产生药害。

④ 尽量不要在烈日下施药，宜在傍晚施药。

⑤ 大风天或预计 1h 内降雨请勿施药。

⑥ 建议与其他不同作用机制的杀虫剂轮换使用，以延缓害虫抗性的产生。

⑦ 在棉花上的安全间隔期为 14d，每季最多使用 3 次；在柑橘树上的安全间隔期为 14d，每季最多使用 3 次；在十字花科蔬菜甘蓝上的安全间隔期为 14d，每季最多使用 2 次。

（5）高氯·丙溴磷

主要活性成分　丙溴磷，高效氯氰菊酯。

作用特点　为有机磷杀虫剂丙溴磷与拟除虫菊酯类杀虫剂高效氯氰菊酯的复配制剂，作用于害虫的神经系统，具有快速触杀和胃毒作用，对防治棉花棉铃虫有良好的效果，宜在幼虫早期施药。

剂型　40％乳油。

应用技术　在棉铃虫卵孵盛期至低龄幼虫期施药，用 40％乳油 40～60g/亩均匀施药。视虫害发生情况，每 10d 左右施药一次，可再连续用药 1～2 次。

注意事项

① 不可与碱性农药等物质混合使用。

② 对蜜蜂、鱼类等水生物、家蚕有毒，施药期间应避免对周围蜂群的影响；蜜源作物花期、蚕室和桑园附近禁用。远离水产养殖区施药，禁止在河塘等水体中清洗施药器具。

③ 在果园中不宜使用；苜蓿、高粱对该药剂较为敏感，施药时应避免药液飘移到上述作物上。

④ 大风天或预计 1h 内降雨请勿施药。

⑤ 建议与其他作用机制不同的杀虫剂轮换使用。

⑥ 在棉花作物上使用的安全期为 7d，每季最多使用 3 次。

（6）氯氟·丙溴磷

主要活性成分　丙溴磷，高效氯氟氰菊酯。

作用特点　为有机磷杀虫剂丙溴磷与拟除虫菊酯类杀虫剂高效氯氟氰菊酯的混配制剂，具有触杀、胃毒和渗透作用，且有速效、广谱等优点。

剂型　10％乳油。

应用技术　在棉铃虫卵孵盛期至低龄幼虫期施药，用 10％乳油

130～150g/亩均匀施药。

注意事项

① 不能与铜制剂、碱性物质混合使用。

② 对蜜蜂、鱼类等水生生物、家蚕有毒，施药期间应避免对周围蜂群的影响；赤眼蜂等天敌放飞区禁用；周围开花作物花期禁用；蚕室和桑园附近禁用；远离水产养殖区使用；禁止在河塘等水体中清洗施药器具。

③ 苜蓿、高粱、瓜类、十字花科蔬菜和核桃花期对该药敏感，施药时应避免药液飘移到上述作物上，以防产生药害。

④ 大风天或预计 1h 内降雨请勿施药。

⑤ 建议与其他作用机制不同的杀虫剂轮换使用，以延缓害虫抗性的产生。

⑥ 在棉花上的安全间隔期为 21d，每季最多使用 2 次。

（7）氰戊·丙溴磷

主要活性成分 丙溴磷，氰戊菊酯。

作用特点 为丙溴磷和氰戊菊酯的复配杀虫剂，具有触杀、胃毒作用，效果较迅速，击倒力较强，对抗性害虫棉铃虫有较好的防效。

剂型 25％乳油。

应用技术 在棉铃虫卵孵盛期至低龄幼虫期施药，用 25％乳油 70～100g/亩均匀喷雾。

注意事项

① 茶树上禁用。

② 不可与碱性农药等物质混用。

③ 对蜜蜂、鱼类等水生生物、家蚕有毒，施药期间应避免对周围蜂群的影响；开花植物花期、蚕室和桑园附近禁用。远离水产养殖区施药，禁止在河塘等水体中清洗施药器具。

④ 对苜蓿和高粱有药害，施药时避免药液飘移到上述作物上。

⑤ 大风天或预计 1h 内降雨请勿施药。

⑥ 建议与其他作用机制不同的杀虫剂轮换使用。

⑦ 在棉花上的安全间隔期为 21d，每季最多使用 2 次。

（8）丙溴·炔螨特

主要活性成分 炔螨特，丙溴磷。

作用特点 为炔螨特和丙溴磷的复合制剂，具有速效性和持效性，具熏蒸、触杀、胃毒三种作用，对卵、幼螨、若螨和成螨等各种虫态的螨类均有较好的防治效果。

剂型　50%乳油。

应用技术　防治柑橘红蜘蛛时，当每片柑橘叶子上发现有螨 2～3 头时施药，用 50%乳油 1500～2500 倍液均匀喷雾。

注意事项

① 不要与波尔多液及强碱性药剂混用。

② 周围开花植物花期禁用，使用时应密切关注对附近蜂群的影响；蚕室及桑园附近禁用，赤眼蜂等天敌放飞区域禁用。远离水产养殖区、河塘等水体施药，禁止在河塘等水体中清洗施药器具。

③ 高温、高湿下，该药对某些作物的幼苗和新梢嫩叶有药害，尤其棉花、瓜类、豆类，苜蓿、梨树、柑橘春梢嫩叶等作物比较敏感，施药时应避免药液飘移到上述作物上。

④ 在 20℃以上条件下药效可适当提高，但 20℃时下随低温递减。

⑤ 大风天或预计 1h 内降雨请勿施药。

⑥ 建议与其他作用机制不同的农药轮换使用。

⑦ 在柑橘上的安全间隔期为 21d，每季最多使用 2 次。

——————— 残杀威 ———————

（propoxur）

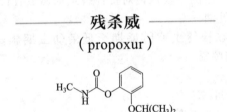

$C_{11}H_{15}NO_3$, 209.2, 114-26-1

化学名称　2-异丙氧基苯基-N-甲基氨基甲酸酯。

其他名称　残杀畏、安丹、拜高、残虫畏、Baygon、Blattanex、Suncide、Tendex、Arprocarb、Unden、Bayer9010、Bayer39007。

理化性质　无色结晶，熔点 90.7℃；溶解度（20℃，g/L）：水 1.9，二氯甲烷、异丙醇＞200、甲苯 100；高温及在碱性介质中分解。

毒性　原药急性 LD_{50}（mg/kg）：大白鼠经口 90～128（雄）、104（雌），小白鼠经口 100～109（雄）；大白鼠经皮＞800～1000。对动物无致畸、致突变、致癌作用；在家庭中使用安全；对蜜蜂高毒。

作用特点　残杀威主要是通过抑制害虫体内乙酰胆碱酯酶活性，使害虫中毒死亡，为强触杀能力的非内吸性杀虫剂，具有胃毒、熏杀和快速击倒作用。常用于牲畜体外寄生虫、仓库害虫及蚊、蝇、蜚蠊、蚂蚁、臭虫等害虫的防治。

适宜作物 蚕桑树等。

防除对象 桑树害虫如桑象甲等；卫生害虫如蝇、蜚蠊、蚊等。

应用技术 以 8％、20％乳油，10％微乳剂为例。

（1）防治桑树害虫 在桑象甲成虫盛发期施药，用 8％乳油 1000～15000 倍液均匀喷雾。

（2）防治卫生害虫

① 蝇、蜚蠊 用 20％乳油稀释 20～40 倍，按 $5g/m^2$ 喷洒；水泥面按 $5～7.5g/m^2$ 全面喷洒于墙面、地面、门窗、橱背等害虫易停留之处。

② 蚊 用 10％微乳剂稀释 10 倍，以 $10g/m^2$ 全面喷洒。

注意事项

① 不要与碱性农药混用。

② 对鱼等水生动物、蜜蜂、蚕有毒，使用时注意不可污染鱼塘等水域及饲养蜂、蚕场地；蜜源作物的花期，蚕室内及其附近禁用；周围开花植物花期禁用；赤眼蜂等天敌放飞区禁用。

③ 大风天或预计 1h 内降雨请勿施药。

④ 建议与其他作用机制不同的杀虫剂轮换使用。

⑤ 在桑树上的安全间隔期为 7d，每季最多使用 1 次。

相关复配剂及应用

（1）残杀威·四氟苯菊酯

主要活性成分 残杀威，四氟苯菊酯。

作用特点 为氨基甲酸酯类杀虫剂残杀威与拟除虫菊酯类杀虫剂四氟苯菊酯的复配制剂，能有效防治室外蚊、蝇害虫。适用于公共卫生环境，如居住地、建筑地、街道等场所外部环境的蚊蝇防治以及垃圾场、养殖场等场所的蚊蝇防治。

剂型 10％微乳剂。

应用技术

① 蚊 采用 10％微乳剂 100 倍液超低容量喷雾。

② 蝇 采用 10％微乳剂 50～100 倍液超低容量喷雾。

注意事项

① 不宜与碱性物质混用，以防分解。

② 对蚕、鱼类、蜜蜂、鸟类有毒，施药期间应避免对周围蜂群的影响；开花植物花期、蚕室和桑园附近禁用；远离水产养殖区及河塘等水域施药；禁止在河塘等水体中清洗施药器具。鸟类保护区禁用。

③ 使用中有任何不良反应，请及时就医。

（2）高氯·残杀威

主要活性成分 残杀威，高效氯氰菊酯。

作用特点 采用残杀威和高效氯氰菊酯复配而成，对蚊、蜚蠊击倒速度快、杀死率高，广泛适用于住宅、饭店、医院、学校、宿舍、商店、仓库等公共场所。

剂型 15%悬浮剂。

应用技术 防治蚊、蝇、跳蚤、蜚蠊时，将15%悬浮剂用水稀释50～100倍，混匀后全面均匀喷洒于墙面、地面、门窗、橱背、房梁等害虫易停留的表面。喷液量以将物体表面喷湿并有少量药液流出为宜，确保均匀覆盖。喷洒量：蚊467mg/m^2；蝇467mg/m^2；跳蚤133mg/m^2；蜚蠊733mg/m^2。

注意事项

① 碱性条件下易分解。

② 仅用于室内，仅限于专业人员使用。

③ 对鱼类、家蚕有毒，在蚕室、桑园及其附近禁用；远离水产养殖区及河塘等水域施药；禁止在河塘等水体中清洗施药器具。

④ 应现配现用，加水稀释后，不可久置。

（3）苯氰·残杀威

主要活性成分 残杀威，右旋苯醚氰菊酯。

作用特点 为氨基甲酸酯类杀虫剂残杀威和拟除虫菊酯类杀虫剂右旋苯醚氰菊酯的复配制剂，具有触杀和胃毒作用。二者均作用于神经，但靶标位点不同。该药可有效防治蚊、蝇和蜚蠊（俗称蟑螂）等害虫。

剂型 15%乳油。

应用技术

① 蚊、蝇 将15%乳油50～100倍液滞留喷洒在蚊、蝇经常栖居的地方，如墙壁、玻璃表面、纱网、绳索等地方。用量为333mg/m^2。

② 蜚蠊 将15%乳油50～100倍液滞留喷洒在蜚蠊经常栖息的缝隙和通道上，喷施表面呈湿而不流为宜。用量为600mg/m^2。

注意事项

① 不宜与碱性物质混用。

② 仅用于室内滞留喷洒。喷药时切勿污染食物、粮食、加工食物的器具表面或盛放食物的容器。

③ 对鱼类、家蚕有毒，在蚕室、桑园及其附近禁用。严禁药液流入河塘，施药器械不得在河塘内洗涤。

④ 孕妇、哺乳期妇女及过敏者禁用，使用中如有不良反应请及时就医。

（4）氟氯·残杀威

主要活性成分 残杀威，高效氟氯氰菊酯。

作用特点 为残杀威和高效氟氯氰菊酯的复配制剂，是一种低毒的卫生杀虫剂，对蚊、蝇、蟑螂等害虫有驱杀作用，对人、畜低毒。适用于宾馆、饭店、交通工具等处。

剂型 8%悬浮剂。

应用技术 防治蜚蠊、蚊、蝇时，用8%悬浮剂兑水稀释100倍，按375～500mg/m²，均匀喷洒在门窗、墙面等蟑螂、蝇、蚊经常出没或栖息的地方。

注意事项

① 不可与碱性物质混用。

② 氟氯·残杀威低毒，但使用时也应注意安全，用后及时清洗。

③ 对家蚕、鱼有毒，使用时要注意，不要污染水源及蜂、蚕场地及其附近区域，切勿污染食品及饮用水。

④ 孕妇及哺乳期妇女禁止接触，过敏者禁用。

⑤ 使用过程中如有任何不良反应请及时就医。

（5）残杀·溴氰

主要活性成分 残杀威，溴氰菊酯。

作用特点 采用氨基甲酸酯类农药残杀威和拟除虫菊酯类农药溴氰菊酯混配而成的卫生杀虫剂，具有胃毒、熏杀和快速击倒的作用，能有效驱除蚊子等害虫。

剂型 8%悬浮剂。

应用技术 防治蚊时，先关闭门窗，在距离墙壁及物体约1m处，将8%悬浮剂用水稀释50～120倍按1.5g/m²喷射（平均每10m²喷射5s左右）。关闭门窗期间，人不要留在室内，20min后，打开门窗充分通风后方可再次进入房间。

注意事项

① 不可与碱性物质混用。

② 使用时切勿污染食物、餐具及饮用水。

③ 对蚕和鱼有毒，蚕室、桑园及其附近禁用；水产养殖区、河塘等水体附近禁用；禁止在河塘等水域清洗施药器具。

茶皂素

（tea saponin）

$C_{57}H_{90}O_{26}$, 1123.54, 8047-15-2

化学名称　五环三萜类植物皂苷。

其他名称　茶皂苷。

理化性质　纯品为白色微细柱状晶体，具有苦辛辣味，易潮解。易溶于含水甲醇，含水乙醇以及冰醋酸、醋酐、吡啶等。难溶于无水甲醇、乙醇，不溶于乙醚、丙酮、苯、石油醚等有机溶剂。具有乳化、分散、润湿、去污、发泡、稳泡等多种表面活性，是性能优良的天然表面活性剂。当茶皂素溶液用盐酸酸化后会产生皂苷沉淀。

毒性　急性 LD_{50} （mg/kg）：经口 7940 （制剂）；经皮＞10000 （制剂）。

作用特点　本品由茶皂素为主要原料精制而成。通过胃毒作用直接杀死害虫，同时对害虫具有一定的驱避作用。

适宜作物　茶树。

防除对象　茶树害虫茶小绿叶蝉。

应用技术　防治茶树害虫，在茶小绿叶蝉卵孵盛期至 3 龄前若虫盛发期施药，用 30％茶皂素水剂 75～125g/亩均匀喷雾。

注意事项

① 本品不得与碱性物质混用，不得与含铜杀菌剂混用。

② 本品对鱼和家蚕有一定毒性，使用时避开水产养殖区和桑园等场所。

③ 在茶树上每季施药 1 次。

虫酰肼

(tebufenozide)

C$_{22}$H$_{28}$N$_2$O$_2$, 352.5, 112410-23-8

化学名称 *N*-叔丁基-*N*′-(4-乙基苯甲酰基)-3,5-二甲基苯甲酰肼。

其他名称 抑虫肼、米满、Conform、Mimic。

理化性质 纯品虫酰肼为白色结晶固体，熔点 191℃；溶解性 (20℃)：微溶于普通有机溶剂，难溶于水。

毒性 虫酰肼原药急性 LD$_{50}$（mg/kg）：大鼠经口＞5000、经皮＞5000；对兔眼睛和皮肤无刺激性；对动物无致畸、致突变、致癌作用。

作用特点 虫酰肼能完全控制害虫的脱皮过程，是非甾族新型昆虫生长调节剂，是最新研发的昆虫激素类杀虫剂。在害虫尚未发育到蜕皮期出现蜕皮反应，导致不完全蜕皮、拒食、全身失水，最终死亡。虫酰肼杀虫活性高，选择性强，对所有鳞翅目幼虫均有效，对抗性害虫棉铃虫、菜青虫、小菜蛾、甜菜夜蛾等有特效，并有极强的杀卵活性，对非靶标生物更安全。虫酰肼对眼睛和皮肤无刺激性，对高等动物无致畸、致癌、致突变作用，对哺乳动物、鸟类、天敌均十分安全。

适宜作物 蔬菜、棉花、马铃薯、大豆、烟草、果树、观赏作物等。

防除对象 果树害虫如苹果蠹蛾等；蔬菜害虫如甜菜夜蛾、斜纹夜蛾等；林木害虫如松毛虫等。

应用技术 以 24% 虫酰肼悬浮剂、20% 虫酰肼悬浮剂为例。

（1）防治果树害虫　防治苹果蠹蛾时，根据虫情测报，第1代开始发生时施药，用24％虫酰肼悬浮剂1000～1500倍液均匀喷雾。如果虫量大，间隔14～21d后再喷1次。

（2）防治蔬菜害虫

① 甜菜夜蛾　在成虫产卵盛期或卵孵化盛期施药，用24％虫酰肼悬浮剂2000～3000倍液均匀喷雾。根据虫情决定喷药次数，持效期为10～14d。

② 斜纹夜蛾　在卵发育末期或低龄幼虫期施药，用20％虫酰肼悬浮剂25～42g/亩均匀喷雾。

（3）防治林木害虫　防治松毛虫时，在低龄幼虫期施药，用24％虫酰肼悬浮剂2000～4000倍液均匀喷雾。

注意事项

① 在甘蓝上的安全间隔期为7d，每季最多使用2次。

② 本品对鸟类无毒，对鱼和水生脊椎动物有毒，对蚕高毒，不要直接喷洒在水面，废液不要污染水源，在蚕、桑园地区禁止施用此药。

③ 儿童、孕妇或哺乳期妇女禁止接触。

④ 在养蚕区，虾、蟹养殖区不宜使用。

相关复配剂及应用　虫酰·辛硫磷

主要活性成分　辛硫磷，虫酰肼。

作用特点　兼具辛硫磷和虫酰肼作用。

剂型　20％乳油。

应用技术　在甜菜夜蛾二龄幼虫出现高峰期施药，用20％乳油80～100g/亩均匀喷雾。

注意事项

① 不宜与碱性农药混用。

② 对鱼类有毒，对蜜蜂、家蚕具有极高风险性，开花植物花期禁用，鸟类保护区禁用，桑蚕养殖区禁用，施药后不得在河塘等水域清洗药械。

③ 建议与其他作用机制不同的杀虫剂轮换使用，以延缓抗性产生。

④ 孕妇及哺乳期妇女应避免接触本品。

⑤ 在大白菜上的安全间隔期为7d，每季最多使用3次。

除虫脲

（diflubenzuron）

C$_{14}$H$_{10}$ClF$_2$N$_2$O$_2$, 310.7, 35367-38-5

化学名称　1-(4-氯苯基)-3-(2,6-二氟苯甲酰基)脲。

其他名称　灭幼脲一号、敌灭灵、二氟隆、二氟脲、二氟阻甲脲、伏虫脲、Dimilin、Difluron、Largon。

理化性质　纯品为白色晶体，熔点228℃。原药（有效成分含量95%）外观为白色至浅黄色结晶粉末，相对密度1.56，熔点210～230℃，25℃时蒸气压为 1.2×10^{4}mPa，20℃时在水中溶解度为0.1mg/kg，丙酮中为6.5g/L，易溶于急性溶剂如乙腈、二甲基砜；也可溶于一般溶剂如乙酸乙酯、二氯甲烷、乙醇。在非极性溶剂中如乙醚、苯、石油醚等很少溶解。遇碱易分解，对光比较稳定，对热也比较稳定。常温贮存也比较稳定，稳定期至少两年。

毒性　原药对大鼠急性经口 LD$_{50}$>4640mg/kg。兔急性经皮 LD$_{50}$>2000mg/kg，急性吸入 LC$_{50}$>30mg/L。对兔的眼睛和皮肤有轻度刺激作用。大鼠经口无作用剂量为每天125mg/kg。在实验剂量内未见动物致畸、致突变作用。鹌鹑急性经口 LD$_{50}$>4640mg/kg，鲑鱼 LC$_{50}$>0.3mg/L（30d）。

作用特点　除虫脲为苯甲酸基苯基脲类除虫剂，通过抑制昆虫的几丁质合成酶的活性，从而抑制幼虫、卵、蛹表皮几丁质的合成，使昆虫不能正常蜕皮，虫体畸形而死亡。除虫脲主要作用方式是胃毒和触杀。害虫取食后造成积累性中毒，由于缺乏几丁质，幼虫不能形成新表皮，蜕皮困难，化蛹受阻；成虫难以羽化、产卵；卵不能正常发育、孵化的幼虫表皮缺乏硬度而死亡，从而影响害虫整个世代，这就是除虫脲的优点之所在。对甲壳类和家蚕有较大的毒性，对人畜和环境中其他生物安全，属低毒无公害农药。

适宜作物　蔬菜、棉花、果树、林木等。

防除对象　林木害虫如松毛虫、天幕毛虫、尺蠖、美国白蛾、蒂蛀虫、毒蛾、金纹细蛾、桃小食心虫、潜叶蛾等；棉花害虫如棉铃虫等；

蔬菜害虫如菜青虫、卷叶螟、夜蛾等。

应用技术 以25%除虫脲可湿性粉剂为例。

（1）防治林木害虫 防治松毛虫时，在幼虫低龄期或卵期施药，用25%除虫脲可湿性粉剂55～60g亩均匀喷雾。

（2）防治果树害虫

① 柑橘潜叶蛾 在潜叶蛾产卵高峰期或低龄幼虫期施药，用25%除虫脲可湿性粉剂2000～4000倍液均匀喷雾。

② 柑橘锈壁虱 在锈壁虱成虫产卵期或幼虫低龄期施药，用25%除虫脲可湿性粉剂3000～4000倍液均匀喷雾。

③ 金纹细蛾 在金纹细蛾产卵高峰期或低龄幼虫期施药，用25%除虫脲可湿性粉剂1000～2000倍液均匀喷雾。

（3）防治小麦害虫 在黏虫产卵高峰期或低龄幼虫期施药，用25%除虫脲可湿性粉剂6～20g/亩均匀喷雾。

（4）防治蔬菜害虫

① 菜青虫 在菜青虫低龄幼虫发生期或发生高峰期前开始施药，用25%除虫脲可湿性粉剂50～70g/亩均匀喷雾。

② 小菜蛾 在小菜蛾的幼虫低龄期或成虫产卵期施药，用25%除虫脲可湿性粉剂32～40g/亩均匀喷雾。

注意事项

① 除虫脲属蜕皮激素，不宜在害虫高、老龄期施药，应掌握在幼龄期施药效果最佳。

② 悬浮剂贮运过程中会有少量分层，因此使用时应先将药液摇匀，以免影响药效。

③ 药液不要与碱性物接触，以防分解。

④ 蜜蜂和蚕对本剂敏感，因此养蜂区、蚕业区应谨慎使用，如果使用一定要采取保护措施。

⑤ 本剂对甲壳类（虾、蟹幼体）有害，应注意避免污染养殖水域。

⑥ 库房应通风、低温、干燥，与食品原料分开储运。

⑦ 孕妇及哺乳期妇女禁止接触。

⑧ 在荔枝树上的安全间隔期为10d，每季最多使用3次；在甘蓝上的安全间隔期为7d，每季最多使用1次；在苹果树上的安全间隔期为21d，每季最多使用3次。

相关复配剂及应用

（1）除脲·辛硫磷

主要活性成分　除虫脲，辛硫磷。

作用特点　具有触杀和胃毒作用，无内吸作用。兼具除虫脲和辛硫磷的作用。

剂型　20％乳油。

应用技术　在菜青虫低龄幼虫期施药，用20％乳油30～40g/亩均匀喷雾。

注意事项

① 在十字花科蔬菜上安全间隔期为7d，每季最多2次。

② 不能与碱性农药混用。

③ 对高粱、黄瓜、甜菜等敏感，需慎用。

④ 对蜜蜂、家蚕、鱼类高毒，使用时需注意。

⑤ 在十字花科作物上的安全间隔期为10d，每季最多使用3次。

（2）除脲·毒死蜱

主要活性成分　毒死蜱，除虫脲。

作用特点　具触杀、胃毒、熏蒸等作用，按推荐剂量使用，对棉花棉铃虫有较好的防治效果。

剂型　20％乳油。

应用技术　防治棉铃虫时，在卵孵盛期或低龄幼虫高峰期施药，用20％乳油80～100g/亩均匀喷雾。

注意事项

① 对蜜蜂、家蚕有毒，施药期间应避免对周围蜂群的影响，开花植物花期、蚕室和桑园附近禁用。

② 禁止与碱性农药等物质混用。

③ 毒死蜱禁止在蔬菜上使用。

④ 避免孕妇及哺乳期妇女接触。

⑤ 在棉花上的安全间隔期为21d，每季最多使用2次。

（3）除脲·高氯氟

主要活性成分　高效氯氟氰菊酯，除虫脲。

作用特点　兼具除虫脲和辛硫磷作用，有明显的增效作用。

剂型　50％悬浮剂。

应用技术　在玉米螟卵孵化盛期至低龄幼虫期施药，用50％悬浮剂8～10g/亩均匀喷雾。

注意事项

① 对蜜蜂、家蚕、水生生物有毒，施药期间应避免对周围蜂群的影响，周围开花植物花期、蚕室和桑园附近禁用。

② 不能与碱性农药等物质混用。

③ 避免孕妇及哺乳期的妇女接触。

④ 在玉米上的安全间隔期为 20d，每季最多使用 2 次。

除虫菊素
（pyrethrins）

除虫菊素的活性组分是（＋）-反式菊酸和（＋）-反式菊二酸与三种光学活性的环戊烯醇酮形成的六种酯（Ⅰ和Ⅱ各三个）；其对应名称和含量为：除虫菊素Ⅰ 38％，除虫菊素Ⅱ 30％，瓜叶除虫菊素Ⅰ 9％，瓜叶除虫菊素Ⅱ 13％，茉莉除虫菊素Ⅰ 5％，茉莉除虫菊素Ⅱ 5％。

(+)-trabs-Chrysanthemic acid
反式菊酸

(+)-trabs-Pyrethoic acid
反式菊二酸

(+)-Pyrethrolone
除虫菊醇酮

(+)-Cinerolone
瓜叶醇酮

(+)-Jasmolone
茉莉醇酮

其中除虫菊素杀虫活性最高，茉莉除虫菊素毒效很低；除虫菊素Ⅰ对蚊、蝇有很高的杀虫活性，除虫菊素Ⅱ有较快的击倒作用。

理化性质 本品为天然除虫菊的提取物，内含除虫菊酯、瓜菊酯和茉莉菊酯。浅黄色油状黏稠物，蒸气压极低，水中几乎不溶。易溶于有机溶剂，如醇类、氯化烃类。

毒性 每日允许摄入量为 0.04mg/kg bw；急性 LD_{50}（mg/kg）经口 2370，经皮 >5000；对鱼高毒，LC_{50}（96h，mg/L，静态试验）银大马哈鱼 39，水渠鲶鱼 114；LC_{50}（μg/L）蓝鳃太阳鱼 10，虹鳟鱼 5.2；对蜜蜂高毒，有忌避作用，LD_{50}（经口）22ng/蜂，（接触）

130～290ng/蜂。

作用特点　除虫菊素兼有驱避、击倒和毒杀作用，触杀活性强，通过与细胞膜上的钠离子通道结合，阻断和干扰神经传导，引起害虫麻痹，在数分钟内有效。昆虫中毒后引起呕吐、下痢、身体前后蠕动，继而麻痹死亡。除虫菊素为多组分混合物，不易诱使昆虫产生抗性，抗性发展慢，且相对低毒、用量少、低残留。

适宜作物　蔬菜、果树等。

防除对象　蔬菜害虫如蚜虫等；果树害虫如叶蝉等；卫生害虫如蚊、蝇、蜚蠊、跳蚤、臭虫、蚂蚁等。

应用技术　以1.5%除虫菊素水乳剂、5%除虫菊素乳油、0.6%除虫菊素气雾剂、1%除虫菊素水乳剂、0.5%除虫菊素气雾剂、0.25%除虫菊素蚊香为例。

（1）防治蔬菜害虫　在十字花科蚜虫始盛期施药，用1.5%除虫菊素水乳剂120～180g/亩均匀喷雾；或用5%除虫菊素乳油30～50g/亩均匀喷雾。

（2）防治果树害虫　在叶蝉低龄若虫盛发期施药，用1.5%除虫菊素水乳剂600～1000倍液均匀喷雾。

（3）防治烟草害虫　在烟草蚜虫始盛期施药，用5%除虫菊素乳油20～40g/亩均匀喷雾。

（4）防治卫生害虫

① 蜚蠊、臭虫、蚂蚁、跳蚤　用0.5%除虫菊素气雾剂直接对准喷射，或向其隐匿的地方以20～30cm的距离适量喷射，直至喷射表面轻微湿润；对于难以喷及的地方，可在其周围作适量预防喷射。

② 蚊　用0.5%除虫菊素气雾剂对准害虫直接喷射或按$1s/m^2$的用量往空间喷射，喷射前关闭门窗，喷口斜向上喷射，或点燃0.25%除虫菊素蚊香驱蚊。

③ 蝇　用0.5%除虫菊素气雾剂对准害虫直接喷射或按$1s/m^2$的用量往空间喷射，喷射前关闭门窗，喷口斜向上喷射。

注意事项

① 不能与碱性农药混用。

② 太阳光和紫外线加速分解，勿在强光下施药。

③ 本品对蜜蜂、鱼类等水生生物、家蚕有毒，施药期间应避免对周围蜂群的影响，开花植物花期、蚕室和桑园附近禁用；远离水产养殖区施药，禁止在河塘等水体中清洗施药器具。

④ 建议与其他杀虫剂轮换使用。

⑤ 施药间隔期为 7～10d，最后一次施药距采收间隔时间为 2d，在作物生长周期用药不超过 3 次。

相关复配剂及应用 虫菊·苦参碱

主要活性成分 除虫菊素，苦参碱。

作用特点 本品为天然植物源杀虫剂，由天然除虫菊素和苦参碱复配而成，具有触杀、胃毒作用。对哺乳动物低毒，在环境中能迅速分解。

剂型 0.5%可溶液剂，1.8%水乳剂。

应用技术 在甘蓝蚜虫始盛期施药，用 0.5%可溶液剂 45～50g/亩均匀喷雾；或用 1.8%水乳剂 40～50g/亩均匀喷雾。

注意事项

① 本品为植物源农药，紫外线照射会加速分解，为延长药效作用时间，避免在烈日下施药，日落前后施药效果最佳。

② 本品对蜜蜂、家蚕有毒，开花作物花期及蚕室、桑园附近禁用；赤眼蜂等天敌放飞区域禁用；对鱼类等水生生物有毒，远离水产养殖区、河塘等水域附近施药，残液严禁倒入河中，禁止在江河湖泊中清洗施药器具。

③ 不可与呈碱性的农药等物质混合使用，如作物用过化学农药，5d 后方可施用此药，以防酸碱中和影响药效。

④ 建议与其他作用机制不同的杀虫剂交替使用，以延缓抗性产生。

--- **哒螨酮** ---
（pyridaben）

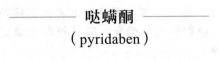

C$_{19}$H$_{25}$ClN$_2$OS, 364.9, 96489-71-3

化学名称 2-叔丁基-5-叔丁基苄硫基-4-氯哒嗪-3-（2H）酮。

其他名称 哒螨净、螨必死、螨净、灭螨灵、速慢酮、哒螨灵、牵牛星、扫螨净、Nexter、Sanmite、Prodosed、NCI 129、NC 129。

理化性质 纯品哒螨酮为白色结晶，熔点 111～112℃，溶解度

（20℃，g/L）：丙酮460，氯仿1480，苯110，二甲苯390，乙醇57，己烷10，环己烷320，正辛醇63；水中为0.012mg/L。对光不稳定，在强酸、强碱介质中不稳定；工业品为淡黄色或灰白色粉末，有特殊气味。

毒性 哒螨酮原药急性 LD_{50}（mg/kg）：小鼠经口435（雄）、358（雌），大鼠和兔经皮＞2000；对兔眼睛和皮肤无刺激性；对动物无致畸、致突变、致癌作用。

作用特点 哒螨酮属哒嗪酮类杀虫、杀螨剂，无内吸性，具有触杀和胃毒作用。哒螨酮为广谱、触杀性杀螨剂，持效期长达30～60d，对螨的不同发育阶段均有效。低温和夏秋气温较高时使用，药效较稳定。

适宜作物 棉花、果树、蔬菜等。

防除对象 果树害螨如苹果红蜘蛛、柑橘红蜘蛛等；棉花害螨如棉花红蜘蛛等；蔬菜害虫如黄条跳甲。

应用技术 以15％哒螨酮乳油、20％哒螨酮可湿性粉剂为例。

（1）防治果树害螨 在苹果、柑橘害螨盛孵期施药，用15％哒螨酮乳油2000～3000倍液均匀喷雾，或用20％哒螨酮可湿性粉剂2000～2500倍液均匀喷雾。

（2）防治棉花害螨 在棉花红蜘蛛始盛期或初扩散期施药，用20％哒螨酮可湿性粉剂6～9g/亩均匀喷雾。

注意事项

① 不能与碱性物质混合使用。

② 对光不稳定，需避光，阴凉处保存。

③ 应储存于阴凉、通风的库房，远离火种、热源，防止阳光直射，保持容器密封。应与氧化剂、碱类分开存放，切忌混储。配备相应品种和数量的消防器材，储区应备有泄漏应急处理设备和合适的收容材料。

④ 儿童、避免孕妇及哺乳期妇女接触。

⑤ 本品对蜜蜂有毒，周围开花植物花期禁用；对鱼类毒性高，禁止在池塘等水体附近使用。桑园及蚕室附近禁用。清洗施药器械的污水应选择安全地点妥善处理，不准随地泼洒，防止污染饮用水源和养鱼池塘。

⑥ 在棉花上的安全间隔期为14d，每季最多使用1次；在柑橘树上的安全间隔期为21d，每季最多使用2次；在甘蓝上的安全间隔期为

7d，每季最多使用 3 次；在枸杞上的安全间隔期为 7d，每季最多使用 2 次。

相关复配剂及应用

（1）哒螨・灭幼脲

主要活性成分 哒螨灵，灭幼脲。

作用特点 具有触杀和胃毒作用，兼具哒螨灵和灭幼脲的特性。

剂型 30％可湿性粉剂。

应用技术 防治金纹细蛾、山楂红蜘蛛时，在害虫卵孵盛期及幼虫期施药，用 30％可湿性粉剂 1500～2000 倍液均匀喷雾。

注意事项

① 苹果树上使用安全间隔期为 21d，每季最多用 2 次。

② 对水生生物、家蚕、蜜蜂有毒，使用时应注意。

③ 不能与碱性物质混用。

④ 孕妇及乳期妇女避免接触。

（2）阿维・哒螨灵

主要活性成分 阿维菌素，哒螨灵。

作用特点 具有触杀和胃毒作用。药效高，杀灭性强，对叶螨、全爪螨、瘿螨和跗线螨以及对螨的各个阶段均具有很好的防效。

剂型 10％乳油。

应用技术

① 红蜘蛛 在红蜘蛛发生为害高峰期用药，用 10％乳油 2000～3000 倍液均匀喷雾。

② 二斑叶螨 在苹果树二斑叶螨低龄若虫期施药，用 10％乳油 1500～2500 倍液均匀喷雾。

注意事项

① 不能与碱性物质混用。可与波尔多液现混现用。

② 在苹果树上的安全间隔期为 14d，每季最多使用 1 次；在柑橘树上的安全间隔期为 30d，每季最多使用 2 次。

③ 本品对水生动物、蜜蜂、家蚕有毒。

④ 孕妇及哺乳期妇女避免接触。

⑤ 建议与其他作用机制不同的杀虫剂交替使用。

⑥ 对茄子有轻微药害，避免药液飘移到上述作物上。

（3）哒螨・三唑锡

主要活性成分 哒螨灵，三唑锡。

作用特点 为触杀性杀螨剂,防治柑橘树红蜘蛛有较好的防效,该药受温度变化的影响较小,无论早春或秋季使用,都有较好的效果。

剂型 16%可湿性粉剂。

应用技术 在红蜘蛛发病初期,用16%乳油1000~1500倍液均匀喷雾。

注意事项

① 不能与呈碱性的农药等物质混用。

② 对蜜蜂、鱼类等水生生物、家蚕有毒。

③ 孕妇及哺乳期妇女避免接触。

④ 建议与其他作用机制不同的杀螨剂轮换使用,以延缓抗性产生。

⑤ 在柑橘树上的安全间隔期为20d,每季最多使用1次。

(4) 哒螨·螺螨酯

主要活性成分 螺螨酯,哒螨灵。

作用特点 具有触杀和胃毒作用,对螨的整个生长期都有较好的效果。

剂型 25%悬浮剂。

应用技术 在柑橘树红蜘蛛为害早期施药,用25%悬浮剂3500~4500倍液均匀喷雾。

注意事项

① 不能与石硫合剂和波尔多液等强碱性药剂及铜制剂混用。

② 建议与其他作用机制不同的杀螨剂轮换使用,以延缓抗性产生。

③ 本品对鱼类等水生生物有毒,远离水产养殖区、河塘等水体施药,禁止在河塘等水体中清洗施药器具。

④ 孕妇及哺乳期妇女禁止接触本品。

⑤ 在柑橘树上的安全间隔期为30d,每季最多使用1次。

(5) 哒螨·乙螨唑

主要活性成分 哒螨灵,乙螨唑。

作用特点 哒螨灵广谱、速效,对卵、若螨和成螨都有较好防效,不受温度影响。乙螨唑抑制卵、胚胎形成,影响螨的脱皮,对幼螨和卵防效好,对雌成螨有不育作用。较耐雨水冲刷,持效期长。

剂型 25%悬浮剂。

应用技术 在红蜘蛛为害初期施药，用 25％悬浮剂 2000～3000 倍液均匀喷雾。

注意事项

① 对鱼类等水生生物有毒，远离水产养殖区、河塘等水体施药，禁止在河塘等水体中清洗施药器具；对蜜蜂、家蚕等毒性高。

② 孕妇及哺乳期妇女应避免接触。

③ 在柑橘树上的安全间隔期为 21d，每季最多使用 2 次。

哒嗪硫磷

（pyridaphenthione）

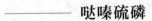

$C_{14}H_{17}N_2O_4PS$, 340.34, 119-12-0

化学名称 O,O-二乙基-O-（2,3-二氢-3-氧代-2-苯基-6-哒嗪基）硫代磷酸酯。

其他名称 哒净松、杀虫净、苯哒磷、必芬松、打杀磷、哒净硫磷、苯哒嗪硫磷、Ofunack、Pyridafenthion。

理化性质 纯品为白色结晶熔点 54.5～56.5℃，溶解度为乙醇 1.25％，异丙醇 58％，三氯甲烷 67.4％，乙醚 101％，甲醇 226％，难溶于水，对酸、热较稳定，在 75℃时加热 35h，分解率 0.9％，对强碱不稳定，对光线较稳定，在水田土壤中的半衰期为 21d，工业品微淡黄色固体。

毒性 急性经口 LD_{50}（mg/kg）：769.4（雄大鼠），850（雌大鼠），4800（兔），7120（狗）。急性经皮 LD_{50}（mg/kg）：2300（雄大鼠），2100（雌大鼠），660（雄小鼠），2100（雌小鼠）。大鼠腹腔注射 LD_{50} 105mg/kg，以每天 30mg/kg 剂量喂养小鼠 6 个月，无特殊情况，大多数三代繁殖未发现致癌，致突变现象，鲤鱼 LC_{50}（48h）10mg/L，日本鹌鹑经口 LD_{50} 为 64.8mg/kg，野鸡经口 LD_{50} 1.162mg/kg。

作用特点 哒嗪硫磷是一种高效、低毒、低残留的广谱杀虫剂，具有触杀和胃毒作用，但无内吸作用，对多种咀嚼式口器害虫均有较好的防治效果。

适宜作物 水稻、小麦、玉米、棉花、大豆、蔬菜、果树、茶树、森林等。

防除对象 水稻害虫如二化螟、三化螟、稻纵卷叶螟、稻叶蝉等；玉米害虫如黏虫、玉米螟等；棉花害虫如棉铃虫、蚜虫、棉叶螨等；蔬菜害虫如菜青虫等；苹果害虫如桃小食心虫等；森林害虫如松毛虫、竹青虫等。

应用技术 以20%乳油为例。

(1) 防治水稻害虫

① 螟虫 二化螟、三化螟在卵孵始盛期施药，用20%乳油800~1000倍液喷雾。稻纵卷叶螟可于卵孵盛期至低龄幼虫期施药，用上述药剂喷雾。视虫害发生情况，每10d左右施药一次，可连续用药2~3次。

② 稻叶蝉 在低龄若虫发生盛期施药，用20%乳油800~1000倍液均匀喷雾。

防治水稻害虫时田间应保持3~5cm的水层3~5d。

(2) 防治小麦、玉米害虫

① 黏虫 小麦或玉米上在卵孵盛期到低龄幼虫期施药，用20%乳油800~1000倍液均匀喷雾。

② 玉米螟 在卵孵盛期到幼虫钻蛀秸秆前施药，用20%乳油800~1000倍液均匀喷雾。

(3) 防治棉花害虫

① 棉铃虫 在卵孵盛期至低龄幼虫期施药，用20%乳油800~1000倍液均匀喷雾。

② 蚜虫 棉田或豆田蚜虫发生始盛期施药，用20%乳油800~1000倍液均匀透彻地喷雾。

③ 棉叶螨 在螨发生始盛期，每叶片平均超过3头螨时施药，用20%乳油800~1000倍液均匀透彻地喷雾。

(4) 防治蔬菜害虫 在菜青虫低龄幼虫发生盛期施药，用20%乳油500~1000倍液均匀喷雾。

(5) 防治苹果害虫 当苹果上桃小食心虫卵果率达到1%时施药，用20%乳油500~800倍液喷雾，重点是果实。

(6) 防治茶树害虫 在茶树食叶害虫卵孵盛期至低龄幼虫期施药，用20%乳油800~1000倍液均匀喷雾。

(7) 防治森林害虫 在松毛虫、竹青虫卵孵至低龄幼虫期施药，用

20％乳油 500 倍液均匀喷雾。

注意事项

① 不得与碱性农药等物质混用。

② 应远离水产养殖区施药，禁止在河塘等水体中清洗施药器具。

③ 大风天或预计 1h 内降雨请勿施药。

④ 建议与其他作用机制不同的杀虫剂轮换使用。

—— 稻丰散 ——
（phenthoate）

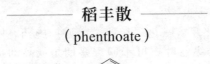

C$_{12}$H$_{17}$O$_4$PS$_2$, 320.4, 2597-03-7

化学名称 *O,O*-二甲基-*S*-(乙氧基羰基苄基)二硫代磷酸酯。

其他名称 益尔散、爱乐散、甲基乙酯磷、Aimsan、Cidial、Elsan、Tanome、Popthion、Bayer 33051。

理化性质 纯品为白色结晶，具芳香味，相对密度 1.226（20℃），易溶于丙酮、苯等多种有机溶剂，在水中溶解度 11mg/kg，工业品为黄褐色芳香味液体，在酸性与中性介质中稳定，碱性条件下易水解。

毒性 原药急性经口 LD$_{50}$（mg/kg）：300～400（大鼠），90～160（小鼠）；动物两年喂养试验无作用剂量为每天 1.72mg/kg。动物实验未见致畸、致癌变作用。对蜜蜂有毒。

作用特点 稻丰散的作用机制是抑制昆虫体内的乙酰胆碱酯酶，具有触杀和胃毒作用，对酸性较稳定。稻丰散乳油在一般条件下可保存 3 年以上，但遇碱性物质可分解。

适宜作物 水稻、柑橘树等。

防除对象 水稻害虫如稻纵卷叶螟、褐飞虱、二化螟等；柑橘害虫如矢尖蚧、红蜡蚧等。

应用技术 以 40％水乳剂，50％、60％乳油为例。

（1）防治水稻害虫

① 稻纵卷叶螟 在低龄幼虫盛期或百丛有新束叶苞 15 个以上时施药，用 40％水乳剂 150～175g/亩朝稻株中上部喷雾。

② 褐飞虱　在稻分蘖期或晚稻孕穗、抽穗时低龄若虫盛期施药，用40％水乳剂150～175g/亩朝稻株中下部喷雾。第一次施药后间隔10d可再施一次。

③ 二化螟　早、晚稻分蘖期或晚稻孕穗、抽穗期，在卵孵始盛期到高峰期施药，用60％乳油60～100g/亩朝稻株中下部喷药；第一次施药后间隔10d后可再施一次。

④ 三化螟　在分蘖期和孕穗至破口露穗期当发现田间有枯心苗或白穗时施药，用50％乳油100～120g/亩喷雾，前期重点是近水面的茎基部；孕穗期重点是稻穗。如发现白穗，要在水稻破口5％～10％时用一次药，以后每隔5～6d施药一次，连续施药2～3次。

防治水稻害虫时田间应保持3～5cm的水层3～5d。

（2）防治柑橘介壳虫　在矢尖蚧或红蜡蚧卵孵盛期出现大量爬虫时施药，用50％乳油500～800倍液均匀喷雾。一般施药1～2次，间隔10～15d再施一次。

注意事项

① 不能与碱性物质混用，以免分解失效。

② 对蜜蜂、家蚕、鱼有毒，施药期间应避免对周围蜂群的影响；蜜源作物花期、蚕室和桑园附近禁用；远离水产养殖区施药；禁止在河塘等水体中清洗施药器具。

③ 葡萄、桃、无花果和苹果的某些品种对稻丰散敏感，施药时避免药液飘移。

④ 大风天或预计1h内降雨请勿施药。

⑤ 建议与其他作用机制不同的杀虫剂轮换使用。

⑥ 在柑橘树上的安全间隔期为30d，每季最多使用3次；在水稻上的安全间隔期为7d，每季最多使用3次。

相关复配剂及应用

（1）阿维·稻丰散

主要活性成分　稻丰散，阿维菌素。

作用特点　为有机磷类杀虫剂稻丰散与大环内酯类杀虫剂阿维菌素的混配制剂，具有触杀和胃毒作用，渗透力强，对虫卵也有一定的杀伤力。

剂型　45％水乳剂。

应用技术　在稻纵卷叶螟卵孵盛期至低龄幼虫期施药，用45％水乳剂100～120g/亩兑水重点喷布水稻植株上半部；第一次施药后间隔

10d 后可再施一次。

注意事项

① 不能与碱性物质混用，以免分解失效。

② 对蜜蜂、家蚕、鸟、鱼类、水生生物有毒，使用时应密切注意。

③ 烟草、瓜类、莴苣苗期、葡萄、桃、无花果和苹果的某些品种对该剂敏感，施药时避免药液飘移到上述作物上。

④ 建议与其他作用机制不同的杀虫剂轮换使用，以延缓害虫抗性的产生。

⑤ 在水稻上的安全间隔期为 30d，每季最多使用 3 次。

（2）稻散・甲维盐

主要活性成分　稻丰散，甲氨基阿维菌素苯甲酸盐。

作用特点　为有机磷类杀虫剂稻丰散与生物源杀虫剂甲氨基阿维菌素苯甲酸盐的混剂，主要作用于害虫的神经系统，具有触杀和胃毒作用，渗透力强，对虫卵也有一定杀伤力，可用于防治水稻稻纵卷叶螟。

剂型　31％乳油。

应用技术　防治稻纵卷叶螟时，早、晚稻分蘖期或晚稻孕穗、抽穗期卵孵盛期至低龄幼虫期施药，用 31％乳油 30～40g/亩重点朝水稻植株的中上部喷雾。第一次施药间隔 10d 后可以再施一次。

注意事项

① 不能与碱性物质混用，以免分解失效。

② 烟草、瓜类、莴苣苗期、葡萄、桃、无花果和苹果的某些品种对该药敏感，施药时避免药液飘移到上述作物上。

③ 对蜜蜂、家蚕、鸟、鱼类、水生生物有毒。水产养殖区、河塘等水体附近禁用，施药后的田水不得直接排入水体，禁止在河塘等水域清洗施药器具；鸟类保护区禁用；鱼或虾蟹套养稻田禁用；开花植物花期禁用，使用时密切关注对附近蜂群的影响；蚕室及桑园附近禁用；赤眼蜂等天敌放飞区域禁用。

④ 建议与其他作用机制不同的杀虫剂轮换使用，以延缓抗性产生。

⑤ 在水稻上的安全间隔期为 30d，每季最多使用 2 次。

（3）稻散・噻嗪酮

主要活性成分　稻丰散，噻嗪酮。

作用特点　为有机磷类杀虫剂稻丰散与噻二嗪类杀虫剂噻嗪酮的混

配制剂，既可抑制昆虫体内的乙酰胆碱酯酶，又能抑制昆虫的蜕皮。稻散·噻嗪酮具有触杀和胃毒作用，渗透力较强，可用于防治水稻稻飞虱。

剂型 45%乳油。

应用技术 防治稻飞虱时，早、晚稻分蘖期或晚稻孕穗、抽穗期螟卵孵化高峰后5～7d，枯鞘丛率5%～8%或早稻每亩有中心为害株100株或丛害率1%～1.5%或晚稻为害团高于100个时施药，用45%乳油100～120g/亩均匀喷雾。第一次施药后间隔10d可再施一次。

注意事项

① 不能与碱性物质混用，以免分解失效。

② 白菜、萝卜、葡萄、桃、无花果和苹果的某些品种对该药敏感，施药时避免飘移。

③ 开花植物花期，蚕室和桑园附近禁用；远离水产养殖区施药，鱼或虾蟹套养田禁用；禁止在河塘等水体中清洗施药器具。赤眼蜂等天敌放飞区域禁用。

④ 建议与其他作用机制不同的杀虫剂轮换使用，以延缓抗性产生。

⑤ 在水稻作物上使用的安全间隔期为21d，每季最多使用2次。

（4）稻散·高氯氟

主要活性成分 稻丰散，高效氯氟氰菊酯。

作用特点 为有机磷类杀虫剂稻丰散与拟除虫菊酯类杀虫剂高效氯氟氰菊酯的复配制剂，具有快速触杀和胃毒作用，渗透力较强，对防治柑橘矢尖蚧有良好的效果。

剂型 40%乳油。

应用技术 在柑橘矢尖蚧卵孵盛期、一龄若虫爬行阶段施药最佳，用40%乳油400～500倍液均匀喷雾。

注意事项

① 不能与碱性等物质混用，以免分解失效。

② 对蜜蜂高毒，对家蚕、鱼类、水生生物剧毒，对鸟有毒。周围开花植物花期禁用，使用时应密切关注对附近蜂群的影响；赤眼蜂等天敌放飞区禁用；蚕室和桑园附近禁用；远离水产养殖区、河塘等水体施药，禁止在河塘等水体中清洗药具。

③ 葡萄、桃、无花果和苹果的某些品种对该药敏感，施药时应避免飘移。

④ 建议与其他作用机制不同的杀虫剂轮换使用。

⑤ 在柑橘上的安全间隔期为 30d，每季最多使用 2 次。

敌百虫
(trichlorfon)

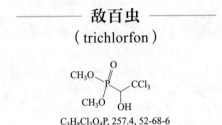

$C_3H_8Cl_3O_4P$, 257.4, 52-68-6

化学名称　O,O-二甲基(2,2,2-三氯-1-羟基乙基)膦酸酯。

其他名称　毒霸、三氯松、必歼、百奈、Anthhon、Dipterex、Chlorphos、Dylox、Neguvon、Trichlorphon、Lepidex、Tugon、Bayer 15922。

理化性质　白色晶状粉末，具有芳香气味，熔点 83~84℃；溶解度（g/L，25℃）：水 154，氯仿 750，乙醚 170，苯 152，正戊烷 1.0，正己烷 0.8；常温下稳定，遇水逐渐水解，受热分解，遇碱碱解生成敌敌畏。

毒性　原药急性经口 LD_{50}（mg/kg）：大鼠 650（雌）、560（雄）；用含敌百虫 500mg/kg 的饲料喂养大鼠两年无异常现象。

作用特点　敌百虫抑制昆虫体内的乙酰胆碱酯酶，使突触内乙酰胆碱积聚，造成虫体抽搐、痉挛而死亡。它是一种毒性低、杀虫谱广的有机磷杀虫剂，在弱碱溶液中可变成敌敌畏，但不稳定，很快分解失效。敌百虫对害虫有很强的胃毒作用，兼有触杀作用，对植物具有一定的渗透性，但无内吸传导作用。

适宜作物　水稻、小麦、甘蓝、烟草、枣树、茶树、柑橘树、荔枝树、森林等。

防除对象　水稻害虫如二化螟、稻纵卷叶螟等；小麦害虫如黏虫等；蔬菜害虫如斜纹夜蛾、菜青虫等；果树害虫如柑橘卷叶蛾、荔枝蝽等；烟草害虫如烟青虫等；茶树害虫如茶尺蠖等；森林害虫如松毛虫等。

应用技术　以 80%、90% 可溶粉剂和 30% 乳油为例。

（1）防治水稻害虫

① 二化螟　在卵孵始盛期到高峰期施药，用 80% 可溶粉剂 85~

100g/亩兑水重点朝离水面 6～10cm 的叶丛和茎秆喷雾。

② 稻纵卷叶螟　在卵孵盛期至低龄幼虫期施药，用 80％可溶粉剂 700 倍液重点朝水稻植株的中上部喷雾。

防治水稻害虫时田间应保持 3～5cm 的水层 3～5d。

（2）防治小麦害虫　在黏虫卵孵盛期至低龄幼虫期施药，用 80％可溶粉剂 350～700 倍液均匀喷雾。

（3）防治蔬菜害虫

① 斜纹夜蛾　在低龄幼虫发生期施药，用 80％可溶粉剂 85～100g/亩均匀喷雾。

② 菜青虫　在低龄幼虫发生期施药，用 30％乳油 100～150g/亩均匀喷雾。

（4）防治果树害虫

① 柑橘卷叶蛾　在卵孵盛期至低龄幼虫期施药，用 90％可溶粉剂 1200～1500 倍液均匀喷雾。

② 荔枝蝽　在卵孵盛期至低龄若虫期施药，用 80％可溶粉剂 700 倍液均匀喷雾。

③ 枣黏虫　在卵孵盛期至低龄幼虫期施药，用 80％可溶粉剂 700 倍液均匀喷雾。

（5）防治烟草害虫　在卵孵盛期至低龄幼虫期施药，用 80％可溶粉剂 85～100g/亩均匀喷雾。

（6）防治茶树害虫　在茶尺蠖卵孵盛期至低龄幼虫期施药，用 80％可溶粉剂 700～1400 倍液均匀喷雾。

（7）防治森林害虫　在松毛虫卵孵盛期至低龄幼虫期施药，用 80％可溶粉剂 1500～2000 倍液均匀喷雾。

注意事项

① 不能与碱性农药等物质混用。

② 对蜜蜂、家蚕有毒，花期蜜源作物周围禁用，施药期间应密切注意对附近蜂群的影响；蚕室及桑园附近禁用；对鱼类等水生生物有毒，养鱼稻田禁用，施药后的田水不得直接排入河塘等水域；远离水产养殖区施药，禁止在河塘等水域内清洗施药器具。

③ 玉米、苹果对敌百虫敏感，高粱、豆类特别敏感，易产生药害，使用时注意避免药液飘移到上述作物上。

④ 药剂稀释液不宜放置过久，应现配现用。

⑤ 大风天或预计 1h 内降雨时，请勿施药。

⑥ 建议与其他作用机制不同的杀虫剂轮换使用，以延缓害虫抗性的产生。

⑦ 在水稻上的安全间隔期为 15d，每季最多使用 3 次；在十字花科蔬菜最后一次施药至作物收获时允许的间隔天数为 14d，每季最多使用 2 次。

相关复配剂及应用

(1) 氯氰·敌百虫

主要活性成分 敌百虫，氯氰菊酯。

作用特点 为有机磷类杀虫剂敌百虫和拟除虫菊酯类杀虫剂氯氰菊酯的复配制剂，对害虫有较强的胃毒作用，兼有触杀作用，对光、热稳定，可用于防治菜青虫。

剂型 25%乳油。

应用技术 在菜青虫 2～3 龄幼虫盛期施药，用 25%乳油 60～75g/亩兑水 45～50kg 均匀喷雾。

注意事项

① 不能与石硫合剂和波尔多液等强碱性药剂混用。

② 对蜜蜂、鱼类等水生生物、家蚕有毒，施药期间应避免对周围蜂群的影响；蜜源作物花期、蚕室和桑园附近禁用；水产养殖区禁用。

③ 玉米、苹果对有效成分敌百虫敏感，高粱、豆类特别敏感，易产生药害，使用该药时应注意避免药液飘移到上述作物上。

④ 大风天或预计 1h 内降雨请勿施药。

⑤ 建议与其他作用机制不同的杀虫剂轮换使用，以延缓害虫抗性的产生。

⑥ 在十字花科蔬菜甘蓝上的安全间隔期为 7d，每季最多使用 2 次。

(2) 氰戊·敌百虫

主要活性成分 敌百虫，氰戊菊酯。

作用特点 为有机磷类杀虫剂敌百虫和拟除虫菊酯类杀虫剂氰戊菊酯的复配制剂，对害虫有较强的胃毒作用，兼有触杀和一定的渗透作用，对光、热稳定，适用于防治十字花科蔬菜的菜青虫。

剂型 21%乳油。

应用技术 在菜青虫 2～3 龄幼虫盛期施药，用 21%乳油按 60～75g/亩均匀喷雾。

注意事项

① 禁止在茶树上使用。

② 不能与石硫合剂和波尔多液等强碱性药剂混用。

③ 对蜜蜂、鱼类等水生生物、家蚕有毒，施药期间应避免对周围蜂群的影响；蜜源作物花期、蚕室和桑园附近禁用，远离水产养殖区施药。

④ 玉米、苹果对有效成分敌百虫敏感，高粱、豆类特别敏感，易产生药害，使用该药时应注意避免药液飘移到上述作物上。

⑤ 大风天或预计 1h 内降雨请勿施药。

⑥ 建议与其他作用机制不同的杀虫剂轮换使用，以延缓害虫抗性的产生。

⑦ 在十字花科蔬菜甘蓝上的安全间隔期为 7d，每季最多使用 2 次。

（3）二嗪•敌百虫

主要活性成分　敌百虫，二嗪磷。

作用特点　为敌百虫和二嗪磷的复配制剂，对害虫有很强的胃毒作用，兼有触杀作用，对植物具有一定的渗透性，但无内吸传导作用，对多种害虫有良好防效。

剂型　15％颗粒剂。

应用技术

① 蔗龟　药剂应定植前施药。为确保药效，应在施药后当天进行移栽。在甘蔗种植时用土壤混合 15％颗粒剂沟施一次，施药后及时覆土。用药量 480～660g/亩。

② 草坪蛴螬　在低龄幼虫发生期施药，撒施 15％颗粒剂一次，用药量 750～1000g/亩。

注意事项

① 施药前应将大块土壤打碎以保证药效。

② 播种后或移栽后使用易产生药害，务必在定植前施药。

③ 使用方法不当，超量使用或土壤水分过多时容易引起药害。

④ 玉米、苹果对有效成分敌百虫敏感，高粱、豆类特别敏感，易产生药害，使用该药时应注意避免药液飘移到上述作物上。

⑤ 对蚕有毒性，桑园蚕室附近禁用；周围开花植物花期禁用，施药期间应密切关注对附近蜂群的影响；鸟类保护区禁用，施药后立即覆土；施药时远离水产养殖区、河塘等水体；禁止在河塘等水体中清洗施药工具。

⑥ 在甘蔗上的安全间隔期为 21d，每季最多施药一次。

（4）丙溴·敌百虫

主要活性成分 敌百虫，丙溴磷。

作用特点 为两种有机磷类杀虫剂敌百虫和丙溴磷的复配制剂，具有触杀、胃毒和渗透作用，能有效防治棉花棉铃虫、水稻二化螟、稻纵卷叶螟等害虫。

剂型 40％乳油。

应用技术

① 棉铃虫 在卵孵盛期至低龄幼虫期施药，用 40％乳油 32.5～50g/亩均匀喷雾。视虫害发生情况，每 7～10d 施药一次，可连续用药 2 次。

② 二化螟 在卵孵始盛期至高峰期施药，用 40％乳油 32.5～50g/亩均匀喷雾。田间保持水层 3～5cm 深，保水 3～5d。视虫害发生情况，每 7～10d 施药一次，可连续用药 2 次。

③ 稻纵卷叶螟 卵孵盛期至低龄幼虫期施药，用 40％乳油 32.5～50g/亩均匀喷雾。视虫害发生情况，每 7～10d 施药一次，可连续用药 2 次。

注意事项

① 不能与碱性物质如波尔多液、石硫合剂、石灰水等混用，以免降低药效。

② 对蜜蜂、家蚕高毒，因此在养蜂地区慎用；开花作物花期、蚕室桑园附近禁用，并注意避免药液飘移接触家蚕；远离水产养殖区施药。

③ 高粱、豆类、玉米、瓜类幼苗及苹果的曙光、元帅等品种对该药剂敏感，应避免药液飘移到上述作物上。

④ 大风天或预计 1h 内降雨请勿施药。

⑤ 在棉花上的安全间隔期不少于 7d，每季最多使用 2 次；在水稻上的安全间隔期不少于 20d，每季最多使用 2 次。

（5）喹硫·敌百虫

主要活性成分 敌百虫，喹硫磷。

作用特点 为两种有机磷杀虫剂敌百虫和喹硫磷的复配制剂，对害虫有胃毒和触杀作用，具有良好的渗透性和杀卵效果，对防治水稻二化螟效果良好。

剂型 35％乳油。

应用技术　在二化螟卵孵始盛期至高峰期施药，用 35％乳油 80～120g/亩兑水 50～70kg 均匀透彻地喷雾。水稻田保持 3～5cm 浅水层 5～7d。

注意事项

① 不宜与碱性物质混用，以免分解药效。

② 对蜜蜂毒性大，在蜂群附近、开花作物田不能使用。

③ 对高粱易产生药害，玉米、豆类、瓜类的幼苗对敌百虫也较敏感，使用时应避免药液接触到以上作物，以免产生药害。

④ 大风或预计 1h 内降雨请勿施药；药物喷施 2h 内遇雨应酌情补喷。

⑤ 建议与其他作用机制不同的杀虫剂轮换使用。

⑥ 在水稻上的安全间隔期为 15d，每季最多使用 2 次。

（6）唑磷·敌百虫

主要活性成分　敌百虫，三唑磷。

作用特点　为两种有机磷杀虫剂敌百虫和三唑磷的复配制剂，具胃毒和触杀作用，且有渗透性强，杀虫谱广等优点，对水稻二化螟和三化螟有良好的作用。

剂型　50％乳油。

应用技术

① 二化螟　在卵孵始盛期至高峰期施药，用 50％乳油 100～120g/亩兑水喷雾，重点是稻株中下部。施药时保持田间 1 寸（1 寸＝3.33cm）水层 3～5d。

② 三化螟　在分蘖期和孕穗至破口露穗期当发现田间有枯心苗或白穗时施药，用 50％乳油 100～120g/亩兑水喷雾。施药期间田间要保持 3～5cm 的水层 3～5d。

注意事项

① 禁止在蔬菜上使用该药。

② 不得任意增减用药剂量，严禁用手搅拌药液。

③ 不能与碱性农药或物质混用，以免分解失效。常用的碱性物质如：碳酸氢钠、人工盐、健胃散、各种磺胺类药物的钠盐、软肥皂水、硬肥皂水、石灰水等。

④ 一般使用浓度对作物无药害，但高粱、豆类、玉米、苹果（曙光、元帅在早期）对该药比较敏感，施药时应注意。

⑤ 在水稻上的安全间隔期为 30d，每季最多使用 2 次。

（7）敌百·鱼藤酮

主要活性成分　敌百虫，鱼藤酮。

作用特点　为有机磷杀虫剂敌百虫和植物源杀虫剂鱼藤酮的复配制剂，具有触杀和胃毒作用。害虫食进药剂，即停止对作物的破坏，使其拒食中毒而死。用于防治十字花科蔬菜上的菜青虫。

剂型　25％乳油。

应用技术　在菜青虫低龄幼虫期施药，用25％乳油40～60g/亩均匀喷雾。隔7d左右喷施一次，一般需施2次。

注意事项

① 不能与碱性物质混用。

② 日光照射、接触空气，能够使该药氧化分解，所以施药时应该现用现兑，余下的药密闭、避风保存。

③ 玉米、苹果对有效成分敌百虫敏感，高粱、豆类特别敏感，易产生药害，使用该药时应注意避免药液飘移到上述作物上。

④ 对鱼、蜜蜂毒性较高，使用时注意不要污染水源、河流、池塘等；避开开花植物花期施药，并远离养蜂场所。

⑤ 在甘蓝、小白菜和萝卜上的安全间隔期分别为14d、7d、14d，最多施药次数均为2次。

敌敌畏
（dichlorvos）

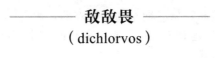

$C_4H_7Cl_2O_4P$, 220.98, 62-73-7

化学名称　O,O-二甲基-O-(2,2-二氯乙烯基)磷酸酯。

其他名称　二氯松、百扑灭、棚虫净、烟除、DDVP、DDVF、Dichlorfos、Dedevap、Napona、Nuvan、Apavap、Bayer-19149。

理化性质　无色有芳香气味液体，相对密度1.415（25℃），沸点74℃（133.3Pa）；室温时在水中溶解度为10g/L，与大多数有机溶剂和气溶胶推进剂混溶；对热稳定，遇水分解：室温时其饱和水溶液24h水解3％，在碱性溶液或沸水中1h可完全分解。对铁和软钢有腐蚀性，对不锈钢、铝、镍没有腐蚀性。

毒性 原药大鼠急性 LD_{50}（mg/kg）：经口 50（雌）、80（雄）；经皮 75（雌）、107（雄）；对蜜蜂高毒。用含敌敌畏小于 0.02mg/kg 的饲料喂养兔子 24 周无异常现象，剂量在 0.2mg/kg 以上时引起慢性中毒。

作用特点 敌敌畏的主要作用机制是抑制昆虫体内的乙酰胆碱酯酶，造成神经传导过激而死亡。它是一种高效、广谱的有机磷杀虫剂，具有熏蒸、胃毒和触杀作用，残效期较短，对半翅目、鳞翅目、鞘翅目、双翅目等昆虫都具有良好的防治效果。施药后易分解，残效期短，无残留。

适宜作物 水稻、小麦、玉米、棉花、十字花科蔬菜、黄瓜、苹果、柑橘树、桑树、茶树、菊花、林木、储粮等。

防除对象 水稻害虫如稻飞虱等；小麦害虫如黏虫、麦蚜等；棉花害虫如造桥虫等；蔬菜害虫如黄条跳甲、菜青虫、甜菜夜蛾、白粉虱、蚜虫等；果树害虫如蚜虫、苹小卷叶蛾、柑橘糠片蚧等；桑树害虫如桑尺蠖等；茶树害虫如茶尺蠖等；花卉害虫如蚜虫等；森林害虫如松毛虫、天幕毛虫、杨柳毒蛾、竹蝗等；储粮害虫如玉米象等。

应用技术 以 48％、50％、77.5％、80％、90％乳油，80％可溶液剂，2％、15％、30％烟剂和 28％缓释剂为例。

（1）防治水稻害虫 在稻飞虱低龄若虫盛期施药，用 90％乳油 33.3～40g/亩喷雾，重点是植株中下部叶丛和稻秆。田间应保持 3～5cm 的水层 3～5d。

（2）防治小麦害虫 在麦蚜蚜虫发生始盛期施药，用 48％乳油 80～100g/亩均匀喷雾。

（3）防治棉花害虫

① 棉蚜 在蚜虫发生始盛期施药，用 77.5％乳油 75～100g/亩均匀喷雾。

② 棉小造桥虫 在卵孵盛期至低龄幼虫发生期施药，用 80％乳油 50～100g/亩均匀喷雾。

（4）防治蔬菜害虫

① 菜青虫 在 2～3 龄幼虫盛期施药，用 50％乳油 80～120g/亩均匀喷雾。用药时间选择在傍晚效果较佳。

② 甜菜夜蛾 在低龄幼虫盛期施药，用 50％乳油 90～120g/亩均匀喷雾。

③ 黄曲条跳甲 白菜上成虫发生期施药，用 80％可溶液剂 30～

40g/亩均匀喷雾。喷药时先在菜地边沿地带喷药，然后由外往里均匀喷药；视虫害发生情况，每7d左右施药一次，可连续用药3～4次。

④ 瓜蚜　大棚内黄瓜上蚜虫发生始盛期施药，闭棚并用30%烟剂300～400g/亩点燃放烟处理，注意及时放风。每隔3～5d用药一次，连续用药2～3次。使用时根据棚室的大小均匀布点，每亩大棚可设4～6个放烟点，烟片下垫上小木块或硬纸片，由里面向门口逐个点燃。

⑤ 白粉虱　大棚内黄瓜上白粉虱低龄若虫发生初期施药，闭棚并用15%烟剂390～450g/亩点燃放烟处理，6h后及时放风。每隔3～5d施药一次，可连续用药2次。

（5）防治果树害虫

① 蚜虫　在蚜虫发生始盛期施药，用77.5%乳油1000～1250倍液均匀喷雾。

② 苹小卷叶蛾　在卵孵盛期至低龄幼虫期施药，用48%乳油1000～1250倍液均匀喷雾。

③ 柑橘糠片蚧　在若蚧初孵时期施药，用48%乳油500～1000倍液均匀喷雾。

（6）防治桑树害虫　在桑尺蠖卵孵盛期至低龄幼虫期施药，用80%乳油50g/亩均匀喷雾。

（7）防治茶树害虫　在茶尺蠖卵孵盛期至低龄幼虫期施药，用80%乳油50g/亩均匀喷雾。

（8）防治花卉害虫　观赏蚜虫类菊花上蚜虫由低密度向高密度发展时施药，用90%乳油800～1000倍液喷雾。宜在晴天的早上或傍晚施药，间隔期为10d。

（9）防治森林害虫　如松毛虫、天幕毛虫、杨柳毒蛾、竹蝗等。适合在树高、郁闭度0.6以上、山陡、缺水、缺劳力的林区。使用时将2%烟剂主剂插管插入供热剂中，然后插入引火捻，点燃引火捻即可冒出白色杀虫浓烟，使用剂量为500～1000g/亩。以傍晚日落后或早晨日出前的时间最适宜于放烟，在雨天、风大（超过1m/s）、雾天则不宜放烟。

（10）防治储粮害虫　防治玉米象等多种储粮害虫时，将28%缓释剂放入大缸、水泥箱、木柜等贮粮用具内密封并熏蒸。注意：熏蒸原粮后至原粮出仓上市时间隔期为180d。

（11）防治卫生害虫　防治蚊、蝇等卫生害虫时，用80%乳油300～400倍液喷洒地面或挂条熏蒸均有良好的效果。

注意事项

① 不可与碱性农药等物质混合使用。

② 开花植物花期禁用，施药期间应密切注意对周围蜂群的影响；蚕室和桑园附近禁用；远离河塘等水域施药；禁止在河塘等水体中清洗施药器具。

③ 高粱、月季花易产生敌敌畏药害，玉米、豆类、瓜类幼苗及柳树也较敏感，施药时应防止药液飘移到上述作物上造成为害。

④ 大风天或预计 1h 内降雨请勿施药。

⑤ 建议与其他作用机制不同的杀虫剂轮换使用，以延缓害虫抗性的产生。

⑥ 在水稻上的安全间隔期 28d，每季最多使用 2 次；在小麦上的安全间隔期为 28d，每季最多使用 2 次；在棉花上的安全间隔期为 5d，每季最多使用 5 次；在十字花科蔬菜上的安全间隔期 7d，每季最多使用 2 次；在黄瓜上的安全间隔期为 7d，每季最多使用次数 2 次；在苹果树上的安全间隔期为 7d，每季最多使用 1 次；在柑橘树上的安全间隔期 7d，每季最多使用 3 次；在茶树上的安全间隔期为 6d，每季最多使用 1 次。

相关复配剂及应用

（1）阿维·敌敌畏

主要活性成分　敌敌畏，阿维菌素。

作用特点　为有机磷类杀虫剂敌敌畏和生物源农药阿维菌素的复配制剂，具有触杀、胃毒和熏蒸作用，对虫卵也有一定的效用，并且对叶片有良好的渗透功能；昆虫与药剂接触后即出现麻痹症状，不活动不取食。

剂型　40％乳油。

应用技术

① 小菜蛾　在低龄幼虫盛期施药，用 40％乳油 40～60g/亩均匀喷雾。

② 美洲斑潜蝇　黄瓜叶片正面出现蛇形潜道时施药，用 40％乳油 60～75g/亩均匀喷雾。

注意事项

① 不能与碱性物质混用。

② 对蜜蜂、鱼类等水生生物、家蚕有毒，施药期间应避免对周围蜂群的影响；蜜源作物花期、蚕室、桑园、水产养殖区附近禁用。

③ 高粱、月季花对该药敏感，不宜使用；玉米、豆类、瓜类幼苗及柳树也较敏感，应注意药液飘移问题。

④ 在黄瓜上的安全间隔期为 7d；在萝卜、甘蓝上的安全间隔期分别为 7d、5d；在黄瓜、萝卜、甘蓝上每季最多使用 2 次。

（2）噻虫·敌敌畏

主要活性成分 敌敌畏，噻虫嗪。

作用特点 为有机磷类农药敌敌畏和新烟碱类农药噻虫嗪的混合制剂，具有触杀、胃毒和一定的熏蒸、内吸作用，速效性好，对水稻安全。

剂型 50% 乳油。

应用技术 在稻飞虱卵孵盛期至低龄若虫期施药，对水稻植株茎叶用 50% 乳油 80～100g/亩均匀喷雾，确保药液喷洒到中下部或茎基部。施药后田间要保持 3～5cm 的水层 3～5d。

注意事项

① 不能与碱性农药等物质混用。

② 对蜜蜂、家蚕、鱼类等生物有毒，施药期间应避免对周围蜂群的影响；蜜源作物花期、蚕室、桑园、虾、蟹套养稻田、水产养殖区和天敌放飞区及附近禁用。

③ 高粱、月季花对该药敏感，不宜使用；玉米、豆类、瓜类幼苗及柳树也较敏感，应注意防护。

④ 大风天或预计 1h 内下雨，请勿施药。

⑤ 建议与其他作用机制不同的杀虫剂轮换使用。

⑥ 在水稻上的安全间隔期为 21d，每季最多使用 2 次。

（3）氯氰·敌敌畏

主要活性成分 敌敌畏，氯氰菊酯。

作用特点 属有机磷类农药敌敌畏和拟除虫菊酯类农药氯氰菊酯的复合制剂，具胃毒、触杀和熏蒸作用，对害虫有驱避和快速击倒的效果。

剂型 10%、20%、25% 乳油。

应用技术

① 甘蓝蚜虫 在蚜虫发生始盛期施药，用 10% 乳油 40～50g/亩均匀喷雾。视虫害发生情况，每 7d 左右施药一次，可连续用药 2 次。

② 黄曲条跳甲 在成虫为害初期施药，用 20% 乳油 60～83.3g/亩兑水从菜地四周往中间均匀施药。视虫害的发生情况，每 10d 左右施

药一次，可连续用药 3～4 次，对当茬作物和临近其他作物无不良影响。

③ 菜青虫　在 2～3 龄幼虫盛期施药，用 25％乳油 40～60g/亩均匀喷雾。视虫害发生情况，每 7d 左右施药一次，可连续用药 2～3 次。

④ 棉铃虫　在卵孵盛期及低龄幼虫期施药，用 20％乳油 56.6～85g/亩均匀喷雾。

注意事项

① 不能与碱性药剂混用。

② 对蜜蜂、家蚕、鱼类等生物有毒，植物花期、桑园以及水产养殖区附近禁用。

③ 高粱、月季花对该药敏感，不宜使用；玉米、豆类、瓜类幼苗及柳树也较敏感，应注意不要对其喷雾。

④ 大风天或预计 1h 内降雨请勿施药。

⑤ 在棉花上的安全间隔期为 7d，每季最多使用 2 次；在十字花科蔬菜叶菜类上的安全间隔期为 7d，每季最多使用 2 次。

（4）溴氰·敌敌畏

主要活性成分　敌敌畏，溴氰菊酯。

作用特点　为有机磷类农药敌敌畏与拟除虫菊酯类农药溴氰菊酯的复合制剂，具有胃毒、触杀及一定的驱避和拒食作用，较单剂增效明显。

剂型　20％、20.5％乳油。

应用技术

① 棉蚜　在棉田蚜虫发生始盛期施药，用 20.5％乳油 80～120g/亩均匀喷雾。

② 菜蚜　在蔬菜蚜虫始盛期施药，用 20％乳油 40～50g/亩均匀喷雾。

注意事项

① 不能与碱性药剂混用。

② 不能在桑园、养蜂场、鱼塘、河流等处及其周围使用，以免对蚕、蜂、水生生物等有益生物产生毒害。

③ 高粱、月季、玉米、豆类、瓜类幼苗对敌敌畏较敏感，使用时应注意药液的飘移。

④ 建议与其他作用机制不同的杀虫剂轮换使用，以延缓害虫抗性

的产生。

⑤ 在棉花上的安全间隔期为 14d，每季最多使用 3 次；在十字花科蔬菜上的安全间隔期 7d，每季最多使用 2 次。

（5）甲氰·敌敌畏

主要活性成分　敌敌畏，甲氰菊酯。

作用特点　属于有机磷类农药敌敌畏和拟除虫菊酯类农药甲氰菊酯的复配制剂，具有胃毒、触杀及一定的熏蒸驱避作用，并有击倒力强的特点。

剂型　35%乳油。

应用技术　在菜青虫 2～3 龄幼虫盛期施药，用 35%乳油 20～40g/亩均匀喷雾。视虫害发生情况，每 10d 左右施药一次。

注意事项

① 不可与碱性农药混用。

② 对蜜蜂、家蚕、鱼类等水生生物有毒，施药期间应避免对周围蜂群的影响；蜜源作物花期、蚕室、桑园和鱼塘附近禁用。

③ 高粱、月季、瓜类幼苗、玉米、豆类对该药较为敏感，施药时应避免药液飘移到上述作物上，以防产生药害。

④ 大风或预计 1h 内降雨请勿施药。

⑤ 建议与其他作用机制不同的杀虫剂轮换使用，以延缓害虫抗性的产生。

⑥ 在甘蓝上的安全间隔期为 7d，每季最多使用 2 次。

（6）氯氟·敌敌畏

主要活性成分　敌敌畏，高效氯氟氰菊酯。

作用特点　为有机磷类杀虫剂敌敌畏和拟除虫菊酯类杀虫剂高效氯氟氰菊酯的复配制剂，具有胃毒、触杀及一定的熏蒸、驱避作用，对害虫有良好的防治效果。

剂型　20%乳油。

应用技术　在棉蚜蚜虫始盛期施药，用 20%乳油 40～80g/亩均匀喷雾。根据虫害发生程度每 10d 左右施药一次，可施药 2～3 次。

夏季用药应选早、晚气温低，风小时进行，晴热天气上午 10 时至下午 4 时应停止用药。

注意事项

① 不可与碱性农药混用。

② 避开蜜蜂、家蚕、水生生物养殖区等敏感区域使用。

③ 不同植物对此剂的敏感性差异很大，尤其高粱、月季、玉米、黄瓜、菜豆、甜菜和烟草等对该药剂敏感，不慎使用会引起药害。

④ 预计 1h 内有降雨天气请勿使用。

⑤ 在棉花上的安全间隔期为 21d，每季最多使用 3 次。

（7）氰戊·敌敌畏

主要活性成分　敌敌畏，氰戊菊酯。

作用特点　为有机磷类农药敌敌畏和拟除虫菊酯类农药氰戊菊酯的复配制剂，具有胃毒、触杀、驱避、拒食和击倒力强的特点。

剂型　20％、30％乳油。

应用技术

① 棉铃虫　在卵孵盛期至低龄幼虫期施药，用 30％乳油 70～150g/亩均匀喷雾。

② 棉蚜　在蚜虫刚迁飞至棉花上时，用 30％乳油 70～150g/亩均匀喷雾效果最佳；或在棉蚜由低密度向高密度发展时用上述药剂喷施。

③ 菜青虫、小菜蛾　在 2～3 龄幼虫盛期施药，用 20％乳油 50～80g/亩均匀喷雾。

④ 麦蚜　在蚜虫始盛期施药，用 20％乳油 20～40g/亩均匀喷雾。

注意事项

① 禁止在茶树上使用。

② 不能与碱性农药混用。

③ 远离养蜂、养蚕地和鱼塘施药。

④ 高粱、月季花对该药敏感，不宜使用；玉米、豆类、瓜类幼苗及柳树也较敏感，应注意不要对其喷雾。

⑤ 在棉花上的安全间隔期为 7d，每季最多使用 2 次；在十字花科蔬菜甘蓝上的安全间隔期为 7d，每季最多使用 2 次；在小麦上的安全间隔期为 28d，每季最多使用 3 次。

（8）矿物油·敌敌畏

主要活性成分　敌敌畏，矿物油。

作用特点　为有机磷农药敌敌畏和矿物油复配而成的杀虫剂，具有触杀和胃毒作用，对棉蚜具有较好的防治效果。

剂型　80％乳油。

应用技术　在蚜虫发生始盛期施药，用 80％乳油 80～120g/亩均匀喷雾。视虫害发生情况，每10d左右喷药一次。

注意事项

① 不可与碱性农药等物质混用。

② 对蜜蜂、鱼类等水生生物、家蚕有毒，施药期间应避免对周围蜂群的影响；开花植物花期、蚕室和桑园附近禁用；远离水产养殖区施药，禁止在河塘等水体中清洗施药器具。

③ 豆类、玉米、瓜类幼苗对该药剂敏感，使用时要注意避免药液飘移到上述作物上；对高粱易产生药害，禁止使用。

④ 大风天气或预计1h内降雨请勿施药。

⑤ 建议与其他作用机制不同的杀虫剂轮换使用。

⑥ 在棉花上的安全间隔期为7d，每季最多使用2次。

（9）敌畏·吡虫啉

主要活性成分 敌敌畏，吡虫啉。

作用特点 为有机磷类杀虫剂敌敌畏和新烟碱类杀虫剂吡虫啉的复配制剂，具有触杀、胃毒和熏蒸作用，施药后易分解，残效期短。对梨树黄粉虫、棉花蚜虫、水稻飞虱、小麦蚜虫有较好的防治效果。

剂型 26%乳油。

应用技术

① 黄粉蚜 在蚜虫尚未爬迁至梨果上时施药，用26%乳油1000～1500倍液均匀喷雾。

② 稻飞虱 在低龄若虫为害盛期施药，用26%乳油60～80g/亩兑水喷雾，重点为水稻的中下部叶丛及茎秆。施药期间田间要保持3～5cm的水层3～5d。

③ 棉蚜 在蚜虫始盛期时施药，用26%乳油60～80g/亩均匀喷雾。视虫害发生情况，每7d左右施药一次，可连续用药2～3次。

④ 麦蚜 在蚜虫始盛期时施药，用26%乳油40～60g/亩均匀喷雾。视虫害发生情况，每7d左右施药一次，可连续用药2次。

注意事项

① 不可与碱性物质混用。

② 对鱼和蜜蜂毒性高，施药期间应避免对周围蜂群的影响；开花植物花期禁用。远离水产养殖区施药，禁止在河塘等水体中清洗施药器具。

③ 高粱、月季花、玉米、豆类、瓜类幼苗和柳树对该药剂敏感，应避免喷药时飘移到上述植物上。

④ 大风天或预计 1h 降雨请勿施药。

⑤ 在水稻上的安全间隔期为 7d，每季最多使用 2 次；在棉花上的安全间隔期为 14d，每季最多使用 3 次；在梨树上的安全间隔期为 20d，每季最多使用 2 次；在小麦上的安全间隔期不少于 21d，每季最多使用 2 次。

（10）敌畏·高氯

主要活性成分 敌敌畏，高效氯氰菊酯。

作用特点 为有机磷类农药敌敌畏与拟除虫菊酯类农药高效氯氰菊酯的复配制剂，具有触杀、胃毒和一定的熏蒸作用。敌畏·高氯比单剂敌敌畏更有利于杀死棉花上的棉铃虫。宜在棉铃虫幼虫早期施药。

剂型 20％乳油。

应用技术 在棉铃虫卵孵盛期至低龄幼虫期施药，用 20％乳油 60～80g/亩均匀喷雾。视虫害发生情况，每 7～10d 施药一次，可连续用药 2 次。

注意事项

① 不可与碱性农药等物质混合使用。

② 对蜜蜂、鱼类等水生生物、家蚕有毒，施药期间应避免对周围蜂群的影响；蜜源作物花期、蚕室和桑园附近禁用。远离水产养殖区施药，禁止在河塘等水体中清洗施药器具。

③ 高粱、月季花、玉米、豆类、瓜类幼苗和柳树对该药剂敏感，应避免喷药时飘移到上述植物上。

④ 大风天或预计 1h 内降雨，请勿施药。

⑤ 建议与其他作用机制不同的杀虫剂轮换使用。

⑥ 在棉花作物上的安全间隔期为 7d，每季最多使用 2 次。

丁氟螨酯

（cyflumetofen）

$C_{24}H_{24}F_3NO_4$, 447, 400882-07-7

化学名称　(*RS*)-2-(4-特丁基苯基)2-氰基-3-氧代-3-(α,α,α,-三氟-邻甲苯基)丙酸-2-甲氧乙基酯。

理化性质　熔点 77.9～81.7℃。

毒性　低毒杀螨剂。

作用特点　丁氟螨酯为新型酰基乙腈类杀螨剂，为非内吸性杀螨剂，主要作用方式为触杀和胃毒作用。与现有杀虫剂无交互抗性。

适宜作物　蔬菜、果树、茶树、观赏植物等。

防除对象　螨类。

应用技术　20％丁氟螨酯悬浮剂。

在柑橘树红蜘蛛若螨发生盛期或害螨为害早期施药，用20％丁氟螨酯悬浮剂1500～2500倍液均匀喷雾。

注意事项

① 对家蚕有毒，远离桑园施药，禁止在河塘等水体中清洗施药器具，以免污染水源，水产养殖区、河源等水域附近禁用。

② 孕妇、哺乳期妇女及过敏者应避免使用。

③ 在柑橘树上的安全间隔期为21d，每季最多使用1次。

啶虫脒

（acetamiprid）

C₁₀H₁₁CIN₄, 222.68, 160430-64-8

化学名称　*N*-(6-氯-3-吡啶甲基)-*N*'-氰基-*N*-甲基乙脒。

其他名称　吡虫清、乙虫脒、啶虫咪、力杀死、蚜克净、鼎克毕达、乐百农、绿园、莫比朗、楠宝、搬蚜、喷平、蚜跑、津丰、顽击、蓝喜、响亮、锐高1号、蓝旺、全刺、千锤、庄喜、万鑫、刺心、蒙托亚、爱打、高贵、淀猛、胜券、Mosplan、NI 25。

理化性质　纯品啶虫脒为白色结晶，熔点101～103.5℃；溶解度（20℃，g/L）：水 4.2；易溶于丙酮、甲醇、乙醇、二氯甲烷、氯仿、乙腈、四氢呋喃等有机溶剂。

毒性　啶虫脒原药急性 LD₅₀（mg/kg）：经口大白鼠217（雄）、

146（雌），小鼠198（雄）、184（雌），大白鼠经皮＞2000。

作用特点　啶虫脒主要作用于害虫的烟碱型乙酰胆碱受体，破坏害虫的运动神经系统而使其死亡。啶虫脒为一种新型拟烟碱类的高效性广谱杀虫剂，对害虫兼具触杀和胃毒作用，并且有较强的渗透作用。对害虫作用迅速，残效期长，适用于防治半翅目害虫，对天敌杀伤力小。由于作用机制独特，能防治对拟除虫菊酯类、有机磷类、氨基甲酸酯类等产生抗性的害虫。

适宜作物　适用于蔬菜、水稻、小麦、棉花、烟草、果树、茶树等。

防除对象　蔬菜害虫如蚜虫、白粉虱、小菜蛾、菜青虫等；水稻害虫如稻飞虱等；小麦害虫如蚜虫等；棉花害虫如棉蚜等；果树害虫如柑橘潜夜蛾、蚜虫等；茶树害虫如茶小绿叶蝉等。

应用技术　以3％啶虫脒乳油、20％啶虫脒可湿性粉剂、20％啶虫脒可溶粉剂为例。

（1）防治蔬菜害虫　在蚜虫发生初盛期施药，用3％啶虫脒乳油40～50g/亩均匀喷雾，药效可持续15d以上，可兼治初龄小菜蛾幼虫。

（2）防治果树害虫　在蚜虫发生初期施药，用20％啶虫脒可湿性粉剂10000～20000倍液均匀喷雾。

（3）防治水稻害虫　在稻飞虱低龄若虫发生期施药，用20％啶虫脒可溶粉剂7.5～10g/亩均匀喷雾。

注意事项

① 本品在黄瓜上的安全间隔期为4d，每季最多使用次数为3次；在柑橘树上使用的安全间隔期为14d，每个作物周期最多使用2次；在甘蓝上使用的安全间隔期为5d，每个作物周期的最多使用次数为2次；在烟草上使用安全间隔期为21d，每季最多使用次数3次；在水稻作物上使用的安全间隔期为15d，每个作物周期的最多使用次数为2次。

② 本品不能与碱性农药混用。

③ 施药时药穿戴防护服、手套、口罩等，施药期间不可吃东西和饮水，施药后及时洗手洗脸。

④ 应均匀喷雾至植株各部位，为避免产生抗药性，尽可能与其他杀虫剂交替使用。

⑤ 对鱼、蜂、蚕毒性大，施药时远离水产养殖区，避免对周围蜂群的影响，蜜源作物花期，蚕室和桑园禁用，禁止在河塘中清洗施药

用具。

相关复配剂及应用

（1）啶虫·毒死蜱

主要活性成分 啶虫脒，毒死蜱。

作用特点 啶虫·毒死蜱具有较强的触杀、胃毒、熏蒸和内吸传导性，不仅对成虫防治效果好，对卵和幼虫也有较好的杀灭活性。

剂型 15％、20％、40％微乳剂，16％、30％乳油。

应用技术

① 红蜡蚧 在低龄若虫盛发期施药，用40％微乳剂750～1000倍液均匀喷雾。

② 蚜虫 在蚜虫若虫始盛期施药，用30％乳油10～15g/亩均匀喷雾。

③ 黄条跳甲 在黄条跳甲发生初期施药，用15％微乳剂30～40g/亩均匀喷雾，或用20％微乳剂20～40g/亩均匀喷雾。

④ 苹果卷叶蛾 在苹果卷叶蛾卵孵化盛期至低龄幼虫时期施药，用16％乳油1000～2000倍液均匀喷雾。

注意事项

① 对蜜蜂、鱼类等水生生物、家蚕有毒，施药期间应避免对周围生物的影响。

② 孕妇及哺乳期妇女避免接触。

③ 本品在柑橘树上使用的安全间隔期为28d，每个作物周期最多施用1次；在柑橘树上使用的安全间隔期为28d，每季使用次数为1次；在苹果树上的安全间隔期为28d，每季作物最多使用1次。

④ 毒死蜱禁止在蔬菜上使用。

（2）啶虫·仲丁威

主要活性成分 仲丁威，啶虫脒。

作用特点 啶虫·仲丁威由仲丁威和啶虫脒复配而成，具有较强的触杀、渗透和内吸传导作用，杀虫较迅速。

剂型 22％、30％乳油。

应用技术

① 稻飞虱 在飞虱卵孵盛期至低龄若虫期施药，用22％乳油40～60g/亩均匀喷雾。

② 蚜虫 在蚜虫若虫始盛期施药，用30％乳油10～15g/亩均匀喷雾。

注意事项

① 对鱼类等水生生物、蜜蜂、蚕有毒，使用时注意不可污染水域及饲养蜂、蚕的场地。开花植物花期，桑园及蚕室附近禁用。

② 药液要随配随用，不能与强酸、强碱物质混用。

③ 孕妇或哺乳期妇女禁止接触。

④ 建议与其他作用机制不同的杀虫剂轮换使用。

⑤ 对瓜、豆等作物较敏感，施药时应避免药液飘移到上述作物上。

⑥ 本品在甘蓝上的安全间隔期为14d，每季使用次数最多1次；在水稻上的安全间隔期为21d，每季作物最多使用次数2次。

（3）啶虫·氟酰脲

主要活性成分 氟酰脲，啶虫脒。

作用特点 啶虫·氟酰脲是啶虫脒和氟酰脲的复配制剂。对害虫具有胃毒及触杀作用，用于防治苹果卷叶蛾。推荐剂量下，对蜜蜂、鸟及天敌昆虫相对安全。

剂型 16％乳油。

应用技术 应在卷叶蛾卵孵化盛期至低龄幼虫时期施药，用16％乳油1000～2000倍液均匀喷雾。

注意事项

① 对鱼类及水生生物有毒，禁止在鱼类养殖区、河塘等水域附近使用。

② 对家蚕高毒，禁止在蚕室及桑园附近使用。

③ 孕妇和哺乳期妇女避免接触。

④ 在苹果树上的安全间隔期为14d，每季最多使用2次。

——— **毒死蜱** ———

（chlorpyrifos）

C9H11Cl3NO3PS, 350.5, 2921-88-2

化学名称 O,O-二乙基-O-(3,5,6-三氯-2-吡啶基)硫代磷酸酯。

其他名称 氯蜱硫磷、乐斯本、同一顺、新农宝、博乐、毒丝本、佳丝本、久敌、落螟、Dursban、Lorsban、Dowco179、Chiorpyriphos。

理化性质 无色结晶，具有轻微的硫醇味，熔点 42.0～43.5℃；工业品为淡黄色固体，熔点 35～40℃；溶解度（25℃）：水 2mg/L，丙酮 0.65kg/kg，苯 0.79kg/kg，氯仿 0.63kg/kg，易溶于大多数有机溶剂；在 pH 5～6 时最稳定；水解速率随温度、pH 的升高而加速；对铜和黄铜有腐蚀性，铜离子的存在也加速其分解。

毒性 原药急性 LD_{50}（mg/kg）：大鼠经口 163（雄）、135（雌），兔经口 1000～2000、经皮 2000；在动物体内解毒很快，对动物无致畸、致突变、致癌作用；对鱼、小虾、蜜蜂毒性较大。

作用特点 毒死蜱抑制昆虫体内乙酰胆碱酯酶的活性而破坏正常的神经冲动传导，引起异常兴奋、痉挛等中毒症状，最终导致死亡。毒死蜱为广谱杀虫剂，可通过触杀、胃毒及熏蒸等作用方式防治害虫。毒死蜱对土壤有机质吸附能力很强，因此对地下害虫（蛴螬等）防效出色，控制期长。该药混配性好，可与不同类别杀虫剂复配增加杀虫效果。在动物体内解毒很快，对动物无致畸、致突变、致癌作用；对鱼、小虾、蜜蜂毒性较大。

适宜作物 水稻、玉米、小麦、棉花、花生、甘蔗、苹果树、柑橘树等。

防除对象 水稻害虫如稻纵卷叶螟、二化螟、三化螟、稻瘿蚊等；小麦害虫如麦蚜等；玉米害虫如蛴螬等；花生害虫如蛴螬、蝼蛄、金针虫、地老虎等；棉花害虫如棉蚜、棉铃虫等；甘蔗害虫如蛴螬、蝼蛄、地老虎等；果树害虫如桃小食心虫、苹果绵蚜、柑橘红蜘蛛、柑橘矢尖蚧、柑橘锈壁虱等；卫生害虫如白蚁等。

应用技术 以 25％微乳剂，480g/L、40％、45％乳油，30％微囊悬浮剂，0.5％、10％颗粒剂为例。

（1）防治水稻害虫

① 稻飞虱 在低龄若虫为害盛期施药，用 25％微乳剂 100～150g/亩兑水喷雾，重点为水稻的中下部叶丛及茎秆。

② 二化螟 在卵孵始盛期至高峰期施药，用 480g/L 乳油 50～80mL/亩均匀喷雾，重点是稻株中下部。

③ 三化螟 在分蘖期和孕穗至破口露穗期当发现田间有枯心苗或白穗时施药，用 480g/L 乳油 50～80mL/亩均匀透彻地喷雾。

④ 稻纵卷叶螟 在卵孵盛期至低龄幼虫期施药，用 25％微乳剂 100～150g/亩均匀喷雾。

⑤ 稻瘿蚊　宜在立针期和移栽后 5～7d 各施药一次，用 480g/L 乳油 250～300mL/亩兑水稀释配成母液再与每亩 15～20kg 细沙土拌匀撒施于田间。

防治水稻害虫时田间应保持 3～5cm 的水层 3～5d。

（2）防治小麦害虫　在蚜虫始盛期施药，用 480g/L 乳油 15～25mL/亩均匀喷雾。

（3）防治玉米害虫　玉米播种时用 0.5％颗粒剂 20～30kg/亩沟施，施后立即覆土，可有效防治玉米蛴螬。

（4）防治花生害虫　当花生田主要为暗黑鳃金龟幼虫（一种蛴螬）为害时，开花期施药，用 30％微囊悬浮剂 350～500g/亩兑水灌根，方法：将喷雾器的旋水片卸掉，然后直接沿垄浇灌。也可用 0.5％颗粒剂 30～36kg/亩撒施；当花生田出现蝼蛄等其他害虫为害时，可用 10％颗粒剂 900～1500g/亩撒施于沟内并覆土。

（5）防治棉花害虫

① 棉铃虫　在卵孵盛期至低龄幼虫期施药，用 480g/L 乳油 94～125mL/亩均匀喷雾。

② 棉蚜　在蚜虫始盛期施药，用 40％乳油 100～150mL/亩均匀喷雾。

（6）防治甘蔗害虫　防治甘蔗地下害虫时，用 10％颗粒剂 500～1000g/亩播种时穴施或幼苗期开沟撒施，施药深度为土层下 15～20cm 处，施药时可拌土或细沙。

（7）防治果树害虫

① 桃小食心虫　在卵果率超过 1％时施药，用 40％乳油 2000～3000 倍液向树上喷雾，重点是未套袋的果实。间隔 7d 后，再喷一次。

② 苹果绵蚜　主要针对树干在花前和花后各用 40％乳油 1800～2400 倍液喷雾一次。

③ 柑橘红蜘蛛　在每片柑橘叶子上有螨 2～3 头时施药，用 40％乳油 1000～2000 倍液喷雾，有一定的防效。

④ 柑橘矢尖蚧　在卵孵盛期、一龄若虫到处游走的阶段施药最佳。用 40％乳油 1000～2000 倍液均匀喷雾。

⑤ 柑橘锈壁虱　当发现叶片背面或果实开始出现锈色或黑褐色，用 40％乳油 1000～2000 倍液均匀喷雾。

（8）防治卫生害虫　土壤中有白蚁，用 45％乳油 55g/m^2 进行土壤处理；如木材被白蚁钻蛀，可用 45%乳油 45～90 倍液浸泡木材。

注意事项

① 禁止在蔬菜上使用该药。

② 禁止与碱性物质混用。

③ 对蜜蜂和家蚕有毒，开花植物花期禁用并注意对周围蜂群的影响；蚕室禁用，桑园附近慎用；对鱼等水生生物高毒，要远离河塘等水域用药；禁止在河塘等水体中清洗施药器具；对鸟中等毒性，鸟类保护期慎用。

④ 黄瓜、菜豆、西瓜、高粱等对毒死蜱较敏感，应避免药剂接触上述作物。

⑤ 预计 1h 内降雨请勿施药。

⑥ 建议与其他作用机制不同的杀虫剂轮换使用，以延缓害虫抗性的产生。

⑦ 在水稻上的安全间隔期为 30d，每季最多使用 2 次；在棉花上的安全间隔期为 21d，每季最多使用 3 次；在柑橘树上的安全间隔期为 28d，每季最多使用 1 次；在苹果树上的安全间隔期为 28d，每季最多使用 1 次。

相关复配剂及应用

（1）吡虫·毒死蜱

主要活性成分　毒死蜱，吡虫啉。

作用特点　为硫代磷酸酯类农药毒死蜱和新烟碱类农药吡虫啉的复配制剂，对害虫有触杀、胃毒、熏蒸等多重功效，并具一定的内吸作用。

剂型　25%微囊悬浮剂，30%、45%乳油。

应用技术

① 金针虫　花生播种期，用 25%微囊悬浮剂 540～600g/亩拌毒土撒施于播种穴内，然后覆土。

② 稻飞虱　在低龄若虫发生盛期，用 30%乳油 80～100g/亩，均匀喷于水稻稻株中下部；施药后田间要保持 3～5cm 的水层 3～5d。

③ 苹果绵蚜　当树干上白色棉絮状的被害症状有增加趋势时，用 45%乳油 2000～2500 倍均匀喷雾。

注意事项

① 禁止在蔬菜上使用该药。

② 禁止与碱性物质混用。

③ 鸟类保护区附近禁用，在施用颗粒剂后应立即覆土。

④ 对蜜蜂、鱼类等水生生物、家蚕有毒，施药期间应避免对周围蜂群的影响；禁止在周围开花植物花期、蚕室和桑园附近使用；水产养殖区、河塘等水域禁用。

⑤ 对烟草、瓜类、莴苣苗期有影响，施药时避免药液飘到上述作物上以防药害。

⑥ 如果 5h 内降雨需补用，避开大风天用药。

⑦ 建议与其他作用机制不同的杀虫剂轮换使用，以延缓害虫抗性的产生。

⑧ 在花生上的安全间隔期为收获期，每季最多使用 1 次；在水稻上的安全间隔期为 21d，每季最多使用 2 次；在苹果树上的安全间隔期为 21d，每季最多使用 2 次。

（2）噻虫·毒死蜱

主要活性成分 毒死蜱，噻虫嗪。

作用特点 为有机磷农药毒死蜱和新烟碱类农药噻虫嗪的复配制剂，既可抑制昆虫乙酰胆碱酯酶，使害虫痉挛、抽搐，又可抑制昆虫乙酰胆碱受体，使昆虫麻痹、死亡。

剂型 36％微囊悬浮-悬浮剂，40％种子处理微囊悬浮-悬浮剂，30％悬乳剂。

应用技术

① 飞虱 在低龄若虫发生盛期施药，用 36％微囊悬浮-悬浮剂 10～20g/亩均匀喷雾，水稻生长期间施药 1～2 次，田间应保持水层 3～5d。

② 花生蛴螬 用 40％种子处理微囊悬浮-悬浮剂 500～700g 处理 100kg 种子。方法：均匀拌种，晾干后播种。

注意事项

① 禁止在蔬菜上使用该药。

② 不能与碱性物质混用。

③ 对鸟类剧毒，对蜜蜂、鱼类、藻类、家蚕高毒。

④ 对烟草、瓜类苗期、莴苣苗期有影响，施药时应避免药液飘到上述作物上以防药害。

⑤ 大风天或预计 8h 内降雨，请勿喷雾施药。

⑥ 建议与其他作用机制不同的杀虫剂轮换使用。

⑦ 在水稻上的安全间隔期为 21d，每季最多使用 2 次；在花生上的安全间隔期为收获期，每季最多使用 1 次。

（3）呋虫·毒死蜱

主要活性成分　毒死蜱，呋虫胺。

作用特点　为乙酰胆碱酯酶抑制剂毒死蜱和乙酰胆碱受体结合剂呋虫胺的复配制剂，具有触杀、胃毒和一定的熏蒸作用，对稻飞虱有较好的防治效果。

剂型　33%水乳剂。

应用技术　在稻飞虱低龄若虫盛发期施药，用33%水乳剂100～120g/亩兑水喷雾水稻植株，以基部茎叶为重点，田间应保持3～5cm水层3～5d。

注意事项

① 禁止在蔬菜上使用该药。

② 不能与碱性物质混用。

③ 使用时应避开家蚕、蜜蜂和稻田养殖区。

④ 作物开花期不得使用。

⑤ 烟草、莴苣苗期、瓜类苗期、某些樱桃品种对该药较敏感，施药时应避免药液飘移到上述作物上，以防产生药害。

⑥ 大风天或预计1h内降雨请勿施药。

⑦ 在水稻上的安全间隔期为30d，每季最多使用2次。

（4）氟啶·毒死蜱

主要活性成分　毒死蜱，氟啶虫胺腈。

作用特点　为毒死蜱和氟啶虫胺腈的复配制剂，前者主要作用于乙酰胆碱酯酶，具有触杀、胃毒和熏蒸的作用，后者作用于昆虫的乙酰胆碱受体，有触杀和内吸作用。氟啶·毒死蜱可用于防治多种作物上的刺吸式口器和咀嚼式口器害虫。

剂型　37%悬乳剂。

应用技术

① 稻飞虱　在低龄若虫盛发期施药，用37%悬乳剂70～90g/亩针对稻飞虱在水稻上的主要活动部位进行均匀透彻地喷雾，田间应保持3～5cm的水层3～5d。

② 小麦蚜虫　在百穗虫量达到500头时施药，用37%悬乳剂20～25g/亩均匀喷雾。

③ 小麦黏虫　在卵孵化盛期至低龄幼虫期施药，用37%悬乳剂20～25g/亩均匀喷雾。

注意事项

① 禁止在蔬菜上使用该药。

② 不能与碱性物质混用。

③ 对蜜蜂、家蚕有毒，施药期间应避免影响周围蜂群；禁止在蜜源植物花期、蚕室和桑园附近使用；天敌放飞区域禁用；鱼或虾蟹套养稻田禁用。

④ 对烟草、瓜类、莴苣苗期有影响，施药时应避免药液飘到上述作物上以防药害。

⑤ 在水稻上的安全间隔期为30d，每季最多使用1次；在小麦上的安全间隔期为14d，每季最多使用1次。

（5）氟腈·毒死蜱

主要活性成分　毒死蜱，氟虫腈。

作用特点　为有机磷类杀虫剂毒死蜱和苯基吡唑类杀虫剂氟虫腈复配而成的种衣剂，用于防治花生蛴螬，具有一定的缓释作用，持效期较长，有良好的防治效果。

剂型　18%悬浮种衣剂。

应用技术　防治花生蛴螬时：花生播种当天或前一天晚上进行种子包衣处理，将18%悬浮种衣剂加水适量，拌成糊状，再按1：（50～100）（药种比）将种子倒入，充分搅拌均匀，务必使种子均匀粘上药液，晾干后播种。

注意事项

① 禁止除卫生用、玉米等部分旱田种子包衣剂外的其他用途使用。

② 不可与碱性农药和肥料混用。

③ 对蜜蜂、家蚕、鸟类和鱼等水生生物有毒，避免药剂进入水体造成对水生生物的毒害。鸟类保护区禁用；蚕室及桑园附近禁用。施药期间应密切注意对附近蜂群的影响，施药后立即覆土。远离水产养殖区、河塘等水体施药，禁止在河塘等水体中清洗施药器具，清洗器具的废水，不能排入河流、池塘等水源。

④ 只能在花生播种前种子包衣时使用1次。

（6）甲维·毒死蜱

主要活性成分　毒死蜱，甲氨基阿维菌素苯甲酸盐。

作用特点　为硫代磷酸酯类农药毒死蜱和生物源农药甲氨基阿维菌素苯甲酸盐的复配杀虫剂，二者协同增效作用非常明显，具有触杀、胃毒、熏蒸和渗透等作用，防效高、作用迅速、持效期长。

剂型 10%、20%乳油，30%水乳剂，15.5%、21%微乳剂。

应用技术

① 飞虱 在低龄若虫发生盛期施药，用20%乳油100～120g/亩均匀喷雾，田间应保持3～5cm的水层3～5d。视害虫情况，每15d左右施药一次，可连续使用2次。

② 二化螟 在卵孵始盛期至高峰期施药，用30%水乳剂60～70g/亩兑水朝水面附近的茎秆及叶丛喷雾，药后保持3～5cm的水层3～5d。

③ 稻纵卷叶螟 在卵孵盛期至低龄幼虫期施药，用21%微乳剂兑水50～70g/亩均匀喷雾。

④ 玉米螟 在卵孵盛期及低龄幼虫尚未钻蛀时施药，用20%乳油67～133g/亩均匀喷雾。

⑤ 甜菜夜蛾 在低龄幼虫盛期施药，用10%乳油55～60g/亩均匀喷雾。

⑥ 苹果绵蚜 当树干上白色棉絮状被害症状有增加趋势时，主要针对树干用15.5%微乳剂2000～2500倍液喷雾。视虫害发生情况，隔10d左右再施药一次，可连续用药2～3次。

注意事项

① 禁止在蔬菜上使用该药。

② 禁止与碱性物质混用。

③ 水稻田施药前后一周内不得使用敌稗，以免产生药害。

④ 作物开花期不得使用；气温高于28℃、风速较高时应停止施药。

⑤ 对鸟类、蜜蜂、鱼类等水生生物、家蚕、赤眼蜂有毒，在鸟类保护区、赤眼蜂等天敌放飞区禁用；养蜂地区及蜜源作物花期、蚕室和桑园附近禁用；在鱼或虾蟹套养稻田禁用。

⑥ 避开烟草、瓜类苗期和莴苣苗期。

⑦ 大风天或预计1h内下雨请勿施药。

⑧ 建议与不同作用机制杀虫剂轮换使用。

⑨ 在水稻和玉米上的安全间隔期为20d，每季最多使用2次；在大豆上的安全间隔期为21d，每季最多使用3次；在苹果上的安全间隔期为28d，每季最多使用3次。

（7）阿维·毒死蜱

主要活性成分 毒死蜱，阿维菌素。

作用特点　为有机磷杀虫剂毒死蜱和大环内酯类杀虫剂阿维菌素的复配制剂，对害虫具有胃毒、触杀作用，没有内吸性，但对叶片有很强的渗透作用，能杀死表皮下的害虫，且残效期较长。

剂型　30％微乳剂，15％、24％、25％乳油。

应用技术

① 二化螟　在卵孵始盛期至高峰期施药，用30％微乳剂40～50g/亩兑水朝离水面6～10cm的部位喷雾。

② 稻纵卷叶螟　在卵孵盛期至低龄幼虫期施药，用15％乳油60～70g/亩喷雾，重点是植株的中上部叶片。

③ 棉铃虫　在卵孵盛期至低龄幼虫期施药，用25％乳油60～120g/亩均匀喷雾。

④ 梨木虱　在卵孵至低龄若虫始盛期，用24％乳油4000～5000倍液喷雾。

注意事项

① 禁止在蔬菜上使用该药。

② 不能与碱性物质混用。

③ 烟草、瓜类苗期、莴苣、某些樱桃品种对该药较敏感，施药时应避免药液飘移到上述作物上，以防产生药害；作物开花期慎用。

④ 水稻田施用前后一周不得施用敌稗，以免产生药害。

⑤ 遇大风或预计1h内降雨请不要施药；气温高于28℃时应停止施药。

⑥ 阿维菌素遇光易分解，宜在早晚使用。

⑦ 在水稻上的安全间隔期为28d，每季最多使用2次；在棉花上的安全间隔期为21d，每季最多使用2次；在梨树上的安全间隔期为21d，每季最多使用2次。

（8）螺虫·毒死蜱

主要活性成分　毒死蜱，螺虫乙酯。

作用特点　为毒死蜱和螺虫乙酯的复配制剂，通过抑制昆虫体内的乙酰胆碱酯酶和干扰昆虫的脂肪生物合成起到杀虫作用，具有触杀、胃毒和内吸作用，对介壳虫类有良好的防效。

剂型　40％乳油。

应用技术　在柑橘介壳虫卵孵盛期、一龄若虫到处游走的阶段施药最佳，用40％乳油2000～3000倍液喷雾。

注意事项

① 禁止在蔬菜上使用该药。

② 不能与碱性物质混用。

③ 烟草、瓜类苗期、莴苣苗期对药剂较敏感，施药时应防止飘移产生药害。

④ 果树开花期不宜使用。

⑤ 对家蚕、蜜蜂和鱼类等水生生物毒性高，施药期间应避免对周围蜂群的影响；蚕室和桑园附近禁用；周围开花作物花期禁用；远离水产养殖区、河塘等水体；赤眼蜂等天敌放飞区域、鸟类保护区附近禁用。

⑥ 大风天或预计 3h 内降雨请勿施药。

⑦ 建议与其他作用机制不同的杀虫剂轮换使用。

⑧ 在柑橘树上的安全间隔期为 28d，每季最多使用 1 次。

（9）氟铃·毒死蜱

主要活性成分 毒死蜱，氟铃脲。

作用特点 为毒死蜱和氟铃脲的复配制剂，前者作用于害虫的神经系统，破坏乙酰胆碱酯酶的活性，后者可破坏害虫表皮的新陈代谢。氟铃·毒死蜱具有触杀、胃毒和熏蒸的作用，防治害虫有良好的效果。

剂型 20%乳油。

应用技术 在棉铃虫卵孵盛期至低龄幼虫期施药，用 20%乳油 120～150g/亩均匀喷雾。视虫害发生情况，每 15d 左右施药一次，可连续用药 3 次。

注意事项

① 禁止在蔬菜上使用该药。

② 不可与碱性物质混合。

③ 烟草、莴苣、瓜苗、杜鹃花、玫瑰花、茶花等作物对该药敏感，应避免药液飘移到上述作物上。

④ 对蜜蜂、鱼类、鸟类、家蚕等生物有毒，施药期间应避免对周围蜂群的影响；开花植物花期、蚕室和桑园及鸟类保护区附近禁用；赤眼蜂等天敌放飞区域禁用；远离水产养殖区施药。

⑤ 大风天或预计 1h 内降雨请勿施药。

⑥ 建议与其他作用机制不同的杀虫剂轮换使用。

⑦ 在棉花上的安全间隔期为 21d，每季最多使用 3 次。

（10）吡蚜·毒死蜱

主要活性成分　毒死蜱，吡蚜酮。

作用特点　为三嗪酮类杀虫剂吡蚜酮和有机磷类杀虫剂毒死蜱的复配制剂，具有触杀、胃毒、熏蒸和一定的内吸作用，对稻飞虱有良好的杀灭效果。

剂型　30％悬乳剂。

应用技术　在稻飞虱低龄若虫发生盛期，用30％悬乳剂按30～40g/亩均匀喷雾，重点是中下部叶丛及茎秆。施药后田间保持3～5cm水层，药后保水3～5d。

注意事项

① 禁止在蔬菜上使用该药。

② 勿与其他碱性物质和铜制剂混用。

③ 使用药剂前后一周不得使用敌稗，以免产生药害。

④ 烟草、莴苣苗期、瓜类苗期、某些樱桃品种对药剂敏感，使用时应注意避免药液飘移到这些作物上；此外，在作物开花期亦不得使用该药剂。

⑤ 对蚤类、鸟类、蜜蜂、赤眼蜂、家蚕毒性高，养蜂场所和周围开花植物花期禁用；蚕室及桑园附近、赤眼蜂等天敌放飞区域禁用；鱼或虾蟹套养稻田禁用。

⑥ 气温高于28℃、风速较高时停止施药，预计1h内降雨请勿施药。

⑦ 水稻上的安全间隔期为21d，每季最多使用2次。

（11）乙虫·毒死蜱

主要活性成分　毒死蜱，乙虫腈。

作用特点　为有机磷类杀虫剂毒死蜱和吡唑类杀虫剂乙虫腈的复配制剂，二者作用靶标不同，互配可增效，对防治稻飞虱效果较佳。

剂型　30％悬乳剂。

应用技术　在稻飞虱低龄若虫发生盛期施药，用30％悬乳剂90～100g/亩兑水40～60kg，对准稻株中下部进行全面喷雾处理。施药后田间要保持3～5cm的水层3～5d。

注意事项

① 禁止在蔬菜上使用该药。

② 不能与碱性物质混用。

③ 瓜类、莴苣苗期及烟草等对药剂敏感，施药时应防止飘移产生

药害。

④ 对蜜蜂、家蚕、鱼类等水生生物有毒，蜜源植物、蚕室、桑园、水产养殖场所附近禁用；赤眼蜂等天敌放飞区域、鸟类保护区附近禁用。

⑤ 大风天或预计 1h 内降雨请勿施药。

⑥ 最后一次施药距水稻收获至少 14d，每季最多用药 2 次。

(12) 氰虫·毒死蜱

主要活性成分　毒死蜱，氰氟虫腙。

作用特点　毒死蜱为有机磷类杀虫剂，作用机制是抑制昆虫的乙酰胆碱酯酶，具有触杀、胃毒作用；氰氟虫腙则是具有独特作用机制的新型缩氨基脲类杀虫剂，通过附着在钠离子通道的受体上，阻碍钠离子通行而起作用；其触杀、内吸作用较差，但胃毒作用较强。氰虫·毒死蜱利用了二者各自的优点，能够有效防治害虫，并延缓抗药性的产生。

剂型　36%悬乳剂。

应用技术　在稻纵卷叶螟卵孵高峰至低龄幼虫期施药，用36%悬乳剂 100～120g/亩均匀喷雾。

注意事项

① 禁止在蔬菜上使用该药。

② 不能与碱性物质混用。

③ 对家蚕、水蚤剧毒，对蜜蜂高毒，蚕室、桑园、蜜源植物附近禁用；对鱼类和鸟类有毒，鱼或蟹套养稻田禁用；赤眼蜂等天敌放飞区域、鸟类保护区附近禁用。

④ 莴苣、瓜类苗期及烟草等对药剂敏感，施药时应防止飘移而产生药害。

⑤ 大风天或预计 1h 内降雨请勿施药。

⑥ 最后一次施药距水稻收获至少21d，每季最多用药 2 次。

(13) 杀单·毒死蜱

主要活性成分　杀虫单，毒死蜱。

作用特点　为沙蚕毒素类杀虫剂杀虫单与有机磷杀虫剂毒死蜱的混配制剂，对害虫有触杀和胃毒作用，并有一定的熏蒸、内吸、拒食与杀卵作用。主要用于防治水稻、甘蔗螟虫等害虫。

剂型　25%、50%可湿性粉剂，2%粉剂，5%颗粒剂。

应用技术

① 稻纵卷叶螟　在卵孵盛期至低龄幼虫期施药，用25%可湿性粉

剂 150～200g/亩喷雾，重点是稻株的中上部。

② 二化螟　在卵孵始盛期到高峰期施药，用 50％可湿性粉剂 70～100g/亩重点朝离水面 6～10cm 的叶丛和茎秆喷雾。

③ 三化螟　在水稻分蘖末期三化螟卵孵高峰期施药，用 2％粉剂 1.5～2.0kg/亩兑沙土 30kg 混合均匀撒施。视虫害发生情况，每 7d 左右施药一次，可连续用药 2 次。

④ 蔗螟　在甘蔗生长前期或中期施药，用 5％颗粒剂 4～5kg/亩沟施后覆土。

水稻田施药期间田间应保持 3～5cm 的水层 3～5d。

注意事项

① 禁止在蔬菜上使用该药。

② 不能与强碱强酸性物质混用。

③ 对蚕、鱼虾、蜜蜂毒性高，应避免在桑园、水域、作物开花期使用；施药后，禁止残液倒入河流，禁止施药器具在河流等水体中清洗。

④ 对棉花易产生药害；大豆、四季豆、马铃薯、烟草等对该药较为敏感，使用时应注意避免接触上述作物。

⑤ 大风天或预计 1h 内降雨请勿施药。

⑥ 在水稻上的安全间隔期为 30d，每季最多使用 2 次；在甘蔗上最后一次施药 90d 以上方可收获，每季只能使用 1 次。

（14）氯氰·毒死蜱

主要活性成分　毒死蜱，氯氰菊酯。

作用特点　为有机磷类农药毒死蜱与拟除虫菊酯类农药氯氰菊酯的复配制剂，具有触杀、胃毒和一定的熏蒸作用，并有杀虫谱广、药效迅速等特点。

剂型　20％、22％、50％、55％、522.5g/L 乳油。

应用技术

① 棉铃虫　在卵孵盛期至低龄幼虫期施药，用 55％乳油 50～75g/亩均匀喷雾。

② 麦蚜　在蚜虫处于始盛期时施药，用 22％乳油 40～60g/亩均匀喷雾。密度大时 7～10d 后再施药一次。

③ 大豆蚜虫　在蚜虫处于始盛期时施药，用 522.5g/L 乳油 20～25g/亩均匀喷雾。密度大时 7～10d 后再施药一次。

④ 大豆食心虫　在成虫盛发期施药，用 50％乳油 60～80g/亩喷

雾，可于 5～7 日后再喷一次。

⑤ 柑橘木虱、梨木虱　在卵孵盛期和低龄若虫期施药，用 522.5g/L 乳油 1000～1500 倍液均匀喷雾。

⑥ 柑橘潜叶蛾　在柑橘新梢抽发 3～5cm 时或成虫发蛾高峰期施药，用 522.5g/L 乳油 800～1100 倍液均匀喷雾。

⑦ 柑橘矢尖蚧　在卵孵盛期、一龄若虫到处爬行阶段施药最佳。用 522.5g/L 乳油 1000～2000 倍液均匀喷雾。

⑧ 柿蒂虫　在荔枝（或龙眼）上成虫盛发期施药，用 522.5g/L 乳油 1000～2000 倍液均匀喷雾。

⑨ 桃小食心虫　苹果果实上卵果率超过 1％时施药，用 20％乳油 1000～2000 倍液树上喷雾处理，重点是果实。

⑩ 桃蚜类　桃树上一龄若虫初孵、若虫四处游走阶段施药最佳，用 522.5g/L 乳油 1500～2000 倍液均匀喷雾。

注意事项

① 禁止在蔬菜上使用该药。

② 不能与碱性物质混用。

③ 对鱼等水生生物高毒，要远离水产养殖区、河塘等水域用药；禁止在河塘等水体中清洗施药器具；对鸟中等毒性，鸟类保护区慎用；对蜜蜂和家蚕有毒，开花植物花期禁用并注意对周围蜂群的影响；蚕室禁用，桑园附近慎用。

④ 瓜类（特别在大棚中）、莴苣苗期、芹菜及烟草对该药敏感，施药时应避免药液飘移到上述作物上；在果树的开花期不宜使用，以防产生药害。

⑤ 大风天或预计 1h 内降雨请勿施药。

⑥ 建议与其他作用机制不同的杀虫剂轮换使用。

⑦ 在棉花上的安全间隔期为 21d，每季最多使用 3 次；在小麦上的安全间隔期为 31d，每季最多使用 2 次；在大豆上的安全间隔期为 59d，每季最多使用 2 次；在柑橘树上的安全间隔期为 28d，每季最多施用 1 次；在梨树上的安全间隔期为 21d，每季最多使用 3 次；在荔枝上的安全间隔期为 21d，每季最多使用 2 次；在龙眼上的安全间隔期为 21d，每季最多使用 2 次；在苹果上的安全间隔期为 21d，每季最多使用 2 次；在桃树上的安全间隔期为 21d，每季最多使用 3 次。

（15）高氯·毒死蜱

主要活性成分　毒死蜱，高效氯氰菊酯。

作用特点 为有机磷类农药毒死蜱与拟除虫菊酯类农药高效氯氰菊酯的复配制剂，具有触杀、胃毒和一定的熏蒸作用，并有药效迅速、杀虫谱广等特点。

剂型 30%水乳剂，12%、15%、20%、51.5%、52.25%乳油。

应用技术

① 苹果卷叶蛾　在卵孵盛期至低龄幼虫期施药，用30%水乳剂1000～1300倍均匀喷雾。视虫情可再喷1～2次。

② 桃小食心虫　在老熟幼虫出土盛期（北方一般在6月上中旬的有效降雨之后）施药，用20%乳油600倍液在苹果树盘下喷雾；如果半月后发现果实上卵果率超过1%，则用20%乳油1000～1800倍液树上喷雾处理。

③ 盲蝽类　在低龄若虫始盛期施药，用52.25%乳油30～40g/亩均匀喷雾。

④ 棉铃虫　在卵孵盛期至低龄幼虫期施药，用12%乳油125～150g/亩均匀喷雾。

⑤ 柿蒂虫　当荔枝上成虫盛发期时施药，用15%乳油500～700倍液均匀喷雾。

⑥ 柑橘木虱　在卵孵盛期和低龄若虫期施药，用51.5%乳油1000～2000倍液均匀喷雾。

注意事项

① 禁止在蔬菜上使用该药。

② 不可与碱性农药等物质混合使用。

③ 对蜜蜂、鱼类等水生生物、家蚕有毒，施药期间应避免对周围蜂群的影响；蜜源作物花期、桑园附近禁用；赤眼蜂等天敌放飞区禁用；鸟类保护区附近禁用；远离水产养殖区施药。

④ 瓜类苗期、莴苣苗期、烟草及芹菜对该药敏感，施药时应避免药液飘移到上述作物上。

⑤ 大风天或预计1h内降雨请勿施药。

⑥ 在苹果树上的安全间隔期为14d，每季最多使用3次；在柑橘树上的安全间隔期为28d，每季最多使用1次；在荔枝树上的安全间隔期为28d，每季最多使用3次；在棉花上的安全间隔期为21d，每季最多使用3次。

（16）氯氟·毒死蜱

主要活性成分 毒死蜱，高效氯氟氰菊酯。

作用特点　为有机磷类农药毒死蜱与拟除虫菊酯类农药的复配制剂，具有触杀、胃毒和一定的熏蒸作用；由于两种有效成分作用于虫体的机理不同，氯氟·毒死蜱可很好地延缓害虫抗药性的产生。

剂型　20%微乳剂，22%水乳剂，48%、50%乳油。

应用技术

① 棉铃虫　在卵孵盛期至低龄幼虫尚未钻蛀蕾铃前施药，用22%水乳剂50～60g/亩均匀喷雾。

② 棉蚜　在蚜虫始盛期施药，用20%微乳剂40～60g/亩均匀喷雾。

③ 小麦吸浆虫　在成虫始盛期施药，用48%乳油20～40g/亩喷雾，重点是麦穗。

④ 柑橘潜叶蛾　在成虫期和卵孵前期施药，用48%乳油1500～2000倍液均匀喷雾。

⑤ 矢尖蚧　柑橘树上一龄若虫四处游走阶段施药最佳，用50%乳油5000～6000倍液均匀喷雾。

注意事项

① 禁止在蔬菜上使用该药。

② 不可与碱性的农药等物质混合使用。

③ 对蜜蜂、鱼类等水生生物、家蚕有毒，施药期间应避免对周围蜂群的影响；蜜源作物花期、蚕室和桑园附近禁用；赤眼蜂等天敌放飞区域禁用；鸟类保护区禁用；远离水产养殖区施药。

④ 烟草、莴苣、瓜苗、杜鹃花、茶花、玫瑰花对该药剂敏感，应避免药液飘移到上述作物上。

⑤ 大风天或预计1h内降雨请勿施药。

⑥ 为延缓害虫抗药性发生，建议与其他机制不同的杀虫剂轮换使用。

⑦ 在棉花上的安全间隔期为21d，每季最多使用2次；在小麦上的安全间隔期为28d，每季最多使用1次；在柑橘上的安全间隔期为28d，每季最多使用1次。

(17) 丙威·毒死蜱

主要活性成分　毒死蜱，异丙威。

作用特点　为有机磷类杀虫剂毒死蜱和氨基甲酸酯类杀虫剂异丙威的复配制剂，具有触杀、胃毒作用，兼有异丙威速效和毒死蜱广谱的特点。

剂型　20%可湿性粉剂，25%乳油。

应用技术

① 稻飞虱 在低龄若虫盛期施药，用20％可湿性粉剂100～120g/亩兑水50～70kg均匀喷施于稻丛中下部。田间应保持3～5cm的浅水层3～5d。

② 二化螟 在卵孵始盛期至高峰期施药，用25％乳油100～120g/亩兑水50～70kg均匀喷雾。

注意事项

① 禁止在蔬菜上使用该药。

② 不能与强酸、强碱性农药混用。

③ 对蜜蜂、鱼虾、家蚕毒性高，避免在蜜源作物花期、水域、蚕室和桑园附近使用；鸟类保护区、赤眼蜂等天敌放飞区禁用；鱼或虾蟹套养稻田禁用。

④ 烟草、莴苣、瓜类苗期、某些樱桃品种及薯类作物对该药较敏感，施药时应避免药液飘移到上述作物上。

⑤ 大风天或预计1h之内有雨请勿施药。

⑥ 在水稻上的安全间隔期为22d，每季最多使用2次。

（18）灭威·毒死蜱

主要活性成分 毒死蜱，灭多威。

作用特点 为有机磷类杀虫剂毒死蜱和氨基甲酸酯类杀虫剂灭多威的复配制剂，具有快速触杀和胃毒的双重作用。药液能迅速渗透到在植株隐蔽部位的害虫，对甜菜夜蛾有良好的效果。

剂型 30％乳油。

应用技术 棉花甜菜夜蛾在卵孵盛期至低龄幼虫期施药，用30％乳油70～90g/亩均匀喷雾。

注意事项

① 不得用于蔬菜、瓜果、果树、茶树、菌类、中草药材的生产；不得用于防治卫生害虫；不得用于水生植物的病虫害防治。

② 不可与碱性农药等物质混合使用。

③ 烟草、莴苣苗期、瓜类苗期等对该药较为敏感，应慎用。

④ 对蜜蜂、鱼类等水生生物、家蚕高毒，施药期间应避免对周围蜂群的影响；开花植物花期、蚕室和桑园附近禁用；远离水产养殖区施药。

⑤ 在棉花上的安全间隔期为21d，每季最多使用2次。

（19）仲威·毒死蜱

主要活性成分 毒死蜱，仲丁威。

作用特点　为有机磷类杀虫剂毒死蜱与氨基甲酸酯类杀虫剂仲丁威的复配制剂，具有强烈的触杀和胃毒作用，并兼具速效性。

剂型　20%乳油。

应用技术　在稻飞虱卵孵盛期到低龄若虫期施药，用20%乳油200～220g/亩兑水朝稻株中下部喷雾。田间应保持3～5cm的水层3～5d。

注意事项

① 禁止在蔬菜上使用该药。

② 勿与碱性物质和铜制剂混用。

③ 开花作物花期禁用，蚕室及桑园附近禁用；鱼、虾蟹套养稻田禁用；天敌昆虫放飞区域禁用；远离水产养殖区施药。

④ 烟草、莴苣、瓜苗、杜鹃花、茶花、玫瑰花对该药剂敏感，应避免药液飘移到上述作物上。

⑤ 在水稻上使用的前后10d，要避免使用除草剂敌稗。

⑥ 在水稻上的安全间隔期为21d，每季最多使用2次。

（20）丙溴·毒死蜱

主要活性成分　毒死蜱，丙溴磷。

作用特点　为有机磷杀虫剂毒死蜱和丙溴磷的复配制剂，主要作用机制是抑制昆虫的乙酰胆碱酯酶，具有胃毒、触杀和熏蒸的作用，兼具较强渗透性，对稻纵卷叶螟有良好的防效。

剂型　40%乳油。

应用技术　在稻纵卷叶螟卵孵盛期至低龄幼虫期施药，用40%乳油100～120g/亩兑水45～60kg，搅拌后均匀喷雾。

注意事项

① 禁止在蔬菜上使用该药。

② 勿与其他强酸或碱性物质混用。

③ 对蜜蜂、家蚕有毒，开花植物花期周围禁用；施药期间应密切注意对附近蜂群的影响；蚕室及桑园附近禁用；赤眼蜂等天敌放飞区禁用；对鱼类等水生生物有毒，养鱼稻田禁用；对鸟类高毒，注意对鸟类的保护。

④ 烟草、莴苣、瓜类苗期、某些樱桃品种对该药较为敏感；棉花、瓜豆类、苜蓿和高粱、十字花花科蔬菜和核桃花期有药害，使用时应注意避免药液飘移到这些作物上。

⑤ 大风天或预计1h内降雨请勿施药。

⑥ 在水稻上的安全间隔期为 28d，每季最多使用 2 次。

（21）唑磷·毒死蜱

主要活性成分　毒死蜱，三唑磷。

作用特点　为两种有机磷类杀虫剂毒死蜱和三唑磷的复配制剂，通过抑制昆虫体内乙酰胆碱酯酶导致害虫死亡。唑磷·毒死蜱具有触杀、胃毒和熏蒸作用，虽无内吸活性，但可渗入作物组织中，对钻蛀性害虫二化螟具有良好的防治效果。

剂型　25％乳油。

应用技术　在二化螟卵孵始盛期至高峰期施药，用 25％乳油 80～120g/亩兑水 40～50kg，对准水稻基部细水喷雾，在水稻上可连续用药 2 次。

注意事项

① 禁止在蔬菜上使用该药。

② 不可与碱性物质混合使用。

③ 对鱼类等水生生物、蜜蜂、家蚕有毒，远离水产养殖区施药；施药期间应避免对周围蜂群的影响；周围作物花期、家蚕和桑园附近禁用；赤眼蜂等天敌放飞区禁用；鱼或虾蟹套养稻田禁用。

④ 烟草、棉花、莴苣、瓜类苗期、某些樱桃品种对该药剂敏感，使用时应注意避免药液飘移到这些作物上。

⑤ 大风天或预计 1h 内降雨请勿施药。

⑥ 建议与其他作用机制不同的杀虫剂轮换使用。

⑦ 在水稻上的安全间隔期为 30d，每季最多使用 2 次。

（22）敌百·毒死蜱

主要活性成分　毒死蜱，敌百虫。

作用特点　为两种有机磷杀虫剂毒死蜱和敌百虫的复配制剂，具有触杀、胃毒和熏蒸等多种作用。敌百·毒死蜱主要作用于昆虫的乙酰胆碱酯酶，引起虫体肌肉兴奋，痉挛，最后中毒死亡。

剂型　3％、4.5％颗粒剂，40％、50％乳油。

应用技术

① 蔗龟　在甘蔗种植时施药，将 3％颗粒剂按 4.5～5kg/亩撒施在甘蔗苗周围后覆盖薄土。

② 花生蛴螬　花生播种时土壤施药，在作物根部开沟后撒入 4.5％颗粒剂，按 2.5～3.5kg/亩，然后盖土；亦可拌细土后均匀撒施。土壤保持湿润效果佳。

③ 稻纵卷叶螟 在卵孵盛期至低龄幼虫期施药，用 40％乳油 100～120g/亩均匀喷雾，清晨或傍晚施药较好。严重时施药一周后应及时补施一次。

④ 二化螟 在卵孵始盛期至高峰期施药，用 50％乳油 60～100g/亩兑水 50～60kg 均匀喷雾。田间保持水层 3～5cm 深，保水 3～5d。

⑤ 棉铃虫 在卵孵盛期至低龄幼虫期施药，用 40％乳油 60～80g/亩均匀喷雾。视虫害发生情况，每 10d 左右施药一次，可连续用药 2～3 次。

注意事项

① 禁止在蔬菜上使用该药。

② 忌与碱性农药混用。

③ 对蜜蜂、家蚕、鱼虾有毒，避免污染水源；施药时应避免对周围蜂群影响；开花作物花期禁用；禁止在河塘等水体中清洗施药器具。

④ 瓜类苗期、莴苣苗期及烟草对该药敏感，施药时应避开上述作物使用，以防产生药害。

⑤ 在水稻、棉花上的安全间隔期均为 21d，每季均最多使用 2 次；在甘蔗和花生上用颗粒剂时每季只能用一次。

(23) 敌畏·毒死蜱

主要活性成分 毒死蜱，敌敌畏。

作用特点 为两种有机磷杀虫剂毒死蜱和敌敌畏的复配制剂，主要作用于昆虫的乙酰胆碱酯酶，具有触杀、胃毒和熏蒸等多种作用。

剂型 35％乳油。

应用技术

① 稻飞虱 在低龄若虫盛发期施药，用 35％乳油 100～120g/亩兑水对稻株全株喷雾，尤其稻株中下部应重点喷施。施药后田间要保持 3～4cm 的水层 3～5d。

② 稻纵卷叶螟 在卵孵盛期至低龄幼虫期施药，用 35％乳油 80～120g/亩均匀喷雾，清晨或傍晚施药较好。

注意事项

① 禁止在蔬菜上使用该药。

② 不能与石硫合剂和波尔多液等强碱性物质混用。

③ 对蜜蜂、家蚕有毒，蜜源作物花期、桑园、蚕室附近禁用；赤眼蜂等天敌放飞区禁用；对鱼类毒性高，远离水产养殖区施药。

④ 高粱、月季花、烟草、莴苣以及玉米、豆类、瓜类苗期对该药敏感，施药时应避免药液飘移到上述作物上，以防产生药害。

⑤ 施用前后一周内不得施用敌稗，以免产生药害。

⑥ 大风天或预计 1h 内降雨请勿施药。

⑦ 建议与其他作用机制不同的杀虫剂轮换使用。

⑧ 在水稻上的安全间隔期为 21d，每季最多施用 2 次。

(24) 稻散・毒死蜱

主要活性成分　毒死蜱，稻丰散。

作用特点　为两种有机磷类农药稻丰散与毒死蜱的混剂，主要作用机制是抑制昆虫体内的乙酰胆碱酯酶，对害虫具有触杀和胃毒作用；其渗透力强，对虫卵也有一定的杀伤力，可用于防治稻纵卷叶螟。

剂型　45％乳油。

应用技术　在稻纵卷叶螟卵孵盛期至低龄幼虫期施药，用 45％乳油 80～120g/亩兑水喷雾，重点是稻株的中上部。第一次施药后间隔 10d 后可以再施一次。

注意事项

① 禁止在蔬菜上使用该药。

② 不能与碱性物质混用，以免分解失效。

③ 对蜜蜂、家蚕、鸟、鱼类、水生生物有毒，蜜源作物花期，应密切关注对周围蜂群的影响；同时蚕室和桑园附近禁用；鸟类保护区禁用；养鱼稻田禁用；赤眼蜂等天敌放飞区禁用。远离水产养殖区施药。

④ 烟草、瓜类、莴苣苗期、葡萄、桃、无花果和苹果的某些品种对稻散・毒死蜱敏感，施药时应避免药液飘移到上述作物上。

⑤ 建议与其他作用机制不同的杀虫剂轮换使用，以延缓害虫抗性的产生。

⑥ 在水稻上的安全间隔期为 28d，每季最多使用 2 次。

多杀霉素
（spinosad）

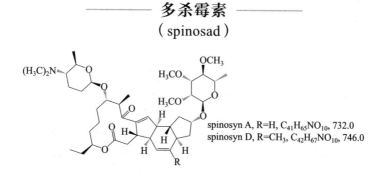

spinosyn A, R=H, $C_{41}H_{65}NO_{10}$, 732.0
spinosyn D, R=CH_3, $C_{42}H_{67}NO_{10}$, 746.0

理化性质 浅灰白色晶体，带有一种类似于轻微陈腐泥土的气味。熔点 A 型 84～99.5℃，D 型 161.5～170℃，相对密度 0.512（20℃）。水中溶解度（mg/kg）：A 型 pH 为 5、7、9 时分别为 270、235 和 16，D 型 pH 为 5、7、9 时分别为 28.7、0.332 和 0.053。在水溶液中 pH 为 7.74，对金属和金属离子在 28d 内相对稳定。在环境中通过多种途径组合的方式进行降解，主要为光解和微生物降解。

作用特点 本品是由放线菌刺糖多孢菌发酵产生的生物源农药，是一种大环内酯类生物杀虫剂，作用于昆虫的神经系统，可以持续激活靶标昆虫的乙酰胆碱烟碱型受体，使害虫迅速麻痹、瘫痪，最后导致死亡。对害虫具有触杀和胃毒作用，对叶片有较强的渗透作用，残效期较长，具有一定的杀卵作用，无内吸作用。

毒性 多杀菌素对有益昆虫的高度选择性，使其在害虫综合治理中成为一个引人注目的农药。研究表明，多杀菌素能在大鼠、狗、猫等动物体内快速吸收和代谢。多杀菌素在环境中通过多种组合途径快速降解，主要为光降解和微生物降解，最终分解为碳、氢、氧、氮等自然组分，因而对环境不会造成污染。多杀菌素的土壤光降解半衰期为 9～10d，叶面光降解的半衰期为 1.6～16d，而水光降解的半衰期则小于 1d。当然，半衰期与光的强弱程度有关，在无光照的条件下，多杀菌素经有氧土壤代谢的半衰期为 9～17d。另外，多杀菌素的土壤传质系数为中等，它在水中的溶解度很低并能快速降解，由此可见多杀菌素的沥滤性能非常低，因此只要合理使用，它对地下水源是安全的。

适宜作物 蔬菜、棉花、水稻。

防除对象 蔬菜害虫如蓟马、小菜蛾等；棉花害虫如棉铃虫等；水稻害虫如稻纵卷叶螟等；卫生害虫如红火蚁等。

应用技术 以 10% 多杀霉素悬浮剂、10% 多杀霉素水分散粒剂、25g/L 多杀菌素悬浮剂、480g/L 多杀霉素悬浮剂、0.015% 多杀霉素杀蚁饵剂为例。

（1）防治蔬菜害虫

① 蓟马 在茄子蓟马若虫发生始盛期施药，用 10% 多杀霉素悬浮剂 17～25g/亩均匀喷雾；或用 25g/L 多杀菌素悬浮剂 65～100g/亩均匀喷雾。

② 小菜蛾 在低龄幼虫期施药，用 10% 多杀霉素悬浮剂 12.5～17.5g/亩均匀喷雾；或用 25g/L 多杀菌素悬浮剂 50～66g/亩均匀喷雾；或用 25g/L 多杀菌素悬浮剂 33～66g/亩均匀喷雾。

（2）防治棉花害虫　在棉铃虫卵孵化高峰至低龄幼虫期用药，用10％多杀霉素悬浮剂20～30g/亩均匀喷雾；或用480g/L多杀菌素悬浮剂4.2～5.5g/亩均匀喷雾。

（3）防治水稻害虫　在稻纵卷叶螟卵孵盛期施药至低龄幼虫期用药，用10％多杀霉素水分散粒剂25～30g/亩均匀喷雾；或用480g/L多杀菌素悬浮剂15～20g/亩均匀喷雾。

（4）防治卫生害虫　将0.015％多杀霉素杀蚁饵剂投放在红火蚁经常出现的地方，本品应由专业人员使用。红火蚁大面积发生区、蚁巢密度较大时，建议采用撒施；红火蚁小面积发生区、蚁巢密度较小时，建议采用单蚁巢处理，在蚁丘外围30～60cm处，围绕蚁丘撒施本饵剂一圈，或点放3～5小堆，每巢用量35～50g（大蚁巢可多放些）。施用时须地表干燥，施药时间应避开可能于施用后12h内下雨的情况，且施药后24h内勿灌溉。施用本饵剂后7～10d内请勿使用其他防治红火蚁药剂。

注意事项

① 本品对蜜蜂、蚕及鱼类等水生生物高毒，开花植物花期禁用，并注意对周围蜂群的影响，蚕室和桑园附近禁用；远离水产养殖区、河源等水体施药，不要在水体中清洗施药器具；赤眼蜂等天敌放飞区禁用。

② 建议与作用机制不同的杀虫剂轮换使用，以延缓抗性产生。

③ 本品不可与酸性农药等物质混用。

④ 在茄子上的安全间隔期为5d，每季最多使用2次；在甘蓝上的安全间隔期为5d，每季最多使用2次；在大白菜上的安全间隔期为3d，每季最多施药2次；在水稻作物上的安全间隔期为14d，每季最多施药1次；在棉花上的安全间隔期为14d，每季最多使用3次。

相关复配剂及应用

（1）多杀·虫螨腈

主要活性成分　多杀霉素，虫螨腈。

作用特点　本品是由多杀霉素与虫螨腈复配而成的优良杀虫剂，持效期较长。虫螨腈为线粒体解偶联剂，干扰呼吸链上的电子传递，影响昆虫体内能量转化，具有较强的胃毒作用，兼具触杀作用和微弱的内吸作用。多杀霉素为烟碱乙酰胆碱受体激动剂，使害虫迅速麻痹、瘫痪，最后导致死亡，对害虫有触杀和胃毒作用。

剂型　12％、14％悬浮剂。

应用技术 在小菜蛾低龄幼虫期施药，用 12%悬浮剂 30～40g/亩均匀喷雾；或用 14%悬浮剂 20～30g/亩均匀喷雾。

注意事项

① 本品严禁与碱性物质混用。

② 本品对鸟类、蜜蜂为高毒，对鱼、溞类、家蚕等剧毒，对藻类、蚯蚓有中毒，开花植物花期、鸟类保护区域、赤眼蜂等天敌放飞区域、蚕室及桑园附近禁用，并注意对周围蜂群的影响；远离水产养殖区、河塘等水体施药，禁止在河塘等水体内清洗施药器具。

③ 使用本品后的甘蓝至少应间隔 14d 才能收获，每季最多使用 2 次。

（2）多杀·甲维盐

主要活性成分 多杀霉素，甲维盐

作用特点 本品是由甲氨基阿维菌素苯甲酸盐和多杀霉素复配而成的杀虫剂，其作用机理是甲氨基阿维菌素作用于昆虫 γ-氨基丁酸受体而表现出杀虫作用，多杀霉素主要作用于昆虫的神经系统，具有胃毒和触杀作用。

剂型 20%、14%、5%悬浮剂。

应用技术

① 稻纵卷叶螟 在卵孵盛期或低龄幼虫发生初盛期施药，用 20%悬浮剂 15～20g/亩均匀喷雾；或用 5%悬浮剂 30～50g/亩均匀喷雾。

② 二化螟 在卵孵盛期或低龄幼虫发生初盛期施药，用 5%悬浮剂 30～50g/亩均匀喷雾。

③ 甜菜夜蛾 在低龄幼虫发生初盛期施药，用 20%悬浮剂 3～4g/亩均匀喷雾。

注意事项

① 本品严禁与碱性物质混用。

② 本品对鱼类、水蚤等水生生物有毒，对鸟类、蜜蜂、家蚕有毒，对赤眼蜂有风险，鸟类保护区域、蚕室和桑园附近禁用；赤眼蜂等天敌放飞区禁用；开花植物花期禁用，施药期间应密切关注对附近蜂群的影响；鱼或虾蟹套养稻田禁用；施药后的田水不得直接排入水体，远离水产养殖区、河塘等水体施药，禁止在河塘等水体中清洗施药器具。

③ 建议与其他作用机制不同的杀虫剂轮换使用，以延缓抗性产生。

④ 使用本品后水稻至少应间隔 21d 才能收获，每季最多使用 3 次；

在甘蓝上的安全间隔期为5d，每季最多使用2次。

（3）阿维·多霉素

主要活性成分　多杀霉素，阿维菌素。

作用特点　本品是由阿维菌素和多杀霉素混配而成，作用于昆虫神经系统，具有触杀、胃毒和熏蒸作用。

剂型　5％悬浮剂，4％、5％水乳剂。

应用技术

① 稻纵卷叶螟　在卵孵盛期或低龄幼虫发生初盛期施药，用5％悬浮剂50～60g/亩均匀喷雾。

② 瓜实蝇　在苦瓜瓜实蝇发生初期施药，用5％悬浮剂30～40g/亩均匀喷雾。

③ 小菜蛾　在低龄幼虫发生初盛期施药，用5％水乳剂25～30g/亩均匀喷雾。

注意事项

① 本品严禁与碱性物质混用。

② 本品对蜜蜂、家蚕毒性高，花期开花植物周围禁用，施药期间应密切注意对附近蜂群的影响；蚕室及桑园附近禁用；对鱼类等水生生物有毒，施药后的田水不得直接排入河塘等水域，远离水产养殖区、河塘等水体附近施药，禁止在河塘等水域内清洗施药器具；鸟类等保护区禁用；赤眼蜂等天敌昆虫放飞区禁用。

③ 建议与其他作用机制不同的杀虫剂轮换使用，以延缓抗性产生。

④ 在苦瓜上的安全间隔期为7d，每季最多使用3次；在甘蓝上的安全间隔期为7d，每季最多使用2次；在水稻上的安全间隔期为14d，每季最多使用2次。

（4）多杀·吡虫啉

主要活性成分　多杀霉素，吡虫啉。

作用特点　本品属硝基亚甲基类农药与植物源农药混配制成，具有内吸、触杀、胃毒作用，通过干扰害虫运动神经系统正常生理活动而杀死害虫。本品速效性较好，持效期较长。在水中能较快溶解、扩散，通过表皮组织吸收后在植株体传导。

剂型　16％悬浮剂。

应用技术　在茄子蓟马发生初期用药，用16％悬浮剂20～30g/亩均匀喷雾。

注意事项

① 本品严禁与碱性物质混用。

② 本品对蜜蜂、鱼类等水生生物、家蚕有毒，施药期间应避免对周围蜂群的影响，开花植物作物花期、蚕室和桑园附近禁用；赤眼蜂等天敌放飞区域禁用；水产养殖区、河塘等水体附近禁用，禁止在河塘等水域清洗施药器具。

③ 建议与其他作用机制不同的杀虫剂轮换使用，以延缓抗性产生。

④ 在茄子上的安全间隔期为 5d，每季用药 1 次。

二嗪磷

（diazinon）

C₁₂H₂₁N₂O₃PS, 304.35, 333-41-5

$C_{12}H_{21}N_2O_3PS$, 304.35, 333-41-5

化学名称　O,O-二乙基-O-（2-异丙基-4-甲基-6-嘧啶基）硫代磷酸酯。

其他名称　二嗪农、地亚农、太亚仙农、大利松、Basudin、Neocidol、Diazol、Diazide、DBD。

理化性质　纯品为无色油状液体，略带香味。沸点 83～84℃（26.66×10⁻³ Pa）、125℃（133.32Pa），相对密度 1.116～1.118（20℃）。可与丙酮、乙醇、二甲苯混溶，能溶于石油醚，常温下在水中溶解度 0.004％。50℃以上不稳定，对酸、碱不稳定，对光稳定。在水及稀酸中会慢慢水解，贮存中微量水分能促使其分解，变为高毒的四乙基硫代焦磷酸酯。工业品为淡褐棕色液体。

毒性　原药急性 LD_{50}（mg/kg）：285（大鼠经口），163（小鼠经口）；455（雌性大鼠经皮）；小鼠急性吸入 LC_{50} 630mg/m³。对家兔皮肤和眼睛有轻度刺激作用。大鼠慢性毒性饲喂试验无作用剂量为每天 0.1mg/kg，猴子为每天 0.05mg/kg。在试验剂量下，对动物无致畸、致癌、致突变作用。鲤鱼 LC_{50} 3.2mg/L（48h）。对蜜蜂高毒。

作用特点　二嗪磷的主要作用是抑制乙酰胆碱酯酶，属广谱性杀虫剂，具有触杀、胃毒和熏蒸作用，也有一定的内吸作用，对鳞翅目、半翅目等多种害虫有较好的防治效果。

适宜作物 水稻、小麦、花生、小白菜、甘蔗、白术等。

防除对象 水稻害虫如二化螟、三化螟、稻飞虱等；小麦害虫如小麦吸浆虫等；花生害虫如蛴螬、蝼蛄、金针虫、地老虎等地下害虫；白菜害虫如小地老虎等；甘蔗害虫如蔗螟等。

应用技术 以50%乳油，0.1%、4%、5%颗粒剂为例。

（1）防治水稻害虫

① 二化螟 在卵孵始盛期到高峰期施药，用50%乳油60～80g/亩兑水朝稻株中下部喷雾。

② 三化螟 在分蘖期和孕穗至破口露穗期当发现田间有枯心苗或白穗时施药，用50%乳油60～80g/亩喷雾，前期重点是近水面的茎基部；孕穗期重点是稻穗。

③ 稻飞虱 在低龄若虫盛发期施药，用50%乳油75～133g/亩。每隔10d左右喷一次，可连续2～3次。

防治水稻害虫时田间应保持3～5cm的水层3～5d。

（2）防治小麦害虫 小麦吸浆虫，小麦播种前施药，用0.1%颗粒剂40～60kg/亩撒施。

（3）防治花生害虫 在花生播种期施药。当整畦下种后，先在畦中开沟，后用细沙土拌5%颗粒剂撒施于沟内，800～1200g/亩，覆土和盖种同时进行；或在花生花期或扎果针期沟施，将药剂拌入土层中，对地下害虫如蛴螬、地老虎、金针虫、蝼蛄有明显的防治作用。也可在花生盛花期，用5%颗粒剂与干细土或肥料搅拌均匀后，于傍晚撒施于花生垄内，对防治蛴螬效果显著，浇水或覆土效果更好。

（4）防治蔬菜害虫 防治小地老虎，于小白菜苗床期施药，可采用沟施或撒施4%颗粒剂1.2～1.5kg/亩，覆土后播种；移栽期可穴施；大田期可于行侧开沟施药或撒施，然后覆土。

（5）防治甘蔗害虫 防治蔗螟，于新植甘蔗种植培土时或宿根蔗破垄松蔸培土时，沟施4%颗粒剂2～3kg/亩后覆土。

注意事项

① 不能与碱性农药或含铜的药剂等物质混用。

② 水稻田在使用敌稗前后两周内不得使用二嗪磷。

③ 对蜜蜂、鱼类等水生生物及家蚕有毒，施药期间应避免对周围蜂群的影响；蜜源作物花期、蚕室和桑园附近禁止施用；远离水产养殖区施药；禁止在河塘等水体中清洗施药器械。

④ 在水稻上的安全间隔期为30d，每季最多使用1次； 在花生上的安全间隔期为75d，每季最多使用1次。

相关复配制剂及应用

(1) 阿维·二嗪磷

主要活性成分 二嗪磷，阿维菌素。

作用特点 为有机磷农药二嗪磷和生物源农药阿维菌素复配的杀虫剂，通过抑制昆虫乙酰胆碱酯酶，并干扰害虫的神经生理活动、抑制害虫进食而使害虫死亡；其具有触杀、胃毒、熏蒸的作用和一定的渗透性能。

剂型 5％颗粒剂，20％乳油。

应用技术

① 二化螟 早、晚稻分蘖期或晚稻孕穗、抽穗期，在卵孵始盛期至高峰期施药，用20％乳油120～150g/亩喷雾，重点为靠近水面6～10cm的叶丛和稻茎。药后田间保持3～5cm水层3～5d。

② 蛴螬 小白菜播种前或定植前施药，用5％颗粒剂1～1.2kg/亩撒施。

注意事项

① 不能与碱性农药等物质混用。

② 对鱼、溞类、蜜蜂、鸟、家蚕有毒，使用时不要污染鱼塘、河流、蜂场、桑园。赤眼蜂等天敌放飞区域禁用；蜜源植物花期、桑园及蚕室附近禁用。

③ 大风天或预计1h内降雨请勿施药。

④ 为减缓害虫抗药性的产生，建议与其他不同作用机制的杀虫剂轮换使用。

⑤ 在水稻上的安全间隔期为30d，每季最多使用2次；在白菜上的安全间隔期为30d，每季最多使用1次。

(2) 二嗪磷·噻虫胺

主要活性成分 二嗪磷，噻虫胺。

作用特点 为有机磷类杀虫剂二嗪磷和新烟碱类杀虫剂噻虫胺的复配制剂，具有触杀、胃毒、熏蒸作用和一定的渗透性能，对甘蔗蔗龟有较好的防效。

剂型 5％颗粒剂。

应用技术 蔗龟：甘蔗下种时施药，用5％颗粒剂1～1.5kg均匀撒施于种植沟内，及时覆盖土。

注意事项

① 不能与强酸或强碱物质混用。

② 禁止在河塘等水体中清洗施药器具；赤眼蜂等天敌放飞区域禁用；蜜源植物花期和桑园、蚕室附近禁用；鸟类保护区附近禁用。使用时不要污染鱼塘、河流、蜂场、桑园，并避免在靠近水源的地方使用。

③ 建议与其他不同作用机制的杀虫剂轮换使用。

④ 在甘蔗上的安全间隔期为收获期，每季最多使用 1 次。

呋喃虫酰肼

（fufenozide）

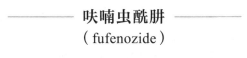

C$_{24}$H$_{30}$N$_2$O$_3$, 394.5, 467427-81-1

化学名称　N-(2,3-二氢-2,7-二甲基苯并呋喃-6-甲酰基)-N'-特丁基-N'-(3,5-二甲基苯甲酰基)-肼。

理化性质　白色粉末状固体；熔点 146.0～148.0℃；溶于有机溶剂，不溶于水。

毒性　呋喃虫酰肼原药对大鼠急性经口 LD$_{50}$＞5000mg/kg（雄，雌），大鼠急性经皮 LD$_{50}$＞5000mg/kg（雄，雌），均属微毒类农药。眼刺激试验为 1.5（1h），对眼无刺激（1∶100 稀释）。皮肤刺激试验为 0（4h），对皮肤无刺激性。Ames 试验无致基因突变作用。10%呋喃虫酰肼悬浮剂对鱼、蜜蜂、鸟均为低毒，对家蚕高毒；对蜜蜂低风险，对家蚕极高风险，桑园附近严禁使用。

作用特点　呋喃虫酰肼是双酰肼类昆虫生长调节剂，害虫取食后，很快出现不正常蜕皮反应，停止取食，提早蜕皮，但由于不正常蜕皮而无法完成蜕皮，导致幼虫脱水和饥饿而死亡。呋喃虫酰肼以胃毒作用为主，有一定的触杀作用，无内吸性。对哺乳动物和鸟类、鱼类、蜜蜂毒性极低，对环境友好。

适宜作物　蔬菜、甜菜、水稻等。

防除对象　蔬菜害虫如甜菜夜蛾、斜纹夜蛾、小菜蛾等；水稻害虫如稻纵卷叶螟、二化螟等。

应用技术　以 10％呋喃虫酰肼悬浮剂为例。

（1）防治蔬菜害虫　在甜菜夜蛾、斜纹夜蛾幼虫 3 龄期前，用 10％呋喃虫酰肼悬浮剂 60～100g/亩均匀喷雾。

（2）防治水稻害虫　在稻纵卷叶螟卵孵盛期，用 10％呋喃虫酰肼悬浮剂 100～120g/亩均匀喷雾。推荐使用剂量为 10～12g/亩。在稻纵卷叶螟卵孵盛期至二龄幼虫前（初卷叶期）或卵孵化高峰后 2d 喷雾使用，喷雾一定要均匀。

注意事项

① 该药对蚕高毒，作用速度慢，应较常规药剂提前 5～7d 使用，每季作物使用次数不要超过 1 次。

② 高温期间注意做好安全用药的各项防护措施。

③ 为了提高防治效果，于傍晚用药。

④ 儿童、孕妇和哺乳期妇女禁止接触。

⑤ 在甘蓝上的安全间隔期为 14d，每季最多使用 1 次。

伏杀硫磷
（phosalone）

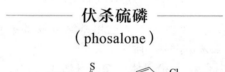

$C_{12}H_{15}ClNO_4PS_2$, 367.8, 2310-17-0

化学名称　O,O-二乙基-S-(6-氯-2-氧苯噁唑啉-3-基-甲基)二硫代磷酸酯。

其他名称　伏杀磷、佐罗纳、Embacide、Rubitox、Zolone、Azofene。

理化性质　纯品为白色结晶，带大蒜味。熔点 48℃，挥发性小，空气中饱和浓度小于 0.01mg/m³（24℃），约 0.02mg/m³（40℃），约 0.1mg/m³（50℃），约 0.3mg/m³（60℃）。易溶于丙酮、乙腈、苯乙酮、苯、氯仿、环己酮、二噁烷、乙酸乙酯、二氯乙烷、甲乙酮、甲苯、二甲苯等有机溶剂。可溶于甲醇、乙醇，溶解度 20％。不溶于水，溶解度约 0.1％。性质稳定，常温可贮存两年或 50℃贮存 30d 无明显失效，无腐蚀性。

毒性 急性经口 LD_{50}（mg/kg）：雄性大鼠 120，雌性大鼠 135～170，豚鼠 150；雌性大鼠急性经皮 LD_{50} 1500mg/kg。大鼠和狗两年饲喂试验无作用剂量分别为 2.5mg/kg 和 10.0mg/kg。动物实验未见致癌、致畸、致突变作用。虹鳟鱼 LC_{50} 0.3mg/L，鲤鱼 LC_{50} 1.2mg/L（48h）。野鸡急性经口 LD_{50} 290mg/kg，对蜜蜂中等毒性。

作用特点 伏杀硫磷的作用机制是抑制昆虫体内的乙酰胆碱酯酶，属广谱性杀虫、杀螨剂。其对作物有渗透性，但无内吸传导作用，对害虫以触杀和胃毒作用为主。该药药效挥发速度较慢，在植物上持效约 14d，随后代谢成为可迅速水解的硫代磷酸酯。

适宜作物 棉花等。

防除对象 棉花害虫如棉铃虫等。

应用技术 在棉铃虫二、三代卵孵盛期至低龄幼虫期施药，用 35％乳油 160～180g/亩，每隔 10～15d 用药一次，可用 3～4 次。

注意事项

① 不要与碱性农药混用。

② 对蜜蜂、鱼类等水生生物、家蚕有毒，施药期间应避免对周围蜂群的影响；蜜源作物花期、蚕室和桑园附近禁用；远离水产养殖区施药；禁止在河塘等水体中清洗施药器具。

③ 大风天或预计 1h 内降雨请勿施药。

④ 建议与其他作用机制不同的杀虫剂轮换使用。

⑤ 在棉花上的安全间隔为 14d，每季最多使用 4 次。

氟吡呋喃酮

（flupyradifurone）

$C_{12}H_{11}ClF_2N_2O_2$, 288.68, 951659-40-8

化学名称 4-[(6-氯-3-吡啶基甲基)-(2,2-二氟乙基)-氨基]-呋喃-2-(5H)-酮。

理化性质 氟吡呋喃酮纯品为白色至米黄色固体粉末，几乎无味，熔点 72～74℃，不易燃。氟吡呋喃酮在水中溶解度为 3.2g/kg（pH 为

4），3.0g/L（pH 为 7）；在甲苯中溶解度为 3.7g/L；易溶于乙酸乙酯和甲醇。

毒性　氟吡呋喃酮原药急性 LD_{50}（mg/kg）：大鼠经口 2000；对雄性大鼠最大无作用剂量为 80mg/kg，对雌性大鼠最大无作用剂量为 400mg/kg，对兔眼睛和皮肤无刺激性、无致畸、无致癌、无生殖毒性、无致突变性，大鼠口服 90d 无神经毒性反应。

作用特点　氟吡呋喃酮属于丁烯羟酸内酯类杀虫剂，是烟碱型乙酰胆碱受体激动剂，主要用于防治刺吸式口器害虫。具有内吸、触杀、胃毒和渗透作用，速效性好、持效期长，且与常规新烟碱类杀虫剂无交互抗性，其最突出的特点是对蜜蜂等传粉昆虫低毒。

适宜作物　番茄、辣椒、马铃薯、黄瓜、葡萄、西瓜、咖啡、坚果、柑橘。

防除对象　烟粉虱、蚜虫、介壳虫、叶蝉、西花蓟马、潜叶蝇等。

应用技术　在烟粉虱成虫发生初期，用 17% 氟吡呋喃酮悬浮液 30～40g/亩进行叶面均匀喷雾。第一次药后 7～10d 再施药一次。对烟粉虱、白粉虱成虫、若虫均具有较好的防效。

注意事项

① 对蜜蜂、家蚕、水生生物等有毒。

② 孕妇及哺乳期妇女避免接触。

③ 在番茄上的安全间隔期为 3d，每季最多使用 2 次；在柑橘树上的安全间隔期为 21d，每季最多使用 1 次。

氟虫腈

（fipronil）

$C_{12}H_4Cl_2F_6N_4OS$, 437.2, 120068-37-3

化学名称　5-氨基-1-(2,6-二氯-α,α,α-三氟-对甲基苯)-4-三氟甲基亚磺酰基吡唑-3-腈。

其他名称　氟苯唑、威灭、锐劲特、Regent、Combat F、MB 46030。

理化性质　纯品氟虫腈为白色固体，熔点 200.5～201℃；溶解度

（20℃，g/L）：丙酮 546，二氯甲烷 22.3，甲醇 137.5，己烷和甲苯 300，水 0.0019。

毒性　氟虫腈原药急性 LD_{50}（mg/kg）：大鼠经口 100、经皮＞2000；对兔眼睛和皮肤有极轻微刺激性；对动物无致畸、致突变、致癌作用。

作用特点　氟虫腈的杀虫机制在于阻断昆虫 γ-氨基丁酸和谷氨酸介导的氯离子通道，从而干扰中枢神经系统的正常功能而导致害虫死亡，是一种苯基吡啶类杀虫剂。氟虫腈杀虫谱广，对害虫以胃毒作用为主，兼有触杀和一定的内吸作用，因此对蚜虫、叶蝉、飞虱、鳞翅目幼虫、蝇类和鞘翅目等重要害虫有很高的杀虫活性，对作物无药害。

适宜作物　蔬菜、甘蔗、棉花、烟草、马铃薯、甜菜、大豆、茶叶、苜蓿、高粱、玉米、果树、森林等。国家规定氟虫腈禁止在除卫生用、玉米等部分旱田种子包衣剂外的其他方面使用。

防除对象　玉米害虫如蛴螬、灰飞虱。

应用技术　以 5％氟虫腈悬浮剂、种衣剂为例。

防治玉米害虫蛴螬时，将玉米种沥干水，倒入塑料袋或塑料薄膜上；将药液与玉米种混合，按制剂与种子的重量比 1∶（25～50）进行包衣，轻轻翻拌玉米种 3～5min，使种子均匀着药；之后摊开置于通风阴凉处 4～6h，阴干后播种。

注意事项

① 施药后换洗被污染的衣服，妥善处理废弃包装物。

② 勿让儿童、孕妇及哺乳期妇女接触本品。加锁保存。不能与食品、饲料存放一起。

③ 氟虫腈仅限于卫生用、玉米等部分旱田种子包衣剂和专供出口产品使用。

氟虫脲

（flufenoxuron）

$C_{21}H_{11}ClF_6N_2O_3$，488.8，101463-69-8

化学名称 1-[4-(2-氯-α,α,α-三氟-对甲苯氧基)-2-氟苯基]-3-(2,6-二氟苯甲酰)脲。

其他名称 氟虫隆、卡死克、Cascade。

理化性质 纯品为白色晶体熔点 $230\sim232℃$，蒸气压 4.55×10^{-12}Pa。在有机溶剂中的溶解度：丙酮 82g/L，二氯甲烷 24g/L，二甲苯 6g/L，己烷 0.023g/L，不溶于水。自然光照射下，在水中半衰期 11d，对光稳定，对热稳定。

毒性 大鼠和小鼠急性 LD_{50}（mg/kg）：>3000（经口），>2000（经皮），大鼠急性吸入 $LC_{50}>5$mg/L，静脉注射 $LD_{50}>1500$mg/kg，对兔的眼睛和皮肤无刺激作用。大鼠和小鼠饲喂无作用量为 50mg/kg，狗为 100mg/kg。动物实验未发现致畸、致突变作用。鲑鱼 $LC_{50}>100$mg/L。对家蚕毒性较大。

作用特点 氟虫脲为苯甲酰脲类昆虫生长调节剂，是几丁质合成抑制剂，使昆虫不能正常蜕皮或变态而死亡，成虫接触药剂后，产的卵即使孵化成幼虫也会很快死亡。具有触杀和胃毒作用，并有很好的叶面滞留性。对未成熟阶段的螨和害虫有高活性，可用于防治植食性螨类（刺瘿螨、短须螨、全爪螨、锈螨、红叶螨等），并有很好的持效作用，对捕食性螨和昆虫安全。

适宜作物 蔬菜、棉花、玉米、大豆、果树等。

防除对象 蔬菜害虫如小菜蛾、菜青虫等；果树害虫如苹果红蜘蛛、柑橘红蜘蛛、锈壁虱、柑橘潜叶蛾、桃小食心虫等；棉花害虫如棉红蜘蛛、棉铃虫等。

应用技术 以 5%氟虫脲乳油为例。

（1）防治蔬菜害虫

① 小菜蛾 在 1～2 龄幼虫期施药，用 5%氟虫脲乳油 25～50g/亩（有效成分 1.25～2.5g）均匀喷雾。

② 菜青虫 在幼虫 2～3 龄期施药，用 5%氟虫脲乳油 20～25g/亩（有效成分 1～1.25g）均匀喷雾。

（2）防治果树害虫

① 苹果红蜘蛛 在越冬代和第 1 代若螨集中发生期施药，苹果开花前后用 5%氟虫脲乳油 1000～2000 倍液（有效浓度 25～50mg/kg）均匀喷雾。

② 柑橘红蜘蛛 在卵孵化盛期施药，用 5%氟虫脲乳油 600～1000 倍液均匀喷雾。

③ 柑橘潜叶蛾　在新梢放出 5d 左右施药，用 5％氟虫脲乳油 1000～1300 倍均匀喷雾。

④ 桃小食心虫　在卵孵化盛期施药，用 5％氟虫脲乳油 1000～2000 倍（有效浓度 25～50mg/kg）均匀喷雾。

（3）防治棉花害虫

① 棉红蜘蛛　在若、成螨发生期，平均每叶 2～3 头螨时施药，用 5％氟虫脲乳油 50～75g/亩（有效成分 2.5～3.75g）均匀喷雾。

② 棉铃虫　在产卵盛期至卵孵化盛期施药，防治棉红铃虫二、三代成虫在产卵高峰至卵孵化盛期施药，用 5％氟虫脲 75～100g/亩（有效成分 3.75～5g）均匀喷雾。

注意事项

① 一个生长季节最多只能用药 2 次。施药时间应较一般杀虫剂提前 2～3d。对钻蛀性害虫宜在卵孵化盛期施药，对害螨宜在幼若螨盛期施药。

② 苹果上应在收获前 70d 用药，柑橘上应在收获前 50d 用药。喷药时要均匀周到。

③ 不可与碱性农药，如波尔多液等混用，否则会减效。间隔使用时，先喷氟虫脲，10d 后再喷波尔多液比较理想。建议与不同作用机制的杀虫剂轮换使用。

④ 对甲壳纲水生生物毒性较高，避免污染自然水源。

⑤ 库房应通风、低温、干燥，与食品原料分开储运。

⑥ 儿童、孕妇及哺乳期妇女禁止接触。

⑦ 在柑橘树、苹果树上的安全间隔期为 30d，每季最多使用 2 次。

相关复配剂及应用　氟脲·炔螨特

主要活性成分　氟虫脲，炔螨特。

作用特点　氟脲·炔螨特由两种不同类型不同作用机制的活性成分辅以强增效助剂复配而成，效果广泛，能杀灭多种害螨，持效长。

剂型　20％微乳剂。

应用技术　在螨口基数较低时施药，用 20％微乳剂 1000～1500 倍液均匀喷雾。

注意事项

① 不宜与强碱性物质混用。

② 为避免抗药性的产生，不宜长期连续使用，应与其他作用机制不同的杀螨剂交替使用，或与不同性能的药剂混用。

③ 对蜜蜂、鱼、蚕等有毒，开花植物花期，蚕室和桑园附近禁用，

远离水产养殖区河塘等水体用药，禁止在河塘等水体清洗施药器具。

④ 孕妇及哺乳期妇女禁止接触。

⑤ 在柑橘树上的安全间隔期为 21d，每季最多使用 2 次。

氟啶虫胺腈
（sulfoxaflor）

C$_{10}$H$_{10}$F$_3$N$_3$OS，277.2661，946578-00-3

其他名称　可立施、特福力。

理化性质　纯品氟啶虫胺腈为灰白色粉末，熔点 112.9℃；有机溶剂中的溶解度（20℃，g/L）：甲醇 93.1，丙酮 217，对二甲苯 0.743，1,2-二氯乙烷 39，乙酸乙酯 95.2，正庚烷 0.000242，正辛醇 1.66。水中溶解度（20℃，99.7％纯度）：pH＝5 时，1380mg/kg；pH＝7 时，570mg/kg；pH＝9 时，550mg/kg。

毒性　氟啶虫胺腈原药急性经口 LD$_{50}$（mg/kg）：经口大鼠 1405（雄）、1000（雌）；大鼠经皮＞5000。

作用特点　氟啶虫胺腈是砜亚胺杀虫剂，作用于昆虫神经系统中的烟碱型乙酰胆碱受体，但是与其他新烟碱类杀虫剂具有不同的作用位点，具有胃毒和触杀作用。

适宜作物　棉花、桃树、西瓜、小麦、白菜、柑橘树、黄瓜、苹果树、葡萄、水稻。

防除对象　蚜虫、矢尖蚧、烟粉虱、盲蝽、稻飞虱、桃蚜。

应用技术　以 22％氟啶虫胺腈悬浮剂为例。

① 蚜虫　在蚜虫发生始盛期施药，用 22％氟啶虫胺腈悬浮剂 7.5～12.5g/亩均匀喷雾。

② 烟粉虱　在烟粉虱成虫始盛期或卵孵始盛期施药 2 次用 22％氟啶虫胺腈悬浮液 15～23g/亩均匀喷雾。

③ 稻飞虱　在稻飞虱低龄若虫期施药，用 22％氟啶虫胺腈悬浮剂 15～20g/亩均匀喷雾。

④ 桃蚜　在蚜虫发生始盛期施药，用 22％氟啶虫胺腈悬浮剂 5000～10000 倍液均匀喷雾。

注意事项

① 对蜜蜂、家蚕、水生生物等有毒。

② 孕妇及哺乳期妇女避免接触。

③ 在黄瓜上的安全间隔期为 3d，每季最多使用 2 次；在水稻上的安全间隔期为 14d，每季最多使用 1 次；在柑橘树、苹果树上的安全间隔期为 14d，每季最多使用 1 次；在白菜上的安全间隔期为 7d，每季最多使用 2 次；在桃树上的安全间隔期为 7d，每季最多使用 2 次；在葡萄上的安全间隔期为 14d，每季最多使用 2 次；在小麦上的安全间隔期为 14d，每季最多使用 2 次；在西瓜上的安全间隔期为 7d，每季最多使用 2 次。

相关复配剂及应用

（1）氟虫·乙多素

主要活性成分 氟啶虫胺腈，乙基多杀菌素。

作用特点 氟虫·乙多素是新型化学杀虫剂氟啶虫胺腈和乙基多杀菌素的混配制剂，作用于昆虫神经系统，氟啶虫胺腈具有触杀和内吸作用，乙基多杀菌素具有胃毒和触杀作用，可同时用于防治多种作物上的刺吸式口器和咀嚼式口器害虫。

剂型 40%水分散粒剂。

应用技术

（1）防治甘蓝害虫

① 小菜蛾 在小菜蛾发生始盛期施药，且小菜蛾处于低龄期，用40%水分散粒剂 7.5～12.5g/亩均匀喷雾。

② 蚜虫 在蚜虫发生始盛期施药，且蚜虫处于低龄期，用40%水分散粒剂 7.5～12.5g/亩均匀喷雾。

（2）防治西瓜害虫

① 蓟马 在蓟马发生始盛期施药，用40%水分散粒剂 10～14g/亩均匀喷雾。

② 蚜虫 在蚜虫发生始盛期施药，用40%水分散粒剂 10～14g/亩均匀喷雾。

注意事项

① 对蜜蜂、家蚕等有毒。施药期间应避免影响周围蜂群，禁止在开花植物花期、蚕室和桑园附近使用，施药期间应密切关注对附近蜂群的影响。

② 孕妇及哺乳期妇女避免接触。

③ 在甘蓝上的安全间隔期为 5d，每季最多使用 2 次；在西瓜上的安全间隔期为 7d，每季最多使用 2 次。

（2）氟啶·毒死蜱

主要活性成分　氟啶虫胺腈，毒死蜱。

作用特点　氟啶·毒死蜱是新型化学杀虫剂氟啶虫胺腈和毒死蜱的混配制剂，作用于昆虫神经系统，氟啶虫胺腈具有触杀和内吸作用，毒死蜱具有触杀、胃毒和熏蒸作用，用于防治多种作物上的刺吸式口器和咀嚼式口器害虫。

剂型　37％悬乳剂。

应用技术

① 稻飞虱　在稻飞虱处于低龄若虫期施药，用 37％悬乳剂 70～90g/亩均匀喷雾。

② 麦蚜　在麦蚜发生初盛期施药，用 37％悬乳剂 20～25g/亩均匀喷雾。

③ 黏虫　在黏虫低龄幼虫期施药，用 37％悬乳剂 20～25g/亩均匀喷雾。

注意事项

① 对蜜蜂、家蚕等有毒。

② 孕妇及哺乳期妇女避免接触。

③ 禁止在蔬菜上使用。

④ 在水稻上的安全间隔期为 30d，每季最多使用 1 次；在小麦上的安全间隔期为 14d，每季最多使用 1 次。

—————— **氟啶虫酰胺** ——————

（flonicamid）

$C_9H_6F_3N_3O$, 229.16, 158062-67-0

化学名称　N-氰甲基-4-(三氟甲基)烟酰胺。

其他名称　氟烟酰胺，Teppeki，Ulala，Carbine，Aria（FMC）。

理化性质　本品外观为白色无味固体粉末，熔点 157.5℃，蒸气压

（20℃）2.55×10^{-6}Pa，溶解度（g/L，20℃）：水 5.2、丙酮 157.1、甲醇 89.0，对热稳定。

毒性 烯啶虫胺原药急性 LD_{50}（mg/kg）：大鼠经口 1680（雄）、1574（雌），小鼠 867（雄）、1281（雌），大鼠经皮＞2000；对兔眼睛和皮肤无刺激性。对动物无致畸、致突变、致癌作用。

毒性 氟啶虫酰胺原药急性 LD_{50}（mg/kg）：大鼠经口 1768（雄）、884（雌），大鼠经皮＞5000。

作用特点 氟啶虫酰胺除具有触杀和胃毒作用，还具有很好的神经毒剂和快速拒食作用。该药剂通过阻碍害虫吮吸而致死。害虫摄入药剂后很快停止吮吸，最后饥饿而死。氟啶虫酰胺是一种新型低毒吡啶酰胺类昆虫生长调节剂类杀虫剂，对各种刺吸式口器害虫有效，并具有良好的渗透作用，它可从根部向茎部、叶部渗透，但由叶部向茎、根部渗透作用相对较弱。对人、畜、环境有极高的安全性，同时对其他杀虫剂具抗性的害虫有效。

适宜作物 果树、蔬菜、水稻等。

防除对象 果树、蔬菜蚜虫，稻飞虱等。

应用技术 以 10％氟啶虫酰胺水分散粒剂为例。

（1）防治果树害虫 在蚜虫发生初盛期时施药，用 10％氟啶虫酰胺水分散粒剂 2500～5000 倍液均匀喷雾。

（2）防治蔬菜害虫 在蚜虫发生初盛期时施药，用 10％氟啶虫酰胺水分散粒剂 30～50g/亩均匀喷雾。

注意事项

① 本品对家蚕、鱼等水生生物有一定毒性，施药期间应避免对周围蜂群的影响、开花植物花期、蚕室和桑园附近禁用；同时，施药期间应避免释放天敌瓢虫，远离生防区施药。赤眼蜂等天敌放飞区禁用。

② 孕妇及哺乳期妇女避免接触。

③ 建议与其他作用机制不同的杀虫剂轮换使用，以延缓抗性产生。

④ 在苹果树上的安全间隔期为 14d，每季最多使用 1 次；在水稻上的安全间隔期为 21d，每季最多使用 1 次；在黄瓜上的安全间隔期为 3d，每季最多使用 1 次。

相关复配剂及应用

（1）氟啶虫酰胺·烯啶虫胺。

主要活性成分 氟啶虫酰胺，烯啶虫胺。

作用特点 烯啶虫胺主要作用于昆虫神经系统，对害虫的突触受体具有神经阻断作用，导致神经的轴突触隔膜电位通道刺激消失，致使害虫麻痹死亡。氟啶虫酰胺是一种低毒吡啶酰胺类、昆虫生长调节剂类杀虫剂，具有很好的神经毒剂和快速拒食作用，并具有良好的渗透作用；可从根部向茎部、叶部渗透，通过阻碍害虫吮吸而致死，害虫摄入药剂以后很快停止吮吸，最后饥饿而死。

剂型　30％水分散粒剂。

应用技术　在棉花蚜虫发生始盛期施药，用30％水分散粒剂4～6g/亩均匀喷雾。

注意事项

① 建议与其他不同作用机制的杀虫剂轮换使用，以延缓抗性产生。

② 桑园及蚕室附近禁用。

③ 孕妇及哺乳期妇女避免接触本品。

④ 在棉花上的安全间隔期为14d，每季最多使用1次。

（2）氟啶虫酰胺·联苯菊酯

主要活性成分　氟啶虫酰胺，联苯菊酯。

作用特点　联苯菊酯属拟除虫菊酯类杀虫剂，具有触杀、胃毒作用，杀虫谱广、作用迅速。氟啶虫酰胺是一种新型低毒吡啶酰胺类昆虫生长调节剂类杀虫剂，除具有触杀和胃毒作用，还具有很好的神经毒剂和快速拒食作用。复配可以使得两种药剂的速效性和持效性产生互补效果，降低单剂的用药量，有效提高防治效果。

剂型　15％、20％悬浮剂。

应用技术

① 桃蚜　在桃树桃蚜发生前或始盛期施药，用15％悬浮剂4000～5000倍液均匀喷雾。

② 茶小绿叶蝉　在茶树茶小绿叶蝉低龄若虫始盛发期施药，用20％悬浮剂15～23g/亩均匀喷雾。

注意事项

① 不可与呈碱性的农药等物质混合使用。

② 对蜜蜂、鱼等水生生物、家蚕有毒。

③ 建议与其他作用机制不同的杀虫剂轮换使用，以延缓抗性的产生。

④ 在桃树上的安全间隔期为14d，每季最多使用1次；在茶树上的安全间隔期为5d，每季最多使用1次。

（3）氟啶·吡蚜酮

主要活性成分　氟啶虫酰胺，吡蚜酮。

作用特点　氟啶·吡蚜酮是由氟啶虫酰胺和吡蚜酮复配而成的杀虫剂，氟啶虫酰胺其作用机制是通过阻碍害虫吮吸，使害虫摄入药剂后很快停止吮吸，最后饥饿而死，具有触杀和胃毒作用。吡蚜酮作用机理独特，成虫和若虫接触药剂后，产生口针阻塞效应，停止取食为害，饥饿致死。

剂型　50％水分散粒剂。

应用技术　在蚜虫、蓟马低龄若虫始发期施药，用50％水分散粒剂15～20g/亩均匀喷雾。

注意事项

① 建议与其他不同作用机制的杀虫剂交替使用，以延缓抗性的产生。

② 禁止在河塘等水体中清洗施药器具。

③ 孕妇及哺乳期妇女禁止接触本品。

④ 在蚕室及桑园附近禁用。

⑤ 在黄瓜上的安全间隔期为3d，每季最多使用2次；在甘蓝上的安全间隔期为14d，每季最多使用1次。

（4）氟啶·啶虫脒

主要活性成分　啶虫脒，氟啶虫酰胺。

作用特点　氟啶·啶虫脒是一种新型、高效杀虫剂，具有良好的内吸性，速效性好且持效期长。

剂型　18％可分散油悬浮剂，35％水分散粒剂。

应用技术

① 蚜虫　在蚜虫发生始盛期施药，用18％可分散油悬浮剂9～13g/亩均匀喷雾，或用35％水分散粒剂8～10g/亩均匀喷雾。

② 蓟马　在蓟马低龄若虫始发期施药，用35％水分散粒剂7～8g/亩均匀喷雾。

注意事项

① 水产养殖区、河塘等水体附近禁用，禁止在河塘等水域清洗施药器具。

② 蚕室和桑园附近禁用。

③ 建议与其他作用机制不同的杀虫剂轮换使用。

④ 避免孕妇及哺乳期妇女接触本品。

⑤ 不可与碱性农药等物质混合使用。

⑥ 在黄瓜上的安全间隔期为 7d，每季最多使用 1 次。

（5）氟啶·螺虫酯

主要活性成分　氟啶虫酰胺，螺虫乙酯。

作用特点　氟啶·螺虫酯是氟啶虫酰胺与螺虫乙酯的复配制剂，氟啶虫酰胺作用机制是通过阻碍害虫吮吸，使害虫摄入药剂后很快停止吮吸，最后饥饿而死，具有触杀和胃毒作用。螺虫乙酯作用机制是通过抑制昆虫脂质的合成使其中毒死亡，具有双向内吸传导性能。

剂型　50％水分散粒剂。

应用技术　在甘蓝蚜虫发生初盛期施药，用 50％水分散粒剂 10～15g/亩均匀喷雾。

注意事项

① 建议与其他作用机制不同的杀虫剂轮换使用。

② 对藻类、家蚕有毒。

③ 孕妇及哺乳期妇女禁止接触。

④ 在甘蓝上的安全间隔期为 7d，每季最多使用 1 次。

（6）氟啶·吡丙醚

主要活性成分　吡丙醚，氟啶虫酰胺。

作用特点　氟啶·吡丙醚为吡丙醚和氟啶虫酰胺的复配杀虫剂。吡丙醚为保幼激素类型的几丁质合成抑制剂，具有强烈的杀卵作用。氟啶虫酰胺为吡啶酰胺类昆虫生长调节剂，具有触杀和内吸作用。

剂型　15％悬浮剂。

应用技术　在蚜虫发生初盛期施药，用 15％悬浮剂 2000～3000 倍液均匀喷雾。

注意事项

① 使用时不得污染各类水域、土壤等环境。

② 孕妇及哺乳期妇女禁止接触。

③ 在枣树上的安全间隔期为 21d，每季最多使用 2 次。

（7）氟啶·吡虫啉

主要活性成分　吡虫啉，氟啶虫酰胺。

作用特点　氟啶·吡虫啉为同翅目害虫拒食剂与烟碱类杀虫剂复配产品，对苹果蚜虫有较好的防治效果。在植物体内渗透性和内吸性较强，可以防治不同部位的蚜虫。持效性较长，耐雨性较好。

剂型　20％水分散粒剂。

应用技术　在蚜虫发生初盛期时施药，用 20％水分散粒剂 5000～10000 倍液均匀喷雾。

注意事项

① 施药时应避免药液污染河塘等水源地。

② 建议与其他作用机制不同的杀虫剂轮换使用，以延缓抗性产生。

③ 避免孕妇及哺乳期的妇女接触。

④ 在苹果树上的安全间隔期为 21d，每季最多使用 1 次。

（8）氟啶・噻虫嗪

主要活性成分　噻虫嗪，氟啶虫酰胺。

作用特点　氟啶・噻虫嗪是由氟啶虫酰胺和噻虫嗪复配的杀虫剂，具有胃毒及触杀作用。持效性较长，耐雨性较好。施药后，可被作物根或叶片较迅速地内吸，在植物体内渗透性较强。

剂型　60％水分散粒剂。

应用技术　在蚜虫发生初盛期施药，用 60％水分散粒剂 5～6g/亩均匀喷雾。

注意事项

① 建议与其他作用机制不同的杀虫剂轮换使用。

② 开花植物花期禁用；蚕室及桑园附近禁用；赤眼蜂等天敌昆虫放飞区域禁用。

③ 在黄瓜上的安全间隔期为 3d，每季最多使用 1 次；在水稻上的安全间隔期为 5d，每季最多使用 3 次。

（9）氟啶・氟啶脲

主要活性成分　氟啶虫酰胺，氟啶脲。

作用特点　氟啶・氟啶脲为吡啶酰胺类杀虫剂氟啶虫酰胺与苯甲酰脲类杀虫剂氟啶脲复配而成的杀虫剂，具有胃毒、触杀和快速拒食作用。内吸传导性好，持效期长，耐雨水冲刷。

剂型　22％悬浮剂。

应用技术　防治茶尺蠖、茶小绿叶蝉，在茶小绿叶蝉和茶尺蠖低龄幼（若）虫高峰期施药，用 22％悬浮剂 23～30g/亩均匀喷雾。

注意事项

① 蚕室和桑园附近禁用。施药时应避免药液污染河塘等水源地。

② 建议与其他作用机制不同的杀虫剂轮换使用。

③ 避免孕妇及哺乳期的妇女接触。

④ 在茶树上的安全间隔期为 10d，每季最多使用 1 次。

（10）氟啶·异丙威

主要活性成分　异丙威，氟啶虫酰胺。

作用特点　氟啶·异丙威为氟啶虫酰胺与异丙威复配而成的杀虫剂，具有触杀和快速拒食作用。速效性好，持效期长，耐雨水冲刷。

剂型　53%可湿性粉剂。

应用技术　在水稻飞虱低龄若虫高峰期施药，用53%可湿性粉剂70～90g/亩均匀喷雾。

注意事项

① 对蜜蜂、天敌赤眼蜂、水蚤家蚕有毒。

② 建议与其他作用机制不同的杀虫剂轮换使用。

③ 避免孕妇和哺乳期的妇女接触。

④ 在水稻上的安全间隔期为28d，每季最多使用1次。

氟啶脲
（chlorfluazuron）

$C_{20}H_9Cl_3F_5N_3O_3$, 540.8, 71422-67-8

化学名称　1-[3,5-二氯-4-(3-氯-5-三氟甲基-2-吡啶氧基)苯基]-3-(2,6-二氟苯甲酰基)脲。

其他名称　定虫隆、定虫脲、克福隆、控幼脲、抑太保、Atabron 5E、Jupiter

理化性质　纯品氟啶脲为白色结晶固体，熔点232～233.5℃；溶解度（20℃，g/L）：环己酮110，二甲苯3，丙酮52.1，甲醇2.5，乙醇2.0，难溶于水；原药为黄棕色结晶。

毒性　氟啶脲原药急性LD_{50}（mg/kg）：大、小鼠经口＞5000，大鼠经皮1000；以50mg/(kg·d)剂量饲喂大鼠两年，未发现异常现象；对动物无致畸、致突变、致癌作用。

作用特点 氟啶脲抑制几丁质合成，阻碍昆虫正常蜕皮，使卵的孵化、幼虫蜕皮及蛹发育畸形，成虫羽化受阻。具有胃毒、触杀作用。药效高，但作用速度较慢，对鳞翅目、鞘翅目、直翅目、膜翅目、双翅目等害虫活性高，但对蚜虫、叶蝉、飞虱无效。

适宜作物 棉花、蔬菜、果树、林木等。

防除对象 蔬菜害虫如小菜蛾、菜青虫、粉虱、韭蛆等；棉花害虫如棉叶螨、棉铃虫、棉红铃虫等；果树害虫如柑橘潜叶蛾、叶螨等。

应用技术 以5％氟啶脲乳油、10％氟啶脲水分散粒剂、0.1％氟啶脲浓饵剂为例。

（1）防治蔬菜害虫

① 小菜蛾、菜青虫　在低龄幼虫期施药，用5％氟啶脲乳油60～80g/亩液均匀喷雾或在甘蓝小菜蛾低龄幼虫发生始盛期开始施药，用10％氟啶脲水分散粒剂20～40g/亩均匀喷雾。

② 粉虱　在若虫盛发期施药，用5％氟啶脲乳油500～1000倍液均匀喷雾。

（2）防治棉花害虫

① 棉叶螨　在若螨发生期施药，用5％氟啶脲乳油50～75g/亩均匀喷雾。

② 棉铃虫、棉红铃虫　在卵孵盛期施药，用5％氟啶脲乳油100～140g/亩均匀喷雾。

（3）防治果树害虫

① 柑橘潜叶蛾　在害虫低龄幼虫期施药，用5％氟啶脲乳油2000～3000倍液均匀喷雾。

② 叶螨　用5％氟啶脲乳油稀释1000～2000倍均匀喷雾，可兼治各种木虱、桃小食心虫和尺蠖。

（4）防治白蚁　用0.1％氟啶脲浓饵剂，用水稀释3～4倍投放于白蚁出没处。

注意事项

① 本剂是阻碍幼虫蜕皮致使其死亡的药剂，从施药至害虫死亡需3～5d，使用时需在低龄幼虫期进行。

② 本剂无内吸传导作用，施药必须均匀周到。

③ 本品对蜜蜂、鱼类等水生生物、家蚕有毒，施药期间应避免对周围蜂群的影响、蜜源作物花期、蚕室和桑园附近禁用。应远离水产养

殖区施药，禁止在河塘等水体中清洗施药器具。

④ 在甘蓝上的安全间隔期为10d，每季最多使用3次；在韭菜上的安全间隔期为14d，每季最多使用1次。

⑤ 库房通风低温干燥；与食品原料分开储运。

⑥ 孕妇及哺乳期妇女避免接触。

相关复配剂及应用

（1）氟啶·丙溴磷

主要活性成分　氟啶脲，丙溴磷。

作用特点　两者复配，具有触杀、胃毒作用。

剂型　30％乳油。

应用技术　在棉铃虫害虫卵孵盛期施药，用30％乳油50～70g/亩均匀喷雾。

注意事项

① 对鸟类、蜜蜂、鱼类等水生生物、家蚕、赤眼蜂有毒。

② 对虾、蟹等甲壳类生物剧毒。不得在水田及虾、蟹养殖场附近使用。

③ 勿与碱性物质和铜制剂混用。

④ 建议与不同作用机制杀虫剂轮换使用。

⑤ 避免孕妇和哺乳期妇女接触。

⑥ 在棉花上的安全间隔期为21d，每季最多使用3次。

（2）氟啶·斜纹核

主要活性成分　氟啶脲，斜纹夜蛾核型多角体病毒。

作用特点　氟啶·斜纹核是由氟啶脲和斜纹夜蛾核型多角体病毒复配而成的杀虫剂，主要用于防治十字花科蔬菜斜纹夜蛾，对作物安全性高。

剂型　6亿PIB/mL悬浮剂。

应用技术　在斜纹夜蛾低龄幼虫高峰期施药，用6亿PIB/mL悬浮剂40～70g/亩均匀喷雾。

注意事项

① 不能与碱性农药混用。

② 水产养殖区、河塘等水体附近禁止使用，禁止在河塘等水域清洗器具，桑田和蚕桑附近禁用。周围开花植物花期禁用。施药期间密切注意对附近蜂群的影响。

③ 在十字花科作物上的安全间隔期为5d，每季最多使用2次。

氟铃脲

（hexaflumuron）

C₁₆H₈Cl₂F₆N₂O₃, 461.1, 86479-06-3

化学名称　1-[3,5-二氯-4-(1,1,2,2-四氟氧乙基)苯基]-3-(2,6-二氟苯甲酰基)脲。

其他名称　盖虫散、六伏隆、Consult、Trueno、hezafluron。

理化性质　纯品为白色固体（工业品略显粉红色），熔点202～205℃；溶解度（20℃，g/L）：甲醇11.3，二甲苯5.2，难溶于水；在酸和碱性介质中煮沸会分解。

毒性　氟铃脲原药急性LD_{50}（mg/kg）：大鼠经口＞5000，大鼠经皮＞2100，兔经皮＞5000；对动物无致畸、致突变、致癌作用。

作用特点　氟铃脲属苯甲酰脲杀虫剂，是几丁质合成抑制剂，属特异性杀虫剂，具有很高的杀虫和杀卵活性，以胃毒作用为主，兼有触杀和拒食作用。田间试验表明，氟铃脲在通过抑制蜕皮而杀死害虫的同时，还能抑制害虫吃食速度，故有较强的击倒力。

适宜作物　果树、棉花等。

防除对象　蔬菜害虫如小菜蛾、韭蛆等；棉花害虫如棉铃虫等；果树害虫如金纹细蛾、桃潜蛾、卷叶蛾、刺蛾、桃蛀螟、柑橘潜叶蛾、食心虫等。

应用技术　以5%氟铃脲乳油、4.5%氟铃脲悬浮剂为例。

（1）防治蔬菜害虫

① 小菜蛾　在小菜蛾低龄幼虫期间施药，用5%氟铃脲乳油40～80g/亩均匀喷雾。

② 甜菜夜蛾　在成虫产卵期或幼虫低龄期施药，用4.5%氟铃脲悬浮剂60～90g/亩均匀喷雾。

（2）防治棉花害虫　在棉铃虫卵孵化盛期至2～3龄幼虫发生期施药，用5%氟铃脲乳油120～160g/亩均匀喷雾。

注意事项

① 对食叶害虫应在低龄幼虫期施药。钻蛀性害虫应在产卵盛期、

卵孵化盛期施药。该药剂无内吸性和渗透性，喷药要均匀、周密。

②不能与碱性农药混用，但可与其他杀虫剂混合使用，其防治效果更好。

③对鱼类、家蚕毒性大，要特别小心。

④库房应通风、低温、干燥，与食品原料分开储运。

⑤儿童、孕妇及哺乳期妇女避免接触。

⑥在韭菜上的安全间隔期为21d，每季最多使用1次；在棉花上的安全间隔期为21d，每季最多使用3次；在甘蓝上的安全间隔期为10d，每季最多使用2次。

相关复配剂及应用

（1）氟铃·辛硫磷

主要活性成分　氟铃脲，辛硫磷。

作用特点　具有熏蒸、触杀和胃毒作用。兼具氟铃脲和辛硫磷特性。

剂型　20％、42％乳油。

应用技术

①棉铃虫　在害虫卵盛期到卵孵化盛期施药，用20％乳油50～100g/亩均匀喷雾。

②小菜蛾　在低龄幼虫盛发期施药，用42％乳油80～110g/亩均匀喷雾。

注意事项

①本品见光易分解，使用时应注意。

②不宜与碱性农药混用，或前后紧接着使用。

③对蜜蜂、家蚕、鱼类有毒，蜜源作物花期、蚕室和桑园附近禁用。

④为减缓病（虫）害的抗药性，请注意与其他农药轮换使用。

⑤孕妇及哺乳期妇女禁止接触。

⑥高粱、黄瓜、菜豆和甜菜等都对辛硫磷敏感，不慎使用会引起药害。

⑦在甘蓝上的安全间隔期为7d，每季最多使用2次；在棉花上的安全间隔期为21d，每季最多使用3次。

（2）氟铃·噻虫胺

主要活性成分　噻虫胺，氟铃脲。

作用特点　兼具噻虫胺和氟铃脲作用，具有胃毒、触杀作用，具有杀虫和杀卵活性。

剂型 30%悬浮剂。

应用技术 在韭蛆虫害发生初期施药，用30%悬浮剂100～125g/亩均匀灌根。

注意事项

① 建议与其他作用机理的农药轮换使用，以延缓抗性的产生。

② 避免与强碱性物质混用，以免降低药效。

③ 在蜜源作物开花期、桑园、赤眼蜂等天敌放飞区以及水产养殖区、水塘附近禁止使用，禁止在河塘等水域清洗施药器具，避免造成损失。

④ 孕妇及哺乳期妇女应避免接触。

⑤ 鸟类保护区附近禁用。

⑥ 在韭菜上的安全间隔期为7d，每季最多使用1次。

（3）氟铃·毒死蜱

主要活性成分 毒死蜱，氟铃脲。

作用特点 兼具毒死蜱和氟铃脲的作用，不仅作用于棉铃虫的神经系统，还可破坏其表皮的更新代谢，具有触杀、胃毒、熏蒸作用。

剂型 22%乳油。

应用技术 在棉花棉铃虫发生初期施药，用22%乳油90～100g/亩均匀喷雾。

注意事项

① 建议与其他作用机制不同的杀虫剂轮换使用，以延缓抗性产生。

② 对蜜蜂、鱼类等水生生物、家蚕有毒，施药期间应避免对周围蜂群的影响，蜜源作物花期、蚕室和桑园附近禁用。

③ 不可与呈碱性的农药等物质混合使用。

④ 避免孕妇及哺乳期妇女接触。

⑤ 毒死蜱禁止在蔬菜上使用。

⑥ 在棉花上的安全间隔期为21d，每季最多使用3次。

（4）氟铃·茚虫威

主要活性成分 茚虫威，氟铃脲。

作用特点 二者作用机理不同，复配对害虫有较好的防效。

剂型 30%悬浮剂。

应用技术 在甜菜夜蛾成虫产卵期或幼虫低龄期施药，用30%悬浮剂8～12g/亩均匀喷雾。

注意事项

① 对蜜蜂、家蚕有毒，施药期间应避免对周围蜂群的影响，开花植物花期、蚕室和桑园附近禁用；对鱼类等水生生物有毒，远离水产养殖区施药。

② 建议与其他作用机制不同的杀虫剂轮换使用，以延缓抗性产生。

③ 孕妇及哺乳期妇女应避免接触本品。

④ 不得与碱性农药等物质混用，以免降低药效。

⑤ 在甘蓝上的安全间隔期为7d，每季最多使用2次。

（5）氟铃·高氯

主要活性成分 高效氯氰菊酯，氟铃脲。

剂型 5.7%乳油。

作用特点 兼具苯甲酰脲类和拟除虫菊酯的作用，具有触杀、胃毒作用。

应用技术 在小菜蛾卵孵化盛期至低龄幼虫期施药，用5.7%乳油50～60g/亩均匀喷雾。

注意事项

① 建议与其他作用机制不同的杀虫剂轮换使用。

② 对蜜蜂、鱼类等水生生物、家蚕有毒，施药期间应避免对周围蜂群的影响，开花植物花期、蚕室和桑园附近禁用。

③ 不可与呈碱性的农药等物质混合使用。

④ 孕妇及哺乳期的妇女避免接触。

⑤ 在十字花科蔬菜上的安全间隔期为7d，每季最多使用2次。

氟氯氰菊酯
（cyfluthrin）

$C_{22}H_{18}Cl_2FNO_3$, 434.3, 68359-37-5

化学名称 (R,S)-α-氰基-(4-氟-3-苯氧基苄基)(R,S)顺、反-3-(2,2-二氯乙烯基)-2,2-二甲基环丙烷羧酸酯。

其他名称 百治菊酯、百树菊酯、百树得、拜高、保得、拜虫杀、赛扶宁、杀飞克、氟氯氰醚菊酯、高效百树、Baythroid、Balecol、Bulldock、Cylathrin、Cyfloxylate、Bay FCR 1272。

理化性质 氟氯氰菊酯为两个对映体的反应混合物，其比例为1:2。对映体 Ⅱ (S，$1R$-顺-＋ R，$1S$-顺-) 的熔点为 81℃，溶解度(20℃)：二氯甲烷、甲苯＞200g/L，己烷 1～2g/L，异丙醇 2～5g/L；在弱酸性介质中稳定，在碱性介质中易分解。

毒性 氟氯氰菊酯原药急性 LD_{50}（mg/kg）：大鼠经口＞450、经皮＞5000，小鼠经口 140。以 125mg/kg 剂量饲喂大鼠 90d，未发现异常现象。

作用特点 本品属于含氟拟除虫菊酯类杀虫剂，具有触杀和胃毒作用，作用于害虫神经系统，通过与害虫钠离子通道相互作用而破坏其神经系统功能，害虫接触药液后表现出过度兴奋、麻痹而死亡的现象，可快速击倒靶标害虫，持效期较长。本品具有良好的土壤传导性能，其生物活性较高，药物能很快渗透到害虫蜡质表层，有一定耐雨水冲刷性。

适宜作物 蔬菜、棉花、烟草、花生等。

防除对象 蔬菜害虫如菜青虫、蚜虫等；棉花害虫如棉铃虫等；花生害虫如蛴螬等；烟草害虫如地老虎等；卫生害虫如蚊、蝇、蟑螂、蚂蚁、跳蚤等。

应用技术 以 50g/L 氟氯氰菊酯水乳剂、50g/L 氟氯氰菊酯乳油、10%氯氟氰菊酯可湿性粉剂、5.7%氟氯氰菊酯水乳剂、5.7%氟氯氰菊酯乳油为例。

（1）防治蔬菜害虫

① 菜青虫 在低龄幼虫期施药，用 50g/L 氟氯氰菊酯乳油 30～35mL/亩均匀喷雾；或用 5.7%氟氯氰菊酯乳油 20～30g/亩均匀喷雾。

② 蚜虫 在甘蓝蚜虫种群数量上升期施药，用 50g/L 氯氟氰菊酯水乳剂 20～30mL/亩均匀喷雾；或用 50g/L 氟氯氰菊酯乳油 30～40mL/亩均匀喷雾。

（2）防治棉花害虫 在棉铃虫卵孵化盛期或低龄幼虫始盛期施药，用 5.7%氯氟氰菊酯乳油 30～70g/亩均匀喷雾；或用 50g/L 氯氟氰菊酯乳油 30～35mL/亩均匀喷雾。

（3）防治烟草害虫 防治地老虎时，在烟草苗期施药，用 5.7%氟氯氰菊酯水乳剂 30～40g/亩均匀喷雾。

（4）防治花生害虫　防治蛴螬时，在花生播种前施药，用5.7%氟氯氰菊酯乳油 100～150g/亩喷雾于播种穴，然后覆土。

（5）防治卫生害虫　防治蚊、蝇、蟑螂、跳蚤时，用50g/L氟氯氰菊酯水乳剂 0.2～1.2mL/m^2 滞留喷雾；或用10%氯氟氰菊酯可湿性粉剂 225～450mg/m^2 滞留喷洒。滞留喷洒时根据不同接触表面的吸收情况，按照相应的稀释倍数进行喷洒，直至处理表面喷湿为宜，为了保持药效，尽量不要擦洗。

注意事项

① 不能与碱性物质混用。

② 不能在桑园、鱼塘、河流、养蜂场使用；赤眼蜂等天敌放飞区域禁用。

③ 建议与其他作用机制不同的杀虫剂轮换使用。

④ 在烟草上的安全间隔期为21d，每季最多使用1次；在甘蓝上的安全间隔期为14d，每季最多使用2次；在棉花上的安全间隔期为21d，每季最多使用2次。

相关复配剂及应用

（1）辛硫·氟氯氰

主要活性成分　氟氯氰菊酯，辛硫磷。

作用特点　本品有效成分是由有机磷和含氟元素的菊酯农药按最佳配比组合而成，具有胃毒、触杀、内吸作用，还具有驱避作用。药物能很快渗透到害虫蜡质表层，有一定耐雨水冲刷性。

剂型　25%、30%、43%乳油。

应用技术

① 菜青虫　在低龄幼虫期用药，用25%乳油 25～35g/亩均匀喷雾。

② 美洲斑潜蝇　用30%乳油 30～45g/亩均匀喷雾。

③ 棉铃虫　在棉铃虫盛发期施药，用30%乳油 33～50g/亩均匀喷雾；或用43%乳油 25～50g/亩均匀喷雾。

④ 棉红蜘蛛　在棉红蜘蛛发生期施药，用43%乳油 25～50g/亩均匀喷雾。

⑤ 棉蚜　在棉蚜发生期施药，用43%乳油 20～40g/亩均匀喷雾。

注意事项

① 不能与碱性农药混用。

② 本品对蜜蜂、家蚕、鱼有毒，勿在作物花期、桑园、蚕养殖场、

鱼塘使用；对蚯蚓有毒，勿在土壤中使用。

③ 与其他作用机制不同的杀虫剂轮换使用。

④ 本品中辛硫磷见光分解，宜选择傍晚或阴天施药。

⑤ 高粱、黄瓜、菜豆和甜菜等都对辛硫磷敏感，施药时应避免药液飘移到上述作物上，以防产生药害。

⑥ 在十字花科叶菜类上的安全间隔期为 14d，每季最多使用 2 次；在棉花上的安全间隔期为 21d，每季最多使用 2 次。

（2）噻虫·氟氯氰

主要活性成分　氟氯氰菊酯，噻虫胺。

作用特点　本品是一种新烟碱类农药和拟除虫菊酯类农药杀虫混剂，对害虫具有内吸、触杀和胃毒作用，击倒快、防效长。

剂型　0.7%、2% 颗粒剂。

应用技术

① 二点委夜蛾　在玉米出齐苗后，卵孵化盛期至幼虫期施药，用 0.7% 颗粒剂 1.5～3.0kg/亩拌土均匀撒施。

② 蔗龟　在甘蔗播种期将 2% 颗粒剂 1.0～1.25kg/亩均匀撒施于种植沟内，施药后覆土；在甘蔗培土、施肥期，将 2% 颗粒剂 1.0～1.25kg/亩均匀撒施于作物根周边，施药后覆土。施药后须保持土壤湿润以利于有效成分的释放和均匀分布。

③ 蛴螬　在马铃薯播种前，将 2% 颗粒剂 1.25～1.5kg/亩均匀撒于种植沟内，施药后覆土。

注意事项

① 建议与其他作用机制不同的杀虫剂轮换使用。

② 本品对鱼类、蜜蜂、家蚕剧毒，对水蚤高毒，对鸟类、蚯蚓中毒，对赤眼蜂有极高风险性。开花植物花期、鸟类保护区、蚕室和桑园附近禁用；水产养殖区、河塘等水体附近禁用，禁止在河塘等水域清洗施药器具；赤眼蜂等天敌放飞区域禁用。

③ 在玉米上的安全间隔期为 20d，每季最多使用 1 次；在甘蔗和马铃薯上每季最多使用 1 次。

（3）氟氯·吡虫啉

主要活性成分　氟氯氰菊酯，吡虫啉。

作用特点　本品是由两种不同杀虫机理的有效成分混配而成的卫生类杀虫剂，具有触杀和胃毒作用。本品杀虫谱广，具有快速击倒和致死的特点，适用于食品加工业、餐馆、学校、商用楼宇、酒店、医院、飞机、火车、轮船、家庭等场所。

剂型 31%悬浮剂。

应用技术 防治蚊、蝇、蟑螂、臭虫、跳蚤时，用31%悬浮剂0.1～0.2g/m² 滞留喷雾，重点喷洒在害虫经常藏匿、出现、经过和停留的位置，吸水强的表面比如水泥表面应适当增加用水量。根据害虫种类、密度大小和分布区域的表面情况，可适当调整施药量和频率。

注意事项

① 本品对鱼、蚕有毒，蚕室内及其附近禁用，使用时避免接触鱼缸；鸟类放飞区禁用。

② 不宜与碱性物质混用。

③ 避免与氧化剂接触。

甘蓝夜蛾核型多角体病毒

(Mamestra brassicae multiple nuclear polyhedrosis virus)

理化性质 外观为白色固体，熔点238～240℃，在水中溶解度为1～2mg/kg，相对密度1.65。

毒性 急性LD_{50}（mg/kg）：经口>2000；经皮>2000。

作用特点 甘蓝夜蛾核型多角体病毒是一种生物病毒杀虫剂，具有胃毒作用，但无内吸、熏蒸作用。害虫通过取食感染病毒，病毒粒子侵入中肠上皮细胞后进入血淋巴，在气管基膜、脂肪体等组织繁殖，逐步侵染虫体全身细胞，虫体组织化脓引起死亡。该病毒通过感染害虫的粪便及死虫再侵染周围健康昆虫，导致害虫种群中大量个体死亡。

适宜作物 蔬菜、棉花、玉米、水稻、烟草、茶树等。

防除对象 蔬菜害虫如小菜蛾等；棉花害虫如棉铃虫等；玉米害虫如玉米螟、地老虎等；水稻害虫如稻纵卷叶螟等；茶树害虫如茶尺蠖等。

应用技术 以甘蓝夜蛾核型多角体病毒20亿PIB/g悬浮剂、甘蓝夜蛾核型多角体病毒10亿PIB/g悬浮剂、甘蓝夜蛾核型多角体病毒30亿PIB/g悬浮剂、甘蓝夜蛾核型多角体病毒10亿PIB/g可湿性粉剂、甘蓝夜蛾核型多角体病毒5亿PIB/g颗粒剂为例。

（1）防治蔬菜害虫 在小菜蛾低龄幼虫（3龄前）始发期施药，用20亿PIB/g甘蓝夜蛾核型多角体病毒悬浮剂90～120g/亩均匀喷雾。

（2）防治棉花害虫　在棉铃虫低龄幼虫（3龄前）始发期施药，用20亿 PIB/g 甘蓝夜蛾核型多角体病毒悬浮剂 50～60g/亩均匀喷雾。

（3）防治玉米害虫

① 玉米螟　在低龄幼虫（3龄前）始发期施药，用 10 亿 PIB/g 甘蓝夜蛾核型多角体病毒悬浮剂 80～100g/亩均匀喷雾。

② 地老虎　在播种前，将甘蓝夜蛾核型多角体病毒 5 亿 PIB/g 颗粒剂 800～1200g/亩与适量细沙土混匀，撒施于播种沟内。

（4）防治水稻害虫　在稻纵卷叶螟低龄幼虫（3龄前）始发期施药，用 30 亿 PIB/g 甘蓝夜蛾核型多角体病毒悬浮剂 30～50g/亩均匀喷雾。

（5）防治烟草害虫　在烟青虫低龄幼虫（3龄前）始发期施药，用 10 亿 PIB/g 甘蓝夜蛾核型多角体病毒可湿性粉剂 80～100g/亩均匀喷雾。

（6）防治茶树害虫　在茶尺蠖低龄幼虫（3龄前）始发期施药，用 20 亿 PIB/g 甘蓝夜蛾核型多角体病毒悬浮剂 50～60g/亩均匀喷雾。

注意事项

① 本品不能与强酸、碱性物质混用，以免降低药效。

② 建议与其他不同作用机制的杀虫剂轮换使用，以延缓抗性。

③ 由于该药无内吸作用，所以喷药要均匀周到，新生叶、叶片背面重点喷洒。

④ 选在傍晚或阴天施药，尽量避免阳光直射。

高效氟氯氰菊酯

（beta-cyfluthrin）

$C_{22}H_{18}Cl_2NO_2$, 434.3, 68359-37-5

化学名称 (*S*)-α-氰基-4-氟-3-苯氧苄基(1*R*)-*cis*-3-(2,2-二氯乙烯基)-2,2-二甲基环丙烷羧酸酯(Ⅰ)、(*R*)-α-氰基-4-氟-3-苯氧苄基(1*S*)-*cis*-3-(2,2-二氯乙烯基)-2,2-二甲基环丙烷羧酸酯(Ⅱ)、(*S*)-α-氰基-4-氟-3-苯氧苄基(1*R*)-*trans*-3-(2,2-二氯乙烯基)-2,2-二甲基环丙烷羧酸酯(Ⅲ)、(*R*)-α-氰基-4-氟-3-苯氧苄基(1*S*)-*trans*-3-(2,2-二氯乙烯基)-2,2-二甲基环丙烷羧酸酯(Ⅳ)。

其他名称 Baythroid XL（Bayer CropScience）、Beta-Baythroid（Europe）（Makhteshim-Agan）、Cajun（Makhteshim-Agan）、Ducat（Makhteshim-Agan）、Full（Makhteshim-Agan）。

理化性质 纯品外观为无色无臭晶体，相对密度为1.34（22℃），溶解度（μg/L，20℃）：在水中（Ⅱ）为1.9（pH 7），（Ⅳ）为2.9（pH 7）；（Ⅱ）在正己烷中为10～20（g/L，20℃），异丙醇中为5～10（g/L，20℃）。在pH 4、pH 7时稳定，pH 9时，迅速分解。

毒性 急性经口 LD$_{50}$（mg/kg）：大鼠380（在聚乙二醇中），211（在二甲苯中）；雄小鼠91，雌小鼠165。大鼠急性经皮 LD$_{50}$（24h）＞5000mg/kg。对皮肤无刺激，对兔眼睛有轻微刺激性，对豚鼠无致敏作用。

作用特点 高效氟氯氰菊酯具有触杀和胃毒作用，具有一定杀卵活性，并对部分成虫有驱避作用，无内吸作用和渗透作用。为神经轴突毒剂，可以引起昆虫极度兴奋、痉挛与麻痹，还能诱导产生神经毒素，最终导致神经传导阻断，也能引起其他组织产生病变。本品杀虫谱广，击倒迅速，持效期长，除对咀嚼式口器害虫有效外，还可用于刺吸式口器害虫的防治，若将药液直接喷洒在害虫虫体上效果更佳。植物对本品有良好的耐药性。

适宜作物 蔬菜、棉花、小麦、果树等。

防除对象 蔬菜害虫如菜青虫等；棉花害虫如棉铃虫、棉红铃虫等；小麦害虫如蚜虫等；果树害虫如柑橘木虱、金纹细蛾、桃小食心虫等；卫生害虫如蚊、蝇、蟑螂、蚂蚁等。

应用技术 以2.5%高效氟氯氰菊酯水乳剂、5%高效氟氯氰菊酯水乳剂、2.5%高效氟氯氰菊酯悬浮剂、12.5%高效氟氯氰菊酯悬浮剂、25g/L高效氟氯氰菊酯乳油为例。

（1）防治蔬菜害虫 在菜青虫低龄幼虫始盛期施药，用5%高效氟氯氰菊酯水乳剂10～15g/亩均匀喷雾；或用2.5%高效氟氯氰菊酯水乳剂20～30g/亩均匀喷雾。

（2）防治小麦害虫 在小麦蚜虫发生始盛期施药，用5%高效氟氯氰菊酯水乳剂 8～10g/亩均匀喷雾。

（3）防治棉花害虫

① 棉铃虫　在卵孵化高峰期施药，用 25g/L 高效氟氯氰菊酯乳油 40～60mL/亩均匀喷雾。

② 红铃虫　在低龄幼虫高峰期用药，用 25g/L 高效氟氯氰菊酯乳油 30～50mL/亩均匀喷雾。

（4）防治果树害虫

① 木虱　在柑橘木虱发生初期施药，用 2.5% 高效氟氯氰菊酯水乳剂 1500～2500 倍液均匀喷雾。

② 金纹细蛾　在苹果树叶片刚出现虫斑时用药，用 25g/L 高效氟氯氰菊酯乳油 1500～2000 倍液均匀喷雾。

③ 桃小食心虫　在苹果树卵果率达到 1% 时用药，用 25g/L 高效氟氯氰菊酯乳油 2000～3000 倍液均匀喷雾。

（5）防治卫生害虫

① 蚊、蝇、蟑螂　用 2.5% 高效氟氯氰菊酯悬浮剂 $0.6～1.4g/m^2$ 滞留喷洒；或用 12.5% 高效氟氯氰菊酯悬浮剂 $256mg/m^2$ 滞留喷洒。

② 蚂蚁　用 2.5% 高效氟氯氰菊酯悬浮剂 $0.6～1.4g/m^2$ 滞留喷洒。

注意事项

① 不能与碱性物质混用。

② 不能在桑园、鱼塘、河流、养蜂场使用，赤眼蜂等天敌放养区域禁用。

③ 在甘蓝上的安全间隔期 14d，每季最多使用 2 次；在棉花、柑橘树上的安全间隔期 21d，每季最多使用 2 次；在苹果树上的安全间隔期 15d，每季最多使用 3 次。

相关复配剂及应用

（1）氟氯·毒死蜱

主要活性成分　高效氟氯氰菊酯，毒死蜱。

剂型　39% 种子处理乳剂。

应用技术　防治小地老虎时，于花生播种前用 39% 种子处理乳剂 1667～2333mL/100kg 与种子混匀拌种，可加适量细土搅拌，待种子均匀着药后，倒出摊开置于通风处，阴干后播种，拌种后切忌暴晒。

注意事项

① 处理后的种子禁止人畜食用，也不要与未处理种子混合或一起

存放。

②蜜源植物花期、蚕室和桑园附近禁用；鸟类保护区禁用，施药后立即覆土；远离水产养殖区、河源等水域施药，禁止在河塘等水体中清洗施药器具。播种后必须覆土，严禁畜禽进入。

③本品禁止在蔬菜上使用。

④每季最多使用1次。

（2）氟氯·噻虫啉

主要活性成分　高效氟氯氰菊酯，噻虫啉。

剂型　10％悬浮剂。

应用技术　在枣树盲蝽始发盛期施药，用10％悬浮剂1500～2000倍液均匀喷雾。

注意事项

①开花植物花期、蚕室和桑园附近禁用；远离水产养殖区施药，禁止在河塘等水体中清洗施药器具；赤眼蜂等天敌放飞区禁用。

②不可与呈碱性的农药等物质混合使用。

③建议与其他作用机制不同的杀虫剂轮换使用。

④在枣树上的安全间隔期14d，每季最多使用2次。

（3）氟氯·吡虫啉

主要活性成分　高效氟氯氰菊酯，吡虫啉。

剂型　9％可分散油悬浮剂。

应用技术　于节瓜蓟马始发盛期施药，用9％可分散油悬浮剂22～33g/亩均匀喷药。

注意事项

①开花植物花期、蚕室和桑园附近禁用；远离水产养殖区施药，禁止在河塘等水体中清洗施药器具；赤眼蜂等天敌放飞区禁用。

②不可与呈碱性的农药等物质混合使用。

③建议与其他作用机制不同的杀虫剂轮换使用。

④在节瓜上的安全间隔期7d，每季最多用药2次。

（4）高氯·马

主要活性成分　高效氟氯氰菊酯，马拉硫磷。

剂型　4.3％乳油。

应用技术　防治食用菌菌蛆、螨，用4.3％乳油3～5g/100m^{2}喷雾。开袋时在袋口、料面和菇房的空间喷施2000倍液用于驱避害虫，或在出菇间歇期用1000倍液喷雾，可杀死幼虫和成虫。

注意事项

① 不宜与碱性物质混用，以防降低药效，料中 pH 应在调到 9 以下时施用。

② 对鱼高毒，禁止在河塘等水域清洗施药器具，应避免污染水源和池塘等；对蜜蜂有毒，不要在开花期施用。

③ 本品仅限于密闭环境使用。

④ 在食用菌上的安全间隔期 7d，每季最多使用 1 次。

高效氯氟氰菊酯

（*lambda*-cyhalothrin）

(S)-α-氰基-3-苯氧基苄基-(1R)-顺-3-(2-
氯-3,3,3-三氟丙烯基)-2,2-二甲基环丙烷羧酸酯

(S)-α-氰基-3-苯氧基苄基-(1S)-顺-3-(2-
氯-3,3,3-三氟丙烯基)-2,2-二甲基环丙烷羧酸酯

(S)-α-氰基-3-苯氧基苄基-(1R)-反-3-(2-
氯-3,3,3-三氟丙烯基)-2,2-二甲基环丙烷羧酸酯

(S)-α-氰基-3-苯氧基苄基-(1S)-反-3-(2-
氯-3,3,3-三氟丙烯基)-2,2-二甲基环丙烷羧酸酯

$C_{23}H_{19}ClF_3NO_3$, 449.9, 91465-08-6

化学名称　本品是一个混合物，含等量的(S)-α-氰基-3-苯氧基苄基-(Z)-(1R,3R)-3-(2-氯-3,3,3-三氟丙烯基)-2,2-二甲基环丙烷羧酸酯，(R)-α-氰基-3-苯氧基苄基-(Z)-(1S,3S)-3-(2-氯-3,3,3-三氟丙烯基)-2,2-二甲基环丙烷羧酸酯。

其他名称　功夫、γ-三氟氯氰菊酯、Icon、Karate、Warrior、Cyhalosun、Phoenix、SFK、Demand、Hallmark、Impasse、Kung Fu、Matador、Scimitar、Aakash、JudoDo、Katron、Pyrister、Tornado。

理化性质　无色固体（工业品为深棕色或深绿色含固体黏稠物）。熔点 49.2℃（工业品为 47.5～48.5℃）。水中溶解度 0.005mg/L（pH 6.5，20℃），其他溶剂中溶解度（20℃）：在丙酮、甲醇、甲苯、正己烷、乙酸乙酯中溶解度均大于 500g/L。

毒性　急性经口 LD_{50}（mg/kg）：雄大鼠 79，雌大鼠 56；大鼠急性经皮 LD_{50}（24h）632～696mg/kg。对兔皮肤无刺激，对兔眼睛有一定的刺激作用，对狗皮肤无致敏作用。

作用特点　高效氯氟氰菊酯作用于昆虫神经系统，通过钠离子通道作用破坏神经元功能，杀死害虫。具有触杀、胃毒和驱避作用，无内吸作用。能够快速击倒害虫，持效期长。能消灭传播疾病的媒介害虫和各种卫生害虫。

适宜作物　蔬菜、棉花、果树、茶树、烟草、大豆、花卉等。

防除对象　蔬菜害虫如菜青虫、蚜虫、美洲斑潜蝇等；小麦害虫如黏虫、蚜虫等；玉米害虫如金针虫等；棉花害虫如棉铃虫、棉红铃虫等；果树害虫如桃小食心虫、柑橘潜叶蛾、梨小食心虫、荔枝椿象等；茶树害虫如茶小绿叶蝉、茶尺蠖等；烟草害虫如烟青虫等；大豆害虫如大豆食心虫等；花卉害虫如小地老虎等。

应用技术　以 25g/L 高效氯氟氰菊酯乳油、2.5％高效氯氟氰菊酯乳油、2.5％高效氯氟氰菊酯水乳剂、10％种子处理微囊悬浮剂、2.5％高效氯氟氰菊酯微囊悬浮剂、10％高效氯氟氰菊酯可湿性粉剂为例。

（1）防治蔬菜害虫

① 菜青虫　在卵孵化盛期至低龄幼虫期用药，用 25g/L 高效氯氟氰菊酯乳油 20～40g/亩均匀喷雾；或用 2.5％高效氯氟氰菊酯水乳剂 25～40g/亩均匀喷雾；或用 2.5％高效氯氟氰菊酯乳油 20～40g/亩均匀喷雾。

② 蚜虫　在为害初期施药，用 25g/L 高效氯氟氰菊酯乳油 20～30g/亩均匀喷雾。

（2）防治小麦害虫

① 黏虫　在发生始盛期施药，用 25g/L 高效氯氟氰菊酯乳油 12～20g/亩均匀喷雾。

② 蚜虫　于小麦蚜虫始发期施药，用 25g/L 高效氯氟氰菊酯乳油 12～20g/亩均匀喷雾。

（3）防治玉米害虫　以金针虫为例，于玉米播种前用 10％种子处理微囊悬浮剂 375～450g/100kg 种子均匀拌种，阴干后 24h 内以 3～5cm 深度播种，每季最多使用 1 次。

（4）防治棉花害虫

① 棉铃虫、红铃虫　在卵孵盛期至低龄幼虫期施药，用 25g/L 高

效氯氟氰菊酯乳油 20～60g/亩均匀喷雾。

② 棉蚜 在蚜虫始盛期施药，用 25g/L 高效氯氟氰菊酯乳油 10～20g/亩均匀喷雾。

（5）防治果树害虫

① 梨小食心虫 在卵盛孵期、幼虫未钻进作物前施药，用 25g/L 高效氯氟氰菊酯乳油 3000～5000 倍液均匀喷雾。

② 桃小食心虫 在害虫卵孵盛期、幼虫未蛀入前施药，用 25g/L 高效氯氟氰菊酯乳油 4000～5000 倍液均匀喷雾；或用 2.5％高效氯氟氰菊酯水乳剂 3000～4000 倍液均匀喷雾；或用 2.5％高效氯氟氰菊酯乳油 4000～5000 倍液均匀喷雾。

③ 荔枝椿象 在若虫期施药，用 25g/L 高效氯氟氰菊酯乳油 2000～4000 倍液均匀喷雾。

④ 柑橘潜叶蛾 在卵盛孵期施药，用 25g/L 高效氯氟氰菊酯乳油 2000～4000 倍液均匀喷雾。

（6）防治大豆害虫 在大豆开花期、大豆食心虫幼虫蛀荚前施药，用 25g/L 高效氯氟氰菊酯乳油 15～20g/亩均匀喷雾。

（7）防治茶树害虫

① 茶尺蠖 于 1～2 龄幼虫高峰期施药，用 25g/L 高效氯氟氰菊酯乳油 10～20g/亩均匀喷雾；或用 2.5％高效氯氟氰菊酯水乳剂 10～20g/亩均匀喷雾。

② 茶小绿叶蝉 在若虫高发期施药，用 25g/L 高效氯氟氰菊酯乳油 40～80g/亩均匀喷雾。

（8）防治花卉害虫 在牡丹小地老虎 3 龄幼虫前施药，用 25g/L 高效氯氟氰菊酯乳油 20～40g/亩均匀喷雾。若天气干旱，空气相对湿度低时用高量；土壤条件好，空气相对湿度高时用低量。

（9）防治烟草害虫 在烟青虫低龄幼虫期施药，用 25g/L 高效氯氟氰菊酯乳油 15～20g/亩对烟草正、反面均匀喷雾；或用 2.5％高效氯氟氰菊酯乳油 16～22g/亩均匀喷雾。

（10）防治卫生害虫

① 蚊、蝇 用 2.5％高效氯氟氰菊酯微囊悬浮剂 2.4g/m² 滞留喷洒；或用 10％高效氯氟氰菊酯可湿性粉剂 0.2g/m² 滞留喷洒。

② 蜚蠊 用 2.5％高效氯氟氰菊酯微囊悬浮剂 3.2g/m² 滞留喷洒，或用 10％高效氯氟氰菊酯可湿性粉剂 0.2g/m² 滞留喷洒。

注意事项

① 不能在桑园、鱼塘、河流、养蜂场使用，避免污染；赤眼蜂放飞区域禁用。

② 不能与碱性物质混用。

③ 建议与作用机制不同的杀虫剂轮换使用，以延缓抗性产生。

④ 在十字花科蔬菜叶菜上的安全间隔期为7d，每季最多使用3次；在棉花上的安全间隔期为21d，每季最多使用3次；在大豆上的安全间隔期为30d，每季最多使用2次；在小麦上的安全间隔期为15d，每季最多使用2次；在烟草上的安全间隔期为14d，每季最多使用3次；在苹果树、梨树、荔枝、柑橘树、茶树上的安全间隔期为7d，每季最多使用3次。

相关复配剂及应用

(1) 氯氟·噻虫胺（高氯氟·噻虫胺）

主要活性成分 高效氯氟氰菊酯，噻虫胺。

作用特点 本品是一种新烟碱类农药和拟除虫菊酯类农药的杀虫混剂，对害虫具有内吸、触杀和胃毒作用，击倒快，防效长。

剂型 25%微囊悬浮-悬浮剂，8%微囊悬浮剂，2%颗粒剂。

应用技术

① 甘蓝粉虱、蓟马 在低龄若虫始盛期施药，用25%微囊悬浮-悬浮剂25～30g/亩均匀喷雾。

② 韭蛆 在韭蛆发生初期用药，用2%颗粒剂1500～2000g/亩撒施。

③ 蚜虫 在小麦蚜虫发生初期开始施药，用8%微囊悬浮剂20～40g/亩均匀喷雾。

注意事项

① 不能在桑园、鱼塘、河流、养蜂场使用，避免污染；赤眼蜂放飞区域禁用。

② 不能与碱性物质混用。

③ 建议与作用机制不同的杀虫剂轮换使用，以延缓抗性产生。

④ 在甘蓝上的安全间隔期为7d，每季最多使用2次；在小麦上的安全间隔期为21d，每季最多使用1次；在韭菜上的安全间隔期为10d，每季最多使用1次。

(2) 氯氟·吡虫啉

主要活性成分 高效氯氟氰菊酯，吡虫啉。

作用特点 本品为烟碱类与拟除虫菊酯类配制而成的杀虫剂，具有内吸传导、触杀、胃毒功能，击倒杀伤速度较快，持效期较长，对刺吸式口器害虫其抗性种类效果尤佳。

剂型 7.5％、15％悬浮剂。

应用技术

① 蚜虫 于小麦蚜虫发生始盛期施药，用7.5％悬浮剂25～35g/亩均匀喷雾；或用15％悬浮剂10～15g/亩均匀喷雾。

② 吸浆虫 在小麦抽穗扬花期施药，用7.5％悬浮剂30～35g/亩均匀喷雾；或用15％悬浮剂6～10g/亩均匀喷雾。

注意事项

① 不能在桑园、鱼塘、河流、养蜂场使用，避免污染；赤眼蜂放飞区域禁用。

② 不能与碱性物质混用。

③ 建议与作用机制不同的杀虫剂轮换使用，以延缓抗性产生。

④ 在小麦上的安全间隔期为21d，每季最多使用2次。

（3）氯氟·啶虫脒

主要活性成分 高效氯氟氰菊酯，啶虫脒。

作用特点 本品是硝基亚甲基类内吸杀虫剂与菊酯类杀虫剂的复配制剂，具有较好的触杀和内吸传导作用。其作用机理是扰乱昆虫神经系统的正常生理活动，从而导致昆虫麻痹，最终死亡。

剂型 50％、26％水分散粒剂，25％乳油，22.5％可湿性粉剂。

应用技术

① 蚜虫 在蔬菜蚜虫始盛期施药，用50％水分散粒剂2～3g/亩均匀喷雾。

② 黄条跳甲 在幼虫盛发期施药，用22.5％可湿性粉剂20～30g/亩均匀喷雾。

③ 蚜虫 在棉花蚜虫发生初期施药，用25％乳油4～6g/亩均匀喷雾，每隔14d喷雾一次，连续喷雾1～2次。

④ 蓟马、烟粉虱 在棉花蓟马、烟粉虱发生初期施药，用26％水分散粒剂5～7g/亩均匀喷雾。

⑤ 盲蝽 在棉花盲蝽发生初期施药，用26％水分散粒剂6～8g/亩均匀喷雾。

注意事项

① 不能在桑园、鱼塘、河流、养蜂场使用，避免污染；赤眼蜂放

飞区域禁用。

② 不能与碱性物质混用。

③ 建议与作用机制不同的杀虫剂轮换使用，以延缓抗性产生。

④ 在甘蓝上的安全间隔期为 7d，每季最多使用 2 次；在棉花上的安全间隔期 14d，每季最多施药 2 次。

(4) 甲维·高氯氟

主要活性成分 甲氨基阿维菌素苯甲酸盐，高效氯氟氰菊酯。

作用特点 本品为甲氨基阿维菌素苯甲酸盐和高效氯氟氰菊酯的复配制剂。其中甲氨基阿维菌素苯甲酸盐为半合成抗生素，属大环内酯双糖类物质，其作用机理是阻碍害虫运动神经信息传递而使虫体麻痹死亡。以胃毒作用为主，兼有触杀作用，对作物无内吸性，但能有效渗入作物表皮组织。高效氯氟氰菊酯属拟除虫菊酯类农药，可以导致昆虫持续的神经刺激及震颤，最终导致昆虫死亡。对害虫具有击倒速度较快、击倒力较强等优点。将两种成分混配后具有增效作用。

剂型 10%、5%水乳剂，2.3%乳油。

应用技术

① 菜青虫 在菜青虫发生始盛期施药，用 10%水乳剂 7～9g/亩均匀喷雾；或用 5%水乳剂 10～15g/亩均匀喷雾。

② 小菜蛾 在低龄幼虫期施药，用 2.3%乳油 20～25g/亩均匀喷雾。

③ 甜菜夜蛾 在卵孵盛期或低龄幼虫期施药，用 5%水乳剂 8～12g/亩均匀喷雾。

注意事项

① 本品对蜜蜂、家蚕有毒，开花作物花期及蚕室、桑园附近禁用；赤眼蜂等天敌放飞区域禁用；对鱼类等水生生物有毒，远离水产养殖区、河塘等水域附近施药，残液严禁倒入河中，禁止在江河湖泊中清洗施药器具。

② 不可与呈碱性和酸性的农药等物质混合使用。

③ 与不同作用机理的杀虫剂交替使用，以延缓抗性的产生。

④ 在甘蓝上的安全间隔期为 7d，每季最多使用 2 次。

(5) 阿维·高氯氟

主要活性成分 阿维菌素，高效氯氟氰菊酯。

作用特点 本品是由阿维菌素和高效氯氟氰菊酯复配而成的杀虫剂，主要是通过抑制害虫神经系统的传导，从而达到防治害虫的目的，以触杀、胃毒作用为主，杀虫作用较快。

剂型 1.3%、2%乳油，2%微乳剂。

应用技术 在小菜蛾低龄幼虫期施药，用2%乳油33～50g/亩均匀喷雾；或用2%微乳剂30～50g/亩均匀喷雾；或用1.3%乳油40～60g/亩均匀喷雾。

注意事项

① 本品对蜜蜂、家蚕有毒，开花作物花期及蚕室、桑园附近禁用；赤眼蜂等天敌放飞区域禁用；对鱼类等水生生物有毒，远离水产养殖区、河塘等水域附近施药，残液严禁倒入河中，禁止在江河湖泊中清洗施药器具。

② 不可与呈碱性的农药等物质混合使用。

③ 与不同作用机理的杀虫剂交替使用，以延缓抗性的产生。

④ 在甘蓝上的安全间隔期为7d，每季最多使用2次。

(6) 辛硫·高氯氟

主要活性成分 高效氯氟氰菊酯，辛硫磷。

作用特点 本产品为有机磷类农药与拟除虫菊酯类农药的混剂。具有触杀、胃毒作用，无内吸性。对害虫有一定的驱避和拒食作用。作用于害虫的神经系统，击倒速度快，速效性好。

剂型 25%、22.5%乳油，21.5%可溶液剂。

应用技术

① 棉铃虫 在卵孵盛期至低龄幼虫钻蛀期施药，用25%乳油80～100g/亩均匀喷雾。

② 菜青虫 在卵孵盛期至低龄幼虫期施药，在傍晚时进行，用22.5%乳油30～40g/亩均匀喷雾。

③ 蚜虫 在甘蓝蚜虫发生初期施药，用21.5%可溶液剂20～30g/亩均匀喷雾。

注意事项

① 不能在桑园、鱼塘、河流、养蜂场使用；赤眼蜂、瓢虫等天敌放飞区域禁用。

② 不能与碱性物质混用。

③ 药液随用随配。

④ 建议与作用机制不同的杀虫剂轮换使用，以延缓抗性产生。

⑤ 本品对高粱、黄瓜、菜豆和甜菜敏感，施药时应避免药液飘移到上述作物上，以防产生药害。

⑥ 在棉花上的安全间隔期为 30d，每季最多使用 2 次；在十字花科蔬菜甘蓝、油菜、萝卜上的安全间隔期为 14d，每季最多使用 2 次。

（7）氯氟·丙溴磷

主要活性成分　丙溴磷，高效氯氟氰菊酯。

作用特点　本品为有机磷杀虫剂丙溴磷与拟除虫菊酯类杀虫剂高效氯氰菊酯的混配制剂，具有渗透、触杀和胃毒作用，且有击倒速度快、持效期长等优点。

剂型　10%、12%乳油。

应用技术　在棉铃虫卵孵盛期至低龄幼虫期施药，用 10%乳油 130～150g/亩均匀喷雾。

注意事项

① 不能与铜制剂、碱性物质混合使用。

② 对蜜蜂、鱼类等水生生物、家蚕有毒，施药期间应避免对周围蜂群的影响；赤眼蜂等天敌放飞区禁用；周围开花作物花期禁用；蚕室和桑园附近禁用；远离水产养殖区使用；禁止在河塘等水体中清洗施药器具。

③ 建议与其他作用机制不同的杀虫剂轮换使用，以延缓害虫抗性产生。

④ 在棉花上的安全间隔期为 21d，每季最多使用 2 次。

高效氯氰菊酯
（beta-cypermethrin）

(S)-α-氰基-3-苯氧基苄基-(1R)-顺-3-
(2,2-二氯乙烯基)-2,2-二甲基环丙烷羧酸酯

(S)-α-氰基-3-苯氧基苄基-(1S)-顺-3-
(2,2-二氯乙烯基)-2,2-二甲基环丙烷羧酸酯

(S)-α-氰基-3-苯氧基苄基-(1R)-反-3-
(2,2-二氯乙烯基)-2,2-二甲基环丙烷羧酸酯

(S)-α-氰基-3-苯氧基苄基-(1S)-反-3-
(2,2-二氯乙烯基)-2,2-二甲基环丙烷羧酸酯

$C_{22}H_{19}Cl_2NO_3$, 416.2, 65373-30-8

化学名称 (R,S)-α-氰基-3-苯氧苄基$(1R,3R)$-顺、反-3-(2,2-二氯乙烯基)-2,2-二甲基环丙烷羧酸酯。

其他名称 顺式氯氰菊酯、高效百灭可、高效安绿宝、奋斗呐、快杀敌、好防星、甲体氯氰菊酯、虫必除、百虫宁、保绿康、克多邦、绿邦、顺克宝、农得富、绿林、Fastac、Bcstox、Fendana、Renegade。

理化性质 高效氯氰菊酯原药分别为顺式体和反式体的两个对映体对组成（比例均为 1：1）。原药为白色结晶，熔点 63～65℃，溶解度（20℃，g/L）：己烷9，二甲苯370，难溶于水；在弱酸性和中性介质中稳定，在碱性介质中发生差向异构化，部分转为低效体，在强酸和强碱介质中水解。

毒性 原药大白鼠急性 LD_{50}（mg/kg）：经口 126（雄）、133（雌），经皮 316（雄）、217（雌）；对兔皮肤和眼睛有刺激作用；对动物无致畸、致突变、致癌作用；对鸟类低毒，对鱼类高毒，田间使用剂量对蜜蜂无伤害。

作用特点 高效氯氰菊酯是氯氰菊酯的高效异构体，通过与害虫钠通道相互作用而破坏其神经系统的功能。具有很强的触杀、胃毒作用，还具有杀卵作用。杀虫谱广，生物活性较高，击倒速度快，药效受温度影响大。

适宜作物 蔬菜、棉花、小麦、烟草、大豆、果树、茶树、草原等。

防除对象 蔬菜害虫如菜青虫、小菜蛾、韭菜迟眼蕈蚊、烟青虫、菜蚜、美洲斑潜蝇、白粉虱、蛴螬、二十八星瓢虫、豆荚螟等；棉花害虫如棉铃虫、棉红铃虫、棉蚜等；小麦害虫如蚜虫等；果树害虫如梨木虱、柑橘潜叶蛾、荔枝蒂蛀虫、桃小食心虫、红蜡蚧、苹果蠹蛾等；茶树害虫如茶尺蠖、茶小绿叶蝉等；烟草害虫如蚜虫等；草原害虫如蝗虫等；卫生害虫如蝇、蚊、蟑螂、蚂蚁、跳蚤、虱等。

应用技术 以 4.5％高效氯氰菊酯乳油、4.5％高效氯氰菊酯水乳剂为例。

（1）防治蔬菜害虫

① 菜青虫、小菜蛾 在低龄幼虫期施药，用4.5％高效氯氰菊酯乳油 30～40g/亩均匀喷雾。

② 烟青虫 在辣椒烟青虫卵孵化盛期施药，用4.5％高效氯氰菊酯乳油 35～50g/亩均匀喷雾。

③ 迟眼蕈蚊　在韭菜迟眼蕈蚊成虫始盛期和盛期施药，用4.5％高效氯氰菊酯乳油10～20g/亩均匀喷雾。

④ 美洲斑潜蝇　在番茄美洲斑潜蝇发生初期施药，用4.5％高效氯氰菊酯乳油28～33g/亩均匀喷雾。

⑤ 蚜虫　在十字花科蔬菜蚜虫盛发期施药，用4.5％高效氯氰菊酯乳油20～30g/亩均匀喷雾。

⑥ 豆荚螟　在豇豆豆荚螟孵化初期施药，用4.5％高效氯氰菊酯乳油30～40g/亩均匀喷雾。

⑦ 二十八星瓢虫　用4.5％高效氯氰菊酯乳油22～45g/亩均匀喷雾。

（2）防治小麦害虫　在蚜虫始盛期用药，用4.5％高效氯氰菊酯乳油20～40g/亩均匀喷雾。

（3）防治棉花害虫

① 棉蚜　在蚜虫始盛期用药，用4.5％高效氯氰菊酯乳油22～45g/亩均匀喷雾。

② 棉铃虫、红铃虫　在卵孵盛期或低龄幼虫发生盛期施药，用4.5％高效氯氰菊酯乳油25～45g/亩喷雾，均匀喷施正、反叶面，若防治三、四代棉铃虫，应适当提高田间使用量。

（4）防治烟草害虫　在烟青虫低龄幼虫发生期施药，用4.5％高效氯氰菊酯乳油35～50g/亩均匀喷雾。

（5）防治草原蝗虫　在蝗蝻3龄前施药，用4.5％高效氯氰菊酯乳油30～40g/亩均匀喷雾。

（6）防治果树害虫

① 红蜡蚧　在柑橘红蜡蚧若虫盛发期施药，用4.5％高效氯氰菊酯乳油900倍液均匀喷雾。

② 潜叶蛾　在柑橘潜叶蛾幼虫期施药，用4.5％高效氯氰菊酯乳油2250～3000倍液均匀喷雾。

③ 梨木虱　在低龄若虫期施药，用4.5％高效氯氰菊酯乳油1440～2163倍液均匀喷雾。

④ 桃小食心虫　在卵孵盛期施药，用4.5％高效氯氰菊酯乳油1350～2250倍液均匀喷雾。

⑤ 苹果蠹蛾　在卵盛孵期至低龄幼虫期施药，用4.5％高效氯氰菊酯乳油1500～1800倍液均匀喷雾。

（7）防治茶树害虫

① 茶尺蠖　在卵孵盛期至低龄幼虫期施药，用4.5%高效氯氰菊酯乳油20~30g/亩均匀喷雾。

② 小绿叶蝉　在若虫高峰期施药，用4.5%高效氯氰菊酯乳油30~60g/亩均匀喷雾。

（8）防治卫生害虫

① 蚊、蝇　在蚊、蝇栖息或活动场所的物体表面或缝隙施药，用4.5%高效氯氰菊酯水乳剂30mg/m^{2}进行表面滞留喷洒。

② 蟑螂　在蟑螂栖息或活动场所的物体表面或缝隙，用4.5%高效氯氰菊酯水乳剂40mg/m^{2}进行表面滞留喷洒。

注意事项

① 不要与碱性物质混用。

② 对水生动物、蜜蜂、家蚕有毒，使用时注意不可污染水域及饲养蜂、蚕的场地。

③ 建议与作用机制不同的杀虫剂轮换使用，以延缓抗性产生。

④ 本品在十字花科蔬菜、辣椒上的安全间隔期为7d，每季最多使用2次；在番茄上的安全间隔期为3d，每季最多使用2次；在马铃薯上的安全间隔期为14d，每季最多使用2次；在韭菜上的安全间隔期为10d，每季最多使用2次；在豇豆上安全间隔期为3d，每季最多使用1次；在小麦上的安全间隔期为31d，每季最多使用2次；在棉花上的安全间隔期为14d，每季最多使用2次；在茶树上的安全间隔期为7d，每季最多使用2次；在烟草上的安全间隔期为15d，每季最多使用2次；在柑橘树上的安全间隔期为40d，每季最多使用3次；在苹果树上的安全间隔期为21d，每季最多使用3次；防治草原蝗虫，安全间隔期为7d，每季最多施药1次。

相关复配剂及应用

（1）高氯·灭多威

主要活性成分　高效氯氰菊酯，灭多威。

作用特点　有较强的触杀、胃毒作用和杀卵效果。药效迅速，但残效期短。气温高时，使用浓度过高，会有灼叶现象。

剂型　12%乳油。

应用技术　在棉铃虫孵化期至2龄幼虫尚未蛀入棉桃时施药，用20%乳油40~50g/亩均匀喷雾。

注意事项

① 不能与碱性物质混用。

② 对家蚕、蜜蜂有毒，使用时应注意。

③ 建议与其他作用机制不同的杀虫剂轮换使用，以延缓抗性产生。

④ 本品在棉花上使用的安全间隔期为14d，每季最多使用3次。

（2）高氯·氟铃脲

主要活性成分　高效氯氰菊酯，氟铃脲。

作用特点　本品为低毒性的杀虫剂，具有触杀和胃毒作用，还有一定的驱避作用。

剂型　5％、5.7％乳油，5％悬浮液。

应用技术

① 小菜蛾　在低龄幼虫期施药，用5.7％乳油50～60g/亩均匀喷雾。

② 甜菜夜蛾　在低龄幼虫期施药，用5％乳油50～60g/亩均匀喷雾。

③ 卫生害虫蝇、蜚蠊　用5％悬浮液1g/m² 进行滞留喷洒。

注意事项

① 不能与碱性物质混用。

② 对家蚕、蜜蜂有毒，使用时应注意。

③ 在十字花科上使用的安全间隔期为14d，每季最多使用2次。

（3）高氯·辛硫磷

主要活性成分　高效氯氰菊酯，辛硫磷。

作用特点　本品兼具高效氯氰菊酯和辛硫磷的特性，具有触杀、胃毒和一定的驱避作用。

剂型　20％微乳剂，20％乳油。

应用技术

① 甜菜夜蛾　在低龄幼虫期施药，用20％乳油80～100g/亩均匀喷雾。

② 棉铃虫　在卵孵化盛期或低龄幼虫期施药，用20％乳油87.5～100g/亩均匀喷雾。

③ 菜青虫　在卵孵化盛期或低龄幼虫期施药，用20％微乳剂40～60g/亩均匀喷雾。

④ 桃小食心虫　在苹果树桃小食心虫卵孵盛期施药，用20％乳油

1000～2500 倍液均匀喷雾。

注意事项

① 辛硫磷见光易分解，在晴天傍晚或阴天施用。

② 不能与碱性农药、肥料等物质混合使用。

③ 高粱、黄瓜、菜豆和甜菜等都对辛硫磷敏感，施药时应避免药液飘移到上述作物上，以防产生药害。

④ 本品在甘蓝上的安全间隔期为 7d，每季最多使用 2 次；在大豆上的安全间隔期为 7d，每季最多使用 1 次；在苹果树上的安全间隔期为 21d，每季最多使用 3 次；在棉花上的安全间隔期为 7d，每季最多使用 3 次。

（4）高氯·三唑磷

主要活性成分 高效氯氰菊酯，三唑磷。

作用特点 本品兼具有高效氯氰菊酯和三唑磷的特性，具有触杀和胃毒作用，渗透性较强，对卵、虫有一定的杀死作用。

剂型 13%、15% 乳油。

应用技术

① 荔枝蒂蛀虫 在荔枝蒂蛀虫发生期的开花期至收果前施药，用 13% 乳油 1000～1500 倍液均匀喷雾。

② 棉铃虫 在低龄幼虫盛发期施药，用 15% 乳油 45～65g/亩均匀喷雾。

注意事项

① 不可与碱性物质混合使用。

② 本品禁止在蔬菜上使用。

③ 建议与其他作用机制不同的杀虫剂交替使用。

④ 本品在荔枝上的安全间隔期为 14d，每季最多使用 2 次；在棉花上的安全间隔期为 40d，每季最多使用 3 次。

（5）高氯·吡虫啉

主要活性成分 高效氯氰菊酯，吡虫啉。

作用特点 本品具有内吸、触杀和胃毒作用，对鳞翅目幼虫和蚜虫高效。

剂型 5% 乳油。

应用技术

① 蚜虫 在蚜虫初盛期施药，用 5% 乳油 30～40g/亩均匀喷雾。

② 菜青虫　在低龄幼虫发生高峰期施药，用5%乳油30～40g/亩均匀喷雾。

③ 梨木虱　在春季越冬成虫出蛰且未大量产卵和第一代若虫孵化期施药，用5%乳油30～40g/亩均匀喷雾。

注意事项

① 本品不能与呈碱性的农药混用。

② 在甘蓝上的安全间隔期7d，蔬菜收获前14d停止用药，每季最多使用2次；在梨树上的安全间隔期21d，每季最多使用2次。

(6) 高氯·甲维盐

主要活性成分　高效氯氰菊酯，甲氨基阿维菌素苯甲酸盐。

作用特点　本品是一种低毒的杀虫剂，通过抑制害虫运动神经内氨基丁酸传递，使害虫几小时迅速麻痹、拒食，行动缓慢或不动。对害虫有触杀和胃毒作用，且具有一定的杀卵作用。

剂型　4.2%乳油，2%、4%、5%微乳剂。

应用技术

① 小菜蛾　在卵孵化盛期至低龄幼虫盛发期施药，用2%微乳剂40～60g/亩均匀喷雾；或用4%微乳剂15～20g/亩均匀喷雾。

② 斜纹夜蛾　在卵孵化盛期至低龄幼虫盛发期施药，用2%微乳剂40～60g/亩均匀喷雾。

③ 甜菜夜蛾　在低龄幼虫始发盛期施药，用4.2%乳油60～70g/亩均匀喷雾。

④ 烟青虫　在低龄幼虫始发盛期施药，用5%微乳剂20～40g/亩均匀喷雾。

注意事项

① 本品对蜜蜂、家蚕有毒，开花作物花期及蚕室、桑园附近禁用。赤眼蜂等天敌放飞区域禁用。对鱼类等水生生物有毒，远离水产养殖区，河塘等水域附近施药，残液严禁倒入河中，禁止在江河湖泊中清洗施药器具。

② 本品不可与呈碱性的农药等物质混合使用。

③ 应与不同作用机理的杀虫剂交替使用，以延缓抗性的产生。

④ 本品在甘蓝上使用的安全间隔期为7d，每季最多使用3次；在烟草上的安全间隔期为21d，每季最多使用3次。

混灭威

（dimethacarb）

C₁₁H₁₅NO₂, 193.2423, 2686-99-9

化学名称 *N*-甲基氨基甲酸混二甲苯酯。

其他名称 三甲威、3,4,5-三甲威、*N*-甲基氨基甲酸混二甲苯酯、3,4,5-三甲基苯基、混二甲苯基甲氨基甲酸酯、混二甲苯基-*N*-甲基氨基甲酸酯、3,4,5-Landrin、3,4,5-Trimethacarb、Landrin 1、Landrin A、SD 8530、Shell 8530、Shell SD 8530。

理化性质 原药为淡黄色至红棕色油状液体，相对密度约为1.0885，微臭，当温度低于 10℃ 时，有结晶析出，不溶于水，微溶于汽油、石油醚，易溶于甲醇、乙醇、丙酮、苯和甲苯等有机溶剂，遇碱易分解。

毒性 按我国农药毒性分级标准，混灭威属于中等毒杀虫剂。雄性大鼠急性经口 LD₅₀ 为 441～1050mg/kg，雌性大鼠经口 LD₅₀ 为 295～626mg/kg。原油小鼠急性经口 LD₅₀ 为 214mg/kg，小鼠急性经皮 LD₅₀＞400mg/kg。

作用特点 混灭威由灭杀威和灭除威两种同分异构体混合而成的氨基甲酸酯类杀虫剂，对飞虱、叶蝉有强烈的触杀作用。该药击倒速度快，一般施药后 1h 左右，大部分害虫即跌落，但残效只有 2～3d。其药效不受温度的影响，在低温下仍有很好的防效。混灭威对鳞翅目和半翅目、缨翅目等害虫均有效，主要用于防治叶蝉、飞虱、蓟马等。

适宜作物 水稻等。

防除对象 水稻害虫如稻飞虱、稻叶蝉等。

应用技术 以 50% 乳油为例。

① 稻飞虱 在低龄若虫发生盛期施药，用 50% 乳油 75～100g/亩对准稻株中下部进行全面喷雾处理。

② 稻叶蝉 在低龄若虫发生盛期施药，用 50% 乳油 50～100g/亩

喷雾处理，前期重点是茎秆基部；抽穗灌浆后穗部和上部叶片为喷布重点。

防治水稻害虫时田间应保持 3～5cm 的水层 3～5d。

注意事项

① 不得与碱性农药混用或混放，应放在阴凉干燥处。

② 混灭威有疏果作用，宜在花期后 2～3 周使用。

③ 对蜜蜂及水生生物有毒，开花作物花期、蚕室和桑园附近禁用；赤眼蜂等天敌放飞区域禁用；禁止在河塘等水体内清洗施药器具。

④ 大风天或预计 1h 内降雨请勿使用。

⑤ 建议与其他作用机制不同的杀虫剂轮换使用。

⑥ 在水稻上的安全间隔期为 20d，每季最多使用 1 次。

甲氨基阿维菌素苯甲酸盐

（emamectin benzoate）

B_{1a}, R=CH$_2$CH$_3$
B_{1b}, R=CH$_3$

B_{1a}：$C_{49}H_{75}NO_{13} \cdot C_7H_6O_2$, 1008.26；$B_{1b}$：$C_{48}H_{73}NO_{13} \cdot C_7H_6O_2$；994.23；137512-74-4

化学名称　4′-表-甲氨基-4′-脱氧阿维菌素苯甲酸盐。

其他名称　甲维盐。

理化性质　外观为白色或淡黄色结晶粉末，熔点：141～146℃；稳定性：在通常贮存条件下本品稳定，对紫外线不稳定。溶于丙酮、甲苯，微溶于水，不溶于己烷。

作用特点　甲维盐阻碍运动神经信息传递而使害虫麻痹死亡，以胃毒作用为主，兼有触杀作用，对作物无内吸性能，但能有效深入作物表皮组织，因而具有较长残效期，具有高效、广谱、残效期长的特点，为优良的杀虫、杀螨剂。对防治螨类、鳞翅目、鞘翅目及半翅目害虫有极高活性，在土壤中易降解、无残留、不污染环境，在常规剂量范围内对有益昆虫及天敌、人、畜安全，可与大部分农药混用。

适宜作物 蔬菜、棉花等。

防除对象 蔬菜害虫如菜青虫、甜菜夜蛾、小菜蛾等；棉花害虫如棉铃虫、烟青虫等。

应用技术 以1%甲维盐乳油、1.5%甲维盐乳油、0.5%甲维盐乳油、1%甲维盐微乳剂、0.1%甲维盐杀蟑饵剂为例。

（1）防治蔬菜害虫

① 小菜蛾 在卵孵盛期至2龄幼虫前期施药，用1%甲维盐乳油10～20g/亩均匀喷雾。

② 菜青虫 在低龄幼虫期施药，用1%甲维盐乳油10～17g/亩均匀喷雾。

③ 甜菜夜蛾 在卵孵盛期至低龄幼虫期施药，用1.5%甲维盐乳油7.5～12.5g/亩均匀喷雾。

④ 棉铃虫 在卵孵盛期和低龄幼虫期施药，用0.5%甲维盐乳油100～150g/亩均匀喷雾。

⑤ 烟青虫 在卵孵盛期至2龄幼虫前期施药，用1%甲维盐微乳剂17～25g/亩均匀喷雾。

（2）防治卫生害虫 在蟑螂出没或栖息处，将0.1%甲维盐杀蟑饵剂直接点状投放用于边角、缝隙或裂缝中，每平方米施药1～2点。

注意事项

① 本品对蜜蜂、家蚕有毒，开花作物花期及蚕室、桑园附近禁用；赤眼蜂等天敌放飞区域禁用；对鱼类等水生生物有毒，远离水产养殖区、河塘等水域附近施药，残液严禁倒入河中，禁止在江河湖泊中清洗施药器具。

② 本品不可与呈碱性的农药等物质混合使用。

③ 与不同作用机理的杀虫剂交替使用，以延缓抗性的产生。

④ 在十字花科蔬菜上使用的安全间隔期为5d，每季最多使用2次；在烟草上的安全间隔期为21d，每季最多使用2次；在棉花上的安全间隔期为14d，每季最多使用2次。

相关复配剂及应用

（1）甲维·茚虫威

主要活性成分 甲基阿维菌素苯甲酸盐，茚虫威。

作用特点 本品中的甲氨基阿维菌素苯甲酸盐以胃毒为主，兼触杀作用，能有效渗入作物表皮组织，具有较长残效期；茚虫威通过干扰昆虫钠离子通道，使害虫中毒后麻痹死亡，以触杀和胃毒作用为主，是一种持效期长的杀虫剂。

剂型 10％、20％、16％悬浮剂。

应用技术

① 稻纵卷叶螟 在卵孵化盛期至低龄幼虫盛发期施药，用10％悬浮剂20～27g/亩均匀喷雾；或用16％悬浮剂10～15g/亩均匀喷雾；或用20％悬浮剂10～20g/亩均匀喷雾。

② 甜菜夜蛾 在低龄幼虫始发盛期施药，用10％悬浮剂20～30g/亩均匀喷雾；或用20％悬浮剂6～8g/亩均匀喷雾。

③ 斜纹夜蛾 在观赏菊花斜纹夜蛾低龄幼虫发生初盛期用药，用10％悬浮剂8～12g/亩均匀喷雾。

注意事项

① 本品对蜜蜂、家蚕有毒，开花作物花期及蚕室、桑园附近禁用；赤眼蜂等天敌放飞区域禁用；对鱼类等水生生物有毒，远离水产养殖区、河塘等水域附近施药，残液严禁倒入河中，禁止在江河湖泊中清洗施药器具。

② 不可与呈碱性的农药等物质混合使用。

③ 与不同作用机理的杀虫剂交替使用，以延缓抗性的产生。

④ 在水稻上的安全间隔期为28d，每季最多使用2次；在甘蓝上的安全间隔期为7d，每季最多使用2次。

(2) 甲维·虫螨腈

主要活性成分 甲基阿维菌素苯甲酸盐，虫螨腈。

作用特点 本品由虫螨腈和甲氨基阿维菌素苯甲酸盐复配而成。其中虫螨腈是一种芳基取代吡咯类化合物，具有独特的作用机制，主要作用于昆虫体内细胞的线粒体上，干扰呼吸链上的电子传递，影响昆虫体内能量转化；甲氨基阿维菌素苯甲酸盐是一种半合成抗生素类杀虫剂。两者混配增效作用明显，主要通过胃毒及触杀作用杀死害虫，可降低使用量，延缓害虫抗性产生。

剂型 12％悬浮剂。

应用技术

① 甜菜夜蛾、斜纹夜蛾 在卵孵盛期或低龄幼虫发生期施药，用12％悬浮剂10～15g/亩均匀喷雾。

② 小菜蛾 在卵孵盛期或低龄幼虫发生期施药，用12％悬浮剂

35～40g/亩均匀喷雾。

注意事项

① 本品对蜜蜂、家蚕有毒，开花作物花期及蚕室、桑园附近禁用；赤眼蜂等天敌放飞区域禁用；对鱼类等水生生物有毒，远离水产养殖区、河塘等水域附近施药，残液严禁倒入河中，禁止在江河湖泊中清洗施药器具。

② 不可与呈碱性的农药等物质混合使用。

③ 与不同作用机理的杀虫剂交替使用，以延缓抗性的产生。

④ 在甘蓝上的安全间隔期为14d，每季最多使用2次。

（3）甲维·高氯氟

主要活性成分 甲基阿维菌素苯甲酸盐，高效氯氟氰菊酯。

作用特点 本品为甲氨基阿维菌素苯甲酸盐和高效氯氟氰菊酯复配制剂。其中甲氨基阿维菌素苯甲酸盐为半合成生素，属大环内酯双糖类物质，其作用机理是阻碍害虫运动神经信息传递而使虫体麻痹死亡。作用方式以胃毒为主，兼有触杀作用，对作物无内吸性，但能有效渗入施用作物表皮组织；高效氯氟氰菊酯属拟除虫菊酯类农药，可以导致昆虫持续的神经刺激及震颤，最终导致昆虫死亡。作用方式为触杀和胃毒作用，对害虫具有击倒速度较快、击倒力较强等优点。将两种成分混配后具有增效作用。

剂型 10％、5％水乳剂，2.3％乳油。

应用技术

① 菜青虫 在卵孵盛期或低龄幼虫期施药，用10％水乳剂7～9g/亩均匀喷雾；或用5％水乳剂10～15g/亩均匀喷雾。

② 小菜蛾 在低龄幼虫期施药，用2.3％乳油20～25g/亩均匀喷雾。

③ 甜菜夜蛾 在卵孵盛期或低龄幼虫期施药，用5％水乳剂8～12g/亩均匀喷雾。

注意事项

① 本品对蜜蜂、家蚕有毒，开花作物花期及蚕室、桑园附近禁用；赤眼蜂等天敌放飞区域禁用；对鱼类等水生生物有毒，远离水产养殖区、河塘等水域附近施药，残液严禁倒入河中，禁止在江河湖泊中清洗施药器具。

② 不可与呈碱性和酸性的农药等物质混合使用。

③ 与不同作用机理的杀虫剂交替使用，以延缓抗性的产生。

④ 在甘蓝上的安全间隔期为 7d，每季最多使用 2 次。

（4）甲维·毒死蜱

主要活性成分 甲基阿维菌素苯甲酸盐，毒死蜱。

作用特点 本品由甲维盐和毒死蜱科学复配而成。两种不同杀虫机理的原药复配后，有增效作用，并可有效延缓抗性的产生。

剂型 20%微乳剂，20%、30%水乳剂，20%、30%乳油。

应用技术

① 稻纵卷叶螟 在卵孵化盛期至低龄幼虫盛发期施药，用20%微乳剂 65～75g/亩均匀喷雾；或用 30%水乳剂 50～60g/亩均匀喷雾。

② 棉铃虫 在低龄幼虫始发盛期施药，用20%乳油 100～150g/亩均匀喷雾。

③ 玉米螟 在卵孵化盛期及低龄幼虫高峰期施药，用20%乳油 67～133g/亩均匀喷雾。

④ 二化螟 在孵化盛期或低龄幼虫发生初期施药，用20%水乳剂 100～133g/亩均匀喷雾；或用 30%水乳剂 60～70g/亩均匀喷雾。

⑤ 稻飞虱 在低龄若虫盛发期施药，用30%乳油 60～90g/亩均匀喷雾。

注意事项

① 本品对蜜蜂、家蚕有毒，开花作物花期及蚕室、桑园附近禁用；赤眼蜂等天敌放飞区域禁用；对鱼类等水生生物有毒，远离水产养殖区、河塘等水域附近施药，残液严禁倒入河中，禁止在江河湖泊中清洗施药器具。

② 不可与呈碱性的农药等物质混合使用。

③ 与不同作用机理的杀虫剂交替使用，以延缓抗性的产生。

④ 本品所含有效成分之一毒死蜱属于限制使用农药，禁止在蔬菜上使用。烟草、杜鹃花、玫瑰花、茶花对本品敏感，应避免药液飘移到上述作物上。

⑤ 在水稻上的安全间隔期为28d，每季最多使用 2 次；在甘蓝上的安全间隔期为 7d，每季最多使用 2 次；在玉米上的安全间隔期为 20d，每季最多使用 2 次。

（5）高氯·甲维盐

主要活性成分 高效氯氰菊酯，甲基阿维菌素苯甲酸盐。

作用特点 本品是一种低毒的杀虫剂，通过抑制害虫运动神经内

γ-氨基丁酸传递，使害虫几小时迅速麻痹、拒食，行动缓慢或不动。对害虫具有触杀和胃毒作用，且具有一定的杀卵作用。

剂型　2％、4％、5％微乳剂，4.2％乳油。

应用技术

① 小菜蛾　在卵孵化盛期至低龄幼虫盛发期施药，用2％微乳剂40～60g/亩均匀喷雾；或用4％微乳剂15～20g/亩均匀喷雾。

② 斜纹夜蛾　在卵孵化盛期至低龄幼虫盛发期施药，用2％微乳剂40～60g/亩均匀喷雾。

③ 甜菜夜蛾　在低龄幼虫始发盛期施药，用4.2％乳油60～70g/亩均匀喷雾。

④ 烟青虫　在低龄幼虫始发盛期施药，用5％微乳剂20～40g/亩均匀喷雾。

注意事项

① 本品对蜜蜂、家蚕有毒，开花作物花期及蚕室、桑园附近禁用；赤眼蜂等天敌放飞区域禁用；对鱼类等水生生物有毒，远离水产养殖区、河塘等水域附近施药，残液严禁倒入河中，禁止在江河湖泊中清洗施药器具。

② 本品不可与呈碱性的农药等物质混合使用。

③ 与不同作用机理的杀虫剂交替使用，以延缓抗性的产生。

④ 在甘蓝上的安全间隔期为7d，每季最多使用3次；在烟草上的安全间隔期为21d，每季最多使用3次。

（6）甲维·虱螨脲

主要活性成分　甲基阿维菌素苯甲酸盐，虱螨脲。

作用特点　本品是由甲氨基阿维菌素苯甲酸盐和虱螨脲复配而成的杀虫剂，具有胃毒和触杀双重作用。通过影响昆虫表皮的形成而达到杀虫效果，同时还能阻碍害虫运动神经信息传递，导致靶标害虫运动失调、麻痹、拒食，最终死亡。杀虫活性高，对作物安全，持效期较长。

剂型　5％、3％悬浮剂，4％微乳剂，45％水分散粒剂。

应用技术

① 小菜蛾　在幼虫盛发期施药，用5％悬浮剂16～30g/亩均匀喷雾。

② 甜菜夜蛾　在卵孵盛期至低龄幼虫期施药，用4％微乳剂10～12g/亩均匀喷雾。

③ 菜青虫　在低龄幼虫高峰期施药，用45％水分散粒剂5～10g/亩均匀喷雾。

④ 美国白蛾　在林木美国白蛾幼虫3龄期施药，用3％悬浮剂1500～2000倍液均匀喷雾。

注意事项

① 本品对蜜蜂、家蚕有毒，开花作物花期及蚕室、桑园附近禁用；赤眼蜂等天敌放飞区域禁用；对鱼类等水生生物有毒，远离水产养殖区、河塘等水域附近施药，残液严禁倒入河中，禁止在江河湖泊中清洗施药器具。

② 不可与呈碱性的农药等物质混合使用。

③ 与不同作用机理的杀虫剂交替使用，以延缓抗性的产生。

④ 在甘蓝上的安全间隔期为7d，每季最多施药2次。

（7）甲维·苏云菌

主要活性成分　苏云金杆菌，甲氨基阿维菌素苯甲酸盐。

作用特点　本品是由甲氨基阿维菌素苯甲酸盐和苏云金杆菌两种不同作用机理的有效成分配制而成，具有触杀和胃毒作用。

剂型　2.4％悬浮剂，1％可湿性粉剂。

应用技术

① 稻纵卷叶螟　在卵孵盛期至低龄幼虫发生高峰期施药，用喷雾器进行全株喷雾至叶面微滴水珠为度，用2.4％悬浮剂20～40g/亩均匀喷雾。

② 小菜蛾　在低龄幼虫盛发期施药，用1％可湿性粉剂25～30g/亩均匀喷雾。

③ 美国白蛾　在卵孵盛期至低龄幼虫期施药，用2.4％悬浮剂1000～1500倍液均匀喷雾。

注意事项

① 本品对蜜蜂、鱼类等水生生物、家蚕有毒。植物花期禁用，蚕室和桑园附近禁用；虾蟹套养稻田禁用，施药后的田水不得直接排入水体，禁止在河塘等水域清洗施药器具；赤眼蜂等天敌放飞区禁用。

② 不能与内吸性有机磷杀虫剂、杀菌剂及碱性农药等物质混用。

③ 建议与其他作用机理不同的杀虫剂轮换使用。

④ 在杨树上的安全间隔期为14d，每季最多使用2次；在甘蓝上的安全间隔期为7d，每季最多使用2次。

（8）多杀·甲维盐

主要活性成分　多杀霉素，甲维盐。

作用特点　本品是由甲氨基阿维菌素苯甲酸盐和多杀霉素复配而成的杀虫剂，其作用机理是甲氨基阿维菌素通过作用昆虫 γ-氨基丁酸受体而表现出杀虫作用。多杀霉素主要作用于昆虫的神经系统，具有胃毒和触杀作用。

剂型　20％、14％、5％悬浮剂。

应用技术

① 稻纵卷叶螟　在卵孵盛期或低龄幼虫发生初盛期施药，用20％悬浮剂15～20g/亩均匀喷雾；或用5％悬浮剂30～50g/亩均匀喷雾。

② 二化螟　在卵孵盛期或低龄幼虫发生初盛期施药，用5％悬浮剂30～50g/亩均匀喷雾。

③ 甜菜夜蛾　在低龄幼虫发生初盛期施药，用20％悬浮剂3～4g/亩均匀喷雾。

注意事项

① 本品严禁与碱性物质混用。

② 本品对鱼类、水蚤等水生生物有毒，对鸟类、蜜蜂、家蚕有毒，对赤眼蜂有风险，鸟类保护区域、蚕室和桑园附近禁用，开花植物花期禁用；赤眼蜂等天敌放飞区禁用；鱼或虾蟹套养稻田禁用，施药后的田水不得直接排入水体，远离水产养殖区、河塘等水体施药，禁止在河塘等水体中清洗施药器具。

③ 建议与其他作用机制不同的杀虫剂轮换使用，以延缓抗性产生。

④ 使用本品后水稻至少应间隔21d才能收获，每季最多使用3次；本品在甘蓝上的安全间隔期为5d，每季最多使用2次。

甲基毒死蜱
（chlorpyrifos-methyl）

$C_7H_7Cl_3NO_3PS$, 322.47, 5598-13-0

化学名称　O,O-二甲基-O-(3,5,6-三氯-2-吡啶基)硫代磷酸酯。

其他名称　甲基氯蜱硫磷、氯吡磷、雷丹、Dowreldan、Graincot、Reldan、Dowco214。

理化性质　外观为白色结晶，略有硫醇味。熔点 45.5～46.5℃。易溶于大多数有机溶剂；25℃时在水中的溶解度为 4mg/kg。正常贮存条件稳定，在中性介质中相对稳定，在 pH 4～6 和 pH 8～10 介质中则水解，碱性条件下加热则水解加速。

毒性　急性经口 LD_{50}（mg/kg）：大鼠 2472（雄）、1828（雌），2250（豚鼠），2000（兔）。急性经皮 LD_{50}（mg/kg）＞2000（兔），＞2800（大鼠）。积蓄毒性试验属弱毒性，狗与大鼠 2 年饲喂试验最大无作用剂量为每天 1.19mg/kg，动物实验无致畸、致癌、致突变作用。对鱼和鸟安全；鲤鱼 LC_{50} 4.0mg/L（48h）；虹鳟鱼 LC_{50} 0.3mg/L（96h）；对虾有毒。

作用特点　甲基毒死蜱主要抑制昆虫体内的乙酰胆碱酯酶，从而导致害虫死亡，属低毒类农药，具有触杀、胃毒、熏蒸作用，为非内吸性杀虫剂。

适宜作物　棉花、甘蓝等。

防除对象　棉花害虫如棉铃虫等；蔬菜害虫如菜青虫等。

应用技术　以 400g/L 乳油为例。

（1）防治棉花害虫　在棉铃虫卵孵盛期至低龄幼虫期施药，用 400g/L 乳油 100～175mL/亩均匀喷雾。视虫情 5～7d，可再施用一次。

（2）防治蔬菜害虫　在菜青虫 2～3 龄幼虫发生盛期施药，用 400g/L 乳油 60～80mL/亩均匀喷雾。

注意事项

① 不可与碱性农药等物质混合使用。

② 对鱼类等水生生物有毒，应远离水产养殖区施药；禁止在河塘等水体清洗施药器具。对家蚕有毒，蚕室禁用；桑园附近慎用；对蜜蜂有毒，开花植物花期禁用并注意对周围蜂群的影响；对鸟类有毒，鸟类保护期慎用。

③ 瓜类（特别在大棚中）、莴苣苗期、芹菜及烟草对该药敏感，施药时应避免药液飘移到上述作物上，以防产生药害。

④ 建议与其他作用机制不同的杀虫剂轮换使用，以延缓害虫抗性的产生。

⑤ 大风天或预计 1h 内降雨请勿施药。

⑥ 在棉花上的安全间隔期为 30d，每季最多使用 3 次；在甘蓝上的安全间隔期为 7d，每季最多使用 3 次。

甲基嘧啶磷
（pirimiphos-methyl）

$C_{11}H_{20}N_3O_3PS$, 305.33, 29232-93-7

化学名称 O,O-二甲基-O-(2-二乙基氨基-6-甲基-4-嘧啶基)硫代磷酸酯。

其他名称 安得力、保安定、亚特松、甲基嘧啶硫磷、甲基虫螨磷、甲密硫磷、甲基灭定磷、虫螨磷、安定磷、Actellic、Actellifog、Silo San、Fernex、Blex、PP 511。

理化性质 原药为黄色液体。熔点 15～17℃，纯品相对密度 1.157（30℃），折射率 n_D^{25} 1.527，蒸气压 $1.333×10^{-2}$ Pa（30℃）。能溶于大多数有机溶剂，在水中溶解度为 5mg/kg。在强酸和碱性介质中易水解，对光不稳定，在土壤中半衰期为 3d 左右。

毒性 急性经口 LD_{50}（mg/kg）：2050（雌大鼠），1180（雄小鼠），1150～2300（雄兔），1000～2000（雌豚鼠）；兔急性经皮 $LD_{50}>$2000mg/kg。对眼睛和皮肤无刺激作用。大鼠 90d 喂饲试验无作用剂量为 8mg/kg 饲料，相当于每天 0.4mg/kg。动物试验未见致癌、致畸、致突变作用。三代繁殖试验未见异常。鲤鱼 LC_{50} 1.6mg/L（24h），1.4mg/L（48h）。

作用特点 甲基嘧啶磷的主要作用是抑制乙酰胆碱酯酶，属广谱性杀虫剂，具有触杀、胃毒、熏蒸和一定的内吸作用，在木材、砖石等惰性物面上药效持久，在原粮和其他农产品上可较好地保持生物活性，在高温和较高温度下是相当稳定的谷物防虫保护剂。甲基嘧啶磷对鳞翅目、半翅目等多种害虫均有较好的防治效果，亦可拌种防治多种作物的地下害虫。

适宜场所 储粮场所、居家卫生环境等。

防除对象　储粮害虫如赤拟谷盗、谷蠹、玉米象等；卫生害虫如蚊、蝇（蛆）等。

应用技术　以 55％乳油，20％水乳剂，1％颗粒剂为例。

（1）防治储粮害虫　防治赤拟谷盗、谷蠹、玉米象时，在原粮仓库内用 55％乳油按 $9\sim18mg/kg$ 的剂量喷雾，使药剂均匀接触原粮。

（2）防治卫生害虫

① 蚊、蝇　用 20％水乳剂玻璃面按 $5g/m^2$ 喷洒；油漆面、石灰面按 $15g/m^2$ 滞留喷洒。

② 蛆　手工撒施 1％颗粒剂，按 $20g/m^2$ 使用；或使用颗粒喷雾机均匀喷洒在需要处理的水体表面。

注意事项

① 避免与碱性药物混用。

② 对家蚕有毒，开花植物花期、桑园、蚕室附近禁用；禁止在河塘等水源内清洗施药器具。

③ 加水稀释后应一次用完，不能储存以防失效。

④ 应放在阴凉干燥处，远离火源。

⑤ 使用中有任何不良反应及时就医。

相关复配剂及应用

（1）高氯·甲嘧磷

主要活性成分　甲基嘧啶磷，高效氯氰菊酯。

作用特点　为有机磷类农药甲基嘧啶磷和拟除虫菊酯农药高效氯氰菊酯的复配卫生杀虫剂，具有触杀和胃毒作用，对家居、学校、工厂、办公室等室内蚊、蝇有防治作用。

剂型　7％水乳剂。

应用技术　防治蚊、蝇时，将 7％水乳剂兑水稀释 $30\sim50$ 倍后，按 $2g/m^2$ 的量均匀喷洒。

注意事项

① 药液应现配现用，配好的药液不宜存放太久。

② 喷药时切勿污染食物、粮食、加工食物的器具表面或盛放食物的容器。

③ 在处理区干燥前，禁止孩童、宠物或其他未着防护服的人员进入处理区域。

④ 本品仅用于室内，养蚕室及其附近禁用。

⑤ 孕妇、哺乳期妇女及过敏者禁用，使用中有任何不良反应及

时就医。

（2）溴氰·甲嘧磷

主要活性成分　甲基嘧啶磷，溴氰菊酯。

作用特点　为有机磷杀虫剂甲基嘧啶磷和拟除虫菊酯杀虫剂溴氰菊酯的复配制剂，作用迅速，渗透力较强，具有触杀、胃毒、熏蒸作用，用于仓库仓储原粮，对赤拟谷盗、谷蠹、米象有较好的防治效果。

剂型　2%粉剂。

应用技术　防治赤拟谷盗、谷蠹、米象时，应用于仓储原粮。使用方法：对仓库里的粮食用 2%粉剂按 200～250mg/kg 的浓度拌粮处理。

注意事项

① 在碱性介质中易分解，应避免与碱性药物混用。

② 禁止在池塘等水域清洗施药器械。

③ 本品使用的安全间隔期为 30d，存贮期间最多使用 1 次。

甲萘威
（carbaryl）

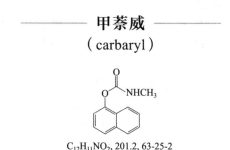

C$_{12}$H$_{11}$NO$_2$, 201.2, 63-25-2

化学名称　1-萘基-N-甲基氨基甲酸酯。

其他名称　西维因、胺甲萘、Sevin、Bugmaster、Denapon、Dicarbam、Hexavin、Karbaspray、Pantrin、Ravyon、Septen、Sevimol、Tricarnam。

理化性质　白色晶体，熔点 142℃，易溶于丙酮、环己酮、苯、甲苯等大多数有机溶剂，30℃时在水中溶解度为 40mg/L；对光、热稳定，遇碱迅速分解。

毒性　原药急性 LD$_{50}$（mg/kg）：大鼠经口 283（雄），经皮＞4000，家兔经皮＞2000；以 200mg/kg 剂量饲喂大鼠两年，未发现异常现象；对动物无致畸、致突变、致癌作用；对蜜蜂毒性大。

作用特点　甲萘威的作用机制是抑制昆虫体内的乙酰胆碱酯酶，属广谱杀虫剂，具有触杀和胃毒作用。甲萘威对叶蝉、飞虱及一些不易防治的咀嚼式口器的害虫如棉红铃虫有较好防效。该药毒杀作用慢，可与一些有机磷类农药混用。甲萘威低温时防效差。

适宜作物 甘蓝、水稻、棉花等。

防除对象 甘蓝田有害软体动物如蜗牛等；水稻害虫如稻飞虱、稻蓟马、稻瘿蚊、稻叶蝉等；棉花害虫如棉铃虫、红铃虫、地老虎、棉蚜等；烟草害虫如烟青虫等；大豆害虫如大豆造桥虫等。

应用技术 以5％颗粒剂，25％、85％可湿性粉剂为例。

（1）防治蔬菜有害软体动物 甘蓝田蜗牛发生期施药，用5％颗粒剂2.75～3kg/亩撒施。

（2）防治水稻害虫

① 稻飞虱 在低龄若虫发生盛期施药，用85％可湿性粉剂80～100g/亩兑水50～60kg主要朝水稻中下部喷雾。视虫情间隔为7～10d，可再次施用2～3次。

② 稻蓟马 晚秧苗4～5叶期或本田初期叶尖初卷时施药，用5％颗粒剂2.5～3kg/亩撒施。

③ 稻瘿蚊 秧苗移栽一周后稻瘿蚊成虫期到产卵孵盛期施药，用5％颗粒剂2.5～3g/亩均匀撒施。视虫害发生情况，每14d左右施药一次，可连续用药2～3次。

④ 稻叶蝉 在低龄若虫发生盛期施药，用85％可湿性粉剂200～260g/亩均匀喷雾。

防治水稻害虫时田间应保持3～5cm的水层3～5d。

（3）防治棉花害虫

① 棉铃虫 在卵孵盛期至低龄幼虫期施药，用85％可湿性粉剂100～150g/亩均匀喷雾。

② 棉红铃虫 在成虫发生盛期到产卵盛期施药，用25％可湿性粉剂200～300g/亩均匀喷雾。

③ 地老虎 在卵孵化期至低龄幼虫期施药，用85％可湿性粉剂120～160g/亩均匀喷雾。视虫害情况，每隔7～10d施药一次，可连续施药3次。

④ 棉蚜 在蚜虫发生始盛期施药，用25％可湿性粉剂100～260g/亩均匀喷雾。

（4）防治烟草害虫 在烟青虫卵孵盛期至低龄幼虫期施药，用25％可湿性粉剂100～260g/亩均匀喷雾。

（5）防治大豆害虫　在大豆造桥虫卵孵盛期至低龄幼虫期施药，用25％可湿性粉剂200～260g/亩均匀喷雾。

注意事项

① 不能与碱性农药混合，并且不宜与有机磷农药混配。药液配好后要尽快施用，不要长时间放置，更不要长时间使用金属容器混配或盛放。

② 对益虫杀伤力较强，使用时注意对蜜蜂的安全防护。周围开花植物花期；蚕室或桑园附近、水产养殖区附近禁用；禁止在河塘等水域内清洗施药器具。

③ 不能防治螨类，使用不当会因杀伤天敌过多而促使螨类盛发。

④ 瓜类作物对该药较敏感，施药时应避免药液飘移到瓜类作物上。

⑤ 低温时使用，防治效果较差。

⑥ 大风天或预计1h内有降雨，请勿施药。

⑦ 建议与其他作用机制不同的杀虫剂轮换使用。

⑧ 在稻田上的安全间隔期为21d，每季最多使用3次；在棉花上的安全间隔期为7d，每季最多不宜超过3次。

相关复配剂及应用

（1）聚醛·甲萘威

主要活性成分　甲萘威，四聚乙醛。

作用特点　聚醛·甲萘威是一种对蜗牛等软体动物有效的农药，具有诱杀和触杀作用。蜗牛吸食或接触药品后，体内的乙酰胆碱酯酶大量释放，致使其分泌出大量黏液，神经随之麻痹，大量脱水而死亡。

剂型　30％颗粒剂。

应用技术　在棉田蜗牛发生盛期的傍晚或早晨施药，用30％颗粒剂250～500g/亩撒施。此时蜗牛活动频繁，施药后效果明显。

注意事项

① 不要与碱性物质混用。

② 对蜜蜂、鸟类、鱼类等水生生物、家蚕有毒，施药期间应避免对周围蜂群的影响；禁止在开花植物花期、蚕室和桑园附近使用；赤眼蜂等天敌放飞区域禁用；鸟类保护区禁用；远离水产养殖区、河塘等水域施药；不可在河塘等水域清洗施药器具。

③ 瓜类对该药敏感，易产生药害。

④ 建议与其他作用机制不同的杀虫剂轮换使用，以延缓害虫抗性的产生。

⑤ 在棉花上的安全间隔期为 14d，每季最多用药 1 次；在玉米上的安全间隔期为收获期，每季最多使用 1 次；在甘蓝上的安全间隔期为 14d，每季最多使用 1 次；在大白菜上的安全间隔期为 14d，每季最多使用 2 次。

（2）吡蚜·甲萘威

主要活性成分　甲萘威，吡蚜酮。

作用特点　为甲萘威和吡蚜酮复配的杀虫剂。甲萘威具有触杀及胃毒作用，可抑制害虫神经系统中乙酰胆碱酯酶的活性使其死亡；吡蚜酮作用特点则是害虫接触药剂后立即产生"口针阻塞"效应，同时停止取食为害，最终饥饿致死。

剂型　24%可湿性粉剂。

应用技术　在稻飞虱低龄若虫盛发期施药，用 24%可湿性粉剂 110～170g/亩兑水对准稻株中下部进行全面细致地喷雾处理。田间应保持 3～5cm 水层 3～5d。

注意事项

① 不能与碱性农药等物质混合使用。

② 对鱼、蜜蜂、家蚕、水蚤、赤眼蜂有毒。养蜂场所和周围开花植物花期禁用；蚕室及桑园附近、赤眼蜂等天敌放飞区域禁用；鱼或虾蟹套养稻田禁用；水产养殖区、河塘等水体附近禁用。

③ 瓜类作物对有效成分甲萘威较敏感，施药时应避免药液飘移到瓜类作物上。

④ 大风天或预计 1h 内降雨请勿施药。

⑤ 建议与其他不同作用机制的杀虫剂轮换使用，以延缓害虫抗性的产生。

⑥ 在水稻上的安全间隔期为 21d，每季最多使用 2 次。

—— **甲氰菊酯** ——
（fenpropathrin）

$C_{22}H_{23}NO_3$，349.4，39515-41-8

化学名称 (R,S)-α-氰基-3-苯氧苄基-2,2,3,3-四甲基环丙烷酸酯。

其他名称 农螨丹、灭扫利、Meothrin、Fenpropanate、Danitol、Rody、Henald、FD706、WL41706、OMS1999、S-3206。

理化性质 白色晶体，熔点49～51℃；溶解度（20℃，g/L）：丙酮、环己酮、乙酸乙酯、乙腈、DMF＞500，正己烷97，甲醇173；在室温、烃类溶剂、水中和微酸性介质中稳定，在碱性介质中不稳定。甲氰菊酯原药为黄褐色固体，熔点45～50℃。

毒性 原药急性LD_{50}（mg/kg）：大鼠经口69.1（雄）、58.4（雌），小鼠经口68.1（雄、雌）；经皮大鼠794（雄）、681（雌）；对兔皮肤和眼睛无明显刺激性，对动物无致畸、致突变、致癌作用。

作用特点 甲氰菊酯属神经毒剂，具有触杀、胃毒作用，还具有一定的驱避作用，但无内吸、熏蒸作用。本品杀虫谱广、残效期长，对多种叶螨有良好效果，当害虫、害螨并发时，可虫螨兼治。低温下也有较好的防效，可在初冬清园时使用。

适宜作物 棉花、蔬菜、果树、茶树等。

防除对象 蔬菜害虫如菜青虫、小菜蛾等；棉花害虫如棉铃虫、棉红铃虫、红蜘蛛等；果树害虫如桃小食心虫、红蜘蛛、柑橘潜叶蛾等；茶树害虫如茶尺蠖等。

应用技术 以20％甲氰菊酯乳油、10％甲氰菊酯乳油为例。

（1）防治棉花害虫

① 棉铃虫　在卵盛孵期至低龄幼虫始盛期施药，用20％甲氰菊酯乳油30～40g/亩均匀喷雾。

② 棉红铃虫　在第二、三代卵盛孵期施药，用20％甲氰菊酯乳油30～40g/亩均匀喷雾。

③ 棉红蜘蛛　在成、若螨发生期施药，用20％甲氰菊酯乳油30～40g/亩均匀喷雾。

（2）防治蔬菜害虫　在菜青虫、小菜蛾低龄幼虫期施药，用20％甲氰菊酯乳油25～30g/亩均匀喷雾；或用10％甲氰菊酯乳油30～50g/亩均匀喷雾。

（3）防治果树害虫

① 红蜘蛛　在苹果树红蜘蛛发生期用药，用20％甲氰菊酯乳油2000倍液均匀喷雾；或用10％甲氰菊酯乳油800～1000倍液均匀喷雾。

② 桃小食心虫　在苹果树桃小食心虫卵孵化初期、幼虫蛀果前施

药，用 20％甲氰菊酯乳油 2000～3000 倍液均匀喷雾；或用 10％甲氰菊酯乳油 1000～1500 倍液均匀喷雾。

③ 柑橘红蜘蛛　在红蜘蛛始盛期用药，用 20％甲氰菊酯乳油 2000～3000 倍液均匀喷雾。

④ 柑橘潜叶蛾　在柑橘新梢放出初期 3～6d 或卵孵化期施药，用 20％甲氰菊酯乳油 8000～10000 倍液均匀喷雾。

（4）防治茶树害虫　在茶尺蠖低龄幼虫期施药，用 20％甲氰菊酯乳油 7.5～9.5g/亩均匀喷雾。

注意事项

① 除碱性物质外，可与各种药剂混用。

② 为延缓抗药性产生，与作用机制不同的农药轮换使用。

③ 对鱼、蚕、蜂高毒，施药时避免在桑园、养蜂区施药或药液流入池塘。

④ 在低温条件下药效更高、残效期更长，提倡早春和秋冬施药。

⑤ 本品虽具有杀螨作用，但不能作为专用杀螨剂使用，只能做替代品种，最好用于虫螨兼治。

⑥ 在棉花上的安全间隔期为 14d，每季最多施药 3 次；在苹果树、柑橘树上的安全间隔期为 30d，每季最多施药 3 次；在甘蓝上的安全间隔期为 3d，每季最多施药 3 次；在茶树上的安全间隔期为 7d，每季最多施药 1 次。

相关复配剂及应用

（1）甲氰•三唑磷

主要活性成分　甲氰菊酯，三唑磷。

作用特点　本品兼具有甲氰菊酯和三唑磷的特性，具有强烈的触杀和胃毒作用，渗透性强，无内吸和熏蒸作用，杀虫谱广。

剂型　22％、20％乳油。

应用技术　在柑橘红蜘蛛卵孵化期施药，用 20％乳油 1000～1500 倍液均匀喷雾；或用 22％乳油 1000～1500 倍液均匀喷雾。

注意事项

① 避免在强阳光及下雨天使用。

② 不能与碱性物质混用。

③ 远离水产养殖区施药，禁止在河塘等水体中清洗施药器具，避开蜜蜂、家蚕、水生生物养殖区等敏感区域使用。

④ 为减缓虫害的抗药性，建议与其他不同作用机制的农药轮换

使用。

⑤ 本品禁止在蔬菜上使用。

（2）阿维·甲氰

主要活性成分　甲氰菊酯，阿维菌素。

作用特点　本品对神经传导有抑制作用，害虫与药剂接触后即出现麻痹症状，不活动不取食，而后死亡。具有触杀和胃毒作用，对叶片有渗透作用，可作用于表皮下的害虫，且残效期较长。

剂型　1.8%、10%乳油，5%微乳剂。

应用技术

① 苹果树红蜘蛛　在害螨发生初期开始施药，用 1.8%乳油1000～1500 倍液均匀喷雾。

② 柑橘树红蜘蛛　在卵孵盛期施药，用 5%微乳剂 1000～1500 倍液均匀喷雾。

③ 小菜蛾　在卵孵盛期至低龄幼虫期施药，用 10%乳油 30～45g/亩均匀喷雾。

④ 菜青虫　在卵孵盛期至低龄幼虫期施药，用 1.8%乳油 20～30g/亩均匀喷雾。

注意事项

① 不能与强酸及碱性物质混用。

② 远离水产养殖区施药，禁止在河塘等水体中清洗施药器具，避开蜜蜂、家蚕、水生生物养殖区等敏感区域使用。

③ 建议与其他作用机制不同的杀虫剂轮换使用，以延缓抗性产生。

④ 在苹果树和柑橘树上的安全间隔期为 30d，每季最多施药 2 次；在甘蓝上的安全间隔期为 7d，每季最多使用 1 次。

（3）甲氰·辛硫磷

主要活性成分　甲氰菊酯，辛硫磷。

作用特点　本品具有较强的触杀、胃毒和一定的驱避作用，多作用位点、多作用方式杀死害虫。击倒力较强、速效性较好、持效期较长。药效受温度影响小，低温下也能表现较好的防治效果。

剂型　25%、20%乳油。

应用技术

① 菜青虫　在低龄幼虫发生盛期施药，用 25%乳油 25～50g/亩均匀喷雾；或用 20%乳油 50～80g/亩均匀喷雾。

② 棉铃虫　在卵孵盛期至幼虫钻蛀前施药，用 25%乳油 80～

100g/亩均匀喷雾。

③ 茶尺蠖　在卵孵盛期至低龄幼虫期施药，用25％乳油20～30g/亩均匀喷雾。

④ 红蜘蛛　在红蜘蛛发生初期开始施药，用25％乳油1000～2000倍液均匀喷雾；或用20％乳油3000～4000倍液均匀喷雾。

⑤ 苹果黄蚜　在蚜虫发生期施药，用25％乳油800～1200倍液均匀喷雾。

注意事项

① 不能与碱性物质混用。

② 远离水产养殖区施药，禁止在河塘等水体中清洗施药器具，避开蜜蜂、家蚕、水生生物养殖区等敏感区域使用。

③ 本品在光照条件下易分解，所以田间喷雾最好在傍晚和夜间进行。

④ 建议与其他作用机制不同的杀虫剂轮换使用，以延缓抗性产生。

⑤ 对蚜虫的天敌七星瓢虫的卵、幼虫和成虫均有强烈的杀伤作用，用药时应注意。

⑥ 黄瓜、菜豆、高粱的嫩叶对本品较敏感，施药时应避免药液飘移到上述作物上，以防产生药害。

⑦ 在棉花上的安全间隔期为14d，每季最多施药3次；在苹果树上的安全间隔期为30d，每季最多施药3次；在甘蓝、萝卜上的安全间隔期为7d，每季最多施药3次；在小白菜上的安全间隔期为21d，每季最多施药2次；在油菜上的安全间隔期为14d，每季最多施药3次。

（4）甲氰·噻螨酮

主要活性成分　甲氰菊酯，噻螨酮。

作用特点　本品为甲氰菊酯和噻螨酮的合理复配制剂，具有触杀和胃毒作用。前者是一种拟除虫菊酯类杀螨剂，对多种叶螨有良好效果，后者是噻唑烷酮类杀螨剂，对植物表皮层具有较好的穿透性，但无内吸传导作用。对多种害螨具有较强的杀卵、杀幼螨、杀若螨的特性，对接触到药液的卵具有抑制孵化的作用，但对成螨无效。

剂型　7.5％、12.5％乳油。

应用技术

① 柑橘红蜘蛛　在害螨发生初期开始施药，用7.5％乳油750～1000倍液均匀喷雾；或用12.5％乳油2000～2500倍液均匀喷雾。

② 苹果树红蜘蛛　在害螨发生初期开始施药，用7.5％乳油

1000～1500 倍液均匀喷雾。

注意事项

① 不能与碱性物质混用。

② 远离水产养殖区施药，禁止在河塘等水体中清洗施药器具，避开蜜蜂、家蚕、水生生物养殖区等敏感区域使用。

③ 建议与其他作用机制不同的杀虫剂轮换使用，以延缓抗性产生。

④ 本品在柑橘树和苹果树上的安全间隔期为 30d，每季最多使用 2 次。

甲氧虫酰肼

（methoxyfenozide）

$C_{22}H_{28}N_2O_3$, 368.47, 161050-58-4

化学名称 N-叔丁基-N′-(3-甲氧基-2-甲基苯甲酰基)-3,5-二甲基苯甲酰肼。

其他名称 Runner、Intrepid。

理化性质 纯品甲氧虫酰肼为白色粉末，熔点 202～205℃；溶解度（20℃，g/L）：二甲亚砜 110，环己酮 99，丙酮 90，难溶于水。

毒性 甲氧虫酰肼原药急性 LD_{50}（mg/kg）：大鼠经口＞5000、经皮＞2000；对兔眼睛有轻微刺激性，对兔皮肤无刺激性；对动物无致畸、致突变、致癌作用。

作用特点 甲氧虫酰肼为昆虫生长调节剂的一种，其有效成分甲氧虫酰肼属双酰肼类杀虫剂，为一种非固醇型结构的蜕皮激素，能使鳞翅目幼虫在成熟前提早进入蜕皮过程而又不能形成健康的新表皮，导致幼虫提早停止取食并最终死亡。本品对防治对象选择性强，只对鳞翅目幼虫有效。甲氧虫酰肼对环境较友善，对鱼类、虾、牡蛎和水蚤毒性中等，对皮肤、眼睛无刺激性，无致敏性，属低毒杀虫剂。

适宜作物 蔬菜、玉米、水稻、高粱、大豆、棉花、甜菜、果树、花卉、茶树等。

防除对象 水稻害虫如二化螟等；果树害虫如苹果蠹蛾、苹果食心虫等；蔬菜害虫如甜菜夜蛾、斜纹夜蛾等。

应用技术 以24%甲氧虫酰肼悬浮剂、240g/L甲氧虫酰肼悬浮剂为例。

（1）防治水稻害虫 在二化螟卵孵高峰期至低龄幼虫高峰期施药，用24%甲氧虫酰肼悬浮剂20～30g/亩均匀喷雾。

（2）防治果树害虫 在苹果小卷叶蛾低龄幼虫期施药，用240g/L甲氧虫酰肼悬浮剂3000～5000倍液均匀喷雾。

（3）防治蔬菜害虫 在甜菜夜蛾、斜纹夜蛾卵孵盛期和低龄幼虫期施药，用240g/L甲氧虫酰肼悬浮剂10～20g/亩均匀喷雾。

注意事项

① 摇匀后使用，先用少量水稀释，待溶解后边搅拌边加入适量水。喷雾务必均匀周到。

② 施药时期掌握在卵孵化盛期或害虫发生初期。

③ 为防止抗药性产生，害虫多代重复发生时勿单一施此药，建议与其他作用机制不同的药剂交替使用。

④ 避免药液喷溅到眼睛和皮肤上，避免吸入药液气雾，施药时穿戴长袖衣裤及防水手套，施药结束后用肥皂彻底清洗。

⑤ 本品不适宜用灌根等任何浇灌方法。

⑥ 本品对水生生物有毒，禁止污染湖泊、水库、河流、池塘等水域。

⑦ 儿童、孕妇及哺乳期妇女避免接触。

⑧ 在水稻上使用后至少45d才能收获，每季最多使用1次；在甘蓝上的安全间隔期为7d，每季最多使用1次。

相关复配剂及应用

（1）甲氧·甲吡醚

主要活性成分 三氟甲吡醚，甲氧虫酰肼。

作用特点 兼具三氟甲吡醚和甲氧虫酰肼的作用。

剂型 24%悬浮剂。

应用技术 在小菜蛾幼虫发生期施药，用24%悬浮剂21～29g/亩均匀喷雾。

注意事项

① 最好采用现配现喷的方法，不宜长时间搁置。

② 对蚕有影响，因此请勿喷洒在桑叶上，桑园及蚕室附近禁用。

③ 建议与其他作用机制不同的杀虫剂轮换使用，以延缓抗性产生。

④ 孕妇及哺乳期妇女应避免接触本品。

⑤ 在甘蓝上的安全间隔期为 5d，每季最多使用 1 次。

（2）甲氧·茚虫威

主要活性成分 茚虫威，甲氧虫酰肼。

作用特点 兼具茚虫威和甲氧虫酰肼的作用，两者混配具有良好的防治效果。

剂型 26％、35％悬浮剂。

应用技术

① 甜菜夜蛾 在甜菜夜蛾低龄幼虫发生初期施药，用 35％悬浮剂 8～12g/亩均匀喷雾。

② 二化螟 在水稻二化螟卵孵盛期至低龄幼虫发生期施药，用 26％悬浮剂 10～12g/亩均匀喷雾。

注意事项

① 对水生生物、蜜蜂和家蚕高毒，水产养殖区、河塘等水体附近禁用。

② 孕妇及哺乳期妇女禁止接触。

③ 建议与其他作用机制不同的杀虫剂轮换使用，以延缓抗性产生。

④ 在甘蓝上的安全间隔期为 7d，每季最多使用 1 次；在水稻上的安全间隔期为 45d，每季最多使用 2 次。

（3）甲氧·虫螨腈

主要活性成分 虫螨腈，甲氧虫酰肼。

作用特点 具胃毒及触杀作用，同时可干扰昆虫的正常生长发育，促进昆虫蜕皮而致死。在植物叶面渗透性强，有一定内吸作用。

剂型 12％、24％悬浮剂。

应用技术 在甜菜夜蛾卵孵化盛期至低龄幼虫发生期施药，用 12％悬浮剂 30～45g/亩均匀喷雾，或用 24％悬浮剂 20～25g/亩均匀喷雾。

注意事项

① 建议与其他作用机制不同的杀虫剂轮换使用，以延缓抗性产生。

② 对家蚕、赤眼蜂有毒，蚕室和桑园附近禁用，施药期间应避免

对周围蜂群的影响，周围植物花期、赤眼蜂等天敌昆虫放飞区禁用。

③ 孕妇及哺乳期妇女避免接触。

④ 不可与呈碱性的农药等物质混用。

⑤ 在甘蓝上的安全间隔期为 14d，每季最多使用 2 次。

抗蚜威
（pirimicarb）

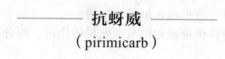

C₁₁H₁₈N₄O₂, 238.3, 23103-98-2

$C_{11}H_{18}N_4O_2$, 238.3, 23103-98-2

化学名称 5，6-二甲基-2-二甲氨基-4-嘧啶基-N，N-二甲基氨基甲酸酯。

其他名称 辟蚜雾、辟蚜威、Pirimor、Rapid、Aphox。

理化性质 白色粉末状固体，熔点 90.5℃，无味；工业品为浅黄色粉末状固体，熔点＞85℃；溶解度（25℃，g/L）：水 2.7，丙酮 4.0，氯仿 3.2，乙醇 2.5，二甲苯 2.0；与酸形成易溶于水的盐。

毒性 原药大白鼠急性 LD_{50}（mg/kg）：经口 130（雄）、143（雌），经皮＞2000；对皮肤和眼睛无刺激性，对鱼、水生生物、蜜蜂、鸟类低毒；饲喂大鼠两年，未发现异常现象；对动物无致畸、致突变、致癌作用。

作用特点 抗蚜威为选择性杀虫剂，具有触杀、胃毒和破坏呼吸系统的作用，能防治对有机磷杀虫剂产生抗性的除棉蚜外的所有蚜虫。该药杀虫迅速，施药后数分钟即可迅速杀死蚜虫，因而对预防蚜虫传播的病毒病有良好的作用。残效期短，对作物安全，不伤天敌，是害虫综合防治的理想药剂。抗蚜威对瓢虫、食蚜蝇、蚜茧蜂等蚜虫天敌没有不良影响，可保护天敌，从而可有效延长对蚜虫的控制期。抗蚜威对蜜蜂安全，用于防治大白菜、萝卜等蔬菜田的蚜虫，能提高蜜蜂的授粉率，增加产量。

适宜作物 小麦、烟草、十字花科蔬菜等。

防除对象 小麦害虫如麦蚜等；烟草害虫如烟蚜等；十字花科蔬菜

害虫如菜蚜等。

应用技术 以50％可湿性粉剂，25％水分散粒剂为例。

（1）防治小麦蚜虫 在蚜虫始盛期施药，用50％可湿性粉剂15～20g/亩兑水40～50kg均匀喷雾。

（2）防治烟草蚜虫 在蚜虫始盛期施药，用25％水分散粒剂30～50g/亩兑水40～50kg均匀喷雾。

（3）防治十字花科蔬菜蚜虫 在蚜虫始盛期施药，用25％水分散粒剂20～36g/亩兑水40～50kg均匀喷雾。

注意事项

① 禁止与碱性农药等物质混用。

② 对蜂、鸟、赤眼蜂、大型溞有毒。施药期间应避免对周围蜂群的影响；周围植物花期、鸟保护区、赤眼蜂等天敌昆虫放飞区禁用；远离水产养殖区施药；禁止在河塘等水域中清洗施药器具。

③ 在15℃以下效果不能充分发挥，最好选择气温在20℃以上的无风温暖天气施药。

④ 对棉蚜防治效果差，请勿在棉田使用此药。

⑤ 大风天或预计1h内有雨请勿施药。

⑥ 建议与其他作用机制不同的杀虫剂轮换使用，以延缓害虫抗性的产生。

⑦ 在小麦上的安全间隔期为14d，每季最多使用2次；在烟草上的安全间隔期为7d，每季最多使用3次；在十字花科蔬菜上的安全间隔期为14d，每季最多使用3次。

相关复配剂及应用 抗蚜·吡虫啉

主要活性成分 抗蚜威，吡虫啉。

作用特点 为氨基甲酸酯类杀虫剂抗蚜威和新烟碱类杀虫剂吡虫啉的复配制剂，具有触杀、熏蒸和内吸作用。抗蚜·吡虫啉杀虫迅速，防治小麦蚜虫有良好的效果。

剂型 24％可湿性粉剂。

应用技术 防治小麦蚜虫，在苗期有蚜株率达15％，穗期有蚜穗达50％或百株蚜200头，或在蚜虫始盛期施药，用24％可湿性粉剂15～20g/亩均匀喷雾。

注意事项

① 禁止与碱性农药等物质混用。

② 开花植物花期禁用；蚕室、桑园附近禁用；赤眼蜂、瓢虫等天

敌放飞区域禁用；远离水产养殖区、河塘等水体施药，禁止在河塘等水体中清洗施药器具。

③ 抗蚜·吡虫啉的药效与温度有关，15℃以下以触杀作用为主，20℃以上有熏蒸作用，15～20℃之间，熏蒸作用随温度上升而增加。

④ 瓜类、豆类作物对该药较敏感，施药时应避免药液飘移到上述作物上。

⑤ 应避开大风天用药，若药后3h内降雨需补用药。

⑥ 在小麦上的安全间隔期为14d，每季小麦最多施用2次。

克螨特
（propargite）

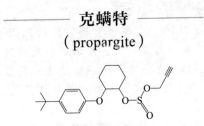

$C_{19}H_{26}O_4S$, 350.5, 2312-35-8

化学名称 2-(4-叔丁基苯氧基)环己基丙-2-炔基亚硫酸酯。

其他名称 丙炔螨特、炔螨特、螨除净、Comite、Omite、BPPS、progi、ENT27226。

理化性质 工业品克螨特为深琥珀色黏稠液体，易燃，易溶于有机溶剂，不能与强碱、强酸混合。

毒性 克螨特原药急性 LD_{50}（mg/kg）：大白鼠经口2200，兔经皮＞3000。

作用特点 克螨特具有触杀、熏蒸和胃毒作用，无内吸和渗透传导作用。对成螨、若螨有效，杀卵效果差。

适宜作物 棉花、蔬菜、苹果、柑橘、茶树、花卉等。

防除对象 棉花、蔬菜、苹果、柑橘、茶树、花卉等多种作物上的害螨。

应用技术 以73％克螨特乳油为例。

（1）防治棉花害螨 在棉花红蜘蛛发生盛期施药，用73％克螨特乳油35～45g/亩均匀喷雾。

（2）防治果树害螨 防治柑橘红蜘蛛、柑橘锈壁虱、苹果红蜘蛛、山楂红蜘蛛时，在红蜘蛛若螨盛发初期施药，用73％克螨特乳油

2000～4000 倍液均匀喷雾。

（3）防治茶树害螨　防治茶叶瘿螨、茶橙瘿螨：在树茶橙瘿螨若虫发生盛期施药，用 73％克螨特乳油 1500～2000 倍液均匀喷雾。

（4）防治蔬菜害螨　茄子、豇豆红蜘蛛，在害虫发生盛期前施药，用 73％克螨特乳油 30～50g/亩均匀喷雾。

注意事项

① 在高温、高湿条件下喷雾洒高浓度的克螨特对某些作物的幼苗和新梢嫩叶有药害，为了作物安全，对 25cm 以下的瓜、豆、棉苗等，73％乳油的稀释倍数不宜低于 3000 倍，对柑橘新梢不宜低于 2000 倍。

② 施用时必须戴安全防护用具，不慎接触眼睛或皮肤时，应立即用清水冲洗；若误服，应立即饮下大量牛奶、蛋白或清水，送医院治疗。

③ 本产品除不能与波尔多液及强碱农药混合使用外，可与一般农药混用。

④ 克螨特为触杀性杀螨剂，无组织渗透作用，故需均匀喷洒作物叶片的两面及果实表面。

⑤ 应储存于阴凉、通风的库房，远离火种、热源，防止阳光直射，保持容器密封。应与氧化剂、碱类分开存放，切忌混储。配备相应品种和数量的消防器材，储区应备有泄漏应急处理设备和合适的收容材料。

⑥ 建议与其他作用机制不同的杀螨剂轮换使用，以延缓抗性产生。

⑦ 在棉花上的安全间隔期为 21d，每季最多使用 3 次；在柑橘树上的安全间隔期为 21d，每季最多使用 2 次；在桑树上的安全间隔期为 10d，每季最多使用 2 次。

相关复配剂及应用

（1）炔螨·矿物油

主要活性成分　矿物油，炔螨特。

作用特点　具有触杀和胃毒作用，对成螨、若螨和卵均有效，持效期较长。

剂型　73％乳油。

应用技术　在苹果树红蜘蛛卵孵化初盛期施药，用 73％乳油 2000～3000 倍液均匀喷雾。

注意事项

① 高温、高湿下，对作物的幼苗和新梢嫩叶可能产生药害，使用时应严格控制用药浓度。

② 对蜜蜂、鱼类等水生生物，家蚕有毒，蜜源植物花期、蚕室、桑园附近禁用，远离水产养殖区施药。

③ 建议与其他作用机制不同的杀虫剂轮换使用，以延缓抗性产生。

④ 孕妇及哺乳期的妇女应避免接触。

⑤ 不可与呈碱性和酸性的农药等物质混合使用。

⑥ 在柑橘树上的安全间隔期为 30d，每季最多使用 2 次。

（2）炔螨·溴螨酯

主要活性成分　炔螨特，溴螨酯。

作用特点　具有触杀和胃毒作用，无内吸传导作用，对卵、若螨、成螨均具有杀伤作用。

剂型　50%乳油。

应用技术　在柑橘树红蜘蛛发生为害初期施药，用 50%乳油 1500～2500 均匀喷雾。

注意事项

① 建议与其他作用机制不同的杀虫剂轮换使用，以延缓抗性产生。

② 对鱼和水蚤高毒，禁止在鱼塘、河流等场所及其周围使用。

③ 不能与强酸、强碱性物质混合使用。

④ 孕妇及哺乳期妇女应避免接触。

⑤ 在柑橘树上的安全间隔期为 30d，每季最多使用 2 次。

苦皮藤素

（celastrus angulatus）

化学名称　β-二氢沉香呋喃多元酯。

理化性质　原药外观为深褐色均质液体。熔点 214～216℃，不溶于水，易溶于芳烃、乙酸乙酯等中等极性溶剂，能溶于甲醇等极性溶剂，在非极性溶剂中溶解度较小。在中性或酸性介质中稳定，强碱性条件下易分解。制剂外观为棕黑色液体，相对密度 1.20，闪点＞150℃。

毒性　急性 LD_{50}（mg/kg）：经口＞2000；经皮＞2000。

作用特点　本品属于植物源农药，它是以苦皮藤根皮为原料，经有机溶剂（苯）提取后，将提取物、助剂和溶剂以适当比例混合而成的杀虫剂。具有胃毒、触杀和麻醉、拒食的作用，以胃毒作用为主，主要作用于昆虫消化道组织，导致昆虫进食困难，饥饿而死。不易产生抗性和交互抗性。

适宜作物　蔬菜、水稻、果树、茶树、林木等。

防除对象　蔬菜害虫如甜菜夜蛾、菜青虫、斜纹夜蛾、韭蛆等；水稻害虫如稻纵卷叶螟等；果树害虫如小卷叶蛾、绿盲蝽等；茶树害虫如茶尺蠖等；林木害虫如尺蠖等。

应用技术　以1%苦皮藤素水乳剂、0.3%苦皮藤素水乳剂、0.2%苦皮藤素水乳剂为例。

（1）防治蔬菜害虫

① 甜菜夜蛾　在低龄幼虫发生期施药，用1%苦皮藤素水乳剂90～120g/亩均匀喷雾。

② 菜青虫　在低龄幼虫发生期施药，用1%苦皮藤素水乳剂50～70g/亩均匀喷雾。

③ 斜纹夜蛾　在低龄幼虫发生期施药，用1%苦皮藤素水乳剂90～120g/亩均匀喷雾。

④ 黄条跳甲　在甘蓝黄条跳甲发生初盛期施药，用0.3%苦皮藤素水乳剂100～120g/亩均匀喷雾。

⑤ 韭蛆　在韭菜根蛆发生初盛期施药，用0.3%苦皮藤素水乳剂90～100g/亩灌根处理。

（2）防治水稻害虫　在稻纵卷叶螟低龄幼虫发生期施药，用1%苦皮藤素水乳剂30～40g/亩均匀喷雾。

（3）防治果树害虫

① 小卷叶蛾　在猕猴桃小卷叶蛾低龄幼虫发生期施药，用1%苦皮藤素水乳剂4000～5000倍液均匀喷雾。

② 绿盲蝽　在发生期施药，用1%苦皮藤素水乳剂30～40g/亩均匀喷雾。

（4）防治茶树害虫　在茶尺蠖低龄幼虫发生期施药，用1%苦皮藤素水乳剂30～40g/亩均匀喷雾。

（5）防治林木害虫　在槐树尺蠖发生初盛期施药，用0.2%苦皮藤素水乳剂1000～2000倍液均匀喷雾。

注意事项

① 本品不宜与碱性农药混用。

② 本品对鸟类、鱼类等水生生物有毒，施药期间应避免对周围鸟

类的影响，鸟类保护区附近禁用；水产养殖区、河塘等水体附近禁用，禁止在河塘等水体中清洗施药器具，清洗施药器具的水也不能排入河塘等水体，鱼或虾蟹套养的稻田禁用，施药后的田水不得直接排入水体；对家蚕有毒，家蚕及桑园附近禁用。

③ 建议与其他作用机制不同的杀虫剂轮换使用，以延缓抗性产生。

④ 在水稻上的安全间隔期为 15d，在其他作物上的安全间隔期为 10d，每季最多使用 1 次。

苦参碱
（matrine）

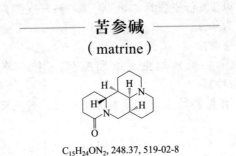

$C_{15}H_{24}ON_2$, 248.37, 519-02-8

理化性质　深褐色液体，酸碱度≤1.0（以 H_2SO_4 计）。热贮存在 54℃±2℃，14d 分解率≤5.0％，0℃±1℃冰水溶液放置 1h 无结晶，无分层，不可与碱性物质混用。

毒性　急性 LD_{50}（mg/kg）：经口＞10000；经皮＞10000。

作用特点　本品是生物碱类杀虫剂，为天然植物性农药，具有触杀和胃毒作用。害虫一旦接触药剂，即麻痹神经中枢，继而使虫体蛋白凝固，堵死虫体气孔，使虫体窒息死亡。杀虫广谱，是一种低毒、低残留、环保型农药。

适宜作物　蔬菜、果树、小麦、烟草、茶树、林木等。

防除对象　蔬菜害虫如菜青虫、小菜蛾、蚜虫、韭蛆等；小麦害虫如蚜虫等；果树害虫如矢尖蚧、红蜘蛛、梨木虱等；烟草害虫如烟青虫、烟蚜、小地老虎等；茶树害虫如茶毛虫、茶小绿叶蝉等；林木害虫如美国白蛾等。

应用技术　以 0.5％苦参碱水剂、1.3％苦参碱水剂、0.3％苦参碱水剂、0.3％苦参碱可湿性粉剂为例。

（1）防治蔬菜害虫

① 蚜虫　在虫害发生初期施药，用 0.5％苦参碱水剂 60～90g/亩均匀喷雾；或用 1.3％苦参碱水剂 20～40g/亩均匀喷雾。

② 菜青虫、小菜蛾　在卵孵盛期至低龄幼虫期施药，用 0.5％苦参碱水剂 60～90g/亩均匀喷雾；或用 1.3％苦参碱水剂 32.5～40g/亩均匀喷雾。

③ 韭蛆　在韭菜韭蛆低龄幼虫发生初期施药，用 0.5％苦参碱水剂 1000～2000g/亩灌根。

（2）防治小麦害虫　在蚜虫发生始盛期施药，用 0.5％苦参碱水剂 60～90g/亩均匀喷雾。

（3）防治果树害虫

① 矢尖蚧　于柑橘树矢尖蚧发生始盛期施药，用 0.5％苦参碱水剂 1000～1500 倍液均匀喷雾。

② 红蜘蛛　在红蜘蛛发生初盛期施药，用 0.5％苦参碱水剂 220～660 倍液均匀喷雾。

③ 梨木虱　于梨树梨木虱发生始盛期开始施药，用 0.5％苦参碱水剂 600～1000 倍液均匀喷雾。

（4）防治烟草害虫

① 烟青虫　在卵孵盛期至低龄幼虫盛发期施药，用 0.5％苦参碱水剂 60～80g/亩均匀喷雾。

② 烟蚜　在虫害初期施药，用 0.5％苦参碱水剂 60～90g/亩均匀喷雾。

③ 小地老虎　于烟草移栽时施药，用 0.3％苦参碱可湿性粉剂 5000～7000g/亩穴施处理。把药剂和一定湿度细土混合均匀后施于种植穴内，随即覆土，每株剂量 3～5g，每季施药 1 次。

（5）防治茶树害虫

① 茶毛虫　在低龄幼虫期施药，用 0.5％苦参碱水剂 50～70g/亩均匀喷雾；或用 0.3％苦参碱水剂 90～120g/亩均匀喷雾。

② 小绿叶蝉　在茶小绿叶蝉若虫盛发初期开始施药，用 0.3％苦参碱水剂 120～150g/亩均匀喷雾。

（6）防治林木害虫　于林木美国白蛾低龄幼虫发生盛期施药，用 0.5％苦参碱水剂 1000～1500 倍液均匀喷雾。

注意事项

① 本品对蜂、蚕、鸟、鱼有毒，开花植物花期禁用，使用时应密切关注对附近蜂群的影响；远离水产养殖区施药，禁止在河塘等水体中清洗施药器具。

② 严禁与碱性农药混用。如作物用过化学农药，5d 后方可施用此

药，以防酸碱中和影响药效。

③ 在茶树上的安全间隔期为 3d，每季最多使用 2 次；在烟草上的安全间隔期为 7d，每季最多使用 2 次；在青菜、甘蓝、萝卜上的安全间隔期分别为 7d、14d、21d，每季最多使用 1 次；在杨树上的安全间隔期为 14d，每季最多使用 1 次。

相关复配剂及应用

（1）烟碱·苦参碱

主要活性成分 烟碱，苦参碱。

作用特点 本制剂是复配型植物源杀虫剂，以植物提取物烟碱、苦参碱为主剂加工而成，具有较强的熏蒸、触杀、胃毒和杀卵作用。烟碱主要作用于昆虫神经系统，引起昆虫兴奋而导致死亡；苦参碱主要作用是麻痹昆虫神经中枢，引起虫体蛋白凝固，导致害虫窒息死亡。烟剂燃烧后，主剂在高温下挥发到大气中，冷凝成雾滴充分扩散到空中，起到杀虫作用。

剂型 1.2％烟剂，3.6％微胶囊悬浮剂，0.6％、1.2％乳油。

应用技术

① 松毛虫 在松树松毛虫 2～3 龄幼虫期施药，在林内风速为 0.3～1m/s 时，用 1.2％烟剂 1000～2000g/亩放烟，将烟剂筒垂直于地面，用脚踩住纸筒顶端线绳根部，用力猛拉线绳即可。重点干旱防火区或防火期，应清理出直径 60cm 的地表，中心挖一深 20cm 以上的坑穴，将烟剂放入其中拉燃。

② 美国白蛾 在林木美国白蛾低龄幼虫期施药，用 3.6％微胶囊悬浮剂 1000～3000 倍液均匀喷雾。

③ 蚜虫 在甘蓝蚜虫初发期施药，用 0.6％乳油 60～120g/亩均匀喷雾。

④ 菜青虫 在甘蓝菜青虫盛发期施药，用 1.2％乳油 40～50g/亩均匀喷雾。

注意事项

① 本品对蜜蜂、家蚕有毒，开花作物花期及蚕室、桑园附近禁用；赤眼蜂等天敌放飞区域禁用；对鱼类等水生生物有毒，远离水产养殖区、河塘等水域附近施药，残液严禁倒入河中，禁止在江河湖泊中清洗施药器具。

② 不可与呈碱性的农药等物质混合使用。

③ 与不同作用机理的杀虫剂交替使用，以延缓抗性的产生。

④ 烟雾防治，作业面积大，作业前要通知周围人群，不要在放烟时进入施业地，放烟后待烟雾散尽后，方可进入林间进行作业。防治区离居民区较近的地方，要采用早上从山下放烟的方法坚决避免烟雾笼罩居民点。

⑤ 在甘蓝上的安全间隔期为 14d，每季最多使用 1 次。

（2）苦参·印楝素

主要活性成分　苦参碱，印楝素。

作用特点　本品为两种天然植物源农药混配的杀虫剂。具有触杀、胃毒、拒食及驱避作用。

剂型　1％可溶液剂，1％乳油。

应用技术

① 蚜虫　在甘蓝蚜虫发生期施药，用 1％可溶液剂 60～80g/亩均匀喷雾。

② 小菜蛾　在卵孵化盛期至低龄幼虫期施药，用 1％乳油 60～80g/亩均匀喷雾。

注意事项

① 本品对蜜蜂、家蚕有毒，开花作物花期及蚕室、桑园附近禁用；赤眼蜂等天敌放飞区域禁用；对鱼类等水生生物有毒，远离水产养殖区、河塘等水域附近施药，残液严禁倒入河中，禁止在江河湖泊中清洗施药器具。

② 建议与其他作用机制不同的杀虫剂轮换使用。

③ 本品不可与呈碱性的农药等物质混合使用。

④ 在甘蓝上的安全间隔期为 14d，每季最多使用 5 次。

（3）虫菊·苦参碱

主要活性成分　除虫菊素，苦参碱。

作用特点　本品为天然植物源杀虫剂，由天然除虫菊素和苦参碱复配而成，具有触杀、胃毒作用。对哺乳动物低毒，在环境中能迅速分解。

剂型　0.5％可溶液剂，1.8％水乳剂。

应用技术　在甘蓝蚜虫始盛期施药，用 0.5％可溶液剂 45～50g/亩均匀喷雾；或用 1.8％水乳剂 40～50g/亩均匀喷雾。

注意事项

① 本品为植物源农药，紫外线照射会加速分解，避免在烈日下施药，日落前后施药效果最佳。

② 本品对蜜蜂、家蚕有毒，开花作物花期及蚕室、桑园附近禁用；赤眼蜂等天敌放飞区域禁用；对鱼类等水生生物有毒，远离水产养殖区、河塘等水域附近施药，残液严禁倒入河中，禁止在江河湖泊中清洗施药器具。

③ 不可与呈碱性的农药等物质混合使用，如作物用过化学农药，5d 后方可施用此药，以防酸碱中和影响药效。

④ 建议与其他作用机制不同的杀虫剂交替使用，以延缓抗性产生。

（4）苦参·藜芦碱

主要活性成分 苦参碱，藜芦碱。

作用特点 本品为苦参碱和藜芦碱复配的天然植物源杀虫剂。对人畜低毒，杀虫谱较广，对害虫有较强的触杀和胃毒作用。

剂型 0.6%水剂。

应用技术

① 小菜蛾 在低龄幼虫期施药，用 0.6%水剂 50～70g/亩均匀喷雾。

② 茶小绿叶蝉 在虫害初期施药，用 0.6%水剂 60～75g/亩均匀喷雾。

注意事项

① 本品严禁与碱性物质混用，以防酸碱中和影响药效。

② 远离水产养殖区、河塘等水体施药；开花植物花期禁用；蚕室及桑园附近禁用；鸟类保护区附近禁用。

喹硫磷
（quinalphos）

$C_{12}H_{15}N_2O_3PS$, 298.30, 13593-03-8

化学名称 O,O-二乙基-O-2-喹噁啉基硫代磷酸酯。

其他名称 喹恶磷、喹恶硫磷、克铃死、爱卡士、Kinalux、Bayrusil、Ekalux、Dilthchinalphion、Bayer 77049、SRA7312。

理化性质 纯品为白色晶体，熔点 31～36℃，工业品为深褐色油状液体，120℃分解，不能蒸馏。相对密度（20℃）1.235；22～23℃时在水中溶解度为 17.8mg/L，在正己烷中为 250g/L，易溶于甲苯、二甲苯、乙醚、乙酸乙酯、乙腈、甲醇、乙醇等，微溶于石油醚。工业品不稳定，在室温下，稳定期为 14d，但在非极性溶剂中，并有稳定剂存在时稳定，遇碱易水解。

毒性 大鼠急性 LD_{50}（mg/kg）：71（经口），800～1750（经皮），急性吸入 LC_{50} 0.71mg/L。对兔眼睛和皮肤无刺激作用。以含有 160mg/kg 剂量的饲料喂养大鼠 90d，未见中毒现象。2 年喂养无作用剂量大鼠为 3mg/kg，狗为 0.5mg/kg。在试验剂量内，未见致癌、致畸、致突变；鲤鱼 LC_{50} 3～10mg/L（24h）；对蜜蜂有毒。

作用特点 喹硫磷为乙酰胆碱酯酶抑制剂，属广谱性杀虫剂，具有胃毒和触杀作用，无内吸和熏蒸性能，有一定的杀卵功效。它在植物上有良好的渗透性，降解速度快，残效期短。

适宜作物 水稻、棉花、柑橘树等。

防除对象 水稻害虫如稻纵卷叶螟、二化螟、三化螟等；棉花害虫如棉铃虫、蚜虫等；果树害虫如柑橘木虱、柑橘介壳虫等。

应用技术 以 10％、25％乳油为例。

（1）防治水稻害虫

① 稻纵卷叶螟 在卵孵盛期至低龄幼虫期施药，用 10％乳油 100～150g/亩朝稻株中上部喷药。

② 二化螟 在卵孵始盛期至高峰期施药，用 25％乳油 120～140g/亩兑水朝稻株中下部喷雾。

③ 三化螟 在分蘖期和孕穗至破口露穗期当发现田间有枯心苗或白穗时施药，用 10％乳油 100～120g/亩喷雾。前期重点是近水面的茎基部；孕穗期重点是稻穗。每隔 5～7d 喷一次，连喷 2～3 次。

防治水稻害虫时田间应保持 3～5cm 的水层 3～5d。

（2）防治棉花害虫

① 棉铃虫 在卵孵盛期至低龄幼虫期施药，用 25％乳油 100～140g/亩均匀喷雾。

② 蚜虫 在蚜虫发生始盛期施药，用 25％乳油 48～160g/亩均匀喷雾。

（3）防治柑橘害虫

① 柑橘木虱 在卵孵盛期至低龄若虫期施药，用 25％乳油 1500～2000 倍液均匀喷雾，叶背、叶面均要喷到。

② 柑橘介壳虫 在一龄若蚧盛发期施药，用 25％乳油 750～1000

倍液喷雾。施药间隔 5～7d，连续施药 2～3 次。

注意事项

① 不可与碱性农药等物质混合使用。

② 对鱼类等水生生物、蜜蜂、家蚕毒害大，应避免对周围蜂群的不利影响；开花植物花期、蚕室和桑园附近禁用；鸟类保护区禁用；瓢虫、赤眼蜂天敌放飞区域禁用；远离水产养殖区施药；禁止在河塘等水体中清洗施药器具。

③ 大风天或预计 1h 内降雨请勿施药。

④ 建议与菊酯类农药混配使用，并与其他作用机制不同的杀虫剂轮换使用。

⑤ 在水稻、棉花、柑橘上的安全间隔期分别为 14d、25d 和 28d，每季最多使用均为 3 次。

相关复配剂及应用

（1）氰戊·喹硫磷

主要活性成分　喹硫磷，氰戊菊酯。

作用特点　为有机磷类杀虫剂喹硫磷和拟除虫菊酯类杀虫剂氰戊菊酯的复合制剂，具有胃毒和触杀作用，无内吸和熏蒸作用，在植物上有一定的渗透性，对介壳虫有良好的防治效果。

剂型　12.5％乳油。

应用技术　柑橘树上在介壳虫卵孵盛期，一龄若虫到处游走时施药，用 12.5％乳油 750～1000 倍液喷雾处理。

注意事项

① 禁止在茶树上使用。

② 不能与碱性物质混用，以免分解失效。

③ 对鱼类等水生生物、蜜蜂、家蚕有毒，施药期间应避免对周围蜂群的影响；开花植物花期、蚕室和桑园附近禁用；远离水产养殖区施药；禁止在河塘等水体中清洗施药器具。

④ 大风天或预计 1h 内降雨请勿施药。

⑤ 建议与不同作用机制的杀虫剂交替使用。

⑥ 在柑橘树上的安全间隔期为 28d，每季最多使用 3 次。

（2）喹硫·敌百虫

主要活性成分　敌百虫，喹硫磷。

作用特点　为有机磷类杀虫剂敌百虫和喹硫磷的复合制剂，对害虫有胃毒和触杀作用，具有良好的渗透性和杀卵作用，能够有效防治水稻二化螟。

剂型　35％乳油。

应用技术　在二化螟卵孵盛期至 2 龄幼虫发生期施药，用 35％乳油 80～120g/亩兑水 50～75kg 均匀透彻喷雾。水田保持 3～5cm 浅水层 5～7d。

注意事项

① 不宜与碱性物质混用，以免分解药效。

② 对蜜蜂毒性大，在蜂群附近作物开花田不能使用。

③ 对高粱易产生药害，玉米、豆类、瓜类的幼苗对敌百虫敏感，使用时应避免药液接触到此类作物，以免产生药害。

④ 清洗器具的废水，不能排入河流、池塘等水源；废弃物要妥善处理，不可做他用。

⑤ 大风或预计 1h 内降雨请勿施药；药物喷施 2 小时内遇雨应该酌情补喷。

⑥ 建议与其他作用机制不同的杀虫剂轮换使用。

⑦ 在水稻上使用的安全间隔期为 15d，每季最多使用 2 次。

喹螨醚

（fenazaquin）

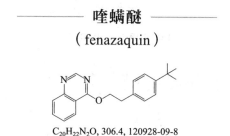

$C_{20}H_{22}N_2O$, 306.4, 120928-09-8

化学名称　4-叔丁基苯乙基-喹唑啉-4-基醚。

其他名称　喹螨醚、螨即死。

理化性质　纯品为晶体，熔点 70～71℃，蒸气压 0.013mPa（25℃），溶解度（g/L）：丙酮 400、乙腈 33、氯仿大于 500、己烷 33、甲醇 50、异丙醇 50、甲苯 50，水 0.22mg/L。

毒性　急性经口 LD_{50}（mg/kg）：雄大鼠 50～500，小鼠＞500，鹌鹑＞2000（用管饲法）。

作用特点　喹螨醚是一种新型硫脲杀虫、杀螨剂，属喹啉类杀螨剂，作用方式为触杀、胃毒，通过触杀作用于昆虫细胞的线粒体和染色体组 I，占据了辅酶 Q 的结合点。对柑橘树、苹果树红蜘蛛有较好的防治效果，持效期长，对天敌安全。

适宜作物　蔬菜、棉花、果树、茶树、观赏植物等。

防除对象　螨类。

应用技术　以 95g/L 喹螨醚乳油、18% 喹螨醚悬浮剂为例。

（1）防治果树害螨　在苹果树红蜘蛛幼、若螨刚开始发生时施药，用 95g/L 喹螨醚乳油 3800～4500 倍液均匀喷雾。

（2）防治茶树害螨　在红蜘蛛幼、若螨刚开始发生时施药，用 18% 喹螨醚悬浮剂 25～35g/亩均匀喷雾。

注意事项

① 对蜜蜂、家蚕及水生生物有毒，避免直接施用于花期植物上和蜜蜂活动场所，避免污染鱼池、灌溉和饮用水源。

② 对皮肤和眼睛有刺激性，用药时应注意安全防护。

③ 不得与呈碱性的农药等物质混用。

④ 在茶树上的安全间隔期为 7d，每季最多使用 1 次；在苹果树上的安全间隔期为 30d，每季最多使用 1 次。

狼毒素

（neochamaejasmin）

$C_{30}H_{22}O_{10}$, 542.49, 90411-13-5

化学名称　[3,3′-双-4H-1-苯并吡喃]-4,4′-二酮,2,2′,3,3′-四氢-5,5′,7,7′-四羟基-2,2′-双(4-羟基苯基)。

理化性质　原药外观为黄色结晶粉末，熔点 278℃，溶于甲醇、乙醇，不溶于三氯甲烷、甲苯。制剂外观为棕褐色、半透明、黏稠状、无霉变、无结块固体。

毒性　大鼠急性 LD_{50}（mg/kg）：经口＞5000；经皮＞5000。

作用特点　本品属黄酮类化合物，具有旋光性，且多为左旋体。具有胃毒、触杀作用，作用于虫体细胞，渗入细胞核抑制破坏新陈代谢系统，使受体能量传递失调、紊乱，导致死亡。

适宜作物　蔬菜。

防除对象　蔬菜害虫菜青虫。

应用技术　在菜青虫低龄幼虫期施药，用1.6％狼毒素水乳剂50～100g/亩均匀喷雾。

注意事项

① 不能与碱性农药混用。

② 不作土壤处理剂使用。

③ 施药温度不能小于10℃，雨前不宜喷洒，开瓶一次用完。

④ 对水生生物鱼、溞高毒，禁止污染鱼塘、桑田、水源，远离水产养殖区、河塘等水体施药，禁止在河塘等水体中清洗施药器具。

—————— 藜芦碱 ——————

（vertrine）

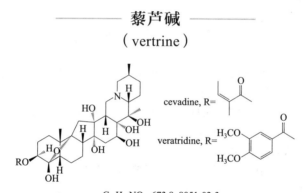

cevadine, R=

veratridine, R=

$C_{32}H_{49}NO_9$, 673.8, 8051-02-3

其他名称　虫敌。

理化性质　扁平针状结晶，熔点213℃（分解），微溶于水，1g溶于约15mL乙醇或乙醚。

毒性　急性LD_{50}（mg/kg）：经口20000；经皮5000。

作用特点　藜芦碱是以中草药为主要原料经乙醇萃取的植物农药，具有触杀和胃毒作用。其杀虫机制为药剂经虫体表皮或吸食进入消化系统，造成局部刺激，引起反射性虫体兴奋，继而抑制虫体感觉神经末梢，经传导抑制中枢神经而致害虫死亡。对人畜安全，低毒、低污染。药效期长达10d以上。

适宜作物　棉花、甘蓝等。

防除对象 棉花害虫如棉铃虫、蚜虫等；蔬菜害虫如菜青虫等。

应用技术 以 0.5% 藜芦碱可溶液剂为例。

（1）防治棉花害虫

① 棉铃虫 在低龄幼虫高峰期施药，用 0.5% 藜芦碱可溶液剂 75～100g/亩均匀喷雾。

② 棉蚜 在棉蚜发生始盛期施药，用 0.5% 藜芦碱可溶液剂 75～100g/亩均匀喷雾。

（2）防治蔬菜害虫

① 菜青虫 在卵孵盛期至低龄幼虫期施药，用 0.5% 藜芦碱可溶液剂 75～100g/亩均匀喷雾。

② 白粉虱 在黄瓜白粉虱发生期施药，用 0.5% 藜芦碱可溶液剂 70～80g/亩均匀喷雾。

③ 蓟马 在茄子蓟马发生期施药，用 0.5% 藜芦碱可溶液剂 70～80g/亩均匀喷雾。

④ 红蜘蛛 在辣椒、茄子红蜘蛛发生期施药，用 0.5% 藜芦碱可溶液剂 600～700 倍液均匀喷雾。

（3）防治小麦害虫 在小麦蚜虫发生期用药，用 0.5% 藜芦碱可溶液剂 100～133g/亩均匀喷雾。

（4）防治烟草害虫 在烟蚜发生始盛期施药，用 0.5% 藜芦碱可溶液剂 120～140g/亩均匀喷雾。

（5）防治果树害虫

① 红蜘蛛 在柑橘树、枣树红蜘蛛发生期施药，用 0.5% 藜芦碱可溶液剂 600～800 倍液均匀喷雾。

② 红蜘蛛 在猕猴桃红蜘蛛发生期施药，用 0.5% 藜芦碱可溶液剂 600～700 倍液均匀喷雾。

（6）防治茶树害虫

① 小绿叶蝉 在小绿叶蝉始盛期施药，用 0.5% 藜芦碱可溶液剂 600～800 倍液均匀喷雾。

② 茶橙瘿螨 在茶橙瘿螨发生始盛期施药，用 0.5% 藜芦碱可溶液剂 600～800 倍液均匀喷雾。

③ 茶黄螨 在茶黄螨始盛期施药，用 0.5% 藜芦碱可溶液剂 1000～1500 倍液均匀喷雾。

注意事项

① 本品对鸟、蜜蜂、家蚕、鱼等水生生物有毒，鸟类保护期禁用；

施药时避免对周围蜂群的影响，开花植物花期、蚕室和桑园附近禁用；远离水产养殖区施药，禁止在河塘等水体中清洗施药器具，清洗施药器具的水也不能排入河塘等水体。

② 建议与其他作用机制不同的杀虫剂轮换使用，以延缓抗性产生。

③ 不可与呈强酸、强碱性的农药等物质混合使用，可与有机磷、菊酯类混用，但须现配现用。

④ 在甘蓝上的安全间隔期为 3d，在棉花上的安全间隔期为 7d，每季最多使用 3 次；在茶树上的安全间隔期为 10d，每季最多使用 1 次；在小麦上的安全间隔期为 14d，每季最多使用 2 次；使用本品后的辣椒、茄子、柑橘树、茶树、草莓、枣、猕猴桃至少应间隔 10d 才能收获，每季最多施药 1 次。

相关复配剂及应用　苦参·藜芦碱。

主要活性成分　苦参碱，藜芦碱。

作用特点　本品为中草药苦参碱和藜芦碱复配的天然植物源杀虫剂。对人畜低毒、杀虫谱较广，对害虫有较强的触杀和胃毒作用。

剂型　0.6% 水剂。

应用技术

① 小菜蛾　在低龄幼虫期施药，用 0.6% 水剂 50～70g/亩均匀喷雾。

② 茶小绿叶蝉　在虫害初期施药，用 0.6% 水剂 60～75g/亩均匀喷雾。

注意事项

① 本品严禁与碱性物质混用，以防酸碱中和影响药效。

② 远离水产养殖区、河塘等水体施药，开花植物花期禁用，蚕室及桑园附近禁用，鸟类保护区附近禁用。

―――――― **联苯肼酯** ――――――

（bifenazate）

$C_{17}H_{20}N_2O_3$, 300.35, 149877-41-8

化学名称 N'-(4-甲氧基联苯-3-基)肼羧酸异丙酯。

其他名称 NC-1111、CRAMITE、D2341、FLORAMITE。

理化性质 联苯肼酯是联苯肼类杀螨剂。其纯品外观为白色固体结晶；溶解度（20℃）：在水中为 2.1mg/kg；有机溶剂（g/L）甲苯中 24.7，乙酸乙酯中 102，甲醇中 44.7，乙腈中 95.6。

毒性 联苯肼酯原药对大鼠急性经口、经皮 LD_{50} 均＞5000mg/kg；对兔眼睛、皮肤无刺激性；豚鼠皮肤致敏试验结果为无致敏性。四项致突变试验：Ames 试验、微核试验、体外哺乳动物基因突变试验、体外哺乳动物染色体畸变试验均为阴性，未见致突变作用。联苯肼酯 480g/L 悬浮剂对大鼠急性经口 LD_{50} ＞ 5000mg/kg，急性经皮 LD_{50} ＞ 2000mg/kg；对兔皮肤无刺激性，对兔眼睛有刺激性，但无腐蚀作用，豚鼠皮肤无致敏性。该制剂用于苹果树，对鱼类高毒，高风险性；对鸟中等毒，低风险性；对蜜蜂、家蚕低毒，低风险性。

作用特点 联苯肼酯对螨类的中枢神经传导系统的 γ-氨基丁酸（GABA）受体有独特作用，是一种新型选择性叶面喷雾用杀螨剂，对螨的各个生活阶段有效。具有杀卵活性和对成螨的迅速击倒活性，对捕食性螨影响极小，非常适合于害虫的综合治理。对植物没有毒害。

适宜作物 果树等。

防除对象 果树害螨红蜘蛛等。

应用技术 在柑橘红蜘蛛低龄若虫盛发期施药，用联苯肼酯 43% 悬浮剂 1800～2400 倍液均匀喷雾。

注意事项

① 本品不宜连续使用，建议与其他类型药剂轮换使用。

② 使用时应注意远离河塘等水体施药，禁止在河塘内清洗施药器具。

③ 不宜与其他强酸强碱性物质混合使用。

④ 蜜源植物花期，蚕室及桑园附近禁用，不得在食用花卉或同类作物上使用。

⑤ 在柑橘树上的安全间隔期为 30d，每季最多使用 2 次。在草莓上的安全间隔期为 3d，每季最多使用 1 次。

相关复配剂及应用

（1）联肼·乙螨唑

主要活性成分 乙螨唑，联苯肼酯。

作用特点 对害螨的卵、幼虫和成虫各个阶段均有较强杀伤作用，速效性较好，持效期较长。

剂型 45％悬浮剂。

应用技术 在红蜘蛛发生高峰期前施药，用 45％悬浮剂 6000～8000 倍液均匀喷雾。

注意事项

① 对水生生物、家蚕、天敌赤眼蜂和蜜蜂有毒。

② 孕妇及哺乳期的妇女应避免接触。

③ 在柑橘树上的安全间隔期为 21d，每季最多使用 1 次；在苹果树上的安全间隔期为 30d，每季最多使用 1 次。

（2）联肼·螺虫酯

主要活性成分 联苯肼酯，螺虫乙酯。

作用特点 由两种不同作用机理的活性成分复配而成，对螨的各个生育阶段均有效，对其他杀螨剂产生抗性的螨类具有可靠的防治效果，持效期长，在登记范围内，对作物安全，可在作物各个生长期使用。

剂型 36％悬浮剂。

应用技术 在柑橘树红蜘蛛发生初期施药，用 36％悬浮剂 2000～3000 倍液均匀喷雾。

注意事项

① 建议与其他作用机制不同的杀螨剂轮换使用。

② 对鸟类、鱼类等水生生物有毒，对家蚕高毒。

③ 孕妇、哺乳期的妇女、过敏体质者、感冒和皮肤病患者禁止接触。

④ 在柑橘树上的安全间隔期为 20d，每季最多使用 1 次。

（3）联肼·哒螨灵

主要活性成分 哒螨灵，联苯肼酯。

作用特点 抑制线粒体呼吸作用，对螨类的各个生活阶段有效，可以防治多种植食性害螨，对螨的整个生长期即卵、幼螨、若螨和成螨都有很好的效果，对移动期的成螨同样有速杀作用。

剂型 45％悬浮剂。

应用技术 在柑橘树红蜘蛛发生初盛期施药，用 45％悬浮剂 2000～2500 倍液均匀喷雾。

注意事项

① 不可与呈碱性的农药等物质混用。

② 建议与其他作用机制不同的杀虫杀螨剂轮换使用，以延缓抗性产生。

③ 对蜜蜂、鱼类、家蚕、水蚤、绿藻等毒性较高。

④ 孕妇及哺乳期妇女禁止接触。

⑤ 在柑橘树上的安全间隔期为20d，每季最多使用1次。

（4）联肼·螺螨酯

主要活性成分 螺螨酯，联苯肼酯。

作用特点 通过抑制害螨体内的脂肪合成，破坏螨虫的能量代谢活动，最终杀死害螨；对螨类的中枢神经传导系统的 γ-氨基丁酸受体有独特作用。

剂型 40%悬浮剂。

应用技术 在柑橘树红蜘蛛发生初期施药，用40%悬浮剂2000～4000倍液均匀喷雾。

注意事项

① 不可与铜制剂及呈碱性的农药等物质混合使用。建议与其他作用机制不同的杀虫剂轮换使用，以延缓抗性产生。

② 对鱼类、水蚤、鸟类毒性高。

③ 孕妇及哺乳期妇女禁止接触本品。

④ 在柑橘树上的安全间隔期为30d，每季最多使用1次。

联苯菊酯
（bifenthrin）

$C_{23}H_{22}ClF_3O_2$, 422.87, 82657-4-3

其他名称 天王星、氟氯菊酯、苯菊酯。

理化性质 纯品为灰白色固体。熔点68～70.6℃（工业品熔点61～66℃），相对密度1.210（25℃），蒸气压$2.4×10^{-5}$Pa，闪点165℃。能溶于丙酮（1.25kg/L）、氯仿、二氯甲烷、甲苯、乙醚，稍溶于庚烷和甲醇，不溶于水。分配系数（正辛醇/水）1000000。原药在常温下稳定 1 年以上，在天然日光下半衰期 255d，土壤中半衰期 65～125d。

毒性　原药对大鼠急性经口 LD_{50} 为 54.5mg/kg，兔急性经皮 LD_{50}＞2000mg/kg，对大鼠、兔皮肤和眼睛无刺激作用，对豚鼠皮肤无致敏作用。对鱼类高毒，蓝鳃太阳鱼 LC_{50} 为 0.35μg/L（96h），虹鳟鱼 LC_{50} 0.15μg/L（96h），水蚤 LC_{50} 0.16μg/L（48h）。野鸭急性经口 LC_{50} 浓度 1280mg/kg 饲料（8d），鹌鹑 LC_{50} 4450mg/kg 饲料（8d）。

作用特点　本品系含氟具有苯结构的拟除虫菊酯类杀虫剂，能够抑制昆虫体内神经组织中乙酰胆碱酯酶的活性，破坏神经冲动的传导，引起一系列神经中毒症状，对害虫具有触杀和胃毒作用，兼有驱避和拒食作用，杀虫活性较高，击倒速度较快，持效期较长。

适宜作物　蔬菜、棉花、小麦、果树、茶树等。

防除对象　蔬菜害虫如黄条跳甲、地老虎、白粉虱等；小麦害虫如蚜虫等；棉花害虫如棉铃虫、棉红蜘蛛、棉红铃虫等；果树害虫如桃小食心虫、柑橘潜叶蛾、木虱、柑橘红蜘蛛等；茶树害虫如茶小绿叶蝉、黑刺粉虱、茶尺蠖、茶毛虫等；卫生害虫如蚊、蝇、蜚蠊、白蚁等。

应用技术　以 25g/L 联苯菊酯乳油、100g/L 联苯菊酯乳油、25g/L 联苯菊酯悬浮剂、5％联苯菊酯水乳剂、2.5％联苯菊酯水乳剂、5％联苯菊酯悬浮剂为例。

（1）防治蔬菜害虫

① 白粉虱　在番茄保护地白粉虱发生初期，虫口密度不高时施药，用 2.5％联苯菊酯水乳剂 20～40g/亩均匀喷雾；或用 25g/L 联苯菊酯乳油 20～40g/亩均匀喷雾；或用 100g/L 联苯菊酯乳油 5～10g/亩均匀喷雾。

② 黄条跳甲　用 25g/L 联苯菊酯乳油 27～36g/亩均匀喷雾。

（2）防治小麦害虫　在小麦蚜虫发生初盛期施药，用 2.5％联苯菊酯水乳剂 50～60g/亩均匀喷雾；或用 25g/L 联苯菊酯悬浮剂 50～60g/亩均匀喷雾。

（3）防治棉花害虫

① 棉铃虫、红铃虫　在卵孵盛期至低龄幼虫期施药，用 25g/L 联苯菊酯乳油 80～140g/亩均匀喷雾；或用 100g/L 联苯菊酯乳油 20～35g/亩均匀喷雾。

② 棉红蜘蛛　在卵孵盛期施药，用 25g/L 联苯菊酯乳油 120～160g/亩均匀喷雾；或用 100g/L 联苯菊酯乳油 30～40g/亩均匀喷雾。

（4）防治果树害虫

① 桃小食心虫　在害虫卵孵盛期、幼虫未蛀入前施药，用 25g/L 联苯菊酯乳油 1000～1500 倍液均匀喷雾；或用 100g/L 联苯菊酯乳油 3300～5000 倍液均匀喷雾。

② 柑橘潜叶蛾　在低龄幼虫期施药，用 25g/L 联苯菊酯乳油 2000～2500 倍液均匀喷雾；或用 100g/L 联苯菊酯乳油 10000～13500 倍液均匀喷雾。

③ 柑橘红蜘蛛　在红蜘蛛发生初期施药，用 25g/L 高效联苯菊酯乳油 800～1200 倍液均匀喷雾；或用 100g/L 联苯菊酯乳油 3350～5000 倍液均匀喷雾。

④ 柑橘木虱　用 25g/L 联苯菊酯乳油 800～1200 倍液均匀喷雾。

（5）防治茶树害虫

① 茶尺蠖、茶毛虫　在卵孵盛期至低龄幼虫期施药，用 25g/L 联苯菊酯乳油 20～40g/亩均匀喷雾；或用 100g/L 联苯菊酯乳油 5～10g/亩均匀喷雾。

② 茶小绿叶蝉　在茶小绿叶蝉发生初期、虫口密度低时施药，用 2.5%联苯菊酯水乳剂 80～120g/亩均匀喷雾；或用 25g/L 联苯菊酯乳油 80～100g/亩均匀喷雾；或用 100g/L 联苯菊酯乳油 20～25g/亩均匀喷雾。

③ 粉虱　在卵孵化盛期施药，用 25g/L 联苯菊酯乳油 80～100g/亩均匀喷雾；或用 100g/L 联苯菊酯乳油 20～25g/亩均匀喷雾。

（6）防治卫生害虫

① 蚊、蝇　将 5%联苯菊酯悬浮剂 0.8～1g/m^2 按 50～150 倍液进行滞留喷洒。

② 蜚蠊　将 5%联苯菊酯悬浮剂 1～1.2g/m^2 按 50～150 倍液进行滞留喷洒。

③ 蚤　将 5%联苯菊酯悬浮剂 0.3～0.4g/m^2 按 150～200 倍液进行滞留喷洒。

④ 白蚁　用于木材、建筑及周边土壤防治白蚁。土壤处理：将 5%联苯菊酯悬浮剂按 100 倍用水稀释，10kg/m^2 稀释液喷洒。木材处理：将 5%联苯菊酯悬浮剂按 100 倍用水稀释，板材进行涂刷或喷洒，方材浸泡 30min 以上喷洒。

注意事项

① 不能在桑园、鱼塘、河流、养蜂场使用，避免污染，赤眼蜂放

飞区域禁用。

② 不能与碱性物质混用，以免分解失效。

③ 建议与作用机制不同的杀虫剂轮换使用，以延缓抗性产生。

④ 在小麦上的安全间隔期为 21d，每季最多使用 1 次；在茶树上的安全间隔期为 7d，每季最多用药 1 次；在棉花上的安全间隔期为 14d，每季最多使用 3 次；在柑橘树上的安全间隔期为 21d，每季最多施药 1 次；在苹果树上的安全间隔期为 10d，每季最多施药 3 次。

相关复配剂及应用

（1）联苯·吡虫啉

主要活性成分 联苯菊酯，吡虫啉。

作用特点 本品是拟除虫菊酯类和硝基亚甲基类农药的混配制剂。具有触杀、胃毒和内吸作用，作用于害虫的神经系统，对地下害虫具有良好的防治效果，在土壤中不移动，对环境较为安全，持效期较长。

剂型 30%、27%、150g/L 悬浮剂，5% 乳油，4% 颗粒剂。

应用技术

① 蛴螬 在黄瓜移栽前，用 4% 颗粒剂 750～1000g/亩进行撒施，施药后立即覆土。

② 蚜虫 在小麦蚜虫发生初盛期开始施药，用 30% 悬浮剂 2～6g/亩均匀喷雾。

③ 矢尖蚧 在柑橘矢尖蚧低龄若虫发生初期用药，用 27% 悬浮剂 1000～1500 倍液均匀喷雾。

④ 蚜虫 在苹果树蚜虫低龄若虫始盛期施药，用 5% 乳油 1500～2500 倍液均匀喷雾。

⑤ 茶小绿叶蝉 在若虫高峰期前施药，用 150g/L 悬浮剂 30～45g/亩均匀喷雾。

注意事项

① 不能在桑园、鱼塘、河流、养蜂场使用；赤眼蜂放飞区域禁用；鸟类保护区附近禁用。

② 不能与碱性物质混用。

③ 建议与作用机制不同的杀虫剂轮换使用，以延缓抗性产生。

④ 本品对瓜类、豆类幼苗较敏感，施药时应避免药液飘移至上述作物上。

⑤ 在小麦上的安全间隔期为 21d，每季最多施药 2 次；在苹果树上的安全间隔期为 20d，每季最多使用 2 次；在柑橘上的安全间隔期为

21d，每季最多使用 2 次；在茶树上的安全间隔期为 7d，每季最多使用 1 次。

（2）联苯·噻虫胺

主要活性成分 联苯菊酯，噻虫胺。

作用特点 本品为两种不同作用机理的有效成分联苯菊酯和噻虫胺的混配制剂。噻虫胺是新型氯代烟碱类杀虫剂，联苯菊酯是拟除虫菊酯类杀虫剂，二者混用具有内吸、触杀和胃毒作用，表现出较好的速效性，同时本品耐雨水冲洗，残效期长。

剂型 10％、20％悬浮剂，1％、2％颗粒剂。

应用技术

① 黄条跳甲 在甘蓝黄条跳甲发生初期施药，用 20％悬浮剂 40～58g/亩均匀喷雾；或在甘蓝移栽前将 1％颗粒剂 4000～5000g/亩施于沟（穴）中，然后移栽甘蓝，施药后覆土。

② 韭蛆 在低龄幼虫发生初期施药，将 2％颗粒剂 1500～2000g/亩撒施。

③ 蚜虫 于小麦蚜虫发生始盛期施药，用 10％悬浮剂 15～25g/亩均匀喷雾。

注意事项

① 不能在桑园、鱼塘、河流、养蜂场使用；赤眼蜂放飞区域禁用；鸟类保护区附近禁用。

② 不能与碱性物质混用。

③ 建议与作用机制不同的杀虫剂轮换使用，以延缓抗性产生。

④ 在小麦上的安全间隔期为 14d，每季最多使用 1 次；在甘蓝上的安全间隔期为 30d，每季最多使用 1 次；在韭菜上的安全间隔期为 14d，每季最多使用 1 次。

（3）联菊·啶虫脒

主要活性成分 联苯菊酯，啶虫脒。

作用特点 本品由烟碱类化合物啶虫脒和拟除虫菊类化合物联苯菊酯复配而成的杀虫剂，主要作用是干扰神经系统，通过抑制乙酰胆碱受体结合和破坏害虫神经正常传导，导致害虫出现痉挛、麻痹而死亡。具有触杀、胃毒和内吸作用。

剂型 6％微乳剂，50％可湿性粉剂，5％乳油。

应用技术

① 白粉虱 在卵孵盛期或种群发生始盛期施药，用 6％微乳剂

25～30g/亩均匀喷雾，宜在早晨棚室内露水未干时施药。

② 茶小绿叶蝉　在卵孵盛期至若虫初发期施药，用50%可湿性粉剂6～8g/亩均匀喷雾；或用5%乳油60～80g/亩均匀喷雾。

注意事项

① 不能在桑园、鱼塘、河流、养蜂场使用；赤眼蜂放飞区域禁用；鸟类保护区附近禁用。

② 不能与碱性物质混用。

③ 建议与作用机制不同的杀虫剂轮换使用，以延缓抗性产生。

④ 在番茄上的安全间隔期为5d，每季最多使用1次；在茶树上的安全间隔期为14d，每季最多施药1次。

(4) 联菊·丁醚脲

主要活性成分　联苯菊酯，丁醚脲。

作用特点　本品是一种硫脲类与菊酯类复配杀虫剂，具有胃毒、触杀、内吸和熏蒸作用，药效较为迅速，持效期较长。

剂型　40%、13%悬浮剂。

应用技术

① 棉花红蜘蛛　在棉花红蜘蛛发生初期施药，用13%悬浮剂40～60g/亩均匀喷雾。

② 苹果树红蜘蛛　在苹果树红蜘蛛发生初期施药，用13%悬浮剂3000～4000倍液均匀喷雾。

③ 茶小绿叶蝉　在若虫盛发期施药，用40%悬浮剂33～40g/亩均匀喷雾。

注意事项

① 不能在桑园、鱼塘、河流、养蜂场使用；赤眼蜂放飞区域禁用；鸟类保护区附近禁用。

② 不能与碱性物质混用。

③ 与作用机制不同的杀虫剂轮换使用，以延缓抗性产生。

④ 对十字花科蔬菜和薤菜敏感，施药时应避免药液飘移到以上作物上。

⑤ 本品在高温下对多种作物幼苗敏感，施药时应避免在高温下进行。

⑥ 在番茄上的安全间隔期为5d，每季最多使用1次；在茶树上的安全间隔期为10d，每季最多施药1次；在苹果树上的安全间隔期为10d，每季最多使用2次。

（5）氟啶虫酰胺·联苯菊酯

主要活性成分 氟啶虫酰胺，联苯菊酯。

剂型 15%、20%悬浮剂。

作用特点 联苯菊酯属拟除虫菊酯类杀虫剂，具有触杀、胃毒作用，杀虫谱广、作用迅速。氟啶虫酰胺是一种新型低毒吡啶酰胺类昆虫生长调节剂类杀虫剂，除具有触杀和胃毒作用，还具有很好的神经毒剂和快速拒食作用。复配可以使得两种药剂的速效性和持效性产生互补效果，降低单剂的用药量，有效提高防治效果。

应用技术

① 桃蚜 在桃树桃蚜发生前或始盛期施药，用15%悬浮剂4000～5000倍液均匀喷雾。

② 茶小绿叶蝉 在茶树茶小绿叶蝉低龄若虫始盛发期施药，用20%悬浮剂15～23g/亩均匀喷雾。

注意事项

① 不可与呈碱性的农药等物质混合使用。

② 对蜜蜂、鱼等水生生物、家蚕有毒。

③ 与其他作用机制不同的杀虫剂轮换使用，以延缓抗性的产生。

④ 在桃树上的安全间隔期为14d，每季最多使用1次；在茶树上的安全间隔期为5d，每季最多使用1次。

（6）双甲·高氯氟

主要活性成分 高效氯氟氰菊酯，双甲脒。

剂型 12%乳油。

作用特点 本品兼具双甲脒和高效氯氟氰菊酯作用，具有胃毒、触杀、拒食、驱避和内吸作用。

应用技术 在红蜘蛛种群数量上升初期施药，用12%乳油1500～2000倍液均匀喷雾。

注意事项

① 建议与其他作用机制杀虫剂交替使用，以延缓抗性产生。

② 不能与碱性农药等物质混用，以免降低药效。

③ 对蜜蜂、家蚕、鱼类等水生生物有毒。

④ 高温下对辣椒幼苗和梨树有药害，应避免药液飘移到上述作物上。

⑤ 在柑橘树上的安全间隔期为21d，每季最多使用2次。

（7）烯啶·联苯

主要活性成分 联苯菊酯，烯啶虫胺。

作用特点 本品是由烟碱类和菊酯类混配的杀虫剂，具有很好的内吸、渗透作用，毒性低。

剂型 25％可溶液剂。

应用技术 在棉花蚜虫发生初盛期施药，用25％可溶液剂9～12g/亩均匀喷雾。

注意事项

① 不能在桑园、鱼塘、河流、养蜂场使用；赤眼蜂放飞区域禁用；鸟类保护区附近禁用。

② 不能与碱性物质混用。

③ 与作用机制不同的杀虫剂轮换使用，以延缓抗性产生。

④ 在棉花上的安全间隔期为5d，每季最多使用1次。

（8）联苯·三唑磷

主要活性成分 三唑磷，联苯菊酯。

作用特点 本品为硫代磷酸酯类农药三唑磷与拟除虫菊酯类农药联苯菊酯的复配制剂，具有触杀、胃毒和渗透作用，击倒速度快，持效较长，对虫、螨均有良好的防治效果。

剂型 20％微乳剂。

应用技术

① 小麦蚜虫 在蚜虫始盛期施药，用20％微乳剂20～40g/亩兑水40～50kg均匀喷雾。

② 小麦红蜘蛛 在螨类低密度且有继续发展的趋势时施药，用20％微乳剂20～30g/亩兑水40～50kg均匀喷雾。

③ 小麦吸浆虫 在小麦扬花期即成虫发生盛期施药，用20％微乳剂30～40g/亩兑水40～50kg均匀喷雾，重点是麦穗。

注意事项

① 本品禁止在蔬菜上使用。

② 对蜜蜂、鱼类等水生生物、家蚕有毒，施药期间应避免对周围蜂群的影响，蜜源作物花期、蚕室和桑园附近禁用；赤眼蜂等天敌放飞区禁用；远离水产养殖区施药。

③ 对甘蔗、高粱、玉米较敏感，施药时避免药液飘移到上述作物上。

④ 建议与其他作用机制不同的杀虫剂轮换使用，以延缓抗性的

产生。

⑤ 在小麦上的安全间隔期为 28d，每季最多使用 2 次。

（9）联苯·甲维盐

主要活性成分 联苯菊酯，甲氨基阿维菌素苯甲酸盐。

作用特点 本品由联苯菊酯和甲氨基阿维菌素苯甲酸盐原药复配而成，具有触杀、胃毒作用。

剂型 5.3％微乳剂。

应用技术 在茶尺蠖、茶毛虫低龄幼虫高峰期施药，用 5.3％微乳剂 2000～4000 倍液均匀喷雾。

注意事项

① 本品不可与呈碱性的农药等物质混合使用。

② 本品对鱼、家蚕剧毒，对鸟中毒，对蜜蜂高毒。施药期间应避免对周围蜂群的影响，开花植物花期、蚕室和桑园附近禁用；赤眼蜂等天敌放飞区域禁用；远离水产养殖区、河塘等水体施药，禁止在河塘等水域中清洗施药器具。

③ 建议与其他作用机制不同的杀虫剂轮换使用，以延缓害虫抗性产生。

④ 茶树上的安全间隔期为 14d，每季最多使用 1 次。

螺虫乙酯
（spirotetramat）

$C_{21}H_{27}NO_5$, 217.23, 203313-25-1

化学名称 4-(乙氧基羰基氧基)-8-甲氧基-3-(2,5-二甲苯基)-1-氮杂螺[4,5]-癸-3-烯-2-酮。

其他名称 亩旺特。

理化性质 原药外观为白色粉末，无特别气味，制剂外观是具芳香味白色悬浮液。熔点 142℃，溶解度（20℃）水中 33.4mg/kg，有机溶剂（mg/L）正己烷中 0.055，乙醇中 44.0，甲苯中 60，乙酸乙酯中

67，丙酮中 100～120，二甲基亚砜中 200～300，二氯甲烷中＞600；分解温度 235℃。稳定性较好。

毒性 每日允许摄入量 0.132mg/kg bw，急性经口 LD_{50} 大鼠（雌/雄）＞2000mg/kg，急性经皮 LD_{50} 大鼠（雌/雄）＞2000mg/kg。

作用特点 螺虫乙酯是一种新型特效杀虫剂，杀虫谱广，持效期长。螺虫乙酯通过干扰昆虫的脂肪生物合成导致幼虫死亡，降低成虫繁殖能力。由于其独特机制，可有效地防治对现有杀虫剂产生抗性的害虫，同时可作为烟碱类杀虫剂抗性管理的重要品种。

适宜作物 蔬菜、果树等。

防除对象 蔬菜害虫如烟粉虱等；果树害虫如介壳虫、红蜘蛛、矢尖蚧等。

应用技术 以 22.4％螺虫乙酯悬浮剂为例。

（1）防治蔬菜害虫 在烟粉虱产卵初期施药，用 22.4％螺虫乙酯悬浮剂 20～30g/亩均匀喷雾。

（2）防治果树害虫 在介壳虫孵化初期至低龄若虫盛发期施药，用 22.4％螺虫乙酯悬浮剂 3500～5000 倍液均匀喷雾。

注意事项

① 为了避免和延缓抗性的产生，建议与其他不同作用机制的杀虫剂轮用，同时应确保无不良影响。

② 远离水产养殖区、河塘等水体附近施药，禁止在河塘等水域中清洗施药器具。开花植物花期禁用，桑园蚕室禁用。施药期间应密切关注对附近蜂群的影响。

③ 儿童、孕妇及哺乳期的妇女应避免接触。

④ 在柑橘树上的安全间隔期为 40d，每季最多使用 1 次；在番茄上的安全间隔期为 5d，每季最多使用 1 次。

相关复配剂及应用

（1）螺虫·呋虫胺

主要活性成分 呋虫胺，螺虫乙酯。

作用特点 具有胃毒、触杀和内吸作用，速效性好，且持效期长。被植物吸收后可在整个植物体内上下传导，对刺吸口器害虫有优异防效。

剂型 20％、30％悬浮剂。

应用技术

① 梨木虱 在梨木虱卵孵化初期施药，用 20％悬浮剂 2000～3000

倍液均匀喷雾。

② 烟粉虱　在烟粉虱产卵初期施药，用30％悬浮剂20～25g/亩均匀喷雾。

③ 介壳虫　在柑橘介壳虫低龄若虫发生期、花期后施药，用20％悬浮剂2000～3000倍液均匀喷雾。

注意事项

① 对鸟类、赤眼蜂有毒，鸟类保护区和天敌放飞区禁用；对蜜蜂、鱼类等水生生物有毒。

② 孕妇及哺乳期妇女避免接触。

③ 在梨树上的安全间隔期为14d，每季最多使用1次；在番茄上的安全间隔期为10d，每季最多使用1次；在柑橘树上的安全间隔期为14d，每季最多使用1次。

（2）螺虫·噻嗪酮

主要活性成分　噻嗪酮，螺虫乙酯。

作用特点　兼具噻嗪酮和螺虫乙酯作用。具有触杀和胃毒作用，对成虫的繁殖能力及卵的孵化有明显的抑制作用，持效期长。

剂型　35％、39％悬浮剂。

应用技术

① 介壳虫　在柑橘树介壳虫卵孵化盛期至低龄若虫期施药，用39％悬浮剂2500～4500倍液均匀喷雾。

② 木虱　在木虱发生初期施药，用35％悬浮剂2000～3000倍液均匀喷雾。

注意事项

① 对蜜蜂、鱼类等水生生物、家蚕有毒，开花作物花期、蚕室及桑园附近禁用。

② 避免孕妇及哺乳期妇女接触。

③ 不可与石硫合剂和波尔多液等碱性物质混用。

④ 在柑橘树上的安全间隔期为30d，每季最多使用1次；在番茄上的安全间隔期为14d，每季最多使用1次。

（3）螺虫·乙螨唑

主要活性成分　乙螨唑，螺虫乙酯。

作用特点　持效期较长，可干扰害虫脂肪合成、阻断能量代谢，以及抑制螨类的蜕皮过程。具有较强内吸性，可在植株体内上下传导。

剂型 45％悬浮剂。

应用技术 在柑橘树红蜘蛛种群数量上升初期施药,用45％悬浮剂8000～12000倍液均匀喷雾。

注意事项

① 孕妇及哺乳期妇女禁止接触。

② 对鱼类和家蚕有毒。

③ 建议与其他作用机制不同的杀螨剂轮换使用。

④ 在柑橘树上的安全间隔期为30d,每季最多使用1次。

(4) 螺虫·噻虫嗪

主要活性成分 噻虫嗪,螺虫乙酯。

作用特点 具有触杀、胃毒和内吸作用,具有较高的杀虫活性。

剂型 20％、30％悬浮剂。

应用技术

① 介壳虫 在介壳虫1～2龄幼蚧发生高峰期施药,用20％悬浮剂3000～3600倍液均匀喷雾。

② 烟粉虱 在番茄烟粉虱若虫发生初期施药,用30％悬浮剂7.5～10g/亩均匀喷雾。

注意事项

① 对鸟类风险性较高,鸟类保护区及其附近禁止使用;本品对蜜蜂风险性较高,(周围)开花植物花期禁用;远离水产养殖区施药。

② 避免孕妇及哺乳期妇女接触本品。

③ 与作用机制不同的杀虫剂轮换使用,可减缓抗性产生。不能与强酸、强碱性物质混用。

④ 在柑橘树上的安全间隔期为30d,每季最多使用1次;在番茄上的安全间隔期为14d,每季最多使用1次。

(5) 螺虫·吡丙醚

主要活性成分 吡丙醚,螺虫乙酯。

作用特点 螺虫乙酯和吡丙醚具有明显的增效作用,速效性和持效性均很好。

剂型 24％、30％悬浮剂。

应用技术

① 介壳虫 在柑橘树介壳虫发生期施药,用24％悬浮剂3000～4000倍液均匀喷雾。

② 木虱 在木虱若虫盛发期施药,用30％悬浮剂3000～5000倍液

均匀喷雾。

注意事项

① 施药时远离水产养殖区、河塘等水体，禁止在河塘等水域中清洗施药器具。

② 可与绝大多数农药混用。

③ 在柑橘树上的安全间隔期为 30d，每季最多使用 1 次。

（6）螺虫·毒死蜱

主要活性成分 螺虫乙酯，毒死蜱。

作用特点 具有触杀、胃毒和较强内吸性，可在植株体内上下传导。

剂型 40％悬乳剂，40％乳油。

应用技术

① 介壳虫 在柑橘树介壳虫低龄若虫期施药，用 40％乳油 2000～3000 倍液均匀喷雾。

② 红蜡蚧 在红蜡蚧卵孵初期施药，用 40％悬乳剂 1500～2000 倍液均匀喷雾。

注意事项

① 毒死蜱禁止在蔬菜上使用，白菜、萝卜、瓜类、苗期莴苣及烟草对本品敏感，施药时应避免药液飘移到上述作物上，以防产生药害。

② 孕妇及哺乳期妇女禁止接触。

③ 对鱼类等水生生物、蜜蜂和家蚕有毒，远离水产养殖区、河塘等水体施药。

④ 蚕室和桑园附近禁用。

⑤ 在柑橘树上的安全间隔期为 28d，每季最多使用 1 次。

螺螨酯

（spirodiclofen）

$C_{21}H_{24}Cl_2O_4$, 411.32, 148477-71-8

化学名称　3-(2,4-二氯苯基)-2-氧代-1-氧杂螺[4.5]-癸-3-烯-4-基-2,2-二甲基丁酯。

其他名称　螨威多、季酮螨酯、alrinathrin。

理化性质　外观白色粉末，无特殊气味，熔点 94.8℃，溶解度（g/L）：正己烷 20，二氯甲烷＞250，异丙醇 47，二甲苯＞250，水 0.05。

毒性　大鼠急性 LD_{50}（mg/kg）：＞2500（经口），＞4000（经皮）。经兔子试验表明，对皮肤有轻度刺激性，对眼睛无刺激性。豚鼠试验表明，无皮肤致敏性。对鲤鱼 LC_{50}＞1000mg/L（72h）。对蜜蜂无影响，喷洒次日即可放饲。对蚕以 200mg/L 喷洒，安全日为 1d。

作用特点　螺螨酯主要抑制螨的脂肪合成，阻断螨的能量代谢，对螨的各个发育阶段都有效，特别杀卵效果突出。具触杀、胃毒作用，没有内吸性。

适宜作物　棉花、果树等。

防除对象　各类螨，对梨木虱、榆蛎盾蚧以及叶蝉等害虫有很好的兼治效果。

应用技术　以 240g/L 螺螨酯悬浮剂为例。

（1）防治果树害螨　在柑橘树、苹果树红蜘蛛卵孵化盛期或幼若虫发生始盛期施药，用 240g/L 螺螨酯悬浮剂 4000～6000 倍液均匀喷雾。

（2）防治棉花害螨　在棉花红蜘蛛为害早期施药，用 240g/L 螺螨酯悬浮剂 10～20g/亩均匀喷雾。

注意事项

① 考虑到抗性治理，建议在一个生长季（春季、秋季），使用次数最多不超过 2 次。

② 本品的主要作用方式为触杀和胃毒，无内吸性，因此喷药要全株均匀喷雾，特别是叶背。

③ 建议避开果树开花时用药。

④ 应储存于阴凉、通风的库房，远离火种、热源，防止阳光直射，保持容器密封。应与氧化剂、碱类分开存放，切忌混储。配备相应品种和数量的消防器材，储区应备有泄漏应急处理设备和合适的收容材料。

⑤ 对鱼类、水蚤、藻类等水生生物有毒，应远离水产养殖区、河

塘等水体施药，地下水、饮用水源附近禁用。

⑥ 在柑橘树上的安全间隔期为 30d，每季最多使用 1 次。

相关复配剂及应用

（1）螺螨·乙螨唑

主要活性成分 螺螨酯，乙螨唑。

作用特点 螺螨酯和乙螨唑二者复配具有卵螨兼杀、持效期长的特点。

剂型 32％、40％悬浮剂。

应用技术

① 红蜘蛛 在红蜘蛛发生初期施药，用 40％悬浮剂 6000～7000 倍液均匀喷雾。

② 红蜘蛛 在红蜘蛛始盛期施约，用 32％悬浮剂 5500～7000 倍液均匀喷雾。

注意事项

① 蚕室及桑园附近禁用。水产养殖区、河塘等水体附近禁用。

② 孕妇及哺乳期妇女避免接触。

③ 建议与其他作用机制不同的杀螨剂轮用。不可与强碱性农药及铜制剂或波尔多液混合使用。

④ 在柑橘树上的安全间隔期为 30d，每季最多使用 1 次。

（2）螺螨·三唑锡

主要活性成分 螺螨酯，三唑锡。

作用特点 二者复配有速效快、持效期长的特点。对卵、若螨、成螨效果很好。

剂型 35％悬浮剂。

应用技术 在红蜘蛛盛发初期施药，用 35％悬浮剂 2000～4000 倍液均匀喷雾。

注意事项

① 不能与强碱性农药和铜制剂等物质混用。

② 建议与其他作用机制不同的杀虫剂轮换使用。

③ 避免孕妇及哺乳期的妇女接触。

④ 在柑橘树上的安全间隔期为 30d，每季最多使用 1 次；在苹果树上的安全间隔期为 40d，每季最多使用 1 次。

绿僵菌

（Metarhizium anisopliae）

其他名称　杀蝗绿僵菌、金龟子绿僵菌。

理化性质　产品外观为灰绿色微粉，具疏水性、油分散性。活孢率 ≥90.0%，有效成分（绿僵菌孢子）≤5×10^{10} 孢子/g，含水量≤ 5.0%，孢子粒径≤60μm，感杂率≤0.01%。

毒性　急性 LD_{50}（mg/kg）：经口＞2000；经皮＞2000。

作用特点　本品为真菌类微生物杀虫剂，产生作用的是绿僵菌分生孢子，萌发后可以侵入昆虫表皮，以触杀方式侵染寄主并致死。环境条件适宜时，绿僵菌在寄主体内增殖产孢，可以再次侵染流行。

适宜作物　蔬菜、果树、小麦、水稻、烟草、甘蔗、草地等。

防除对象　果树害虫如蚜虫、木虱等；水稻害虫如二化螟、稻纵卷叶螟、稻飞虱、叶蝉等；小麦害虫如蚜虫等；蔬菜害虫如地老虎、蓟马、菜青虫、甜菜夜蛾、黄条跳甲、蚜虫等；烟草害虫如蚜虫等；草地害虫如蝗虫等；卫生害虫如蜚蠊等。

应用技术　以 2 亿孢子/g 金龟子绿僵菌 CQMa421 颗粒剂、100 亿孢子/g 金龟子绿僵菌油悬浮剂、80 亿孢子/g 金龟子绿僵菌 CQMa421 可湿性粉剂、80 亿孢子/g 金龟子绿僵菌 CQMa421 可分散油悬浮剂、5 亿孢子/g 金龟子绿僵菌杀蟑饵剂为例。

（1）防治果树害虫

① 蚜虫　在桃树蚜虫发生始盛期施药，用 80 亿孢子/g 金龟子绿僵菌 CQMa421 可分散油悬浮剂 1000～2000 倍液均匀喷雾。

② 木虱　在柑橘树木虱发生期施药，用 80 亿孢子/g 金龟子绿僵菌 CQMa421 可分散油悬浮剂 1000～2000 倍液均匀喷雾。

（2）防治水稻害虫

① 二化螟、稻纵卷叶螟　在低龄幼虫期施药，用 80 亿孢子/g 金龟子绿僵菌 CQMa421 可湿性粉剂 60～90g/亩均匀喷雾；或用 80 亿孢子/g 金龟子绿僵菌 CQMa421 可分散油悬浮剂 60～90g/亩均匀喷雾。

② 稻飞虱　在虫害初期施药，用 80 亿孢子/g 金龟子绿僵菌 CQMa421 可湿性粉剂 60～90g/亩均匀喷雾；或用 80 亿孢子/g 金龟子绿僵菌 CQMa421 可分散油悬浮剂 60～90g/亩均匀喷雾。

③ 叶蝉　用 80 亿孢子/g 金龟子绿僵菌 CQMa421 可分散油悬浮剂 60～90g/亩均匀喷雾。

(3) 防治小麦害虫　在蚜虫发生始盛期施药，用 80 亿孢子/g 金龟子绿僵菌 CQMa421 可分散油悬浮剂 60～90g/亩均匀喷雾。

(4) 防治蔬菜害虫

① 地老虎　在卵孵化盛期或低龄幼虫期施药，用 2 亿孢子/g 金龟子绿僵菌 CQMa421 颗粒剂 4～6kg/亩撒施，穴施或沟施本产品后，作物可直接播种或移栽于该穴或沟中，使用时尽量使颗粒剂分布在作物根部周围。

② 蓟马　在豇豆蓟马低龄若虫始盛期至盛发期施药，用 100 亿孢子/g 金龟子绿僵菌油悬浮剂 25～35g/亩均匀喷雾。

③ 菜青虫、甜菜夜蛾　在低龄幼虫期施药，用 80 亿孢子/g 金龟子绿僵菌 CQMa421 可分散油悬浮剂 40～60g/亩均匀喷雾。

④ 黄条跳甲　用 80 亿孢子/g 金龟子绿僵菌 CQMa421 可分散油悬浮剂 60～90g/亩均匀喷雾。

⑤ 蚜虫　在蚜虫发生始盛期施药，用 80 亿孢子/g 金龟子绿僵菌 CQMa421 可分散油悬浮剂 40～60g/亩均匀喷雾。

(5) 防治烟草害虫　在蚜虫发生始盛期施药，用 80 亿孢子/g 金龟子绿僵菌 CQMa421 可分散油悬浮剂 60～90g/亩均匀喷雾。

(6) 防治草地害虫　在蝗虫低龄若虫期施药，用 80 亿孢子/g 金龟子绿僵菌 CQMa421 可分散油悬浮剂 40～60g/亩均匀喷雾。

(7) 防治甘蔗害虫　在蛴螬卵孵化盛期或低龄幼虫期施药，用 2 亿孢子/g 金龟子绿僵菌 CQMa421 颗粒剂 4～6kg/亩撒施，穴施或沟施本产品后，作物可直接播种或移栽于该穴或沟中，使用时尽量使颗粒剂分布在作物根部周围。

(8) 防治卫生害虫　将 5 亿孢子/g 金龟子绿僵菌杀蟑饵剂投放于蜚蠊出没处，可有效防治蜚蠊。

注意事项

① 本品耐热性能较差，不宜在高温下存放。

② 不可与呈碱性的农药和杀菌剂等物质混合使用。

③ 禁止在河塘等水域中清洗施药器具，蚕室及桑园附近禁用。

氯虫苯甲酰胺

（chlorantraniliprole）

C$_{18}$H$_{14}$BrCl$_2$N$_5$O$_2$，501，500008-45-7

化学名称　3-溴-N-[4-氯-2-甲基-6-[（甲氨基甲酰基）苯]-1-（3-氯吡啶-2-基)-1-氢-吡啶-5-甲酰胺。

其他名称　氯虫酰胺、康宽、KK 原药。

理化性质　纯品外观为白色结晶，熔点 208～210℃，分解温度 330℃，溶解度（20～25℃，mg/L）：水 1.023、丙酮 3.446、甲醇 1.714、乙腈 0.711、乙酸乙酯 1.144。

毒性　大鼠急性经口 LD$_{50}$＞2000mg/kg（雌，雄），大鼠急性经皮 LD$_{50}$＞2000mg/kg（雌，雄）。对兔眼睛轻微刺激，对兔皮肤没有刺激。Ames 试验呈阴性。

作用特点　氯虫苯甲酰胺属邻甲酰氨基苯甲酰胺类杀虫剂，主要是激活鱼尼丁受体，释放平滑肌和横纹肌细胞内储存的钙离子，引起肌肉调节衰弱，麻痹，直至最后害虫死亡。具有胃毒、触杀及内吸传导作用。氯虫苯甲酰胺有效成分表现出对哺乳动物和害虫兰尼碱受体极显著的选择性差异，大大提高了对哺乳动物和其他脊椎动物的安全性。

适宜作物　果树、水稻、玉米、甘蔗、蔬菜、甘薯等。

防除对象　果树害虫如金纹细蛾、桃小食心虫等；水稻害虫如稻纵卷叶螟、二化螟、三化螟、大螟、稻水象甲等；玉米害虫如玉米螟、小地老虎、黏虫等；油料及经济作物害虫如小地老虎、蔗螟等；蔬菜害虫如甜菜夜蛾、小菜蛾等；甘薯害虫如斜纹夜蛾。

应用技术　以 0.4% 氯虫苯甲酰胺颗粒剂、200g/L 氯虫苯甲酰胺悬浮剂、5% 氯虫苯甲酰胺悬浮剂、35% 氯虫苯甲酰胺水分散粒剂为例。

（1）防治果树害虫

① 金纹细蛾　在蛾量急剧上升时施药，用 35% 氯虫苯甲酰胺水分

散粒剂 17500～25000 倍液均匀喷雾。

② 桃小食心虫　在蛾量急剧上升时施药，用 35％氯虫苯甲酰胺水分散粒剂 7000～10000 倍液均匀喷雾。

（2）防治水稻害虫

① 稻纵卷叶螟　在稻纵卷叶螟及二化螟卵孵高峰期前 5～7d 施药，用 0.4％氯虫苯甲酰胺颗粒剂 600～700g/亩均匀撒施。

② 二化螟、三化螟、大螟　在稻纵卷叶螟、二化螟、三化螟、大螟卵孵高峰期施药，用 200g/L 氯虫苯甲酰胺悬浮剂 5～10g/亩均匀喷雾。

③ 稻水象甲　在稻水象甲成虫开始出现时或移栽后 1～2d 施药，用 200g/L 氯虫苯甲酰胺悬浮剂 6.67～13.3g/亩均匀喷雾。

（3）防治油料及经济作物害虫

① 玉米螟　在玉米螟卵孵化高峰期施药，用 200g/L 氯虫苯甲酰胺悬浮剂 3～5g/亩均匀喷雾。

② 小地老虎　在小地老虎害虫发生的早期施药，用 200g/L 氯虫苯甲酰胺悬浮剂 3.3～6g/亩均匀喷雾。

③ 蔗螟　在甘蔗幼苗期施药，用 200g/L 氯虫苯甲酰胺悬浮剂 15～20g/亩均匀喷雾。

（4）防治蔬菜害虫

① 甜菜夜蛾　在甜菜夜蛾虫卵孵华高峰期施药，用 5％氯虫苯甲酰胺悬浮剂 30～55g/亩均匀喷雾。

② 小菜蛾　在小菜蛾卵孵高峰期施药，用 5％氯虫苯甲酰胺悬浮剂 40～55g/亩均匀喷雾。

注意事项

① 用药时做好基本防护措施，使用后及时清洗手、脸等暴露部分皮肤并更换衣物。

② 勿让儿童、孕妇及哺乳期妇女接触本品。加锁保存。不能与食品、饲料存放一起。

③ 本品对家蚕毒性较高，蚕室及桑园附近禁用。

④ 不可与强酸、强碱性物质混用。

⑤ 对鱼和水生生物有毒，勿将废液等排入地下道和附近水源，避免影响鱼类和污染水源。

⑥ 在水稻上的安全间隔期为 21d，每季最多使用 2 次；在烟草上的安全间隔期为 21d，每季最多使用 1 次；马铃薯每季最多使用 1 次；在棉花上的安全间隔期为 14d，每季最多使用 2 次；在苹果上的安全间隔

期为 21d，每季最多使用 2 次；在番茄、辣椒上的安全间隔期为 5d，每季最多使用 2 次；在大豆上的安全间隔期为 21d，每季最多使用 2 次；在姜上的安全间隔期为 14d，每季最多使用 2 次；在豇豆上的安全间隔期为 5d，每季最多使用 2 次；在玉米上的安全间隔期为 21d，每季最多使用 2 次。

相关复配剂及应用

（1）氯虫苯·杀虫单

主要活性成分　氯虫苯甲酰胺，杀虫单。

作用特点　氯虫苯·杀虫单为酰胺类和沙蚕毒素类两种作用机理的杀虫剂混配而成，具有胃毒、触杀及内吸作用，兼有熏蒸、杀卵作用。

剂型　85％水分散粒剂。

应用技术　在稻纵卷叶螟卵孵化高峰至 2 龄幼虫期施药，用 85％水分散粒剂 30～40g/亩均匀喷雾。

注意事项

① 建议与其他不同作用机理的杀虫剂轮换使用。

② 对蜜蜂、家蚕和水蚤有毒，施药期间应避免对周围蜂群的影响，开花植物花期、蚕室和桑园附近禁用。

③ 不可与强酸、强碱性物质混用。

④ 孕妇及哺乳期妇女应避免接触。

⑤ 在水稻上的安全间隔期为 21d，每季最多使用 2 次。

（2）氯虫·噻虫胺

主要活性成分　氯虫苯甲酰胺，噻虫胺。

作用特点　氯虫·噻虫胺是一种酰胺类和新烟碱类混剂，对害虫具有内吸、触杀和胃毒作用，击倒快，防效长。

剂型　0.16％颗粒剂，40％悬浮剂。

应用技术

① 蔗螟　在甘蔗新种时，用 0.16％颗粒剂 15～20kg/亩，均匀撒施在甘蔗垄沟内后覆土。

② 蛴螬　在马铃薯开沟播种后，用 40％悬浮剂 15～20g/亩，在种薯周围沟施再覆土。

注意事项

① 孕妇及哺乳期妇女禁止接触。

② 远离水产养殖区、河塘等水体施药；禁止在河塘等水体中清洗施药器具。

③ 鸟类保护区附近禁用。

④ 甘蔗、马铃薯每季最多使用 1 次；

（3）氯虫·吡蚜酮

主要活性成分 氯虫苯甲酰胺，吡蚜酮。

作用特点 吡蚜酮属于吡啶类杀虫剂对害虫具有触杀作用，同时还有优异内吸活性，可在植物体内双向传导，持效期长；氯虫苯甲酰胺高效广谱，可导致某些鳞翅目昆虫交配过程紊乱，能降低多种夜蛾科害虫的产卵率，且具有持效性好和耐雨水冲刷的特性。

剂型 6％颗粒剂，60％水分散粒剂。

应用技术

① 稻飞虱、稻纵卷叶螟、二化螟 用 6％颗粒剂 $119 \sim 158 g/m^2$，在插秧当日或前一天均匀地撒在育秧盘上。

② 烟青虫、烟蚜 在烟草烟青虫幼虫始发盛期施药，用 60％水分散粒剂 8～10g/亩均匀喷雾。

注意事项

① 对软弱徒长苗、立枯苗、生长不良的秧苗等容易发生药害。

② 不可与碱性农药等物质混用。

③ 对蜜蜂、鱼类等水生生物、家蚕有毒，开花植物花期、蚕室及桑园附近禁用；远离水产养殖区、河塘等水体附近施药。

④ 建议与其他作用机制不同的杀虫剂轮换使用以延缓产生抗性。

⑤ 在水稻上每季最多使用 1 次；在烟草上的安全间隔期为 21d，每季最多使用 1 次。

（4）氯虫·三氟苯

主要活性成分 氯虫苯甲酰胺，三氟苯嘧啶。

作用特点 氯虫·三氟苯为三氟苯嘧啶和氯虫苯甲酰胺复配的杀虫剂，对水稻稻飞虱、二化螟、稻纵卷叶螟有良好的防治效果。

剂型 19％悬浮剂。

应用技术 在水稻营养生长期（分蘖至幼穗分化期前）田间稻飞虱发生数量达到 5～10 头/丛或稻纵卷叶螟或二化螟卵孵盛期施药，用19％悬浮剂 15～20g/亩均匀喷雾。

注意事项

① 对蜜蜂、家蚕、鱼类有毒。

② 孕妇及哺乳期妇女禁止接触。

③ 在水稻上的安全间隔期为 21d，每季最多使用 1 次。

（5）氯虫·高氯氟

主要活性成分　高效氯氟氰菊酯，氯虫苯甲酰胺。

作用特点　氯虫苯甲酰胺为双酰胺类杀虫剂，具有胃毒作用。高效氯氟氰菊酯是拟除虫菊酯类杀虫剂，具有触杀和胃毒作用。

剂型　14%微囊悬浮-悬浮剂。

应用技术

① 棉铃虫、蚜虫、烟青虫　在低龄幼虫或若虫始盛期施药，用14%微囊悬浮-悬浮剂10～20g/亩均匀喷雾。

② 苹果小卷蛾、桃小食心虫　在卵孵化盛期至低龄幼虫蛀果前施药，用14%微囊悬浮-悬浮剂3000～5000倍液均匀喷雾。

③ 棉铃虫　在卵孵化盛期至低龄幼虫期施药，用14%微囊悬浮-悬浮剂10～20g/亩均匀喷雾。

④ 甜菜夜蛾　在卵孵化盛期至低龄幼虫期施药，用14%微囊悬浮-悬浮剂10～20g/亩均匀喷雾。

⑤ 豆荚螟　在豇豆开花始盛期施药，用14%微囊悬浮-悬浮剂10～20g/亩均匀喷雾。

⑥ 玉米螟　在玉米螟卵孵化高峰至2龄幼虫期施药，用14%微囊悬浮-悬浮剂10～20g/亩均匀喷雾。

⑦ 食心虫　在卵孵化高峰后3～5d施药，用14%微囊悬浮-悬浮剂10～20g/亩均匀喷雾。

注意事项

① 施药地块禁止放牧和畜禽进入；勿在安全间隔期内进行采收。

② 对家蚕有毒，对蜜蜂、鱼、水生生物高毒。

③ 孕妇和哺乳期妇女及过敏者禁用。

④ 在番茄、辣椒上的安全间隔期为5d，每季最多使用2次；在苹果上的安全间隔期为30d，每季最多使用1次；在棉花上的安全间隔期为21d，每季最多使用2次；在大豆上的安全间隔期为20d，每季最多使用2次；在姜上的安全间隔期为14d，每季最多使用2次；在豇豆上的安全间隔期为5d，每季最多使用2次；在玉米上的安全间隔期为21d，每季最多使用1次。

（6）氯虫·啶虫脒

主要活性成分　氯虫苯甲酰胺，啶虫脒。

作用特点　氯虫·啶虫脒由两种作用机理不同的杀虫剂混配制成，具有胃毒和触杀作用，并有很强的内吸性和渗透性，速效性强，持效性好。

剂型 25%可分散油悬浮剂。

应用技术

① 蚜虫 在蚜虫始盛期施药，用25%可分散油悬浮剂10～13g/亩均匀喷雾。

② 棉铃虫 在棉铃虫卵孵化盛期至低龄幼虫期施药，用25%可分散油悬浮剂9～12g/亩均匀喷雾。

③ 卷叶蛾、蚜虫 在蚜虫始盛期和卷叶蛾卵孵化盛期至低龄幼虫期施药，用25%可分散油悬浮剂3000～4000倍液均匀喷雾。

注意事项

① 勿与强酸强碱性农药或物质使用，以免影响药效。

② 孕妇及哺乳期妇女禁止接触本品。

③ 远离水产养殖区、河塘等水体施药。

④ 在棉花上的安全间隔期为14d，每季最多使用2次；在苹果上的安全间隔期为21d，每季最多使用2次。

氯菊酯
（permethrin）

$C_{21}H_{20}Cl_2O_3$, 391.3, 52645-53-1

化学名称 (3-苯氧苄基)(1R,S)顺,反式-3-(2,2-二氯乙烯基)-2,2-二甲基环丙烷羧酸酯。

其他名称 苯醚氯菊酯、久效菊酯、除虫精、苄氯菊酯、克死命、WL43479、NRDC143、OMS1821、Exmin、Matadan、Pounce、Ambushsog、Coopex。

理化性质 氯菊酯纯品为白色晶体，熔点34～35℃，沸点200℃(1.33Pa)；溶解度（20℃，g/kg）：己烷＞1000，甲醇258，二甲苯＞1000，难溶于水；在酸性介质中稳定，在碱性介质中水解较快。

毒性 氯菊酯原药（顺反比45∶55）大鼠急性LD_{50}（mg/kg）：经口2370（雌），经皮＞2500；对兔皮肤无刺激性，对兔眼睛有轻度刺激性；对动物无致畸、致突变、致癌作用。

作用特点　氯菊酯是一种不含氰基结构的拟除虫菊酯类杀虫剂，杀虫谱广，具有触杀和胃毒作用，无内吸和熏蒸作用。在碱性介质及土壤中易分解失效，此外，与含氰基结构的菊酯相比，对高等动物毒性更低，刺激性相对较小，击倒速度更快，同等使用条件下害虫抗性发展相对较慢。氯菊酯杀虫活性相对较低，单位面积使用剂量相对较高，在阳光照射下易分解，可以用于防治多种作物害虫。

适宜作物　蔬菜、水稻、小麦、玉米、棉花、果树、茶树、烟草等。

防除对象　蔬菜害虫如菜青虫、小菜蛾、菜蚜等；棉花害虫如棉蚜、棉铃虫、棉红铃虫等；小麦害虫如黏虫等；烟草害虫如烟青虫等；果树害虫如柑橘潜叶蛾、蚜虫、食心虫等；茶树害虫如茶尺蠖、茶毛虫、蚜虫等；卫生害虫如蚊、蝇、臭虫、跳蚤、蟑螂、蚂蚁等。

应用技术　以10%氯菊酯乳油为例。

（1）防治蔬菜害虫

① 菜青虫、小菜蛾　在幼虫3龄前施药，用10%氯菊酯乳油10～30g/亩均匀喷雾。

② 菜蚜　在蚜虫发生盛期开始施药，用10%氯菊酯乳油10～15g/亩均匀喷雾。

（2）防治果树害虫　防治柑橘潜叶蛾、蚜虫、食心虫时，用10%氯菊酯乳油1660～3350倍液均匀喷雾。

（3）防治茶树害虫

① 茶尺蠖、茶毛虫　在低龄幼虫期施药，用10%氯菊酯乳油2000～5000倍液均匀喷雾。

② 蚜虫　在蚜虫发生盛期开始施药，用10%氯菊酯乳油2000～5000倍液均匀喷雾。

（4）防治卫生害虫　用10%氯菊酯乳油10～30g/m³喷雾，可有效防治蚊、蝇等害虫。

注意事项

① 不能与碱性农药混用。

② 对鱼虾、蜜蜂、家蚕等高毒，使用时勿接近鱼塘、蜂场、桑园。

③ 建议与其他作用机制不同的杀虫剂轮换使用。

④ 本品在茶树和果树上的安全间隔期为3d，每季最多使用2次；在棉花和烟草上的安全间隔期为10d，棉花每季最多使用3次，烟草2次；在蔬菜上的安全间隔期为2d，每季最多使用3次；在小麦上的安全间隔期为7d，每季最多使用2次。

相关复配剂及应用

（1）氯菊·四氟醚

主要活性成分 四氟醚菊酯，氯菊酯。

作用特点 氯菊酯是一种不含氰基结构的拟除虫菊酯类杀虫剂，其作用方式以触杀和胃毒为主，无内吸和熏蒸作用。四氟醚菊酯也属于拟除虫菊酯类杀虫剂，具有吸入和触杀特性。两者混配，能有效地防治室内外蚊、蝇。

应用技术 0.33%水基气雾剂，5%水乳剂。

① 蚊、蝇、蜚蠊 用0.33%水基气雾剂喷雾防治，关闭门窗，人畜立即离开房间，20min后打开门窗，充分通风后方可再次进入房间。

② 蚊、蝇 室外用5%水乳剂有效成分1.67mg/m³喷雾或超低量喷雾。

注意事项

① 本品对鱼类、蜂和蚕毒性高，蚕室及桑园附近禁用，鸟类保护区禁用，远离水产养殖区。

② 不要与碱性物质混用。

③ 气雾剂是压力包装，切勿受太阳直射，切勿在火源附近喷射或使本品接近火源、电源。

④ 气雾剂切勿在温度超过50℃的环境中存放。

（2）胺·氯菊

主要活性成分 胺菊酯，氯菊酯。

作用特点 本品是采用拟除虫菊酯类药剂为有效成分，经科学加工制成的卫生杀虫剂，具有触杀、胃毒作用。

剂型 2%水乳剂，7%可溶液剂。

应用技术

① 蚊、蝇 用2%水乳剂稀释4倍液喷洒防治，摇匀后喷于蚊、蝇出没处；或用7%可溶液剂稀释10倍，按玻璃面0.3g/m²、木板面0.6g/m²、白灰面1g/m²进行滞留喷雾。

② 蜚蠊 用2%水乳剂稀释4倍液喷洒防治，摇匀后喷于蚊、蝇出没处。

注意事项

① 对鱼等水生动物、蜜蜂、蚕有毒，使用时注意不可污染鱼塘等水域及饲养蜂、蚕的场地。

② 不要与碱性物质混用。

③ 切勿接触人体和食物。

④ 喷雾后人、畜应立即离开房间，紧闭门窗 30min 后打开门窗充分通风后方可进入。

（3）氯菊·烯丙菊

主要活性成分 S-生物烯丙菊酯，氯菊酯。

作用特点 本品采用拟除虫菊酯类药剂为有效成分，对蚊、蝇具有触杀和胃毒作用，适用于家庭、宾馆、工厂、餐厅、畜牧场等室内环境。

剂型 16.86% 微乳剂，104g/kg 水乳剂。

应用技术

① 蚊 用 16.86% 微乳剂稀释 20～25 倍液，按 $1.43g/m^3$ 进行喷雾防治；或用 104g/kg 水乳剂 $0.0125g/m^3$ 进行超低容量喷雾。

② 蝇 用 16.86% 微乳剂稀释 20～25 倍液，按 $1.43g/m^3$ 进行喷雾防治；或用 104g/kg 水乳剂 $0.025g/m^3$ 进行超低容量喷雾。

注意事项

① 对鱼等水生动物、蜜蜂、蚕有毒，使用时注意不可污染鱼塘等水域及饲养蜂、蚕场地，禁止在河塘等水域清洗施药器具。

② 不要与碱性物质混用。

③ 本品仅用于室内。

④ 本品药液应现配现用，配好的药液不宜存放太久。

氯氰菊酯

（cypermethrin）

$C_{22}H_{19}Cl_2NO_3$, 416.2, 52315-07-8

化学名称 (R,S)-α-氰基-3-苯氧苄基$(1R,S)$-顺、反-3-$(2,2$-二氯乙烯基$)$-2,2-二甲基环丙烷羧酸酯。

其他名称 兴棉宝、赛波凯、保尔青、轰敌、阿锐克、奥思它、格达、韩乐宝、克虫威、氯氰全、桑米灵、灭百可、安绿宝、田老大 8

号、Barricard、Cymbush、Ripcord、NRDC-149、Cyperkill、Afrothrin、WL43467、PP-383、CCN-52、Arrivo。

理化性质 氯氰菊酯是 8 个氯氰菊酯异构体的混合物，工业品为黄色至淡棕色黏稠液体或半固体，60℃以上时为液体。溶解度（20℃，g/L）：丙酮、氯仿、环己酮、二甲苯＞450，乙醇 337、己烷 103，难溶于水；在弱酸性和中性介质中稳定，在碱性介质中水解较快。氯氰菊酯中 8 个光学异构体如下所示：

$$\left.\begin{array}{l} 1R\text{-}cis，\alpha\text{-}S \\ 1S\text{-}cis，\alpha\text{-}R \end{array}\right\}cis\ \alpha，\quad \left.\begin{array}{l} 1R\text{-}cis，\alpha\text{-}R \\ 1S\text{-}cis，\alpha\text{-}S \end{array}\right\}cis\ \beta，\quad \left.\begin{array}{l} 1R\text{-}trans，\alpha\text{-}S \\ 1S\text{-}trans，\alpha\text{-}R \end{array}\right\}trans\ \alpha，$$

$$\left.\begin{array}{l} 1R\text{-}trans，\alpha\text{-}R \\ 1S\text{-}trans，\alpha\text{-}S \end{array}\right\}trans\ \beta$$

毒性 氯氰菊酯原药急性经口 LD_{50}（mg/kg）；大鼠 251（工业品），小鼠 138；对皮肤和眼睛有轻微刺激性；对动物无致畸、致突变、致癌作用。对蜜蜂、家蚕和蚯蚓剧毒。

作用特点 氯氰菊酯杀虫谱广，具有触杀、胃毒和一定的熏蒸作用，药效迅速，对光、热稳定。可防治对有机磷产生抗性的害虫，残效期长，对某些害虫具有杀卵作用，对鳞翅目幼虫效果良好。

适宜作物 蔬菜、水稻、小麦、玉米、棉花、果树、茶树、烟草等。

防除对象 蔬菜害虫如菜青虫、小菜蛾、菜蚜等；棉花害虫如棉铃虫、棉红铃虫等；小麦害虫如蚜虫等；果树害虫如柑橘潜叶蛾、桃小食心虫等；茶树害虫如茶尺蠖、茶毛虫、小绿叶蝉等；卫生害虫如蚊、蝇、臭虫、蜚蠊、蚂蚁等。

应用技术 以 100g/L 氯氰菊酯乳油、10％氯氰菊酯乳油、10％氯氰菊酯可湿性粉剂为例。

（1）防治蔬菜害虫

① 菜青虫 在 1～3 龄幼虫发生期施药，用 100g/L 氯氰菊酯乳油 20～30g/亩均匀喷雾；或用 10％氯氰菊酯乳油 20～30g/亩均匀喷雾。

② 小菜蛾 在低龄幼虫期施药，用 10％氯氰菊酯乳油 25～35g/亩均匀喷雾。

③ 蚜虫 在十字花科蔬菜蚜虫种群数量上升期施药，用 10％氯氰菊酯乳油 20～40g/亩均匀喷雾。

（2）防治小麦害虫 在小麦苗蚜或穗蚜始盛期施药，用 10％氯氰菊酯乳油 24～32g/亩均匀喷雾。

（3）防治棉花害虫

① 棉铃虫　在卵孵盛期施药，用 10％氯氰菊酯乳油 30～60g/亩均匀喷雾。

② 棉蚜　在棉蚜发生期用药，用 10％氯氰菊酯乳油 30～60g/亩均匀喷雾。

（4）防治果树害虫

① 柑橘潜叶蛾　在幼虫发生始盛期施药，用 10％氯氰菊酯乳油 1000～2000 倍液均匀喷雾。

② 桃小食心虫　在卵孵盛期用药，用 10％氯氰菊酯乳油 1000～1500 倍液均匀喷雾。

（5）防治茶树害虫

① 茶尺蠖、茶毛虫　在低龄幼虫期施药，用 10％氯氰菊酯乳油 2000～3700 倍液均匀喷雾。

② 小绿叶蝉　在若虫盛发期用药，用 10％氯氰菊酯乳油 2000～3700 倍液均匀喷雾。

（6）防治卫生害虫　将 10％氯氰菊酯可湿性粉剂稀释 100 倍，按 $400～500mL/m^2$ 制剂用量处理表面；在玻璃、瓷砖、油漆等非吸收性表面建议将本品稀释 40～50 倍进行滞留喷洒，可有效防治臭虫、蚂蚁、蚊、蝇、蜚蠊。

注意事项

① 不能与碱性农药混用。

② 本品对鱼虾、蜜蜂、家蚕等高毒，使用时勿接近鱼塘、蜂场、桑园。

③ 建议与其他作用机制不同的杀虫剂轮换使用。

④ 在棉花、小青菜、大白菜、柑橘树、苹果树上的安全间隔期分别为 7d、2d、5d、7d、21d，每季最多使用 3 次；在茶树上的安全间隔期 7d，每季最多使用 1 次。

相关复配剂及应用

（1）氯氰·辛硫磷

主要活性成分　氯氰菊酯，辛硫磷。

作用特点　本品兼具氯氰菊酯和辛硫磷特性，具有触杀和胃毒作用。

剂型　20％、30％乳油。

应用技术

① 菜青虫　在低龄幼虫期施药，用 20％乳油 30～50g/亩均匀喷雾。

② 小菜蛾　在低龄幼虫期施药，用 20％乳油 50～75g/亩均匀喷雾。

③ 棉铃虫　在卵孵高峰至低龄幼虫盛期施药，用 20％乳油 75～100g/亩均匀喷雾；或用 30％乳油 60～80g/亩均匀喷雾。

④ 棉蚜　在棉蚜发生期施药，用 20％乳油 75～100g/亩均匀喷雾；或用 30％乳油 60～80g/亩均匀喷雾。

注意事项

① 本品对蜜蜂、鱼类等水生生物、家蚕有毒，植物花期、蚕室和桑园附近禁用；远离水产养殖区施药，禁止在河塘等水体中清洗施药器具。

② 建议与其他作用机制不同的杀虫剂轮换使用。

③ 不可与呈碱性的农药等物质混合使用。

④ 黄瓜、菜豆和甜菜等都对辛硫磷敏感，施药时应避免药液飘移到上述作物上，以防产生药害。

⑤ 在棉花上的安全间隔期为 15d，每季最多使用 3 次；在萝卜上的安全间隔期为 7d，在叶菜类上的安全间隔期为 14d，每季最多使用 2 次。

（2）氯氰·三唑磷

主要活性成分　氯氰菊酯，三唑磷。

作用特点　本品兼有氯氰菊酯和三唑磷的特性，克服了单一施用菊酯类农药而易产生抗性的缺点。具有胃毒、触杀作用，药效迅速，对虫卵尤其是鳞翅目害虫的卵具有明显的杀伤作用。

剂型　16％、20％乳油。

应用技术

① 棉铃虫　在低龄幼虫期施药，用 20％乳油 60～100g/亩均匀喷雾。

② 红铃虫　在低龄幼虫期施药，用 20％乳油 100～120g/亩均匀喷雾。

③ 棉蚜　在棉蚜始盛期施药，用 20％乳油 60～80g/亩均匀喷雾。

④ 柑橘潜叶蛾　在卵孵盛期至低龄幼虫钻蛀期间施药，用 16％乳油 1000～2000 倍液均匀喷雾。

注意事项

① 不可与强酸或强碱性物质混用。

② 本品对蜜蜂、鱼类等水生生物、家蚕有毒，施药期间应避免对周围蜂群的影响，蜜源作物花期、蚕室和桑园附近禁用；远离水产养殖区施药，禁止在河塘等水体中清洗施药器具。

③ 建议与其他作用机制不同的杀虫剂轮换使用，以延缓抗性产生。

④ 本品禁止在蔬菜上使用。

⑤ 在棉花上的安全间隔期为 40d，每季最多使用 3 次；在柑橘上的安全间隔期为 20d，每季最多使用 2 次。

（3）氯氰·毒死蜱

主要活性成分　氯氰菊酯，毒死蜱。

作用特点　本品由毒死蜱和氯氰菊酯科学配制而成，具有较强的触杀、胃毒和熏蒸作用，击倒力较强，药效较持久，对虫卵有较强的杀死作用。

剂型　20%、522.5g/L 乳油。

应用技术

① 棉铃虫　在卵孵盛期施药，用 522.5g/L 乳油 70～100mL/亩均匀喷雾。

② 桃小食心虫　在卵孵盛期用药，用 522.5g/L 乳油 1400～1650 倍液均匀喷雾。

③ 美国白蛾　在低龄幼虫期施药，用 522.5g/L 乳油 750～1200 倍液均匀喷雾。

④ 柑橘矢尖蚧　在低龄若虫盛发期施药，用 20% 乳油 800～1000 倍液均匀喷雾。

注意事项

① 本品对鸟类中等毒性，鸟类保护区慎用；对蜜蜂和家蚕有毒，养蜂场地、蚕室及桑园附近禁用。

② 不能与碱性物质混用。

③ 建议与其他作用机制不同的杀虫剂轮换使用，以延缓抗性的产生。

④ 本品禁止在蔬菜上使用。

⑤ 在棉花上的安全间隔期为 21d，每季最多使用 1 次；在柑橘树上的安全间隔期为 28d，每季最多使用 1 次；在苹果树上的安全间隔期为 21d，每季最多使用 2 次。

（4）氯氰·吡虫啉

主要活性成分　氯氰菊酯，吡虫啉。

作用特点　本品是由氯氰菊酯与吡虫啉复配而成，作用于昆虫的神经系统，具有较强的触杀、胃毒及内吸作用，并有一定的杀卵作用，持效性及速效性均较明显。

剂型　5％、7.5％乳油。

应用技术

① 菜青虫　在低龄幼虫期施药，用5％乳油30～50g/亩均匀喷雾。

② 甘蓝蚜虫　在蚜虫发生初期施药，用5％乳油40～50g/亩均匀喷雾。

③ 苹果黄蚜　在蚜虫发生初期施药，用5％乳油1000～2000倍液均匀喷雾。

④ 小绿叶蝉　在小绿叶蝉发生高峰期前施药，用7.5％乳油30～50g/亩均匀喷雾。

⑤ 梨木虱　在梨木虱发生初期施药，用5％乳油1000～1500倍液均匀喷雾。

注意事项

① 不能与波尔多液等碱性农药混用。

② 本品对鱼、虾、蜜蜂、蚕等高毒，使用时勿污染鱼塘、养蜂场地、桑园，不要接触食品。

③ 在蔬菜上的安全间隔期为14d，每季最多使用2次；在茶树上的安全间隔期为7d，每季最多使用1次；在苹果树上的安全间隔期为21d，每季最多使用3次。

氯烯炔菊酯

（chlorempenthrin）

$C_{16}H_{20}Cl_2O_2$, 315.3, 54407-47-5

化学名称　（1R,S）-顺,反-2,2-二甲基-3-(2,2-二氯乙烯基)环丙烷羧酸-1-乙炔基-2-甲基戊-2-烯基酯。

其他名称　炔戊氯菊酯、二氯炔戊菊酯、中西气雾菊酯。

理化性质　淡黄色油状液体，有清淡香味；沸点 $128\sim130℃$（4Pa），蒸气压 4.13×10^{-2}Pa（20℃），折光率 n_D^{21} 1.5047；可溶于多种有机溶剂，不溶于水；对光、热和酸性介质较稳定，在碱性介质中易分解。

毒性　小鼠急性经口 LD_{50} 790mg/kg；常用剂量条件下对人畜眼、鼻、皮肤及呼吸道均无刺激；Ames 试验阴性。

作用特点　氯烯炔菊酯具有触杀作用，是一种高效、低毒的拟除虫菊酯类杀虫剂，对卫生害虫有较好的防效。本品具有蒸气压高、挥发度好、杀灭力强的特点，对害虫击倒速度快。

防除对象　卫生害虫如蝇等。

应用技术　防治卫生害虫如蝇时，于室外用 0.4% 杀虫喷射剂直接喷洒。

注意事项

本品对鱼类和蚕类有毒，蚕室、桑园、鱼塘及其附近禁用，禁止在河塘等水体内清洗施药器具。

马拉硫磷

（malathion）

$C_{10}H_{19}O_6PS_2$, 330.35, 121-75-5

化学名称　O,O-二甲基-S-（1,2-二乙氧羰基乙基）二硫代磷酸酯。

其他名称　马拉松、马拉塞昂、飞扫、四零四九、Carbofos、Malathiozol、Maladrex、Maldison、Formol、Malastan。

理化性质　透明浅黄色油状液体。熔点 2.85℃，沸点 $156\sim157℃$（93Pa）；难溶于水，易溶于乙醇、丙酮、苯、氯仿、四氯化碳等有机溶剂。对光稳定，对热稳定性较差；在 pH<5 的介质中水解为硫化物和 α-硫醇基琥珀酸二乙酯，在 pH5$\sim$7 的介质中稳定，在 pH>7 的介质中水解成硫化物钠盐和反丁烯二酸二乙酯；可被硝酸等氧化剂氧化成马拉氧磷，但工业品马拉硫磷中加入 0.01%$\sim$1.0% 的有机氧化物，可增加其稳定性；对铁、铅、铜、锡制品容器有腐蚀性，此类物质也可降低马拉硫磷的稳定性。

毒性　原药急性大白鼠 LD_{50}（mg/kg）：经口 1751.5（雌）、1634.5（雄）；经皮 4000～6150。用含马拉硫磷 100mg/kg 的饲料喂养大鼠 92 周，无异常现象；对蜜蜂高毒，对眼睛、皮肤有刺激性。

作用特点　马拉硫磷是非内吸的广谱性杀虫剂，有良好的触杀和一定的熏蒸作用，进入虫体后被氧化成毒力更强的马拉氧磷，从而发挥强大的毒杀作用。当进入温血动物体内时，会被在昆虫体内没有的羧酸酯酶水解，因而失去毒性。马拉硫磷毒性低，残效期短，对刺吸式口器和咀嚼式口器害虫均有效。

适宜作物　水稻、小麦、棉花、大豆、十字花科蔬菜、果树、茶树、牧草等。

防除对象　水稻害虫如稻飞虱、蓟马、稻叶蝉等；小麦害虫如黏虫等；棉花害虫如盲蝽类等；大豆害虫如大豆食心虫等；蔬菜害虫如黄条跳甲等；果树害虫如绿盲蝽等；茶树害虫如长白蚧等；牧草害虫如蝗虫等。

应用技术　以 45％乳油为例。

（1）防治水稻害虫

① 稻飞虱　在低龄若虫为害盛期施药，用 45％乳油 80～120g/亩兑水喷雾，重点为水稻的中下部叶丛及茎秆。

② 稻蓟马　秧苗 4～5 叶期和本田稻苗返青期时施药，用 45％乳油 83～111g/亩均匀喷雾。

③ 稻叶蝉　在低龄若虫发生盛期施药，用 45％乳油 85～110g/亩均匀喷雾。

防治水稻害虫时田间应保持 3～5cm 的水层 3～5d。

（2）防治小麦害虫　在黏虫卵孵盛期至低龄幼虫发生期施药，用 45％乳油 85～110g/亩均匀喷雾。

（3）防治棉花害虫　在盲蝽低龄若虫发生盛期施药，用 45％乳油 55～85g/亩均匀喷雾，重点喷洒棉花生长点及蕾铃部。

（4）防治大豆害虫　在大豆食心虫成虫盛发期施药，用 45％乳油 85～110g/亩喷雾，可于 5～7 日后再喷一次。

（5）防治果树害虫　果树上绿盲蝽低龄若虫盛发期施药，主要在早期发芽及长新叶时用 45％乳油 1350～1800 倍液喷雾。

（6）防治蔬菜害虫　在黄条跳甲成虫发生期施药，用 45％乳油 80～110g/亩均匀喷雾。

（7）防治茶树害虫　在长白蚧卵孵盛期、初龄若虫四处爬行时施药最好，用45％乳油450～720倍液均匀喷雾。

（8）防治牧草害虫　防治牧草、农田及林木蝗虫时，在蝗蝻低龄时期施药，用45％乳油65～90g/亩均匀喷雾。

注意事项

① 忌与碱性或酸性物质混用，以免分解失效。

② 水稻田施用前后10d内不得使用敌稗。

③ 药液应随配随用，不可久放。

④ 对蜜蜂、鱼类等水生生物、家蚕有毒，施药期间应避免药液飘移；开花植物花期、蚕室和桑园附近禁用；远离水产养殖区施药；禁止在河塘等水体中清洗施药器具；赤眼蜂等天敌放飞区域禁用。

⑤ 番茄幼苗、瓜类、豇豆、高粱、樱桃、梨、苹果的某些品种等对马拉硫磷较敏感，施药时应避免药液飘移到上述作物上。

⑥ 马拉硫磷与异稻瘟净或稻瘟净混用，会增加对人、畜毒性，要注意安全使用。

⑦ 大风天气或雨天请勿施药。

⑧ 在水稻上的安全间隔期为14d，每季最多使用3次；在棉花上的安全间隔期为7d，每季最多使用2次；在十字花科蔬菜上的安全间隔期为7d，每季最多使用2次；在梨树上的安全间隔期为7d，每季最多使用3次。

相关复配剂及应用

（1）阿维·马拉松

主要活性成分　马拉硫磷，阿维菌素。

作用特点　为有机磷类杀虫剂马拉硫磷和大环内酯类杀虫剂阿维菌素的复配制剂，具有很强的渗透力和杀虫效果。二者的作用机理不同，因此能很大程度地延缓抗药性的产生，提高杀虫效果。

剂型　15％、36％乳油。

应用技术

① 小菜蛾　在低龄幼虫盛发期施药，用36％乳油50～70g/亩均匀喷雾。

② 稻纵卷叶螟　在卵孵盛期至低龄幼虫期施药，用15％乳油100～120g/亩均匀喷雾。防治时加大水量、细喷雾，效果更佳。

注意事项

① 不能与碱性农药混用。

② 对蜜蜂、鱼类等水生生物、家蚕有毒。施药期间应避免对周围蜂群的影响；开花植物花期、蚕室和桑园附近禁用；要远离水产养殖区施药；禁止在河塘等水体中清洗施药用具。

③ 番茄幼苗、瓜类、豇豆、高粱、樱桃、梨、苹果的某些品种等对有效成分马拉硫磷较敏感，施药时应避免药液飘移到上述作物上。

④ 大风天或预计 1h 内降雨请勿施药。

⑤ 在阴天或傍晚弱光时施药效果最好。

⑥ 在甘蓝上的安全间隔期为 10d，每季最多使用 2 次；在水稻上的安全间隔期为 14d，每季最多使用 2 次。

（2）氰戊·马拉松

主要活性成分　马拉硫磷，氰戊菊酯。

作用特点　为有机磷类杀虫剂马拉硫磷和拟除虫菊酯类杀虫剂氰戊菊酯的混配制剂，兼具两类杀虫剂的作用方式和特性，有较好的触杀、胃毒作用，并有较强的熏蒸性能，且速效性好，不易产生抗性。

剂型　20％乳油。

应用技术

① 棉铃虫　在卵孵盛期至低龄幼虫期施药，用 20％乳油 30～50g/亩均匀喷雾。

② 棉蚜　在蚜虫发生始盛期施药，用 20％乳油 30～50g/亩均匀喷雾。

③ 桃小食心虫　苹果卵果率达到 1‰时施药，用 20％乳油 600～1250 倍液均匀喷雾。若在 6 月上中旬第一场有效降雨后，可用 20％乳油 300 倍液向树盘地面喷雾。

④ 菜青虫　在低龄幼虫盛发期施药，用 20％乳油 50～70g/亩均匀喷雾。

⑤ 菜蚜　在蚜虫发生始盛期施药，用 20％乳油 30～50g/亩均匀喷雾。

⑥ 麦蚜　在蚜虫发生始盛期施药，用 20％乳油 20～30g/亩均匀喷雾。

注意事项

① 不能与碱性农药混用。

② 禁止在茶树上使用。

③ 对蜜蜂、鱼类等水生生物、家蚕有毒，施药期间应避免对周围蜂群的影响；蜜源作物花期、蚕室和桑园附近禁用；远离水产养殖区施

药；禁止在河塘等水体中清洗施药器具。

④ 蚜虫和棉铃虫等害虫对有效成分氰戊菊酯易产生抗性，使用时尽量混用和轮用。

⑤ 番茄幼苗、瓜类、豇豆、高粱、樱桃、梨、苹果的某些品种等对有效成分马拉硫磷较敏感，施药时应慎重。

⑥ 大风天或预计 1h 内下雨请勿施药。

⑦ 在棉花上的安全间隔期为 14d，每季最多使用 3 次；十字花科蔬菜上的安全间隔期为 5d，每季最多使用 3 次；在苹果上的安全间隔期为 14d，每季最多使用 3 次；小麦上的安全间隔期为 60d，每季最多使用 2 次。

（3）氯氰·马拉松

主要活性成分 马拉硫磷，氯氰菊酯。

作用特点 为有机磷类杀虫剂马拉硫磷与拟除虫菊酯类杀虫剂氯氰菊酯的复配制剂，具有触杀、胃毒和一定的熏蒸作用；其速效性好，对刺吸式口器和咀嚼式口器的害虫均有效用。

剂型 16％、36％、37％乳油。

应用技术

① 菜青虫 在 2～3 龄幼虫盛发期施药，用 37％乳油 60～80g/亩均匀喷雾。

② 荔枝蝽 在卵孵盛期至低龄若虫期施药，用 16％乳油 1500～2000 倍液均匀喷雾，但要避免在近花期时使用。

③ 棉铃虫 在卵孵盛期至低龄幼虫期施药，用 36％乳油 49～66g/亩均匀喷雾，尤其在棉蕾期和青铃期。

注意事项

① 不要与碱性农药等物质混用，如波尔多液、石硫合剂等。

② 对水生动物、蜜蜂、蚕极毒，因而在使用中必须注意不能污染水域及饲养蜂、蚕的场地。施药期间应避免对周围蜂群的影响；开花植物花期、蚕室和桑园附近禁用；远离水产养殖区施药；禁止在河塘等水体中清洗施药器具。

③ 番茄幼苗、瓜类、豇豆、高粱、樱桃、梨、苹果的某些品种等对有效成分马拉硫磷较敏感，施药时应避免药液飘移到上述作物上。

④ 大风天或预计 1h 内降雨请勿施药。

⑤ 建议与其他作用机制不同的杀虫剂轮换使用，以延缓害虫抗性的产生。

⑥ 在十字花科蔬菜甘蓝和萝卜上的安全间隔期为 7d 和 10d，每季最多使用 2 次；在其他叶菜类上的安全间隔期为 7d，每季最多使用 1 次；在荔枝上的安全间隔期为 14d，每季最多使用 3 次。

（4）溴氰·马拉松

主要活性成分 马拉硫磷，溴氰菊酯。

作用特点 为有机磷类杀虫剂马拉硫磷和拟除虫菊酯类杀虫剂溴氰菊酯的混配制剂，有良好的触杀和一定的熏蒸作用，且击倒速度快，速效性好。

剂型 10%、25%乳油，2.012%粉剂。

应用技术

① 菜青虫 甘蓝、小白菜上在低龄幼虫盛发期施药，用 25%乳油 30~50g/亩均匀喷雾。

② 菜蚜 在蚜虫始盛期施药，用 10%乳油 12.5~25g/亩均匀喷雾。

③ 棉铃虫 在卵孵盛期至低龄幼虫期时施药，用 25%乳油 60~80g/亩均匀喷雾。视虫害发生情况，可决定是否再次施药。

④ 赤拟谷盗、谷蠹、玉米象 将 2.012%粉剂撒于储粮低层或表层，深度 20~30cm；或将药剂撒于害虫活动、栖息处。

注意事项

① 不能和碱性物质混用。

② 对蜜蜂、鱼类等水生生物、家蚕有毒，施药期间应避免对周围蜂群的影响，开花植物花期、蚕室和桑园附近禁用。远离水产养殖区施药，禁止在河塘等水体中清洗施药器具。

③ 已经处理过的大米、面粉等食品不得食用或做饲料。

④ 番茄幼苗、瓜类、豇豆、高粱、樱桃、梨、苹果的某些品种等对有效成分马拉硫磷较敏感，施药时应避免药液飘移到上述作物上。

⑤ 大风天或预计 1h 内降雨请勿施药。

⑥ 为延缓抗药性产生，应与其他不同作用机制的杀虫剂轮换使用。

⑦ 在甘蓝、小白菜上的安全间隔期均为 7d，每季最多使用 2 次；在棉花上的安全间隔期为 14d，每季最多使用 2 次。

（5）甲氰·马拉松

主要活性成分 马拉硫磷，甲氰菊酯。

作用特点 为有机磷类农药马拉硫磷和拟除虫菊酯类农药甲氰菊酯混配的杀虫杀螨剂，具有触杀性强、速效性好的特点，对螨的整个生育期卵、幼螨、若螨、成螨均有一定的杀灭作用，也可用于防治棉铃虫及菜青虫。

剂型 22.5％、25％、40％乳油。

应用技术

① 菜青虫 在低龄幼虫盛发期施药，用 22.5％乳油 60～90g/亩均匀喷雾。

② 桃小食心虫 在苹果园卵果率达到 1％时施药，用 40％乳油 1000～2000 倍液均匀喷雾。

③ 棉铃虫 在卵孵盛期至低龄幼虫期施药，用 25％乳油 50～70g/亩均匀喷雾。

④ 棉花红蜘蛛 在叶螨达到 3～5 头/叶时施药，用 25％乳油 60～80g/亩均匀喷雾。

⑤ 柑橘红蜘蛛 在叶螨达到 2～3 头/叶时施药，用 25％乳油 1000～2000 倍液均匀喷雾。

注意事项

① 不可与碱性物质混合使用。

② 对蜜蜂、鸟高毒，对鱼和家蚕剧毒。蜜源作物花期禁用；施药期间应密切注意对周围蜂群的影响；蚕室及桑园附近禁用；远离河塘等水域施药；禁止在河塘等水域内清洗施药器具。

③ 番茄幼苗、瓜类、豇豆、高粱、樱桃、梨、苹果的某些品种等对有效成分马拉硫磷较敏感，施药时应避免药液飘移到上述作物上。

④ 大风天或预计 1h 内降雨请勿施药。

⑤ 建议与其他作用机制不同的药剂轮换使用。

⑥ 在十字花科蔬菜上的安全间隔期一般为 7d，每季最多使用 3 次；在柑橘树上的安全间隔期为 30d，每季最多使用 2 次；在棉花上的安全间隔期为 14d，每季最多使用 3 次；在苹果上的安全间隔期为 30d，每季最多使用 2 次。

（6）敌畏·马

主要活性成分 敌敌畏，马拉硫磷。

作用特点 为有机磷杀虫剂敌敌畏和马拉硫磷的复配制剂，具有胃毒、触杀和熏蒸等多种作用方式，对害虫击倒速度较快，且具有驱避作用。在推荐施药剂量下，对黄条跳甲有良好的防效。

剂型 50％乳油。

应用技术 在黄条跳甲成虫始盛期施药，用 50％乳油 50～70g/亩均匀喷雾。

注意事项

① 禁止与碱性物质混用，避免分解。

② 避免在高温条件下使用，否则容易发生中毒现象。

③ 对蜜蜂、鱼类等水生生物、家蚕有毒，施药期间应密切关注对周围蜂群的影响；禁止在周围开花植物花期、蚕室和桑园附近使用。远离水产养殖区、河塘等水域施药，禁止在河塘等水体中清洗施药器具。赤眼蜂等天敌放飞区域禁用；对鸟类有毒，鸟类保护区禁用。

④ 高粱、月季花易对该药产生药害，玉米、豆类、瓜类、番茄幼苗、樱桃、梨、桃、葡萄、柳树及苹果的一些品种也较敏感，施药时避免药液飘移到上述作物，以免产生药害。

⑤ 水溶液分解快，应随配随用。

⑥ 大风天或预计 1h 内降雨请勿施药。

⑦ 建议与作用机制不同的杀虫剂轮换使用，以延缓抗性产生。

⑧ 在甘蓝上的安全间隔期为 10d，每季最多使用 2 次。

（7）马拉·矿物油

主要活性成分 马拉硫磷，矿物油。

作用特点 为有机磷杀虫剂马拉硫磷和矿物油的复配制剂，具有良好的触杀、胃毒和一定熏蒸作用，防治柑橘树矢尖蚧具有较好的效果。

剂型 44％乳油。

应用技术 在柑橘矢尖蚧卵孵化时期、初龄若虫到处爬迁时施药，用 44％乳油 350～440 倍液均匀喷雾。间隔 10d 再喷一次。

注意事项

① 不可与强碱性农药等物质混用。

② 对蜜蜂、鱼类等水生生物、家蚕有毒，施药期间应避免对周围蜂群的影响；开花植物花期、蚕室和桑园附近禁用。远离水产养殖区施药，禁止在河塘等水体中清洗施药器具。

③ 番茄幼苗、瓜类、豇豆、高粱、樱桃、梨、苹果的某些品种等对有效成分马拉硫磷较敏感，施药时应避免药液飘移到上述作物上。

④ 制剂易燃，注意防火。

⑤ 建议与其他不用作用机制的杀虫剂交替使用。

⑥ 在柑橘树上的安全间隔期为 20d，每季最多使用 3 次。

醚菊酯

（ethofenprox）

C$_{25}$H$_{28}$O$_3$, 376.5, 80844-07-1

化学名称　2-(4-乙氧基苯基)-2-甲基丙基-3-苯氧基苄基醚。

其他名称　苄醚菊酯、利来多、依芬宁、多来宝、Trebon、ethoporoxyfen、Lenatop、MTI-500。

理化性质　纯品醚菊酯为无色晶体，熔点 36.4～37.5℃，沸点 208℃（718.2Pa）；溶解度（25℃）：水 1mg/kg，丙酮 7.8kg/L，氯仿 9kg/L，乙酸乙酯 6kg/L，甲醇 66g/L，二甲苯 4.8/L，乙醇 150g/L。

毒性　原药急性 LD$_{50}$（mg/kg）：大鼠经口＞21440（雄）、＞42880（雌），小鼠经口＞53600（雄）、＞107200（雌）；经皮大鼠＞1072（雄）、小鼠＞2140（雌）；对兔皮肤和眼睛无刺激性，对蜜蜂无毒；以一定剂量饲喂大鼠、小鼠、狗，均未发现异常现象；对动物无致畸、致突变、致癌作用。

作用特点　醚菊酯是一种醚类化学物质，而不是酯类，具有触杀和胃毒作用，无内吸传导作用。通过扰乱昆虫神经的正常生理活动，使之由兴奋、痉挛到麻痹而死亡。本品杀虫谱广、杀虫活性高、击倒速度快、持效期长，对天敌杀伤力较小，对作物安全。

适宜作物　水稻、蔬菜、烟草、茶树、林木等。

防除对象　水稻害虫如稻褐飞虱、稻水象甲等；蔬菜害虫如菜青虫、小菜蛾等；烟草害虫如烟青虫、烟蚜等；茶树害虫如茶小绿叶蝉等。

应用技术　以 20％醚菊酯悬浮剂、30％醚菊酯悬浮剂、30％醚菊酯水乳剂、10％醚菊酯水乳剂、10％醚菊酯悬浮剂为例。

（1）防治水稻害虫

① 稻飞虱　在稻飞虱始发盛期施药，用 30％醚菊酯悬浮剂 20～25g/亩均匀喷雾。

② 稻水象甲　在稻水象甲始发盛期施药，用 30％醚菊酯悬浮剂 25～35g/亩均匀喷雾。

（2）防治蔬菜害虫

① 菜青虫　在低龄幼虫期施药，用20％醚菊酯悬浮剂15～20g/亩均匀喷雾；或用10％醚菊酯水乳剂30～40g/亩均匀喷雾；或用10％醚菊酯悬浮剂30～40g/亩均匀喷雾。

② 小菜蛾　在低龄幼虫期施药，用10％醚菊酯悬浮剂80～100g/亩均匀喷雾。

（3）防治茶树害虫　在小绿叶蝉发生期施药，用30％醚菊酯水乳剂33～40g/亩均匀喷雾。

（4）防治烟草害虫

① 烟青虫　在低龄幼虫期施药，用30％醚菊酯水乳剂20～30g/亩均匀喷雾。

② 烟蚜　在烟蚜发生初期施药，用30％醚菊酯水乳剂20～30g/亩均匀喷雾。

（5）防治林木害虫　在松毛虫卵孵盛期至低龄幼虫期施药，用10％醚菊酯悬浮剂2000～3000倍液均匀喷雾。

注意事项

① 不要与强碱性农药混用。

② 对家蚕、蜜蜂有毒，使用时应避开蜜蜂采花期；蚕室、桑园附近禁用；远离水产养殖区、河塘水源附近施药，禁止在河塘或水体中清洗施药器具；赤眼蜂等天敌放飞区域禁用。

③ 建议与其他杀虫机制不同的杀虫剂轮换使用。

④ 在甘蓝上的安全间隔期为7d，每季最多使用3次；在水稻上的安全间隔期为14d，每季最多施药2次；在烟草上的安全间隔期为21d，每季最多使用2次。

棉铃虫核型多角体病毒
（Helicoverpa armigera nuclear polyhedrosis virus）

作用特点　本品是一种病毒生物农药杀虫剂，由核型多角体病毒及助剂加工而成。喷施到农作物上被棉铃虫取食后，病毒在虫体内大量复制增殖，迅速扩散到害虫全身各个部位，吞噬消耗虫体组织，导致害虫染病后全身化水而亡，药效较持久。病毒通过死虫的体液、粪便继续传染至下一代害虫，能够持续传染，降低害虫群体基数。

适宜作物　棉花、芝麻、烟草、番茄、辣椒等。

防除对象 棉花、芝麻、烟草、蔬菜害虫如棉铃虫；棉花、烟草、蔬菜害虫如烟青虫。

应用技术 以棉铃虫核型多角体病毒 20 亿 PIB/mL 悬浮剂、棉铃虫核型多角体病毒 10 亿 PIB/g 可湿性粉剂、棉铃虫核型多角体病毒 50 亿 PIB/mL 悬浮剂、棉铃虫核型多角体病毒 600 亿 PIB/g 水分散粒剂为例。

（1）防治棉花害虫 在棉铃虫卵孵化盛期至低龄幼虫期施药，用 20 亿 PIB/mL 棉铃虫核型多角体病毒悬浮剂 50～60g/亩均匀喷雾；或用棉铃虫核型多角体病毒 10 亿 PIB/g 可湿性粉剂 80～100g/亩均匀喷雾；或用棉铃虫核型多角体病毒 50 亿 PIB/mL 悬浮剂 20～24g/亩均匀喷雾。

（2）防治蔬菜害虫 在番茄烟青虫产卵高峰期至低龄幼虫盛发初期施药，用棉铃虫核型多角体病毒 600 亿 PIB/g 水分散粒剂 2～4g/亩均匀喷雾。

（3）防治烟草害虫 在烟青虫产卵高峰期至低龄幼虫盛发初期施药，用棉铃虫核型多角体病毒 600 亿 PIB/g 水分散粒剂 3～4g/亩均匀喷雾。

注意事项

① 本品不能与强酸、碱性物质混用，以免降低药效。

② 建议与其他不同作用机制的杀虫剂轮换使用，以延缓抗性。

③ 由于该药无内吸作用，所以喷药要均匀周到，新生叶、叶片背面重点喷洒，才能有效防治害虫。

④ 选在傍晚或阴天施药，尽量避免阳光直射。

⑤ 施药期间应避免对周围蜂群的影响、蜜源作物花期、蚕室和桑园附近禁用；远离水产养殖区施药，禁止在河塘等水体中清洗施药器具。

⑥ 在棉花上的安全间隔期为 7d，每季最多使用 2 次。

相关复配剂及应用

（1）棉核·辛硫磷

主要活性成分 辛硫磷，棉铃虫核型多角体病毒。

作用特点 本品由生物农药棉铃虫核型多角体病毒与化学农药辛硫磷复配而成，它结合生物农药核型多角体病毒杀虫持效期长和化学农药辛硫磷杀虫速度快的特点，能有效杀灭害虫，并能延缓害虫的抗药性。

剂型 棉核·辛硫磷可湿性粉剂（辛硫磷 16%，棉铃虫核型多角体病毒 10 亿 PIB/g）。

应用技术　在棉铃虫卵孵化盛期施药，用棉核·辛硫磷可湿性粉剂均匀喷雾。使用时先用二次稀释法配成母液，再加入足量水稀释至所需浓度进行均匀喷雾处理。视虫害发生情况，每 10d 左右施药 1 次，可连续用药 3 次。

注意事项

① 选择阴天或太阳落山后施药，避免阳光直射。

② 本品对鱼、蜜蜂毒性高，施药避开作物花期，避免污染水源、池塘等；对家蚕有毒，禁止在桑园和蚕室附近用药。

③ 本品不能与碱性农药等物质混用。

④ 本品中含的辛硫磷对瓜类、豆类、甜菜等作物敏感，施药时应注意防护。

⑤ 在棉花上的安全间隔期为 14d，每季最多使用 3 次。

（2）棉核·苏云菌

主要活性成分　棉铃虫核型多角体病毒，苏云金杆菌。

作用特点　本产品由棉铃虫核型多角体病毒和苏云金杆菌制成，对抗性棉铃虫有较好的防治作用。病毒进入害虫体内后迅速大量复制，导致害虫死亡，可有效地控制害虫的种群数量和危害。

剂型　棉核·苏云菌悬浮剂（棉铃虫核型多角体病毒 1000 万 PIB/mL，苏云金杆菌 2000IU/μL）。

应用技术　在棉铃虫卵孵化盛期施药，用棉核·苏云菌悬浮剂 200～400g/亩均匀喷雾。

注意事项

① 本产品对家蚕有毒，桑园和蚕室附近禁用。

② 禁止与碱性农药等物质混用。

———— **灭多威** ————

（methomyl）

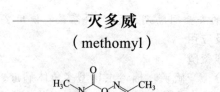

$C_5H_{10}N_2O_2S$, 162.23, 16752-77-5

化学名称　1-（甲硫基）亚乙基氮 N-甲基氨基甲酸酯。

其他名称 乙肟威、灭多虫、灭索威、万灵、Flytek、Lannate、Lanox。

理化性质 无色晶体，有轻微硫黄味，熔点 78～79℃，蒸气压 6.65mPa（25℃），相对密度 1.2946（25℃），Kow1.24，溶解度（25℃）：水 57.9g/kg，甲醇 1000g/L，丙酮 730g/L，乙醇 420g/L，异丙醇 220g/L，甲苯 30g/L，极少量溶于烃类。室温下、水溶液中缓慢水解，碱性介质中相同条件下，随温度升高，分解率提高。

毒性 灭多威为高毒杀虫剂，挥发性强，吸入毒性高，对眼睛和皮肤有轻微刺激作用。在试验剂量下无致畸、致突变、致癌作用，无慢性毒性，对鸟、蜜蜂、鱼有毒。原药急性 LD_{50}（mg/kg）：急性经口野鸭 15.9，鸡鸭 15.4；蓝鳃太阳鱼 0.9。土中迅速分解，地下水中半衰期 <2d。

作用特点 灭多威是一种内吸性杀虫剂，可以有效地杀死多种害虫的卵、幼虫和成虫，具有触杀和胃毒双重作用。进入虫体后，抑制乙酰胆碱酯酶的活性，使昆虫出现惊厥、过度兴奋、震颤而无法在作物上取食，最终导致死亡。昆虫的卵与药剂接触后通常不能活过黑头阶段，即使有孵化，也很快死亡。

适宜作物 棉花、烟草、桑树等。

防除对象 棉花害虫如棉铃虫、棉蚜等；烟草害虫如烟青虫、烟蚜等；桑树害虫如桑螟、野蚕等。

应用技术 以 20％、40％乳油，10％可湿性粉剂，24％可溶液剂为例。

（1）防治棉花害虫

① 棉铃虫 在卵孵盛期至低龄幼虫期施药，用 20％乳油 50～70g/亩均匀喷雾。

使用时注意：不宜在棉花作物生长早期使用，易产生药害。

② 棉蚜 在蚜虫始盛期施药，用 20％乳油 25～50g/亩均匀喷雾。

（2）防治烟草害虫

① 烟青虫 在卵孵盛期至低龄幼虫期施药，用 10％可湿性粉剂 120～180g/亩均匀喷雾。

② 烟蚜 在蚜虫发生始盛期施药，用 24％可溶液剂 50～75g/亩均匀喷雾。

（3）防治桑树害虫 在桑螟、野蚕低龄幼虫发生盛期施药，用 40％乳油 4000～8000 倍液均匀喷雾。

注意事项

① 灭多威是高毒农药，只能在我国已批准登记的作物上使用，不得用于防治卫生害虫；不得用于柑橘树、苹果树、蔬菜、瓜果、茶叶、菌类、中草药材的生产；不得用于水生植物的病虫害防治。

② 不可与碱性农药等物质混合使用。

③ 对蜜蜂、鱼类等水生生物、家蚕有毒，施药期间应避免对周围蜂群的影响；开花植物花期、蚕室和桑园附近禁用；远离水产养殖区施药；禁止在河塘等水体中清洗施药器具，避免污染水源。

④ 瓜类、莴苣苗期对灭多威敏感，施药时应避免药液飘移到上述作物上。

⑤ 大风天或预计 1h 内降雨请勿施药。

⑥ 建议与其他作用机制不同的杀虫剂轮换使用，以延缓害虫抗性的产生。

⑦ 在棉花上的安全间隔期为 28d，每季最多使用 3 次；在桑树上的安全间隔期为 18d，每季最多使用 1 次；在烟草上的安全间隔期为 5d，每季最多使用 2 次。

相关复配剂及应用

（1）吡虫·灭多威

主要活性成分　灭多威，吡虫啉。

作用特点　为氨基甲酸酯类杀虫剂灭多威和新烟碱类杀虫剂吡虫啉的复配制剂，具有内吸、胃毒和快速触杀等特点，对棉蚜、麦蚜效果良好。

剂型　10%可湿性粉剂，10%乳油。

应用技术

① 棉蚜　在蚜虫始盛期施药，用 10%可湿性粉剂 40～60g/亩均匀喷雾。

② 麦蚜　在蚜虫始盛期施药，用 10%乳油 60～80g/亩均匀喷雾。

注意事项

① 不得用于防治卫生害虫；不得用于蔬菜、瓜果、茶叶、菌类、中草药材的生产；不得用于水生植物的病虫害防治。

② 不能与波尔多液、石硫合剂及含铁、锡的物质混用。

③ 对蜜蜂、鱼类等水生生物、家蚕有毒，施药期间应避免对周围蜂群的影响；开花植物花期、蚕室和桑园附近禁用；远离水产养殖区施药；禁止在河塘等水体中清洗施药器具。

④ 瓜类、莴苣苗期对有效成分灭多威敏感，施药时应避免药液飘移到上述作物上。

⑤ 大风天或预计 1h 内降雨请勿施药。

⑥ 建议与其他作用机制不同的杀虫剂轮换使用。

⑦ 在棉花、小麦上的安全间隔期分别为 15d、21d，每季最多使用次数均为 2 次。

（2）氰戊·灭多威

主要活性成分 灭多威，氰戊菊酯。

作用特点 为氨基甲酸酯类杀虫剂灭多威和拟除虫菊酯类杀虫剂氰戊菊酯的复配制剂，前者主要作用于神经突触的乙酰胆碱酯酶，以触杀为主；后者主要作用于神经轴突，以胃毒为主。氰戊·灭多威兼具两种杀虫剂的优点，对害虫有良好的杀灭效果。

剂型 9％乳油。

应用技术

① 棉铃虫 在卵孵盛期至低龄幼虫期施药，用 9％乳油 370～750g/亩均匀喷雾。视虫害发生情况，每 10d 左右施药一次，可连续用药 2～3 次。

② 棉蚜 在蚜虫始盛期施药，用 9％乳油 130～170g/亩均匀喷雾。视害虫发生的情况，每 10d 左右施药一次，可连续施药 2～3 次。

注意事项

① 不得用于防治卫生害虫；不得用于蔬菜、瓜果、茶叶、菌类、中草药材的生产；不得用于水生植物的病虫害防治。

② 不可与碱性农药等物质混合使用。

③ 对蜜蜂、鱼类等水生生物、家蚕有毒，施药期间应避免对周围蜂群的影响；蜜源作物花期、蚕室和桑园附近禁用；远离水产养殖区施药，禁止在河塘等水体中清洗施药器具。

④ 瓜类、莴苣苗期对有效成分灭多威敏感，施药时应避免药液飘移到上述作物上。

⑤ 预计 1h 内降雨请勿施药。

⑥ 建议与其他作用机制不同的杀虫剂轮换使用，以延缓害虫抗性的产生。

⑦ 在棉花上的安全间隔期为 14d，每季最多使用 3 次。

（3）高氯·灭多威

主要活性成分 灭多威，高效氯氰菊酯。

作用特点 为氨基甲酸酯类杀虫剂灭多威和拟除虫菊酯类杀虫剂高效氯氰菊酯的复配制剂，既有灭多威的速效性，又有高效氯氰菊酯的高效性。复配后其杀虫效果得到很好的增强，比单一制剂的杀虫谱和速效性都有进一步的提高。

剂型 12%乳油。

应用技术 在棉铃虫卵孵盛期至低龄幼虫期施药，用12%乳油40～50g/亩均匀喷雾。视虫害发生情况隔10d左右施药一次，可连续用药3次。

注意事项

① 不得用于防治卫生害虫；不得用于蔬菜、瓜果、茶叶、菌类、中草药材的生产；不得用于水生植物的病虫害防治。

② 不能与碱性农药等物质混用。

③ 对蜜蜂、鱼类等水生生物、家蚕高毒，施药期间应避免对周围蜂群的影响；蜜源作物花期、蚕室和桑园附近禁用；远离水产养殖区施药；禁止在河塘等水体中清洗施药器具。

④ 瓜类、莴苣苗期对有效成分灭多威敏感，施药时应避免药液飘移到上述作物上；棉花生长早期使用该药剂易发生药害，使用时应先做试验。

⑤ 在棉花上的安全间隔期为7d，每季最多使用3次。

（4）杀双·灭多威

主要活性成分 灭多威，杀虫双。

作用特点 为氨基甲酸酯类杀虫剂灭多威和沙蚕毒素类杀虫剂杀虫双的复配制剂，具有触杀、胃毒和强内吸等作用。进入虫体后，可抑制乙酰胆碱酯酶，使昆虫惊厥、过度兴奋；另外，又可麻痹神经使之无法在作物上取食，最终导致死亡。

剂型 20%水剂，23%可溶粉剂。

应用技术

① 二化螟 在卵孵始盛期至高峰期施药，用20%水剂35～40g/亩均匀喷雾。视虫情发生情况，每7d左右施药一次。可连续用药2次。施药时应确保田间有3～5cm的水层3～5d。

② 美洲斑潜蝇 大豆叶片正面开始出现美洲斑潜蝇的细长潜道时施药，用23%可溶粉剂40～50g/亩均匀喷雾。

注意事项

① 不得用于防治卫生害虫；不得用于蔬菜、瓜果、茶叶、菌类、中草药材的生产；不得用于水生植物的病虫害防治。

② 不可与碱性物质混用，以免分解失效。

③ 对蜜蜂、鱼类等水生生物、家蚕有毒，施药期间应避免对周围蜂群的影响；蜜源作物花期、蚕室和桑园附近禁用；远离水产养殖区施药；禁止在河塘等水体中清洗施药器具。

④ 高粱、棉花、豆类对杀虫双较为敏感；高温时白菜、甘蓝等十字花科蔬菜等幼苗对杀虫双敏感；瓜类、莴苣苗期对有效成分灭多威敏感，施药时应避免药液飘移到上述作物上。

⑤ 田间喷雾最好在傍晚施用。

⑥ 大风天或预计 1h 内降雨请勿施药。

⑦ 为延缓害虫抗性的产生，应与其他不同作用机制的杀虫剂轮换使用。

⑧ 在水稻上的安全间隔期为 21d，每季最多使用 3 次；在大豆上的安全间隔期为 7d，每季最多使用 2 次。

（5）杀单·灭多威

主要活性成分 灭多威，杀虫单。

作用特点 为氨基甲酸酯类杀虫剂灭多威和沙蚕毒素类杀虫剂杀虫单复配而成的一种杀虫剂，对害虫具有胃毒、触杀及强内吸等作用，对初孵水稻螟虫具有很好的效果。

剂型 16％水剂，75％可溶粉剂。

应用技术

① 二化螟 在卵孵始盛期至高峰期施药，用 75％可溶粉剂 70～80g/亩均匀喷雾。施药期间应保持田间 3～5cm 的水层 3～5d。

② 稻纵卷叶螟 在卵孵盛期至低龄幼虫期施药，用 16％水剂 120～160g/亩均匀喷雾。

注意事项

① 不得用于防治卫生害虫；不得用于蔬菜、瓜果、茶叶、菌类、中草药材的生产；不得用于水生植物的病虫害防治。

② 不能与波尔多液、石硫合剂及含铁、锡的农药等物质混用。

③ 对蜜蜂、鱼类等水生生物、家蚕有毒，使用时应特别注意；蚕室和桑园附近禁用，蜜源作物花期禁用；远离水产养殖区施药；赤眼蜂等天敌放飞区禁用。

④ 瓜类、莴苣苗期对有效成分灭多威敏感；棉花、某些豆类对有效成分杀虫单敏感，施药时应避免药液飘移到上述作物上。

⑤ 大风天或预计 1h 内降雨请勿施药。

⑥ 在水稻上的安全间隔期为 21d，每季最多使用 2 次。

（6）马拉·灭多威

主要活性成分　灭多威，马拉硫磷。

作用特点　为氨基甲酸酯类杀虫剂灭多威和有机磷类杀虫剂马拉硫磷的复配制剂，具有触杀、胃毒和内吸作用，杀虫较快，能迅速进入昆虫体内，抑制昆虫体内的乙酰胆碱酯酶，对于多种害虫都有很好的防治效果。

剂型　30%、32%乳油。

应用技术

① 棉铃虫　在卵孵盛期至低龄幼虫期施药，用 30%乳油 66.7～100g/亩均匀喷雾。视虫害发生情况，每 10d 左右施药一次，可连续用药 3 次。

② 棉蚜　在蚜虫始盛期施药，用 32%乳油 96～100g/亩均匀喷雾。

③ 稻纵卷叶螟　在卵孵盛期至低龄幼虫期施药，用 30%乳油 120～150g/亩兑水喷雾。施药时要求兑足水量，用细雾均匀喷洒到植株叶片上，保持田间 3～4cm 水层 3～5d。视虫害发生情况，每隔 7～10d 使用一次，可进行 2～3 次。

注意事项

① 不得用于防治卫生害虫；不得用于蔬菜、瓜果、茶叶、菌类、中草药材的生产；不得用于水生植物的病虫害防治。

② 不可与碱性农药等物质混合使用。

③ 避开蜜蜂、家蚕、水生生物养殖区等敏感区域使用，使用时不要污染河流等水源。

④ 避免在烈日、大风天气下施药；提倡早上 8 点前或下午 5 点后施药。

⑤ 瓜类、甘薯、桃树对该药比较敏感，应避免施药时药液飘移到上述作物上。

⑥ 建议与其他作用机制不同的农药轮换使用。

⑦ 在棉花、水稻上的安全间隔期分别为 14d、21d，每季最多使用次数为 3 次。

（7）丙溴·灭多威

主要活性成分　灭多威，丙溴磷。

作用特点　为氨基甲酸酯类杀虫剂灭多威和有机磷类杀虫剂丙溴磷的复配制剂，具有胃毒、触杀作用；其速效性强、渗透性好，对棉铃虫卵和幼虫均有杀伤力。

剂型 25％乳油。

应用技术 在棉铃虫卵孵盛期至低龄幼虫期施药，用 25％乳油 60～100g/亩均匀喷雾。

注意事项

① 不得用于防治卫生害虫；不得用于蔬菜、瓜果、茶叶、菌类、中草药材的生产；不得用于水生植物的病虫害防治。

② 不可与碱性的农药等物质混合使用。

③ 对蜜蜂、鱼类、家蚕、鸟类有毒，禁止在植物花期、蚕室、桑园附近及鸟类保护区域施药。

④ 对果树、高粱、苜蓿及瓜类、莴苣苗期有药害，施药时应避免药液飘移到上述作物上。

⑤ 避免在强光照射下施药；遇大风天气或预计 4h 内降雨请勿施药。

⑥ 建议与其他作用机制不同的杀虫剂轮换使用。

⑦ 在棉花上的安全间隔期为 14d，每季最多使用 3 次。

（8）辛硫·灭多威

主要活性成分 灭多威，辛硫磷。

作用特点 为氨基甲酸酯类杀虫剂灭多威和有机磷类杀虫剂辛硫磷的复配制剂，作用于昆虫的乙酰胆碱酯酶，具有很强的触杀、胃毒作用，也有一定的熏蒸作用，但持效相对较短。

剂型 18％、20％乳油。

应用技术

① 棉铃虫　在卵孵盛期至低龄幼虫期施药，用 20％乳油 50～100g/亩均匀喷雾。

② 棉蚜　在蚜虫始盛期施药，用 20％乳油 25～50g/亩均匀喷雾。

③ 稻纵卷叶螟　在卵孵盛期至低龄幼虫期施药，用 18％乳油 100～125g/亩均匀喷雾。

注意事项

① 不得用于防治卫生害虫；不得用于蔬菜、瓜果、茶叶、菌类、中草药材的生产；不得用于水生植物的病虫害防治。

② 不可与碱性农药等物质混合使用。

③ 对鸟类、蜜蜂和家蚕高毒，对鱼中毒。施药期间应避免对周围蜂群的影响；开花植物花期、蚕室和桑园附近禁用；远离水产养殖区施药；禁止在河塘等水体中清洗施药器具。

④ 高粱、黄瓜、菜豆和甜菜等对有效成分辛硫磷敏感，瓜类、莴

莴苣苗期对有效成分灭多威敏感，要防止药液飘移引起药害。

⑤ 该药在光照条件下易分解，所以田间喷雾最好在傍晚进行。

⑥ 施药后 1h 内遇雨，天晴后应补喷。

⑦ 在棉花、水稻上的安全间隔期分别为 28d、21d，每季最多使用均为 3 次。

（9）水胺•灭多威

主要活性成分　灭多威，水胺硫磷。

作用特点　为氨基甲酸酯类杀虫剂灭多威和有机磷类杀虫剂水胺硫磷的复配制剂，具有触杀、胃毒作用。灭多威具有强烈的触杀功效，但持效较短；水胺硫磷具有渗透植物表皮的功效，持效期较长。混合后制剂兼具二者的优点，可很好的控制棉铃虫。

剂型　25％乳油。

应用技术　在棉铃虫卵孵盛期到低龄幼虫钻蛀前施药，用 25％乳油 40~60g/亩均匀喷雾。

注意事项

① 不得用于防治卫生害虫；不得用于蔬菜、瓜果、茶叶、菌类、中草药材的生产；不得用于水生植物的病虫害防治。

② 不可与碱性农药等物质混合使用。

③ 对蜜蜂、鱼类等水生生物、家蚕有毒，施药期间应避免对周围蜂群的影响；蜜源作物花期、蚕室和桑园附近禁用；远离水产养殖区施药；禁止在河塘等水体中清洗施药器具。

④ 瓜类、莴苣苗期对有效成分灭多威敏感，要防止药液飘移引起药害。

⑤ 大风天或预计 1h 内降雨请勿施药。

⑥ 建议与其他作用机制不同的杀虫剂轮换使用。

⑦ 在棉花上的安全间隔期为 28d，每季最多使用 2 次。

灭线磷

（ethoprophos）

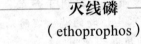

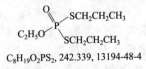

$C_8H_{19}O_2PS_2$, 242.339, 13194-48-4

化学名称 O-乙基-S,S-二丙基硫代磷酸酯。

其他名称 丙线磷、灭克磷、益舒宝、益收宝、益丰收、虫线磷、Mocap、Ethoprop、Prophos。

理化性质 原药为淡黄色透明液体，有效成分含量在94%以上，相对密度1.094（20℃），沸点86～91℃，闪点140℃，26℃时的蒸气压为$4.67×10^{-2}$Pa，25℃时在水中溶解度为750mg/L。溶于大多数有机溶剂，在50℃的条件下贮存12周不分解；150℃条件下贮存8小时不分解。在酸性溶液中，分解温度可达100℃，但在25℃的碱性介质中，则迅速分解。对光稳定。

毒性 据中国农药毒性分级标准，灭线磷属高毒杀虫、杀线虫剂。原药家鼠经口LD_{50}为62mg/kg，急性经皮LD_{50}为226mg/kg。急性吸入LC_{50}为249mg/L。对水生动物毒性大，对蜜蜂中等毒，对鸟高毒。在试验剂量内，对动物无致畸、致突变、致癌作用。在三代繁殖试验和神经毒性试验中未见异常。两年喂养试验无作用剂量大鼠为49mg/kg，小鼠为15mg/kg。

作用特点 灭线磷是有机磷类杀线虫剂和杀虫剂，无熏蒸和内吸作用，具有触杀作用，可防治多种线虫，如甘薯茎线虫、花生根结线虫；由于它的作用方式是触杀，因此只有线虫蜕皮后开始活动时才能奏效。除了对线虫有效外，对大部分地下害虫也具有较好的防效，主要用于防治水稻稻瘿蚊。一些作物对灭线磷比较敏感，因此该药剂一般不应与种子直接接触。

适宜作物 水稻、甘薯、花生等。

防除对象 水稻害虫如稻瘿蚊等；花生线虫如花生根结线虫等；甘薯线虫如甘薯茎线虫等。

应用技术 以10%颗粒剂为例。

（1）防治水稻害虫 一般在水稻插秧后10d时施药，直接用10%颗粒剂1～1.2kg/亩均匀撒施或拌细土15～20kg均匀撒施，施药后保水7～10d，可有效防治稻瘿蚊。

（2）防治花生线虫 防治花生根结线虫，作物播种前先用10%颗粒剂3～3.5g/亩沟施，覆盖一层薄土再播种。

（3）防治甘薯线虫 防治甘薯茎线虫，甘薯种植前先用10%颗粒剂1～1.5kg/亩穴施，再覆盖一层薄土，避免苗子直接接触药品，然后种植。

注意事项

① 不得用于防治卫生害虫；不得用于蔬菜、瓜果、茶叶、菌类、中草药材、甘蔗等作物的生产；不得用于水生植物的病虫害防治。

② 不能与碱性物质混用。

③ 对蜜蜂、鱼类等水生生物、家蚕有毒，施药期间应避免对周围蜂群的影响；开花植物花期、蚕室和桑园附近禁用；远离水产养殖区施药；禁止在河塘等水体中清洗施药器具。

④ 建议与不同作用机制的杀虫剂轮换使用。

⑤ 在甘薯上的安全间隔期为 30d；在花生上的安全间隔期为 120d；在甘薯、花生、水稻上每季最多使用 1 次。

--- **灭蝇胺** ---

（cyromazine）

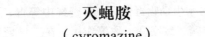

$C_6H_{10}N_6$, 166.2, 66215-27-8

化学名称　N-环丙基-1,3,5-三嗪-2,4,6-三胺。

其他名称　环丙氨腈、蝇得净、环丙胺嗪、赛诺吗嗪、潜克、灭蝇宝、谋道、潜闪、川生、驱蝇、网蛆、Armor、Bereazin、Trigard、Larvadex、Neoprox、Vetrazine、CGA 72662。

理化性质　纯品为白色结晶。熔点 220～222℃，在 20℃、pH 7.5 时水中溶解度为 11000mg/L。pH 5～9 时，水解不明显。

毒性　原药对大鼠急性经口 LD_{50} 3387mg/kg；急性吸入 LC_{50} > 2720mg/m^3（4h）。对兔皮肤有轻微刺激作用，对眼睛无刺激性。急性经皮 LD_{50} > 2000mg/kg；急性吸入 LC_{50} > 2120mg/m^3；对兔皮肤有中等刺激作用，对眼睛有轻微刺激作用。虹鳟鱼和鲤鱼 LC_{50} > 100mg/L；蓝鳃太阳鱼和鲶鱼 LC_{50} > 90mg/L。对鸟类实际无毒，短尾白鹌鹑 LD_{50} 为 1785mg/kg，野鸭 LD_{50} > 2510mg/kg。

作用特点　灭蝇胺有强内吸传导作用，是一种新型 1,3,5-三嗪类昆虫生长调节剂，对蝇类幼虫有特效，可诱使幼虫和蛹在形态上发生畸变，成虫羽化不全或畸变。对害虫的触杀、胃毒及内吸渗透作用强。

适宜作物 蔬菜等。

防除对象 蔬菜害虫如斑潜蝇、韭蛆等；卫生害虫如蚊、蝇等。

应用技术 以 50% 灭蝇胺可湿性粉剂为例。

（1）防治蔬菜害虫 防治黄瓜、茄子、四季豆、叶菜类上的美洲斑潜蝇等多种潜叶蝇时，在潜叶蝇低龄幼虫高峰期，用 50% 的灭蝇胺可湿性粉剂 20~30g/亩均匀喷雾。

（2）防治卫生害虫 将 50% 灭蝇胺可湿性粉剂 20g 加水 5kg，可喷 $20m^2$ 面积，或加 15kg 水在蚊、蝇滋生处浇灌，14d 后再施药一次。处理鸡、猪、牛等养殖场、积水池、发酵废物池、垃圾处理场，杀灭蚊、蝇效果极佳。

注意事项

① 本品对幼虫防效好，对成蝇效果较差，要掌握在初发期使用，保证喷雾质量。

② 斑潜蝇的防治适期以低龄幼虫始发期为好，如果卵孵化不整齐，用药时间可适当提前，7~10d 后再次喷药。

③ 喷药务必均匀周到。

④ 本品不能与强酸、强碱性物质混合使用。

⑤ 勿让儿童、孕妇及哺乳期妇女接触本品。加锁保存。不能与食品、饲料存放一起。

⑥ 采取相应的安全防护措施，避免皮肤、眼睛接触和口鼻吸入。

⑦ 对蜜蜂、家蚕有毒，施药期间应避免对周围蜂群的影响，开花植物花期、蚕室和桑园附近禁用。

⑧ 在黄瓜上的安全间隔期为 3d，每季最多使用 2 次；在菜豆上的安全间隔期为 14d，每季最多使用 2 次。

相关复配剂及应用

（1）灭胺·杀虫单

主要活性成分 灭蝇胺，杀虫单。

作用特点 灭胺·杀虫单具有较强的触杀、胃毒、内吸作用，可诱使害虫的幼虫、蛹在形态上发生畸变，成虫羽化不全或受抑制。

剂型 50% 可溶粉剂。

应用技术 在斑潜蝇卵孵盛期至低龄幼虫盛发初期施药，用 50% 可溶粉剂 35~45g/亩均匀喷雾。

注意事项

① 不可与强酸强碱性物质混用。

② 建议与其他作用机制不同的杀虫剂轮换使用，以延缓抗性产生。

③ 对蜜蜂、鱼类等水生生物、家蚕有毒。

④ 孕妇及哺乳期妇女避免接触本品。

⑤ 在菜豆上的安全间隔期为 5d，每季最多使用 1 次。

（2）灭蝇·噻虫胺

主要活性成分 噻虫胺，灭蝇胺。

作用特点 灭蝇·噻虫胺是噻虫胺与灭蝇胺的复配制剂，同时具有内吸、胃毒和触杀作用。

剂型 20％悬浮剂。

应用技术 在韭菜韭蛆初发期，用 20％悬浮剂 450～600g/亩灌根。

注意事项

① 对蜜蜂、鱼类等水生生物、家蚕、鸟类有毒。

② 避免孕妇及哺乳期的妇女接触。

③ 在韭菜上的安全间隔期为 30d。

—————— 灭幼脲 ——————

（chlorbenzuron）

$C_{14}H_{10}Cl_2N_2O_2$, 308.9, 57160-47-1

化学名称 1-邻氯苯甲酰基-3-(4-氯苯基)脲。

其他名称 苏脲一号、灭幼脲三号、一氯苯隆、扑蛾丹、蛾杀灵、劲杀幼、Mieyouniao。

理化性质 原药为白色结晶，熔点 199～210℃；在丙酮中溶解度 10mg/L，可溶于 N，N-二甲基甲酰胺和吡啶等有机溶剂，不溶于水。遇碱或遇酸易分解，通常条件下贮藏较稳定，对光、热也稳定。

毒性 原药对大鼠急性经口 LD_{50}＞20000mg/kg，对兔眼睛和皮肤无明显刺激作用。大鼠经口无作用剂量为每天 125mg/kg。动物试验未见致畸、致癌、致突变作用。动物体内无积累作用。对鱼类、鸟类、天敌、蜜蜂安全。

作用特点 灭幼脲属苯甲酰脲类昆虫几丁质合成抑制剂，为昆虫激素类杀虫剂，通过抑制昆虫表皮几丁质合成酶和尿核苷辅酶的活性来抑制昆虫几丁质合成，导致昆虫不能正常蜕皮而死亡。灭幼脲属低毒杀虫剂，主要表现为胃毒、触杀作用。灭幼脲影响卵的呼吸代谢及胚胎发育过程中的 DNA 和蛋白质代谢，使卵内幼虫缺乏几丁质而不能孵化或孵化后随即死亡；在幼虫期施用，使害虫新表皮形成受阻，延缓发育，或表皮缺乏硬度，不能正常蜕皮而死亡或形成畸形蛹死亡。对完全变态昆虫，特别是鳞翅目幼虫表现为很好的杀虫活性。对益虫、蜜蜂等膜翅目昆虫和森林鸟类几乎无害，但对赤眼蜂有影响。

适宜作物　玉米、小麦、蔬菜、果树等。

防除对象　果树害虫如桃潜叶蛾、桃小食心虫、梨小食心虫、金纹细蛾、刺蛾、苹果舟蛾、卷叶蛾、梨木虱、柑橘木虱等；茶树害虫如茶黑毒蛾、茶尺蠖等；蔬菜害虫如菜青虫、甘蓝夜蛾、地蛆等；小麦害虫如黏虫等；林木害虫如美国白蛾、松毛虫等；牡丹害虫如刺蛾等；卫生害虫如蝇蛆、蚊幼虫等。

应用技术　以 25％灭幼脲悬浮剂、20％灭幼脲胶悬剂为例。

（1）防治森林害虫

① 松树松毛虫　在松毛虫幼虫发生盛期进行施药，用 25％灭幼脲悬浮剂 1500～2000 倍液均匀喷雾。

② 美国白蛾　在害虫卵孵盛期和低龄幼虫期施药，用 25％灭幼脲悬浮剂 1500～2000 倍液均匀喷雾。

（2）防治蔬菜害虫　在菜青虫低龄幼虫盛发期施药，用 25％灭幼脲悬浮剂 15～20g/亩均匀喷雾。

（3）防治果树害虫　在苹果金纹细蛾发生初期施药，用 25％灭幼脲悬浮剂 1500～2500 均匀喷雾。

注意事项

① 此药在 2 龄前幼虫期进行防治效果最好，虫龄越大，防效越差。

② 本药于施药 3～5d 后药效才明显，7d 左右出现死亡高峰。忌与速效性杀虫剂混配，使灭幼脲类药剂失去了应有的绿色、安全、环保的作用和意义。

③ 灭幼脲悬浮剂有沉淀现象，使用时要先摇匀后加少量水稀释，再加水至合适的浓度，搅匀后喷用。在喷药时一定要均匀。

④ 用过的容器应妥善处理，不可做他用，也不可随意丢弃。运输时轻拿轻放，严禁倒置。

⑤ 本品应贮存在阴凉、干燥、通风、防雨处，远离火源或热源，

置于儿童触及不到之处，勿与食品、饮料、饲料、粮食等同贮同运。

⑥ 避免儿童、孕妇及哺乳期的妇女接触。

⑦ 不可与呈强碱性的农药等物质混用。

⑧ 在苹果树上的安全间隔期为21d，每季最多使用1次；在甘蓝上的安全间隔期为7d，每季最多使用2次。

相关复配剂及应用 灭脲·吡虫啉

主要活性成分 灭幼脲，吡虫啉。

作用特点 兼具灭幼脲和吡虫啉特性。

剂型 25％可湿性粉剂

应用技术 防治金纹细蛾、苹果黄蚜时，在害虫卵孵盛期及幼虫或若虫期用药，用25％可湿性粉剂1500～2500倍液均匀喷雾。

注意事项

① 本品安全间隔期为21d，每季最多用2次。

② 不能与碱性物质混用。

③ 对鱼类、家蚕、蜜蜂高毒，使用时需注意。

④ 不可长期单一使用。在苹果树上的安全间隔期为21d，每季最多使用2次。

—— 苜蓿银纹夜蛾核型多角体病毒 ——

（Autographa californica nuclear polyhedrosis virus）

其他名称 奥绿一号。

理化性质 制剂外观为橘黄色可流动悬浮液体，pH6.0～7.0。

毒性 急性 LD_{50}（mg/kg）：经口＞5000；经皮＞4000。

作用特点 本品采用昆虫杆状病毒为活性杀虫因子，以经口、经卵的传播方式作用于害虫群体，施药后害虫取食受抑制并染病，最终导致害虫细胞崩解破坏，体液流失而死。具有低毒、药效持久、对害虫不易产生抗性等特点，是生产无公害蔬菜的生物农药。

适宜作物 蔬菜。

防除对象 蔬菜害虫甜菜夜蛾。

应用技术 以10亿PIB/mL苜蓿银纹夜蛾核型多角体病毒悬浮剂、20亿PIB/g苜蓿银纹夜蛾核型多角体病毒悬浮剂为例。

在甜菜夜蛾卵孵化盛期至低龄幼虫期施药；用10亿PIB/mL苜蓿银纹夜蛾核型多角体病毒悬浮剂100～120g/亩均匀喷雾；或用20亿

PIB/g苜蓿银纹夜蛾核型多角体病毒悬浮剂 $100\sim130$ g/亩均匀喷雾。

注意事项

① 桑园及养蚕场所不得使用。

② 本品不能与强酸、碱性物质和铜制剂及杀菌剂混用。

③ 施药时应选择傍晚或阴天，避免阳光直射。

④ 远离水产养殖区、河塘等水域施药，禁止在河塘等水域中清洗施药器具；桑园及蚕室附近禁用。

⑤ 建议与其他不同作用机理的杀虫剂轮换使用。

⑥ 视害虫发生情况，每7d左右施药一次，可连续施药2次。

相关复配剂及应用　苜核·苏云菌

主要活性成分　苜蓿银纹夜蛾核型多角体病毒，苏云金杆菌。

作用特点　本产品由苜蓿银纹夜蛾核型多角体病毒和苏云金杆菌为主要原料制成，为纯生物制剂，低毒，残留低，对十字花科甜菜夜蛾有很好的防治作用。病毒进入害虫体内后迅速大量复制，导致害虫死亡，可有效地控制害虫的种群数量和危害。

剂型　苜核·苏云菌悬浮剂（苜蓿银纹夜蛾核型多角体病毒1000万 PIB/mL，苏云金杆菌 2000IU/μL）。

应用技术　在甜菜夜蛾卵孵盛期至幼虫3龄前施药，用苜核·苏云菌悬浮剂 $75\sim100$ g/亩均匀喷雾。

注意事项

① 本产品应在晴天下午4时后或者阴天全天施药，有利于药效的发挥，施药后4小时内遇雨应重新施药。

② 本产品只有胃毒作用，因此喷雾时要均匀、仔细、周到，使雾滴覆盖整个植株。

氰氟虫腙
（metaflumizone）

$C_{24}H_{16}F_6N_4O_2$, 506.404, 139968-49-3

化学名称 ($E+Z$)-[2-(4-氰基苯)-1-[3-(三氟甲基)苯]亚乙基]-N-[4-(三氟甲氧基)苯]-联氨羰草酰胺。

其他名称 艾杀特、艾法迪。

理化性质 原药外观为白色固体粉末，带芳香味。粒度：$3.0\mu m$微粒 90%、$0.5\mu m$微粒 10%、平均 $1.2\mu m$微粒 50%。pH 6.48，冷、热贮存稳定（54℃）。

毒性 每日允许摄入量 0.12mg/kg bw，急性经口 LD_{50} 大鼠（雌/雄）>5000mg/kg，急性经皮 LD_{50} 大鼠（雌/雄）>5000mg/kg。

作用特点 氰氟虫腙属于缩氨基脲类杀虫剂，主要是胃毒作用，带触杀作用，阻碍神经系统的钠路径引起神经麻痹。可用于防治鳞翅目和鞘翅目害虫，对哺乳动物和非靶标生物低风险。

适宜作物 蔬菜、水稻等。

防除对象 蔬菜害虫如甜菜夜蛾、小菜蛾等；水稻害虫如稻纵卷叶螟、二化螟等。

应用技术 以 22%氰氟虫腙悬浮剂为例。

（1）防治蔬菜害虫

① 甜菜夜蛾 在甜菜夜蛾发生初盛期施药，用 22%氰氟虫腙悬浮剂 67～87g/亩均匀喷雾。

② 小菜蛾 在低龄幼虫高发期施药，用 22%氰氟虫腙悬浮剂 70～85g/亩均匀喷雾。

（2）防治水稻害虫 在稻纵卷叶螟低龄幼虫高发期施药，用 22%氰氟虫腙悬浮剂 30～50g/亩均匀喷雾。

注意事项

① 对鱼毒性高，药械不得在池塘等水源和水体中洗涤，残液不得倒入水源和水体中。

② 本品对鱼类等水生生物、蚕、蜂高毒，施药时避免对周围蜂群产生影响，开花植物花期、桑园、蚕室附近禁用，赤眼蜂等天敌放飞区域禁用。

③ 建议与其他不同作用机制的杀虫剂轮换使用。

④ 儿童、孕妇及哺乳期妇女应避免接触。

⑤ 在甘蓝上的安全间隔期为 7d，每季最多使用 2 次；在白菜上的安全间隔期为 5d，每季最多使用 2 次。

相关复配剂及应用

（1）氰虫·甲虫肼

主要活性成分 甲氧虫酰肼，氰氟虫腙。

作用特点　兼具甲氧虫酰肼和氰氟虫腙的作用，具有良好的耐雨水冲刷性，并具有胃毒、触杀作用。

剂型　20％、30％、40％悬浮剂。

应用技术

① 稻纵卷叶螟　在低龄幼虫高发期施药，用40％悬浮剂15～20g/亩均匀喷雾。

② 二化螟　在二化螟在螟卵孵化始盛期施药，用20％悬浮剂30～40g/亩均匀喷雾。

③ 甜菜夜蛾　在低龄幼虫高发期施药，用30％悬浮剂20～30g/亩均匀喷雾。

注意事项

① 避免孕妇及哺乳期妇女接触。

② 鱼或虾蟹套养稻田、桑园、瓢虫等天敌放飞区域禁用。

③ 建议与其他不同作用机制的杀虫剂轮换使用。

④ 在水稻上的安全间隔期为21d，每季最多使用1次；在甘蓝上的安全间隔期为7d，每季最多使用2次。

（2）氰虫·甲虫肼

主要活性成分　氰氟虫腙，虫螨腈。

作用特点　阻碍神经系统中钠的路径引起神经麻痹，通过胃毒及触杀作用于害虫，在植物叶面渗透性强，有一定的内吸作用。

剂型　20％悬浮剂。

应用技术

① 小菜蛾　在小菜蛾低龄幼虫发生始盛期施药，用20％悬浮剂60～80g/亩均匀喷雾。

② 斜纹夜蛾　在斜纹夜蛾低龄幼虫发生始盛期施药，用20％悬浮剂60～80g/亩均匀喷雾。

注意事项

① 不能与呈碱性的农药等物质混合使用。建议与其他作用机制不同的杀虫剂轮换使用。

② 对蜂、鱼、大型溞、赤眼蜂毒性高，水产养殖区、河塘等水体附近禁用。

③ 孕妇及哺乳期妇女禁止接触。

④ 在甘蓝上的安全间隔期为14d，每季最多使用2次。

（3）氰虫·灭幼脲

主要活性成分 氰氟虫腙，灭幼脲。

作用特点 兼具氰氟虫腙和灭幼脲作用，具有胃毒、触杀作用，同时使卵的孵化、幼虫蜕皮以及蛹发育畸形。

剂型 30%悬浮剂。

应用技术 在小菜蛾发生初期施药，用30%悬浮剂30～40g/亩均匀喷雾。

注意事项

① 对蜜蜂、家蚕有毒。远离水产养殖区施药。

② 孕妇或哺乳期妇女禁止接触。

③ 在甘蓝上的安全间隔期为7d，每季最多使用2次。

（4）氰虫·甲维盐

主要活性成分 氰氟虫腙，甲氨基阿维菌素苯甲酸盐。

作用特点 具有触杀、胃毒作用，持效期长。两者复配有较好的增效作用。

剂型 22%悬浮剂。

应用技术 在稻纵卷叶螟卵孵化高峰期至低龄幼虫期施药，用22%悬浮剂30～40g/亩均匀喷雾。

注意事项

① 建议与其他作用机制不同的杀虫剂轮换使用。

② 在水稻上的安全间隔期为21d，每季最多使用1次。

（5）氰虫·氟铃脲

主要活性成分 氰氟虫腙，氟铃脲。

作用特点 兼具氰氟虫腙和氟铃脲作用，具有较高的杀虫、杀卵活性且速效。

剂型 38%悬浮剂。

应用技术 在棉铃虫孵化盛期或低龄幼虫期即害虫始发生盛期前施药，用38%悬浮剂9～15g/亩均匀喷雾。

注意事项

① 对蜜蜂、家蚕、溞类等生物有毒。

② 孕妇及哺乳期的妇女禁止接触。

③ 在棉花上的安全间隔期为14d，每季最多使用2次。

（6）氰氟·茚虫威

主要活性成分 茚虫威，氰氟虫腙。

作用特点　兼具茚虫威和氰氟虫腙作用，具有胃毒、触杀作用。

剂型　36％悬浮剂。

应用技术　在小菜蛾低龄幼虫发生高峰期施药，用36％悬浮剂15～20g/亩均匀喷雾。

注意事项

① 对水生生物、蜜蜂和家蚕高毒，水产养殖区、河塘等水体附近禁用。

② 孕妇及哺乳期妇女禁止接触。

③ 在甘蓝上的安全间隔期为7d，每季最多使用1次。

（7）氰虫·毒死蜱

主要活性成分　氰氟虫腙，毒死蜱。

作用特点　氰氟虫腙是具有独特作用机制的新型缩氨基脲类杀虫剂，毒死蜱是有机磷类杀虫剂，二者复配制成的悬乳剂对环境相对安全。

剂型　36％悬浮剂。

应用技术　在水稻稻纵卷叶螟卵孵高峰至低龄幼虫盛发期施药，用36％悬浮剂100～120g/亩均匀喷雾。

注意事项

① 对瓜类、莴苣苗期及烟草等敏感，施药时应防止飘移而产生药害。

② 对家蚕、水蚤剧毒，对蜜蜂高毒，对鸟类、鱼类等水生生物有毒，蚕室和桑园附近禁用。

③ 不能与碱性物质混用。

④ 孕妇及哺乳期妇女应避免接触。

⑤ 在水稻上的安全间隔期为21d，每季最多使用2次。

⑥ 毒死蜱禁止在蔬菜上使用。

（8）氰虫·啶虫脒

主要活性成分　啶虫脒，氰氟虫腙。

作用特点　兼具啶虫脒和氰氟虫腙作用，具有胃毒、触杀、渗透和内吸作用。

剂型　40％悬浮剂。

应用技术　在甘蓝小菜蛾低龄幼虫高发期施药，用40％悬浮剂30～50g/亩均匀喷雾。

注意事项

① 对家蚕高毒，对鱼类等水生生物、鸟类、蜂类有毒。

② 不能与碱性物质混用。

③ 避免儿童、孕妇及哺乳期的妇女接触。

④ 建议与其他作用机制不同的杀虫剂轮换使用。

⑤ 在甘蓝上的安全间隔期为 7d，每季最多使用 2 次。

氰戊菊酯
（fenvalerate）

C$_{25}$H$_{22}$ClNO$_3$, 419.9, 51630-58-1

化学名称 （R,S）-α-氰基-3-苯氧苄基（R,S）-2-(4-氯苯基)-3-甲基丁酸酯。

其他名称 中西杀灭菊酯、杀灭菊酯、速灭菊酯、戊酸氰菊酯、异戊氰菊酯、敌虫菊酯、杀虫菊酯、百虫灵、虫畏灵、分杀、芬化力、军星 10 号、杀灭虫净、速灭杀丁、Fenkill、Fenvalethrin、Sumitox、Sumicidin、Belmark、Pydrin。

理化性质 纯品为黄色油状液体，原药（含氯氰菊酯 92%）为黄色或棕色黏稠液体，熔点 39.5～53.7℃。易溶于丙酮、乙腈、氯仿、乙酸乙酯、二甲基甲酰胺、二甲基亚砜、二甲苯等有机溶剂，在酸性介质中稳定，在碱性介质中会分解。

毒性 鼠急性经口 LD$_{50}$ 451mg/kg。对兔皮肤有轻度刺激作用、对眼睛有中度刺激性，动物试验未发现致癌和繁殖毒性。对鱼和水生动物有毒。

作用特点 氰戊菊酯杀虫谱广，具有强烈的触杀和胃毒作用，无内吸和熏蒸作用，对一些害虫的卵也具有杀伤作用，同时还具有驱避作用。药效较为迅速，可及时控制害虫为害。

适宜作物 蔬菜、棉花、大豆、烟草、果树、茶树等。

防除对象 蔬菜害虫如菜青虫、蚜虫等；棉花害虫如棉红铃虫、棉蚜等；大豆害虫如大豆食心虫、豆荚螟、大豆蚜虫、小地老虎、烟青虫等；果树害虫如桃小食心虫、梨小食心虫、柑橘潜叶蛾等；卫生害虫如蜚蠊、白蚁等。

应用技术 以 20％氰戊菊酯乳油、0.9％氰戊菊酯粉剂为例。

（1）防治蔬菜害虫

① 菜青虫 在卵孵盛期至低龄幼虫期施药，用 20％氰戊菊酯乳油 20～40g/亩均匀喷雾。

② 蚜虫 在蚜虫始盛期施药，用 20％氰戊菊酯乳油 20～40g/亩均匀喷雾。

（2）防治棉花害虫

① 棉红铃虫 在卵孵盛期至低龄幼虫期施药，用 20％氰戊菊酯乳油 25～50g/亩均匀喷雾。

② 棉蚜 在蚜虫始盛期施药，用 20％氰戊菊酯乳油 25～50g/亩均匀喷雾。

（3）防治烟草害虫 在小地老虎、烟青虫幼虫 3 龄前施药，用 20％氰戊菊酯乳油 3.6～5g/亩均匀喷雾。

（4）防治大豆害虫

① 豆荚螟 在卵孵化盛期或低龄幼虫期施药，用 20％氰戊菊酯乳油 20～40g/亩均匀喷雾。

② 大豆食心虫 在卵孵化盛期或低龄幼虫期施药，用 20％氰戊菊酯乳油 20～30g/亩均匀喷雾。

③ 大豆蚜虫 在蚜虫始盛期开始施药，用 20％氰戊菊酯乳油 10～20g/亩均匀喷雾。

（5）防治果树害虫

① 梨小食心虫、柑橘潜叶蛾 在卵孵盛期至低龄幼虫钻蛀前施药，用 20％氰戊菊酯乳油 10000～20000 倍液均匀喷雾。

② 桃小食心虫 在苹果树桃小食心虫卵孵盛期施药，用 20％氰戊菊酯乳油 2000～2500 倍液均匀喷雾。

（6）防治卫生害虫

① 蜚蠊 将 0.9％氰戊菊酯粉剂按 3g/m^2 的药量撒布。

② 白蚁 新建、改建、扩建、装饰装修的房屋实施白蚁预防处理。木材处理时用 20％氰戊菊酯乳油 80 倍液均匀周到涂抹木材；土壤处理时用 20％氰戊菊酯乳油 160 倍液喷雾。

注意事项

① 本品禁止在茶树上使用。

② 勿与碱性农药等物质混用。

③ 为延缓抗性产生，可与其他作用机制不同的杀虫剂轮换使用。

④ 本品对天敌、鱼虾、家蚕、蜜蜂等毒性高，使用时勿污染河流、池塘、桑园和养蜂场所等。施药后，禁止残液倒入河流，禁止器具在河流等水体中清洗。

⑤ 本品对螨类无效，在虫、螨并发时，要与专门的杀螨剂配合使用。

⑥ 施药后设立警示标志，人畜在施药后24h后方可进入施药地点。

⑦ 在蔬菜上的安全间隔期夏季为5d，秋冬季为12d，每季最多使用3次；在柑橘树上的安全间隔期为20d，每季最多使用3次；在苹果树上的安全间隔期为14d，每季最多使用3次；在棉花上的安全间隔期为7d，每季最多使用3次；在烟草上的安全间隔期为21d，每季最多使用3次。

相关复配剂及应用

（1）氰戊·辛硫磷

主要活性成分　氰戊菊酯，辛硫磷。

作用特点　本品由拟除虫菊酯杀虫剂和有机磷杀虫剂复配而成，具有触杀、胃毒作用，并兼有一定的杀卵活性。在作物上有良好的稳定性，抗雨水冲刷，对光热较稳定，持效期长。

剂型　20％、25％、50％乳油。

应用技术

① 棉铃虫　在卵孵盛期至低龄幼虫期施药，用20％乳油60～75g/亩均匀喷雾；或用25％乳油72～80g/亩均匀喷雾。

② 菜青虫　在低龄幼虫期施药，用25％乳油40～60g/亩均匀喷雾；或用50％乳油10～20g/亩均匀喷雾。

③ 十字花科蔬菜蚜虫　在蚜虫始盛期开始施药，用50％乳油10～20g/亩均匀喷雾。

④ 小麦蚜虫　在蚜虫始盛期开始施药，用25％乳油30～40g/亩均匀喷雾。

⑤ 棉花蚜虫　在蚜虫始盛期开始施药，用50％乳油20～30g/亩均匀喷雾。

⑥ 苹果树蚜虫　在蚜虫发生初期施药，用25％乳油1000～2000倍液均匀喷雾。

⑦ 桃小食心虫　在苹果树桃小食心虫卵孵化盛期至幼虫3龄前施药，用20％乳油800～1200倍液均匀喷雾。

⑧ 玉米螟　在产卵盛期前后施药，用20％乳油80～100g/亩均匀

喷雾。

注意事项

① 本品见光易分解，应避免在中午高温时使用，以阴天或傍晚施药为好。

② 不能与碱性物质混用。

③ 建议与其他作用机制不同的杀虫剂轮换使用。

④ 本品对蜜蜂、鱼类等水生物、家蚕有毒，施药期间应避免对周围蜂群的影响，周围开花作物开花期、蚕室和桑园附近禁用；远离水产养殖区、河塘等水体施药，禁止在河塘等水体清洗施药器具；鸟类保护区禁用。

⑤ 不得用于防治卫生害虫，不得用于黄瓜、菜豆、甜菜、高粱、茶树、水生植物的虫害防治。

⑥ 施药后应设立警示标志，人、畜在施药24h后方可进入施药地点。

⑦ 在棉花上的安全间隔期为14d，每季最多使用3次；在甘蓝、油菜上的安全间隔期为14d，每季最多施药3次；在苹果树上的安全间隔期为14d，每季最多使用3次；在小麦上的安全间隔期为45d，每季最多使用2次。

（2）氰戊·马拉松

主要活性成分 氰戊菊酯，马拉硫磷。

作用特点 本品为有机磷和拟除虫菊酯复配杀虫剂，具有拟除虫菊酯和有机磷两种农药使用特性及作用机理。对害虫以触杀、胃毒作用为主，兼有杀卵作用。本品作用迅速，持效期较长。

剂型 20％、30％乳油。

应用技术

① 棉铃虫 在卵孵盛期至低龄幼虫期施药，用20％乳油50～80g/亩均匀喷雾。

② 菜青虫 在卵孵化高峰期至低龄幼虫高峰期施药，用25％乳油40～50g/亩均匀喷雾。

③ 十字花科蔬菜蚜虫 在蚜虫始盛期开始施药，用20％乳油50～70g/亩均匀喷雾。

④ 小麦蚜虫 在小麦蚜虫始盛期开始施药，用20％乳油30～40g/亩均匀喷雾。

⑤ 桃小食心虫 在苹果树桃小食心虫卵盛期至低龄幼虫钻蛀期施药，用20％乳油600～1000倍液均匀喷雾；或用30％乳油1000～2000

倍液均匀喷雾。

⑥ 苹果树黄蚜　在若蚜发生期施药，用 20％乳油 600～1250 倍液均匀喷雾。

注意事项

① 不能与碱性物质混用。

② 建议与其他作用机制不同的杀虫剂轮换使用。

③ 本品对蜜蜂、鱼虾、家禽等毒性高，使用时注意不要污染河流、池塘、桑园、养蜂场，禁止在河塘中清洗施药器具。

④ 禁止在茶树上使用。

⑤ 施药后应设立警示标志，人、畜在施药 24h 后方可进入施药地点。

⑥ 本品在十字花科叶菜上的安全间隔期为 12d，每季最多使用 3 次；在萝卜、甘蓝上的安全间隔期为 10d，每季最多使用 2 次；在棉花上的安全间隔期为 14d，每季最多使用 3 次；在苹果树上的安全间隔期为 14d，每季最多使用 3 次；在小麦上的安全间隔期为 13d，每季最多使用 2 次。

（3）氰戊·鱼藤酮

主要活性成分　氰戊菊酯，鱼藤酮。

作用特点　本品由拟除虫菊酯类农药氰戊菊酯和植物源类农药鱼藤酮经科学加工复配而成。以触杀和胃毒作用为主，无内吸传导和熏蒸作用。

剂型　1.3％、2.5％、7.5％乳油。

应用技术

① 菜青虫　在 3 龄前施药，用 1.3％乳油 100～120g/亩均匀喷雾；或用 2.5％乳油 80～120g/亩均匀喷雾。

② 小菜蛾　在小菜蛾发生初期用药，用 7.5％乳油 37.7～75g/亩均匀喷雾，根据虫害发生密度施药，一般连施 2～3 次。

③ 蚜虫　在若蚜盛发期施药，用 1.3％乳油 100～125g/亩均匀喷雾。

注意事项

① 不要与碱性农药混用。

② 建议与不同作用机制杀虫剂轮换使用。

③ 对蜜蜂、鱼虾、家禽等毒性高，施药期间应避免对周围蜂群的影响，开花植物花期、蚕室和桑园附近禁用；远离水产养殖区施药，禁止在河塘等水体中清洗施药器具；鸟类保护区禁用。

④ 在叶菜类上的安全间隔期为 5d，每季最多用药 2 次；在十字花科蔬菜上的安全间隔期为 12d，每季最多用药 3 次。

球孢白僵菌
（Beauveria bassiana）

其他名称 Beauverial。

理化性质 外观为土灰色条状。

毒性 大鼠急性 LD_{50}（mg/kg）：经口 >5000；经皮 >2000。

作用特点 本品是一种真菌类微生物杀虫剂，作用方式是球孢白僵菌接触虫体感染，通过穿透昆虫的体壁、呼吸道和消化道而感染寄主，降解体壁，破坏虫体组织并致使其死亡。

适宜作物 蔬菜、水稻、玉米、小麦、棉花、茶树、林木、竹子、花生等。

防除对象 玉米害虫如玉米螟等；林木害虫如光肩星天牛、美国白蛾、松毛虫、松褐天牛、杨小舟蛾等；竹子害虫如竹蝗等；茶树害虫如茶小绿叶蝉等；水稻害虫如稻纵卷叶螟、二化螟等；小麦害虫如蚜虫等；蔬菜害虫如小菜蛾、蓟马、韭蛆等；花生害虫如蛴螬等。

应用技术 以 150 亿个孢子/g 球孢白僵菌可湿性粉剂、150 亿个孢子/g 球孢白僵菌颗粒剂、400 亿个孢子/g 球孢白僵菌水分散粒剂、400 亿个孢子/g 球孢白僵菌可湿性粉剂为例。

（1）防治玉米害虫 在玉米螟卵孵盛期至低龄幼虫发生盛期施药，用 400 亿个孢子/g 球孢白僵菌可湿性粉剂 100～120g/亩均匀喷雾，注意心叶喇叭口内均匀着药。

（2）防治林木害虫

① 美国白蛾、杨小舟蛾、美国白蛾、竹蝗 在杨树杨小舟蛾低龄幼虫期、林木美国白蛾 2～3 龄幼虫期、竹子竹蝗发生期施药，用 400 亿个孢子/g 球孢白僵菌可湿性粉剂 1500～2500 倍液均匀喷雾。

② 光肩星天牛 防治成虫，用 400 亿个孢子/g 球孢白僵菌可湿性粉剂 1500～2500 倍液喷雾；防治幼虫，向产卵孔或排泄孔注射 400 亿个孢子/g 球孢白僵菌可湿性粉剂 1500～2500 倍液。

（3）防治茶树害虫 在茶小绿叶蝉若虫初发期施药，用 400 亿个孢子/g 球孢白僵菌可湿性粉剂 25～30g/亩均匀喷雾；或用 400 亿个孢子/g 球孢白僵菌水分散粒剂 27.5～30g/亩均匀喷雾。

（4）防治蔬菜害虫

① 小菜蛾　在卵孵化高峰期至低龄幼虫期施药，用 400 亿个孢子/g 球孢白僵菌水分散粒剂 30～40g/亩均匀喷雾；或用 400 亿个孢子/g 球孢白僵菌水分散粒剂 26～35g/亩均匀喷雾。

② 蓟马　在辣椒蓟马低龄若虫发生初期施药，用 150 亿个孢子/g 球孢白僵菌可湿性粉剂 160～200g/亩均匀喷雾。

③ 韭蛆　在低龄幼虫盛发期，即韭菜叶尖开始发黄变软并逐渐向地面倒伏时施药，用 150 亿个孢子/g 球孢白僵菌颗粒剂 250～300g/亩撒施。

（5）防治水稻害虫

① 稻纵卷叶螟　在孵化盛期及 1～2 龄幼高峰期施药，用 400 亿个孢子/g 球孢白僵菌水分散粒剂 30～35g/亩均匀喷雾。

② 二化螟　在卵孵盛期或低龄幼虫发生初期施药，用 150 亿个孢子/g 球孢白僵菌颗粒剂 500～600g/亩撒施。

（6）防治小麦害虫　在蚜虫发生初期施药，用 150 亿个孢子/g 球孢白僵菌可湿性粉剂 15～20g/亩均匀喷雾。

（7）防治花生地下害虫　防治蛴螬时用 150 亿个孢子/g 球孢白僵菌可湿性粉剂 250～300g/亩与细土或细沙混匀，在花生播种期穴施，或花生开花下针期 15～20kg/亩施于花生墩四周。

注意事项

① 袋口一旦开启，应尽快用完，以免影响孢子活力。

② 不可与杀菌剂混用，也不能与碱性物质混用。

③ 建议与其他不同作用机制的杀虫剂轮换使用，以延缓抗性产生。

④ 蚕室及桑园附近禁用；水产养殖区、河塘等水体附近禁用，禁止在河塘等水域清洗施药器具。

⑤ 玉米每季最多使用 1 次；在辣椒上的安全间隔期为 7d，每季施药 1 次。

球形芽孢杆菌

（*Bacillus sphearicus* H5a5b）

其他名称　C3-41 杀幼虫剂。

理化性质　制剂外观：灰色-褐色悬浮液体；酸碱度：pH 5.0～6.0；悬浮率≥80%。

毒性　大鼠急性 LD_{50}（mg/kg）：经口＞5000；经皮＞2000。

作用特点　本品系球芽孢杆菌发酵配制而成，对人、畜、水生生物低毒，是一种高效、安全、选择性杀蚊的生物杀蚊幼剂。广泛用于杀灭各种滋生地中的库蚊、按蚊、伊蚊幼虫，中毒症状在取食 1h 后出现。强光照射可使其稳定性下降，即使在弱碱性条件下也会被迅速破坏。

防除对象　卫生害虫孑孓（蚊幼虫）。

应用技术　以 80ITU/mg 球形芽孢杆菌悬浮剂、100ITU/mg 球形芽孢杆菌悬浮剂为例。

防治孑孓时，用 80ITU/mg 球形芽孢杆菌悬浮剂 $4mL/m^2$ 均匀喷洒，15d 左右施药一次，水温 25℃左右为宜；或用 100ITU/mg 球形芽孢杆菌悬浮剂 $3mL/m^2$ 均匀喷洒，稀释 50 倍喷洒，间隔 10～15d 用药一次。

注意事项

① 本品为生物制剂，应避免阳光紫外线照射。

② 不能与碱性农药混用。

③ 不得直接用于河塘等流动水体，禁止在河塘等水域清洗施药器具；蚕室及桑园附近禁用。

噻虫胺

（clothianidin）

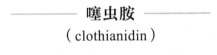

$C_6H_8ClN_5O_2S$, 249.7, 210880-92-5

化学名称　（E）-1-(2-氯-1,3-噻唑-5-基甲基)-3-甲基-2-硝基胍。

其他名称　frusuing、Dantostu、可尼丁。

理化性质　相对密度 1.61（20℃），熔点 176.8℃，溶解度：水 0.327g/kg，丙酮 15.2g/L，甲醇 6.26g/L，乙酸乙酯 2.03g/L，二氯甲烷 1.32g/L，二甲苯 0.0128g/L。

毒性　大鼠急性经口 LD_{50} ＞5000mg/kg（雌、雄），急性经皮 LD_{50} ＞2000mg/kg（雌、雄）；对兔皮肤无刺激性，对兔眼睛轻度刺激。

作用特点　噻虫胺结合位于神经后突触的烟碱型乙酰胆碱受体，属新型烟碱类杀虫剂，具有内吸性、触杀和胃毒作用，可以快速被植物吸收并广泛分布于作物体内，是一种高活性的广谱杀虫剂。适用于叶面喷雾、土壤处理。室内对白粉虱的毒力测定和对番茄烟粉虱的田间药效试验表明，该药剂具有较高活性和较好防治效果。表现出较好的速效性，持效期在 7d 左右。

适宜作物 蔬菜、水稻、玉米、棉花、甘蔗、花生、果树、茶树、观赏植物等。

防除对象 主要用于水稻、蔬菜、果树及其他作物上防治粉虱、蚜虫、叶蝉、蓟马、蔗螟、蔗龟、韭蛆、飞虱、小地老虎、金针虫、蛴螬、种蝇等半翅目、缨翅目、鞘翅目、双翅目和鳞翅目类害虫。

应用技术 以 50％噻虫胺水分散粒剂为例。

（1）**防治烟粉虱** 在粉虱发生初期施药，用 50％噻虫胺水分散粒剂 6～8g/亩均匀喷雾。

（2）**防治蚜虫** 在蚜虫发生初期施药，用 50％噻虫胺水分散粒剂 5～10g/亩均匀喷雾。

注意事项

① 对蜜蜂接触高毒，经口剧毒，具有极高风险性。使用时应注意，蜜源作物花期禁用，施药期间密切关注对附近蜂群的影响。

② 对家蚕剧毒，具极高风险性。蚕室及桑园附近禁用。每季最多使用 3 次，安全间隔期为 7d。

③ 禁止在河塘等水域中清洗施药器具。

④ 勿让儿童、孕妇及哺乳期妇女接触本品。不能与食品、饲料存放在一起。

⑤ 在水稻上的安全间隔期为 21d，每季最多施用 1 次。

相关复配剂及应用

（1）噻虫胺·噻嗪酮

主要活性成分 噻虫胺，噻嗪酮。

作用特点 噻虫胺·噻嗪酮由噻虫胺和噻嗪酮混配而成。噻虫胺是新烟碱类杀虫剂，其作用与烟碱型乙酰胆碱受体类似，具有触杀、胃毒和内吸活性；噻嗪酮作用机制为抑制昆虫几丁质合成和干扰新陈代谢，具有触杀作用。二者混配具有增效作用。

剂型 30％可分散油悬浮剂。

应用技术 在介壳虫低龄若虫始盛期施药，用 30％可分散油悬浮剂 1500～2000 倍液均匀喷雾。

注意事项

① 对家蚕、蜜蜂、鱼类有毒。

② 孕妇及哺乳期妇女禁止接触

③ 在柑橘树上的安全间隔期为 28d，每季最多施用 1 次。

（2）噻虫·氟氯氰

主要活性成分　噻虫胺，氟氯氰菊酯。

作用特点　噻虫·氟氯氰由两种不同作用机理的有效成分噻虫胺和氟氯氰菊酯复配而成的杀虫颗粒剂，二者混用具有内吸、触杀和胃毒作用。

剂型　0.7%、2%颗粒剂，42%悬浮剂。

应用技术

① 蛴螬　在马铃薯播种前，用 2%颗粒剂 1250～1500g/亩，将药剂均匀撒于种植沟内，施药后覆土。

② 蔗龟　用 2%颗粒剂 1000-1250g/亩，将药剂拌土，在甘蔗定植时均匀撒施于种植沟内，然后下种覆土。

③ 二点委夜蛾　在玉米出齐苗后，二点委夜蛾卵孵化盛期至幼虫期施药，用 0.7%颗粒剂 1500～3000g/亩拌土撒施，撒施时要均匀一致，不要漏撒，不重复撒施。

④ 黄条跳甲　在虫害发生初期施药，用 42%悬浮剂 10-15g/亩均匀喷雾。

注意事项

① 对蜜蜂、家蚕有毒，避免在蜜源作物开花期使用。

② 鸟类保护区附近禁用，施药后立即覆土。

③ 孕妇及哺乳期妇女禁止接触。

④ 建议与其他不同作用机制的杀虫剂轮换使用，以延缓抗性的产生。

⑤ 在甘蓝上的安全间隔期为 7d，每季最多施用 2 次；在马铃薯、甘蔗上每季最多施用 1 次。

噻虫嗪

（thiamethoxam）

$C_8H_{10}ClN_5O_3S$, 291.71, 153719-23-4

化学名称　3-(2-氯-1,3-噻唑-5-基甲基)-5-甲基-1,3,5-噁二嗪-4-基叉(硝基)胺。

其他名称 阿克泰、快胜、Actara、Adage、Cruiser。

理化性质 纯品噻虫嗪为白色结晶粉末，熔点 139.1℃；溶解性（20℃）：易溶于丙酮、甲醇、乙醇、二氯甲烷、氯仿、乙腈、四氢呋喃等有机溶剂。

毒性 噻虫嗪原药急性 LD_{50}（mg/kg）：大鼠经口 1563，大白鼠经皮＞2000；对兔眼睛和皮肤无刺激性。

作用特点 噻虫嗪与吡虫啉相似，可选择性抑制昆虫中枢神经系统烟碱型乙酰胆碱受体，进而阻断昆虫中枢神经系统的正常传导，造成害虫麻痹死亡，属新一代杀虫剂，在 pH 为 2～12 的条件下稳定，对人、畜低毒，对眼睛和皮肤无刺激性。对害虫具有良好的胃毒和触杀作用，其作用机理完全不同于现有的杀虫剂，也没有交互抗性问题，并具有强内吸传导性，植物叶片吸收药剂后可迅速传导到各个部位，害虫吸食药剂后，活动被迅速抑制，停止取食，并逐渐死亡，对刺吸式口器害虫有特效，对多种咀嚼式口器害虫也有很好的防效，具有高效、单位面积用药量低等特点，持效期可达 30d 左右。

适宜作物 水稻、甜菜、油菜、马铃薯、棉花、果树、花生、向日葵、大豆、茶树、西瓜、烟草和柑橘等。

防除对象 鳞翅目、鞘翅目、缨翅目及半翅目害虫等。

应用技术 以 25％噻虫嗪水分散粒剂为例。

（1）防治稻飞虱 在若虫发生初盛期施药，用 25％噻虫嗪水分散粒剂 1.6～3.2g/亩，喷液量 30～40kg/亩，直接喷在叶面上，可迅速传导到水稻全株。

（2）防治果树害虫

① 苹果蚜虫 在蚜虫为害始盛期施药，用 25％噻虫嗪水分散粒剂 6～10g/亩均匀喷雾。

② 梨木虱 在卵孵化盛期至低龄若虫盛发期施药，用 25％噻虫嗪水分散粒剂 3360～4200 倍液均匀喷雾。

③ 柑橘潜叶蛾 在卵孵高峰期至低龄幼虫发生高峰期施药，用 25％噻虫嗪水分散粒剂 23～30g/亩均匀喷雾。

（3）防治白粉虱 在粉虱高峰期喷雾施药，用 25％噻虫嗪水分散粒剂 15～20g/亩均匀喷雾。

（4）防治棉花蓟马 在蓟马若虫发生初期施药，用 25％噻虫嗪水分散粒剂 10～20g/亩均匀喷雾。

注意事项

① 避免在低于—10℃和高于 35℃储存。

② 对蜜蜂和家蚕有毒。

③ 害虫停止取食后，死亡速度较慢，通常在施药后 2～3d 出现死虫高峰期。

④ 对抗性蚜虫、飞虱等害虫防效特别好。

⑤ 勿让儿童、孕妇及哺乳期妇女接触本品。不能与食品、饲料存放一起。

⑥ 本品在水稻上的安全间隔期为 28d，每季最多使用 1 次；在油菜上的安全间隔期为 21d，每季最多使用 2 次；在小麦上的安全间隔期为 14d，每季作物最多使用 2 次；在烟草上的安全间隔期为 14d，每季最多施用 2 次；在棉花上的安全间隔期为 28d，每季最多使用 3 次。

相关复配剂及应用

（1）噻虫·高氯氟

主要活性成分 噻虫嗪，高效氯氟氰菊酯。

作用特点 具有触杀和胃毒作用，可防治刺吸式和咀嚼式口器害虫，而且有利于延缓抗性发展。兼具噻虫嗪和高效氯氰菊酯的特性，二者复配具有速效性和持效性。

剂型 22％微囊悬浮剂。

应用技术

① 菜青虫、蚜虫、白粉虱 在低龄幼虫或若虫发生高峰时期施药，用 22％微囊悬浮剂 5～10g/亩均匀喷雾。

② 茶尺蠖、茶小绿叶蝉 在低龄幼虫或若虫发生高峰时期施药，用 22％微囊悬浮剂 4～7g/亩均匀喷雾。

③ 棉铃虫、棉蚜 在低龄幼虫或若虫发生高峰时期施药，用 22％微囊悬浮剂 5～10g/亩均匀喷雾。

④ 烟草蚜虫、烟青虫 在烟草蚜虫若虫发生高峰期、烟青虫低龄幼虫期施药，用 22％微囊悬浮剂 5～10g/亩均匀喷雾。

⑤ 大豆蚜虫、造桥虫 在大豆蚜虫若虫发生高峰期、造桥虫低龄幼虫期施药，用 22％微囊悬浮剂 4～6g/亩均匀喷雾。

注意事项

① 不能与碱性物质混用。

② 对鱼类、家蚕、蜜蜂高毒。

③ 建议与其他类型杀虫剂混用，以延缓抗性产生。

④ 过敏者、孕妇及哺乳期妇女禁止接触本品。

⑤ 在茶树上的安全间隔期为 7d，每季最多施用 1 次；在小麦上的安全间隔期为 21d，每季最多施用 2 次；在辣椒上的安全间隔期为 14d，每季最多施用 2 次。

（2）噻虫·毒死蜱

主要活性成分　噻虫嗪，毒死蜱。

作用特点　噻虫·毒死蜱由噻虫嗪与毒死蜱复配而成的杀虫剂，可抑制昆虫中枢神经系统烟碱型乙酰胆碱受体，进而阻断昆虫中枢神经系统的正常传导，造成害虫出现麻痹时死亡。同时可抑制乙酰胆碱酯酶使害虫中毒死亡。

剂型　36%微囊悬浮剂。

应用技术

① 稻飞虱　在稻飞虱发生初盛期施药，用 36%微囊悬浮剂 10～20g/亩均匀喷雾。

② 蛴螬　按推荐用药量，每 100kg 种子加入 36%微囊悬浮剂 500～750g。加入适量水，将药浆与种子充分搅拌，直到药液均匀分布到种子表面，晾干后即可。

注意事项

① 不能与碱性农药等物质混合使用。

② 建议与其他作用机制不同的杀虫剂轮换使用，以延缓抗性产生。

③ 对鸟类、溞类剧毒，对蜜蜂、鱼类、藻类、家蚕高毒。

④ 孕妇、哺乳期的妇女、过敏体质者、感冒和皮肤病患者禁止接触。

⑤ 鱼或虾蟹套养稻田禁用，施药后的田水不得排入水体。

⑥ 在水稻上的安全间隔期为 21d，每季最多施用 2 次；在花生上的安全间隔期为收获期，每季最多施用 1 次。

⑦ 毒死蜱禁止在蔬菜上使用。

（3）噻虫·吡蚜酮

主要活性成分　吡蚜酮，噻虫嗪。

作用特点　对害虫具有胃毒和触杀作用，并具有强内吸传导性和内吸活性。在植物体内既能在木质部输导也能在韧皮部输导。具有高效、单位面积用药量低、持效期长的特点。

剂型　35%、75%水分散粒剂，25%可湿性粉剂，30%悬浮剂。

应用技术

① 稻飞虱　在稻飞虱和桃树蚜虫卵孵化盛期和低龄若虫初期施药，

用 35％水分散粒剂 4～6g/亩均匀喷雾，或用 25％可湿性粉剂 5～15g/亩均匀喷雾，或用 30％悬浮剂 10～15g/亩均匀喷雾。

② 花卉蚜虫　观赏花卉蚜虫应在低龄若虫期施药，用 75％水分散粒剂 5～10g/亩均匀喷雾。

③ 小麦蚜虫　在小麦蚜虫发生初盛期施药，用 25％可湿性粉剂 6～10g/亩均匀喷雾。

注意事项

① 建议与其他作用机制不同的杀虫剂轮换使用，以延缓抗性产生。

② 施药时应避免药液飘移到其他作物上，以防产生药害。

③ 对蜜蜂、鱼类等水生生物、家蚕有毒。

④ 孕妇及哺乳期妇女应避免接触。

⑤ 观赏人员在进行观赏期间严禁使用。

⑥ 不可与碱性农药等物质混用。

⑦ 在水稻上的安全间隔期为 28d，每季最多施用 2 次；在小麦上的安全间隔期为 30d，每季最多施用 2 次。

（4）噻虫·灭蝇胺

主要活性成分　噻虫嗪，灭蝇胺。

作用特点　灭蝇胺是一种昆虫生长调节剂类低毒杀虫剂，具有触杀和胃毒作用，并有强内吸传导性，持效期较长；噻虫嗪是一种全新结构的第二代烟碱类高效低毒杀虫剂，对害虫具有胃毒、触杀及内吸活性，施药后迅速被内吸，并传导到植株各部位。

剂型　60％水分散粒剂。

应用技术　在美洲斑潜蝇低龄幼虫发生初期施药，用 60％水分散粒剂 20～26g/亩均匀喷雾。

注意事项

① 建议与其他作用机制不同的杀虫剂轮换使用，以延缓抗性产生。

② 对鸟类、蜜蜂及家蚕有毒。

③ 不可与呈碱性的农药等物质混合使用。

④ 孕妇及哺乳期妇女应避免接触。

⑤ 在黄瓜上的安全间隔期为 5d，每季最多施用 2 次。

（5）噻虫·异丙威

主要活性成分　异丙威，噻虫嗪。

作用特点　噻虫·异丙威具有触杀和胃毒双重作用，在植物表面渗透性较好，附着力较好，较耐雨水冲刷，使用后药剂有效渗入植物叶片形成 2 次杀虫高峰，虫卵兼杀，持效期较长。

剂型 30％悬浮剂，50％可湿性粉剂。

应用技术 在稻飞虱卵孵化盛期或若虫期施药，用 30％悬浮剂 15～20g/亩均匀喷雾，或用 50％可湿性粉剂 8～10g/亩均匀喷雾。

注意事项

① 禁止在河塘等水体中清洗施药器具；远离水产养殖区、河塘等水体施药。

② 赤眼蜂等天敌放飞区域禁用。

③ 避免孕妇及哺乳期妇女接触。

④ 建议与其他作用机制不同的杀虫剂轮换使用，以延缓抗药性产生。

⑤ 在水稻上的安全间隔期为 28d，每季最多施用 2 次。

（6）噻虫·杀虫双

主要活性成分 杀虫双，噻虫嗪。

作用特点 是由两种不同作用机理的有效成分噻虫嗪和杀虫双复配而成，具有触杀、胃毒和内吸活性。

剂型 1％颗粒剂。

应用技术 防治甘蔗条螟，在甘蔗作物苗期（甘蔗条螟产卵盛期）施药，用 1％颗粒剂均匀撒施于种植沟内，施药后覆土。

注意事项

① 施药后须保持土壤湿润以有利于有效成分的释放和均匀分布。

② 不可与碱性物质混用。

③ 建议与其他作用机制不同的杀虫剂轮换使用，以延缓抗性产生。

④ 孕妇及哺乳期妇女禁止接触本品。

⑤ 对鱼类、鸟类为中毒，对蜜蜂高毒。

⑥ 每季最多施用 1 次。

—————— **噻螨酮** ——————

（hexythiazox）

$C_{17}H_{21}ClN_2O_2S$, 352.9, 78587-05-0

化学名称 (4RS,5RS)-5-(4-氯苯基)-N-环己基-4-甲基-2-氧代-1,3-噻唑烷-3-羧酰胺。

其他名称 尼索朗、除螨威、己噻唑、合赛多、Nissoorum、Savey、Cobbre、Acarflor、Cesar、Zeldox、NA 73。

理化性质 纯品噻螨酮为白色晶体，熔点108～108.5℃，溶解度（20℃，g/L）：丙酮160、甲醇20.6、乙腈28、二甲苯362、正己烷3.9，水0.0005；在酸碱性介质中水解。

毒性 噻螨酮原药急性LD_{50}（mg/kg）：大、小鼠经口＞5000，大鼠经皮＞2000；对兔眼睛有轻微刺激性，对兔皮肤无刺激性；以23.1mg/kg剂量饲喂大鼠两年，未发现异常现象；对动物无致畸、致突变、致癌作用。

作用特点 噻螨酮为噻唑烷酮类杀螨剂，以触杀作用为主，对植物组织有良好的渗透性，无内吸性作用。对多种植物害螨具有强烈的杀卵、杀幼螨、杀若螨的特性，对成螨无效，对接触到药液的卵具有抑制孵化的作用，残效期较长。对叶螨防效好，对锈螨、瘿螨防效较差。

适宜作物 棉花、果树等。

防除对象 果树害螨如苹果红蜘蛛、柑橘红蜘蛛等。

应用技术 以5%噻螨酮乳油、5%噻螨酮可湿性粉剂为例。

（1）防治果树害螨

① 苹果红蜘蛛 在幼、若螨盛发期用药，平均每叶有3～4只螨时，用5%噻螨酮乳油1250～2500倍液均匀喷雾，或用5%噻螨酮乳油25～33.3mg/kg均匀喷雾。在收获前7d停止使用。

② 柑橘红蜘蛛 在柑橘树红蜘蛛发生初期施药，用5%噻螨酮可湿性粉剂1428～2000倍液均匀喷雾。

（2）防治棉花害螨 在红蜘蛛发生初期施药，用5%噻螨酮乳油50～75g/亩均匀喷雾。

注意事项

① 在蔬菜收获前30d停用。

② 在1年内，只使用1次为宜。

③ 应储存于阴凉、通风的库房，远离火种、热源，防止阳光直射，保持容器密封。应与氧化剂、碱类分开存放，切忌混储。配备相应品种和数量的消防器材，储区应备有泄漏应急处理设备和合适的收容材料。

④ 不可与呈碱性的农药等物质混合使用。

⑤ 建议与其他作用机制不同的杀螨剂轮换使用，以延缓抗性产生。

⑥ 在柑橘树上的安全间隔期为 30d，每季最多使用 2 次。

相关复配剂及应用

（1）噻螨·哒螨灵

主要活性成分　噻螨酮，哒螨灵。

作用特点　具有触杀、胃毒作用，渗透性强。兼具噻螨酮和哒螨灵的特性。活性较高，对害螨的卵、幼螨、若螨、成螨等具防治效果，对螨卵有防治作用。

剂型　12.5%、20%乳油。

应用技术

① 柑橘红蜘蛛　在柑橘树红蜘蛛为害初期施药，用 12.5%乳油 1000～2000 倍液均匀喷雾。

② 苹果红蜘蛛　在红蜘蛛发生始盛期施药，用 20%乳油 1500～2000 倍液均匀喷雾。

注意事项

① 不推荐在枣树上使用。

② 对水生动物、蜜蜂家蚕等有毒。

③ 不可与石硫合剂和波尔多液等强碱性物质混用；不宜和拟除虫菊酯、二嗪磷混用。

④ 避免孕妇与哺乳期妇女接触本品。

⑤ 在柑橘树、苹果树上的安全间隔期为 30d，每季最多使用 2 次。

（2）噻酮·炔螨特

主要活性成分　炔螨特，噻螨酮。

作用特点　杀卵效果好，兼具杀成、若螨功能，持效期长，不受温度影响。具有触杀和胃毒作用，无内吸传导性。高温期间在作物幼嫩部位使用时要严格控制浓度，过高易发生药害。

剂型　22%、36%乳油。

应用技术

① 二斑叶螨　在二斑叶螨发生初期施药，用 22%乳油 800～1600 倍液均匀喷雾。

② 红蜘蛛　在红蜘蛛发生为害初期施药，用 36%乳油 1500～2000 倍液均匀喷雾。

注意事项

① 对蜜蜂、鱼类等水生生物、家蚕有毒。

② 不可与呈碱性的农药等物质混合使用。

③ 孕妇及哺乳期妇女应避免接触。

④ 建议与其他作用机制不同的杀螨剂轮换使用，以延缓抗性产生。

⑤ 在柑橘树上的安全间隔期为 30d，每季最多使用 2 次。

噻嗪酮

（buprofezin）

C₁₆H₂₃N₃OS, 305.4, 69327-76-0

$C_{16}H_{23}N_3OS$, 305.4, 69327-76-0

化学名称 2-叔丁基亚氨基-3-异丙基-5-苯基-3,4,5,6-四氢-2H-1,3,5-噻二嗪-4-酮。

其他名称 稻虱灵、扑虱灵、优乐得、捕虫净、稻虱净、扑虱灵、扑杀灵、布芬净、丁丙嗪、Applaud、Aproad、PP 618、NNI 750。

理化性质 纯品噻嗪酮为白色晶体，熔点 104.5～105.5℃；溶解性（25℃，g/L）：丙酮 240，苯 327，乙醇 80，氯仿 520，己烷 20，水 0.0009。

毒性 噻嗪酮原药急性 LD_{50}（mg/kg）：大鼠经口 2198（雄）、2355（雌），小鼠经口 10000，大鼠经皮＞5000；对兔眼睛和皮肤有极轻微刺激性。以 0.9～1.12mg/(kg·d) 剂量饲喂大鼠两年，未发现异常现象；对动物无致畸、致突变、致癌作用。

作用特点 噻嗪酮抑制昆虫几丁质合成和干扰新陈代谢，致使若虫蜕皮畸形或翅畸形而缓慢死亡，是一种抑制昆虫生长发育的新型选择性杀虫剂。本品触杀作用强，也有胃毒作用。一般施药第 3～7d 才能看出效果，对成虫没有直接杀伤力，但可缩短其寿命，减少产卵量，并且产出的多是不育卵，幼虫即使孵化也很快死亡。对半翅目的飞虱、叶蝉、粉虱及介壳虫类害虫有良好防治效果，药效期长达 30d 以上。对天敌较安全，综合效应好。

适宜作物 水稻、果树、茶树、火龙果、马铃薯等。

防治对象 水稻害虫如褐飞虱、叶蝉类、褐飞虱等；果树害虫如柑橘矢尖蚧等；茶树害虫如茶小绿叶蝉；火龙果害虫如介壳虫；马铃薯害虫如大叶蝉科等。

应用技术 以 25%噻嗪酮可湿性粉剂为例。

（1）防治水稻害虫

① 叶蝉类 在主害代低龄若虫始盛期喷药 1 次，用 25%噻嗪酮可湿性粉剂 20～30g/亩均匀喷雾，重点喷植株中下部。

② 褐飞虱 在主要发生世代及其前一代，在卵孵盛期至低龄若虫盛发期，用 25%噻嗪酮可湿性粉剂 20～40g/亩在害虫主要活动为害部位（稻株中下部）各进行 1 次均匀喷雾，能有效控制为害。在褐飞虱主害代若虫高峰始期施药还可兼治白背飞虱、叶蝉，效果较好。

（2）防治果树害虫 在柑橘矢尖蚧若虫盛孵期喷药 1～2 次，两次喷药间隔 15d 左右，用 25%噻嗪酮可湿性粉剂 1000～2000 倍液均匀喷雾。

（3）防治茶树害虫 在 6～7 月茶小绿叶蝉若虫高峰前期或春茶采摘后施用，用 25%噻嗪酮可湿性粉剂 1000～1500 倍液均匀喷雾。

（4）防治蔬菜害虫 在温室白粉虱低龄若虫盛发期，用 25%噻嗪酮可湿性粉剂 2000～2500 倍液（有效浓度 100～125mg/kg）均匀喷雾，具有良好的防治效果，并可兼治茶黄螨等。

注意事项

① 噻嗪酮应兑水稀释后均匀喷洒，不可用毒土法。

② 药液不宜直接接触白菜、萝卜，否则将出现褐斑及绿叶白化等药害。

③ 密封后存于阴凉干燥处，避免阳光直接照射。

④ 勿让儿童、孕妇及哺乳期妇女接触本品。加锁保存。不能与食品、饲料存放一起。

⑤ 对蜜蜂、鱼类等水生生物、家蚕有毒，鱼、虾、蟹套养稻田禁用。

⑥ 在水稻上的安全间隔期为 14d，每季最多施用 2 次；在柑橘树上的安全间隔期为 35d，每季最多施用 1 次；在茶树上的安全间隔期为 10d，每季最多施用 1 次。

相关复配剂及应用

（1）噻嗪·异丙威

主要活性成分 噻嗪酮，异丙威。

作用特点 具有内吸、触杀和胃毒作用。对成虫没有直接杀伤力，但具有可缩短其寿命，减少产卵量等作用。抑制昆虫乙酰胆碱酯酶，抑制几丁质合成，干扰新陈代谢，致使害虫麻痹和畸形死亡。

剂型 25%可湿性粉剂，30%乳油。

应用技术 在水稻孕穗、抽穗期，稻飞虱若虫发生始盛期至若虫高峰期施药，用 25％可湿性粉剂 100～160g/亩均匀喷雾，或用 30％乳油 60～100g/亩均匀喷雾。

注意事项

① 安全间隔期为 21d，每季水稻最多使用 2 次。

② 不能与碱性物质混用。

③ 对水生动物、蜜蜂、鱼类、家蚕高毒，使用时需注意。

④ 建议与其他类型杀虫剂混用，以延缓抗性产生。

⑤ 孕妇、哺乳期妇女及过敏者禁止接触。

⑥ 对白菜、萝卜、薯类、烟草敏感，要防止产生药害。

（2）噻嗪·呋虫胺

主要活性成分　噻嗪酮，呋虫胺。

作用特点　由呋虫胺和噻嗪酮复配而成。具有触杀、胃毒和内吸作用。

剂型　63％水分散粒剂。

应用技术　在水稻飞虱卵孵盛期到低龄若虫盛期施药，用 63％水分散粒剂 15～20g/亩均匀喷雾。

注意事项

① 对蜜蜂、家蚕有毒，蚕室及桑园附近禁用。

② 建议与其他作用机制不同的杀虫剂轮换使用，以延缓抗性产生。

③ 孕妇及哺乳期妇女禁止接触。

④ 在水稻上的安全间隔期为 30d，每季最多使用 1 次。

（3）噻嗪·毒死蜱

主要活性成分　毒死蜱，噻嗪酮。

作用特点　噻嗪·毒死蜱是抑制昆虫生长发育的选择性杀虫剂。毒死蜱具有胃毒、触杀、熏蒸多重作用，杀虫谱广，噻嗪酮触杀作用强，兼具胃毒作用，通过抑制昆虫几丁质合成和干扰新陈代谢使害虫致畸而死，亦可有效减少害虫产卵和阻隔卵的孵化。

剂型　30％、50％乳油，40％悬浮剂。

应用技术

① 介壳虫　在介壳虫孵化盛期施药，用 30％乳油 600～1000 倍液均匀喷雾，或用 40％悬浮剂 1500～2000 倍液均匀喷雾。

② 稻飞虱　在水稻飞虱的发生期施药，用 30％乳油 60～80g/亩均匀喷雾，或用 50％乳油 30～50g/亩均匀喷雾。

注意事项

① 应与其他作用机制的农药轮换使用。

② 毒死蜱禁止在蔬菜上使用。

③ 对蜜蜂、鱼类等水生生物、家蚕有毒，施药期间应避免对周围蜂群的影响，开花植物花期、蚕室和桑园附近禁用。

④ 孕妇及哺乳期妇女请勿接触。

⑤ 在柑橘树上的安全间隔期为 35d，每季最多使用 1 次；在水稻上的安全间隔期为 30d，每季最多使用 3 次。

（4）噻嗪·仲丁威

主要活性成分　噻嗪酮，仲丁威。

作用特点　主要由噻嗪酮和仲丁威复配而成的杀虫剂，具有触杀、胃毒和一定的熏蒸作用。

剂型　25％乳油。

应用技术　在稻飞虱低龄若虫期施药，用 25％乳油 60～75g/亩均匀喷雾。

注意事项

① 不要与碱性的农药等物质混合使用。建议与其他不同机制的杀虫剂轮换使用。

② 对蜜蜂、鱼类等水生生物有毒，在施药期间远离水产养殖区、河塘等水体附近施药。

③ 蚕室及桑园附近禁用，赤眼蜂等天敌放飞区禁用。

④ 避免孕妇及哺乳期妇女接触。

⑤ 在水稻上的安全间隔期为 21d，每季最多使用 2 次。

三氟苯嘧啶
（triflumezopyrim）

$C_{20}H_{13}F_3N_4O_2$, 398.34, 1263133-33-0

化学名称　3,4-二氢-2,4-二氧代-1-(嘧啶-5-基甲基)-3-(α,α,α,-三氟间甲苯基)-2H-吡啶并[1,2-α]嘧啶-1-鎓-3-盐。

其他名称　佰靓珑。

理化性质　三氟苯嘧啶纯品为黄色固体，熔点 $188.8 \sim 190℃$，$205 \sim 210℃$ 开始分解；水和有机溶剂中的溶解度（g/L）：水 0.23 ± 0.01（20℃），N,N-二甲基甲酰胺 377.62，乙腈 65.87，甲醇 7.65，丙酮 71.85，乙酸乙酯 14.65，二氯甲烷 76.07，邻二甲苯 0.702，正辛醇 1.059，正己烷 0.0005。

毒性　三氟苯嘧啶对大鼠急性经口 $LD_{50} > 4930mg/kg$，大鼠急性经皮 $LD_{50} > 5000mg/kg$，大鼠吸入 LC_{50}（4h）$> 5mg/L$；对家兔眼睛有轻微刺激性，对家兔皮肤无刺激性，对豚鼠皮肤无致敏性；每日允许摄入量为 $0 \sim 0.2mg/kg$。三氟苯嘧啶无体外基因毒性、致畸性、免疫毒性和神经毒性。

作用特点　三氟苯嘧啶广谱、内吸、高效、持效，微毒，对鳞翅目、同翅目等多种害虫均具有很好的防效，作用机理不同于常规杀虫剂，虽作用于乙酰胆碱受体，但与新烟碱类等杀虫剂无交互抗性。能在短时间内快速停止害虫取食，及时保护作物免受飞虱为害，避免"冒穿"现象发生，并能阻止病毒病的传播；具有内吸传导性，叶面喷雾和土壤处理皆可，通过土壤处理可以让根部吸收并向上传导；具有良好的渗透性，耐雨水冲刷。同时，微毒，对环境友好，对有益节肢动物群落有着很好的保护作用，对传粉昆虫无不利影响，非常适合于有害生物的综合治理项目。而且，其在环境中的残留很少，在收获的作物内残留极低，可有效降低可能的风险。

适宜作物　水稻。

防除对象　稻飞虱、叶蝉。

应用技术　在水稻飞虱低龄若虫始盛期施药，用 10％三氟苯嘧啶悬浮剂 $10 \sim 16g$/亩稀释后均匀喷雾。

注意事项

① 孕妇和哺乳期妇女应避免接触。

② 对蜜蜂、家蚕有毒，避免在蜜蜂觅食时施药；蚕室和桑园附近禁用。

③ 药液配制后请在当天内施用。

④ 在水稻上的安全间隔期为 21d，每季最多使用 1 次。

相关复配剂及应用

（1）氯虫·三氟苯

主要活性成分　氯虫苯甲酰胺，三氟苯嘧啶。

作用特点　氯虫·三氟苯为三氟苯嘧啶和氯虫苯甲酰胺复配的杀虫

剂，对稻飞虱、二化螟、稻纵卷叶螟有良好的防治效果。

剂型　19％悬浮剂。

应用技术　防治稻飞虱、稻纵卷叶螟、二化螟，在水稻营养生长期（分蘖至幼穗分化期前）田间稻飞虱发生数量达到 5～10 头/丛或稻纵卷叶螟或二化螟卵孵盛期施药，用 19％悬浮剂 15～20g/亩均匀喷雾。

注意事项

① 对蜜蜂、家蚕、鱼类有毒，避免在蜜蜂觅食时施药。

② 孕妇及哺乳期妇女禁止接触。

③ 在水稻上的安全间隔期为 21d，每季最多使用 1 次。

（2）阿维·三氟苯

主要活性成分　三氟苯嘧啶，阿维菌素。

作用特点　阿维·三氟苯由大环内酯双糖类杀虫剂和新型介离子类杀虫剂混配而成。通过干扰害虫的神经生理活动和烟碱型乙酰胆碱受体而起作用，对稻纵卷叶螟和稻飞虱均有较好的防治效果。

剂型　11％悬浮剂。

应用技术　防治稻飞虱、稻纵卷叶螟，在水稻营养生长期（分蘖期至幼穗分化期前）田间稻飞虱发生数量达到 5～10 头/丛或稻纵卷叶螟低龄幼虫 1～2 龄期施药，用 11％悬浮剂 15～20g/亩均匀喷雾。

注意事项

① 对鱼类等水生生物、蜜蜂、家蚕和鸟类有毒，养蜂场所、开花植物花期、蚕室及桑园附近禁用，远离水产养殖区、河塘等水体施药，禁止在河塘等水域中清洗施药器具，避免污染水源。赤眼蜂等天敌放飞区域禁用。

② 孕妇及哺乳期妇女禁止接触。

③ 在水稻上的安全间隔期为 21d，每季最多使用 1 次。

（3）溴酰·三氟苯

主要活性成分　溴氰虫酰胺，三氟苯嘧啶。

作用特点　溴酰·三氟苯由溴氰虫酰胺和三氟苯嘧啶复配而成，具有内吸、胃毒和触杀作用。

剂型　23％悬浮剂。

应用技术　防治稻飞虱、稻纵卷叶螟、二化螟，在水稻营养生长期（分蘖至幼穗分化期前）田间稻飞虱发生数量达到 5～10 头/丛或鳞翅目害虫（二化螟或稻纵卷叶螟）卵孵盛期施药，用 23％悬浮剂 15～20g/

亩均匀喷雾。

注意事项

① 对水蚤有毒，施药时应远离水产养殖区、河塘等水域，施药后的田水不得直接排入水体，远离桑蚕养殖区，禁止在河塘等水域清洗施药器具。

② 在水稻上的安全间隔期为 14d，每季最多使用 1 次。

三氯杀虫酯

（plifenate）

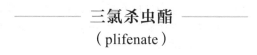

$C_{10}H_7Cl_5O_2$, 336.3, 21757-82-4

化学名称 2,2,2-三氯-1-(3,4-二氯苯基)乙基乙酸酯。

其他名称 蚊蝇净、蚊蝇灵、半滴乙酯、Baygon MEB、benzetthazet、Penfenate、Acetofenate。

理化性质 纯品为白色结晶。熔点 84.5℃，蒸气压 1.5×10^{-9}Pa（20℃）。20℃时溶解度甲苯＞60％，二氯甲烷＞60％，环己酮＞60％，异丙醇＜1％，还能溶于丙酮、苯、甲苯、二甲苯、热的甲醇、乙醇等有机溶剂，水中溶解度 0.005％。在中性和弱酸性介质中较稳定，遇碱分解。

毒性 急性经口 LD_{50}（mg/kg）：雄、雌大鼠＞10000，雄、雌小鼠＞2500，雄狗＞1000，雄兔＞2500。雄大鼠急性经皮 LD_{50}＞1000mg/kg。雄大鼠急性吸入 LC_{50}＞561mg/m³（4h），雄小鼠＞567mg/m³（4h）。大鼠 3 个月喂养无作用剂量为 1000mg/kg。动物试验无致畸、致突变作用。鱼 LC_{50} 为 1.52mg/L。

作用特点 三氯杀虫酯为有机氯杀虫剂。具有触杀和熏蒸作用，具有高效、低毒，对人畜安全等特点。主要用于防治卫生害虫，杀灭蚊蝇效力高，是比较理想的家庭用杀虫剂。

注意事项

① 不可与碱性物质混用。

② 在开启农药包装、称量配制和施用时，操作人员应穿戴必要的防护器具，要小心谨慎，防止污染。

三唑磷

（triazophos）

$C_{12}H_{16}N_3O_3PS$, 313.3, 24017-47-8

化学名称　O,O-二乙基-O-(1-苯基-1,2,4-三唑-3-基)硫代磷酸酯。

其他名称　特力克、三唑硫磷、稻螟克、多杀螟、Phentriazophos、Hostathion、Hoe2960、Trelka。

理化性质　纯品为浅棕黄色油状液体，熔点 $2\sim5℃$；溶解度（20℃）：内酮、乙酸乙酯≥1kg/kg，乙醇、甲苯>330g/kg；工业品为浅棕色油状液体。

毒性　原药大白鼠急性 LD_{50}（mg/kg）：82（经口），1100（经皮）；对蜜蜂有毒。

作用特点　三唑磷是一种中等毒性、广谱的杀虫剂，具有强烈的触杀和胃毒作用，杀虫效果好，杀卵作用明显，渗透性较强，无内吸作用，可用于水稻等多种作物防治多种害虫。

适宜作物　水稻、小麦、棉花、甘薯等。

防除对象　水稻害虫如二化螟、三化螟、稻水象甲、稻瘿蚊等；小麦害虫如蚜虫等；棉花害虫如棉铃虫、棉红铃虫等；甘薯线虫如甘薯茎线虫等。

应用技术　以 20％、30％、40％乳油，25％微乳剂和20％微囊悬浮剂为例。

（1）防治水稻害虫

① 二化螟　在卵孵始盛期至高峰期施药，用40％乳油 $50\sim75$g/亩喷雾，重点是稻株中下部。视虫害发生情况可继续用药，但每季最多使用2次。

② 三化螟　在分蘖期和孕穗至破口露穗期当发现田间有枯心苗或白穗时施药，用20％乳油 $120\sim150$g/亩喷雾使用，隔 $6\sim7$d 再喷第2次。

③ 稻水象甲　在低龄幼虫为害时施药，用30％乳油 $53\sim107$g/亩朝叶鞘部位喷雾。

④ 稻瘿蚊　水稻分蘖期至幼穗分化前施药，用40％乳油 200～

250g/亩均匀喷雾。

防治水稻害虫时田间应保持 3～5cm 的水层 3～5d。

（2）防治小麦害虫　在蚜虫发生始盛期施药，用 25％微乳剂 50～70g/亩兑水 40～50kg 均匀喷雾。

（3）防治棉花害虫

① 棉铃虫　卵孵盛期至低龄幼虫期施药，用 30％乳油 107～133g/亩均匀喷雾。

② 棉红铃虫　成虫发生盛期到卵盛期施药，用 40％乳油 80～100g/亩均匀喷雾。视虫害发生情况，每 10d 左右施药一次，可连续用药 2 次。

（4）防治甘薯线虫　甘薯苗期移栽时施药，用 20％微囊悬浮剂兑水 3～5 倍，把苗理齐浸入 10cm，10 分钟后拿出晾干栽培，剩下的药水加到大桶定植水里搅拌均匀，浇定植水时使用。

注意事项

① 禁止在蔬菜上使用该药。

② 不能与碱性物质混用。

③ 对蜜蜂、鱼类等水生生物、家蚕有毒，施药期间应避免对周围蜂群的影响；开花植物花期、蚕室和桑园附近禁用；远离水产养殖区施药；禁止在河塘等水体中清洗施药器具。

④ 甘蔗、玉米、高粱对该药敏感，施药时应防止飘移而产生药害。

⑤ 建议与不同作用机制杀虫剂轮换使用。

⑥ 最后一次施药距收获的天数：水稻 30d，棉花 40d，小麦 28d；水稻、小麦每季最多使用 2 次；棉花每季最多使用 3 次。

相关复配剂及应用

（1）甲维·三唑磷

主要活性成分　三唑磷，甲氨基阿维菌素苯甲酸盐。

作用特点　为有机磷类杀虫剂三唑磷和生物源杀虫剂甲氨基阿维菌素苯甲酸盐的混配制剂，具有触杀和胃毒作用，有较强的渗透性和较长的持效性，可渗入作物表皮细胞，并能起到一定的杀卵作用。

剂型　20％微乳剂，20％乳油。

应用技术

① 二化螟　在卵孵始盛期至高峰期施药，用 20％微乳剂 80～90g/亩均匀喷雾。田间保持水层 3～5cm 深，保水 3～5d。视虫害发生情况，隔 7d 左右施第二次。

② 草地螟　在卵孵盛期至低龄幼虫期施药，用 20%乳油 80～120g/亩均匀喷雾。

注意事项

① 禁止在蔬菜上使用该药。

② 不能与碱性物质混用。

③ 对鱼类等水生生物、蜜蜂、家蚕等有毒，避免在养蜂场所和作物花期施用；避免在蚕室和桑园附近施用；远离水产养殖区施药；施药过程要注意保护鸟类、天敌等有益生物。

④ 甘蔗、玉米、高粱对有效成分三唑磷敏感，在施药时应注意药液飘移的问题。

⑤ 大风天或预计 1h 内降雨请勿施药。

⑥ 在水稻上的安全间隔期为 28d，每季最多施用 2 次。

（2）阿维·三唑磷

主要活性成分　三唑磷，阿维菌素。

作用特点　为有机磷类杀虫剂三唑磷和生物源杀虫剂阿维菌素的复配制剂，兼具二者的优点，具有渗透、触杀和胃毒作用。

剂型　11%微乳剂，20%水乳剂，10.2%乳油。

应用技术

① 棉铃虫　卵孵盛期至低龄幼虫期施药，用 11%微乳剂 20～30g/亩均匀喷雾。

② 红蜘蛛　蔷薇科观赏花卉上的螨在低密度且有发展趋势时施药，用 11%微乳剂 1000～2000 倍液均匀喷雾。

③ 二化螟　在卵孵始盛期至高峰期施药，用 20%水乳剂 80～100g/亩均匀喷雾，重点是水稻中下部。田间保持水层 3～5cm 深，保水 3～5d。

④ 三化螟　在分蘖期和孕穗至破口露穗期当发现田间有枯心苗或白穗时施药，用 10.2%乳油 100～120g/亩均匀喷雾。施药时田间要保持 3～5cm 的水层 3～5d。

注意事项

① 禁止在蔬菜上使用该药。

② 不能与碱性物质混用。

③ 对蜜蜂、鱼类等水生生物、家蚕有毒，施药期间应避免对周围蜂群的影响；蜜源作物花期、蚕室和桑园附近禁用；鱼或虾蟹套养稻田禁用；赤眼蜂等天敌放飞区禁用；远离水产养殖区施药。

④ 甘蔗、玉米、高粱对有效成分三唑磷敏感，在施药时应注意药液飘移的问题。

⑤ 大风天或预计 1h 内降雨请勿施药。

⑥ 建议与其他作用机制不同的杀虫剂轮换使用，以延缓害虫抗性的产生。

⑦ 在棉花上的安全间隔期为 30d，每季最多使用 3 次；在水稻上的安全间隔期为 40d，每季最多使用 2 次。

（3）噻嗪·三唑磷

主要活性成分　三唑磷，噻嗪酮。

作用特点　为三唑磷和噻嗪酮的复配制剂，既有触杀、胃毒和一定的渗透作用，又可抑制昆虫的蜕皮。噻嗪·三唑磷对水稻害虫，尤其飞虱类有良好的防效。

剂型　30％乳油。

应用技术

① 稻纵卷叶螟　在卵孵盛期至低龄幼虫期施药，用 30％乳油 80～120g/亩均匀喷雾。

② 二化螟　在卵孵始盛期至高峰期施药，用 30％乳油 80～120g/亩均匀喷雾。

③ 稻飞虱　在低龄若虫发生盛期施药，用 30％乳油 80～120g/亩兑水喷雾，应重点喷布稻株中下部的叶片和茎秆。

施药期间田间要保持 3～5cm 的水层 3～5d。

注意事项

① 禁止在蔬菜上使用该药。

② 不要与碱性的物质混合使用。

③ 对蜜蜂、鱼类等水生生物、家蚕有毒，施药期间应避免对周围蜂群的影响；开花植物花期、蚕室和桑园附近禁用。远离水产养殖区施药，禁止在河塘等水体中清洗施药器具。

④ 甘蔗、玉米、高粱对有效成分三唑磷敏感，在施药时应注意药液飘移的问题。

⑤ 大风天气或预计 1h 内降雨请勿施药。

⑥ 建议与其他作用机制不同的杀虫剂轮换使用。

⑦ 在水稻上的安全间隔期为 30d，每季最多使用 2 次。

（4）吡虫·三唑磷

主要活性成分　三唑磷，吡虫啉。

作用特点　为新烟碱类杀虫剂吡虫啉与有机磷类杀虫剂三唑磷的复配制剂，具有渗透性、内吸性，并有较强的触杀和胃毒作用；既可防治刺吸式口器的害虫，又可防治咀嚼式口器害虫。

剂型　20％、25％乳油。

应用技术

① 稻飞虱　在低龄若虫盛发期施药，用20％乳油100～130g/亩兑水喷雾，尤其中下部的叶丛和茎秆。

② 二化螟　在卵孵始盛期至高峰期施药，用20％乳油100～130g/亩兑水50～60kg喷雾，重点是水稻中下部。

③ 三化螟　在分蘖期和孕穗至破口露穗期当发现田间有枯心苗或白穗时施药，用25％乳油100～120g/亩兑水50～60kg喷雾。

施药期间田间要保持3～5cm的水层3～5d。

注意事项

① 禁止在蔬菜、茶树上使用该药。

② 不要与碱性的物质混合使用。

③ 对蜂、鸟、蚕、水蚤有毒；对鱼、藻类中毒。在鸟类保护区、养蚕地区、养蜂地区及开花植物花期禁止使用；对天敌赤眼蜂风险性极高；农药器械不得在河塘内洗涤。

④ 甘蔗、玉米、高粱对有效成分三唑磷敏感，在施药时应注意药液飘移的问题。

⑤ 大风天或预计1h内降雨不要施药。

⑥ 在水稻上的安全间隔期为30d，每季最多使用2次。

（5）甲氰·三唑磷

主要活性成分　三唑磷，甲氰菊酯。

作用特点　为有机磷类农药三唑磷与拟除虫菊酯类农药甲氰菊酯的复合制剂，具有较强的触杀和胃毒作用；两种有效成分的作用机理不同，因此可有效杀伤害虫和螨类，并可延缓害虫抗药性的产生。

剂型　20％乳油。

应用技术　防治柑橘红蜘蛛时，在每片柑橘叶子上平均有螨2～3头时施药，用20％乳油1000～1500倍液均匀喷雾。

注意事项

① 禁止在蔬菜上使用该药。

② 不能与石硫合剂、波尔多液等碱性农药等物质混用，以免分解失效。

③ 避开蜜蜂、家蚕、水生生物等敏感区域；远离水产养殖区施药；禁止在天敌放飞区、鸟类保护区施药；禁止在河塘等水体中清洗施药器具。

④ 甘蔗、高粱、玉米等作物对有效成分三唑磷敏感，使用时应避免飘移到上述作物上，以免产生药害。

⑤ 避免在强阳光及下雨天气条件下使用。

⑥ 为减缓害虫的抗药性，建议与其他不同作用机制的农药轮换使用。

⑦ 最后一次施药至作物收获时允许间隔天数为30d，每季最多使用2次。

（6）高氯·三唑磷

主要活性成分　三唑磷，高效氯氰菊酯。

作用特点　为有机磷类杀虫剂三唑磷与拟除虫菊酯类杀虫剂高效氯氰菊酯的复配制剂，具有触杀、胃毒及渗透作用。通过不同靶点作用于害虫，能有效延缓害虫的抗性，提高杀虫效果。

剂型　12%、13%乳油。

应用技术

① 棉铃虫　在卵孵盛期至小幼虫钻入蕾铃前施药，用12%乳油60～80g/亩均匀喷雾。

② 蒂蛀虫　在成虫盛发期施药，用13%乳油　1000～1500倍液均匀喷雾。

注意事项

① 禁止在蔬菜上使用该药。

② 不可与碱性农药等物质混合使用。

③ 对蜜蜂、家蚕有毒，施药期间应避免对周围蜂群的影响；开花植物花期、蚕室和桑园附近禁用；对鱼类等水生生物有毒，远离水产养殖区施药。

④ 甘蔗、高粱、玉米等作物对有效成分三唑磷敏感，使用时应避免飘移到上述作物上，以免产生药害。

⑤ 在大风天或预计1h内降雨请勿施药。

⑥ 建议与其他作用机制不同的杀虫剂轮换使用，以延缓害虫抗性的产生。

⑦ 在棉花上的安全间隔期为40d，每季最多使用2次；在荔枝树上的安全间隔期为14d，每季最多使用2次。

（7）联苯·三唑磷

主要活性成分　三唑磷，联苯菊酯。

作用特点　为硫代磷酸酯类农药三唑磷与拟除虫菊酯类农药联苯菊酯的复配制剂，具有触杀、胃毒和渗透作用，击倒速度快，广谱性强，对虫、螨均有良好的防治效果。

剂型　20%微乳剂。

应用技术

①麦蚜　在蚜虫始盛期施药，用20%微乳剂20～40g/亩均匀喷雾。

②麦蜘蛛　在螨处于低密度且有继续发展的趋势时施药，用20%微乳剂20～30g/亩均匀喷雾。

③小麦吸浆虫　在小麦扬花期即成虫发生盛期施药，用20%微乳剂30～40g/亩均匀喷雾，重点是麦穗。

注意事项

①禁止在蔬菜上使用该药。

②不可与碱性农药等物质混合使用。

③对蜜蜂、鱼类等水生生物、家蚕有毒，施药期间应避免对周围蜂群的影响；蜜源作物花期、蚕室和桑园附近禁用；赤眼蜂等天敌放飞区禁用；远离水产养殖区施药。

④甘蔗、高粱、玉米对有效成分三唑磷较敏感，施药时应避免药液飘移到上述作物上。

⑤大风天或预计1h内降雨请勿施药。

⑥建议与其他作用机制不同的杀虫剂轮换使用，以延缓害虫抗性的产生。

⑦在小麦上的安全间隔期为28d，每季最多使用2次。

（8）杀单·三唑磷

主要活性成分　三唑磷，杀虫单。

作用特点　为有机磷类农药三唑磷与沙蚕毒素类农药杀虫单的复合制剂，具有胃毒、触杀、内吸兼熏蒸的作用，对害虫有良好的杀灭效果。

剂型　15%微乳剂。

应用技术

①稻纵卷叶螟　在卵孵盛期至低龄幼虫期施药，用15%微乳剂150～200g/亩均匀喷雾，尤其应注意中上部的叶片。视虫害发生情况，隔5～7d再施药一次。

② 二化螟　在卵孵始盛期至高峰期施药，用 15％微乳剂 150～200g/亩均匀喷雾，尤其注意水稻中下部。

③ 三化螟　在分蘖期和孕穗至破口露穗期当发现田间有枯心苗或白穗时施药，用 15％微乳剂 150～200g/亩均匀喷雾。

水稻田施药期间田间要保持 3～5cm 的浅水层 5～7d。

注意事项

① 禁止在蔬菜上使用该药。

② 不能与强酸、强碱物质混用。

③ 对蜜蜂、鱼类等水生生物、家蚕有毒，施药期间应避免对周围蜂群的影响；开花植物花期、蚕室和桑园附近禁用；远离水产养殖区施药；禁止在河塘等水体中清洗施药器具。

④ 对棉花、烟草和某些豆类易产生药害，对马铃薯也较敏感，用药时应防止药液飘移至上述作物上造成药害；甘蔗、玉米、高粱对有效成分三唑磷敏感，施药时也应注意药液飘移的问题。

⑤ 大风天或预计 1h 内降雨请勿施药。

⑥ 在水稻上的安全间隔期为 28d，每季最多施药 3 次。

（9）水胺·三唑磷

主要活性成分　三唑磷，水胺硫磷。

作用特点　为两种有机磷农药三唑磷和水胺硫磷的复合杀虫剂，具有较强的胃毒、触杀和渗透作用，杀卵作用明显。

剂型　30％乳油。

应用技术

① 二化螟　在卵孵始盛期至高峰期施药，用 30％乳油 70～100g/亩均匀喷雾，间隔 7d 左右，连续喷施 1～2 次。

② 三化螟　在分蘖期和孕穗至破口露穗期当发现田间有枯心苗或白穗时施药，用 30％乳油 70～100g/亩均匀喷雾，间隔 7d 左右，连续喷施 1～2 次。

水稻田施药期间田间应保持 3～5cm 的水层 3～5d。

注意事项

① 禁止在蔬菜、瓜果、茶叶、菌类、中草药材上使用；禁止用于防治卫生害虫；禁止用于水生植物的病虫害防治。

② 禁止与碱性物质混合使用。

③ 对蜜蜂、家蚕有毒，请勿在蚕室、桑园、蜜源作物花期附近使用；对鱼类等水生生物有毒，应远离水产养殖区施药；禁止在河塘等水

体中清洗施药器具。

④ 甘蔗、玉米、高粱对有效成分三唑磷敏感，在施药时应注意药液飘移的问题。

⑤ 不宜在强光下喷雾施用，以免降低药效。

⑥ 在水稻上的安全间隔期为 30d，每季最多使用 2 次。

（10）马拉·三唑磷

主要活性成分 三唑磷，马拉硫磷。

作用特点 为有机磷类农药三唑磷和马拉硫磷的复配杀虫剂，具有触杀、胃毒和熏蒸作用，对植物组织有很强的渗透性，虫卵兼杀，效果明显。

剂型 25％乳油。

应用技术

① 二化螟 在卵孵始盛期至高峰期施药，用 25％乳油 85～100g/亩兑水喷雾，重点是水稻中下部。

② 稻纵卷叶螟 在卵孵盛期至低龄幼虫期施药，用 25％乳油 75～100g/亩均匀喷雾，重点是中上部的叶片。

水稻田施药时田间保持水层 3～5cm 深，保水 3～5d。

注意事项

① 禁止在蔬菜上使用该药。

② 不可与碱性农药等物质混合使用。

③ 对蜜蜂、鱼类等水生生物、家蚕有毒，施药期间应避免对周围蜂群的影响；蜜源作物花期、蚕室和桑园附近禁用；远离水产养殖区施药；禁止在河塘等水体中清洗施药器具。

④ 甘蔗、玉米、高粱对有效成分三唑磷敏感，在施药时应注意药液飘移的问题。

⑤ 大风或预计 1h 内下雨天请勿施药。

⑥ 在水稻上的安全间隔期为 30d，每季最多使用 2 次。

（11）辛硫·三唑磷

主要活性成分 三唑磷，辛硫磷。

作用特点 为两种有机磷类农药辛硫磷与三唑磷复配的杀虫剂，具有较强的触杀、胃毒作用，以及较强的渗透性和速效性。

剂型 20％、30％乳油。

应用技术

① 二化螟 在卵孵始盛期至高峰期施药，用 30％乳油 90～120g/亩兑水朝稻株中下部喷雾。

② 三化螟　在分蘖期和孕穗至破口露穗期当发现田间有枯心苗或白穗时施药，用30%乳油90～120g/亩均匀喷雾。

③ 稻纵卷叶螟　在卵孵盛期至低龄幼虫期施药，用30%乳油90～120g/亩均匀喷雾，重点是中上部的叶片。

④ 稻水象甲　在卵孵盛期或低龄幼虫发生期施药，用20%乳油50～80g/亩均匀喷雾。

水稻田施药时田间应保持水层3～5cm深，保水3～5d。

注意事项

① 禁止在蔬菜上使用该药。

② 不能与碱性物质混用。

③ 对蜜蜂、鱼类等水生生物、家蚕有毒，施药期间应避免对周围蜂群的影响；蜜源作物花期、蚕室和桑园附近禁用；赤眼蜂等天敌放飞区禁用；远离水产养殖区施药。

④ 高粱、玉米、黄瓜、菜豆和甜菜等都对辛硫磷敏感；甘蔗、玉米、高粱对三唑磷敏感，施药时应注意药液飘移的问题。

⑤ 该药在光照条件下易分解，田间喷雾最好在傍晚施药。

⑥ 在应用浓度范围内，对蚜虫天敌七星瓢虫的卵、幼虫和成虫均有杀伤作用，用药时应注意。

⑦ 大风天或预计1h内降雨请勿施药。

⑧ 建议与其他作用机制不同的杀虫剂轮换使用。

⑨ 在水稻上的安全间隔期不少于30d，每季最多使用2次。

——— 三唑锡 ———

（azocyclotin）

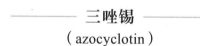

$C_{20}H_{35}N_3Sn$，436.2，41083-11-6

化学名称　1-(三环己基锡基)-1-氢-1，2，4-三唑。

其他名称　灭螨锡、亚环锡、倍乐霸、三唑环锡、Peropal、tricolotin、Clermait。

理化性质　纯品三唑锡为白色无定形结晶,熔点218.8℃;溶解性(25℃):水0.25mg/kg,易溶于己烷,可溶于丙酮、乙醚、氯仿,在环己酮、异丙醇、甲苯、二氯甲烷中≤10g/L;在碱性介质中以及受热易分解成三环锡和三唑。

毒性　三唑锡原药急性LD_{50}(mg/kg):大白鼠经口100～150、经皮1000(雄)>1000,小鼠经口410～450、经皮1900～2450;对兔眼睛和皮肤有刺激性。

作用特点　三唑锡属剧烈神经毒物,为触杀作用较强的广谱性杀螨剂。可杀灭若螨、成螨和夏卵,对冬卵无效。对光和雨水有较好的稳定性,残效期较长,在常用浓度下对作物安全。

适宜作物　果树、蔬菜等。

防除对象　螨类。

应用技术　以25%三唑锡可湿性粉剂为例。

(1) 防治果树害螨

① 葡萄叶螨　在发生始期、盛期施药,用25%三唑锡可湿性粉剂1000～1500倍液均匀喷雾。

② 柑橘红蜘蛛　在柑橘树红蜘蛛发生初期施药,用25%三唑锡可湿性粉剂1000～2000倍液均匀喷雾。

③ 苹果全爪螨、山楂叶螨　在苹果开花前后或叶螨发生初期施药,用25%三唑锡可湿性粉剂1500～2000倍液在树冠均匀喷雾。

(2) 防治蔬菜害螨　防治茄子红蜘蛛时,在发生期施药,用25%三唑锡可湿性粉剂1000～1500倍液均匀喷雾(正反叶面均匀喷施),效果较好。

注意事项

① 该药可与有机磷杀虫剂和代森锌、克菌丹等杀虫剂混用,但不能与波尔多液、石硫合剂等碱性农药混用。

② 收获前21d停用。

③ 该药对人的皮肤刺激性大,施药时要保护好皮肤和眼睛,避免接触药液。

④ 对蜜蜂、家蚕有毒,花期蜜源作物周围禁用,施药期间应密切注意对附近蜂群的影响,蚕室及桑园附近禁用;对鱼类等水生生物有毒,远离水产养殖区施药,禁止在河塘等水域内清洗施药器具。

⑤ 在柑橘树上的安全间隔期为30d,每季最多使用2次;在苹果树上的安全间隔期为14d,每季最多使用3次。

杀虫单

（monosultap）

C$_5$H$_{12}$NNaO$_6$S$_4$, 333.4, 29547-00-0

化学名称 2-甲氨基-1-硫代磺酸钠基-3-硫代磺酸基丙烷。

其他名称 虫丹、单钠盐、叼虫、杀螟克、丹妙、稻道顺、杀螟2000、稻润、双锐、索螟、稻刑螟、扑螟瑞、庄胜、水陆全、科净、卡灭、苏星、螟蛙、卫农。

理化性质 纯品为白色针状结晶，工业品为白色粉末或无定形粒状固体。有吸潮性，易溶于水，能溶于热甲醇和乙醇，难溶于丙酮、乙醚等有机溶剂。室温下对中性和微酸性介质稳定。原粉不能与铁器接触，包装密封后，应贮存于干燥避光处。

毒性 杀虫单原粉急性经口 LD$_{50}$（mg/kg）：小鼠 83（雄）、86（雌），大鼠 142（雄）、137（雌），在 25% 浓度范围内对家兔皮肤无任何刺激反应，对家兔眼黏膜无刺激作用。对大小鼠蓄积系数 $K > 5.3$，属于轻度蓄积。杀虫单对水生生物安全，无生物浓缩现象，对白鲢鱼 LC$_{50}$（48h）5.0mg/L。在土壤中的吸附性小，移动性能大。10mg/kg 浓度对土壤微生物无明显抑制影响，100mg/kg 有一定抑制影响。在植物体内降解较快，最大允许残留量 2.5mg/kg。对鹌鹑急性经口 LD$_{50}$ 27.8mg/kg，对蚯蚓的 LD$_{50}$ 12.7mg/kg，对家蚕剧毒。

作用特点 杀虫单是人工合成的沙蚕毒素的类似物，进入昆虫体内迅速转化为沙蚕毒素或二氢沙蚕毒素。该药为乙酰胆碱竞争性抑制剂，具有较强的触杀、胃毒、熏蒸和内吸传导作用，对鳞翅目害虫的幼虫有较好的防治效果。杀虫单属仿生型农药，对天敌影响小，无抗性，无残毒，不污染环境，是目前综合治理虫害较理想的药剂。

适宜作物 蔬菜、水稻、甘蔗、果树、茶树等。

防除对象 水稻害虫如二化螟、三化螟、稻纵卷叶螟、稻叶蝉、稻飞虱、稻苞虫等；油料及经济作物害虫如甘蔗条螟、大螟、蓟马等；蔬菜害虫如菜青虫、小菜蛾、小地老虎、水生蔬菜螟虫等；果树害虫如柑橘潜叶蛾、葡萄钻心虫、蚜虫等；茶树害虫如茶小绿叶蝉等。

应用技术 以 80％杀虫单粉剂、90％杀虫单原粉为例。

（1）防治油料及经济作物害虫 在甘蔗条螟卵孵高峰期，用 80％杀虫单粉剂 35～40g/亩均匀喷雾；或用 90％杀虫单原粉 0.15～0.2kg/亩，拌土 375～450kg 穴施，效果更佳，可兼防大螟及蓟马；或用 90％杀虫单原粉 160g/亩，与根区施药，保持蔗田湿润以利于药剂被吸收，安全间隔期至少 28d。

（2）防治水稻害虫

① 二化螟、稻纵卷叶螟、稻蓟马 在二化螟 1～2 龄高峰期、稻纵卷叶螟、稻蓟马幼虫 2～3 龄期，用 80％杀虫单粉剂 35～60g/亩均匀喷雾。

② 稻飞虱、叶蝉 在若虫盛期施药，用 90％杀虫单原粉 50～60g/亩均匀喷雾，持效期 7～10d，隔 7～10d 再喷第二次。

（3）防治蔬菜害虫

① 菜青虫、小菜蛾 在菜青虫 2～3 龄幼虫盛期喷雾施药，用 80％杀虫单原粉 35～50g/亩均匀喷雾。

② 水生蔬菜螟虫 在幼虫低龄期用毒土法施药，用 80％杀虫单粉剂 35～40g/亩。

③ 小地老虎 用 80％杀虫单粉剂 70g/L，拌 10kg 玉米种子，2h 后播种。

（4）防治果树害虫

① 柑橘潜叶蛾 在夏、秋梢萌发后施药，用 80％杀虫单粉剂 2000 倍液均匀喷雾。

② 葡萄钻心虫 在葡萄开花前施药，用 80％杀虫单粉剂 2000 倍液均匀喷雾。

注意事项

① 本品对家蚕剧毒，使用时应特别小心，防止污染桑叶及蚕具等。

② 杀虫单对棉花、某些豆类敏感，不能在此类作物上使用。

③ 本品不能与强酸、强碱性物质混用。

④ 应存放于阴凉、干燥处。

⑤ 孕妇、儿童应远离该药。

⑥ 在水稻上的安全间隔期为 30d，每季最多使用 2 次。

相关复配剂及应用

（1）杀单·噻虫嗪

主要活性成分 噻虫嗪，杀虫单。

作用特点 兼具噻虫嗪和杀虫单作用。

剂型 0.2%、10%颗粒剂。

应用技术

① 蔗螟 在作物播种期或生长期，虫害初期施药，用10%颗粒剂3000~4000g/亩，将药剂均匀撒施在作物垄沟内，然后覆土。

② 蚜虫、玉米螟 在玉米播种期或喇叭口期进行处理，用0.2%颗粒剂40~60kg/亩均匀施撒，撒施后应立即覆土。

注意事项

① 建议与其他作用机制不同的杀虫剂轮换使用，以延缓抗性产生。

② 对鱼高毒，施药时应避免污染水源和池塘，对蜜蜂有毒，开花植物花期禁用。

③ 避免孕妇及哺乳期妇女接触。

④ 对鸟类高毒，鸟类保护区附近禁用，施药后立即覆土。

⑤ 不能与强酸强碱性物质混用。

⑥ 在甘蔗上的安全间隔期为30d，每季最多使用1次；玉米每季最多使用一次。

（2）杀单·噻虫胺

主要活性成分 杀虫单，噻虫胺。

作用特点 二者混用具有内吸、触杀和胃毒的作用。

剂型 10%颗粒剂。

应用技术 防治蔗螟，随新植甘蔗种植时期一同使用，用10%颗粒剂1750~2250g/亩均匀撒施于种植沟内，施药后立即覆土。

注意事项

① 对蚕和蜜蜂有毒，在养蚕区和养蜂区应谨慎使用；对鱼类有毒，水产养殖区、河塘等水体附近禁用。

② 为防止害虫产生抗药性，应适当选取不同作用机理的杀虫剂轮换使用。

③ 勿与碱性和强酸性物质混合使用。

④ 鸟类保护区附近禁用，施药后立即覆土，防止鸟类误食。

⑤ 在甘蔗上每季最多使用一次。

（3）杀单·毒死蜱

主要活性成分 杀虫单，毒死蜱。

作用特点 是一种沙蚕毒素类与有机磷复配的杀虫剂，具有较强的触杀、胃毒作用。

剂型 25％可湿性粉剂、5％颗粒剂、2％粉剂。

应用技术

① 稻纵卷叶螟 在稻纵卷叶螟低龄幼虫发生期或卵孵化期施药，用25％可湿性粉剂150～200g/亩均匀喷雾。

② 三化螟 在水稻分蘖末期，三代三化螟卵孵高峰期施药，用2％粉剂1500～2000g/亩混合沙土均匀施撒。视虫害发生情况，每7d左右施药一次，可连续用药2次。

③ 螟虫 在甘蔗生长前期或中期使用，用5％颗粒剂4000～5000g/亩均匀施撒，施药后立即覆土。

注意事项

① 毒死蜱禁止在蔬菜上使用。

② 不得与强酸强碱性物质混用。

③ 对蜜蜂、鱼类等水生生物、家蚕有毒。

④ 对烟草、某些豆类、棉花易产生药害，不宜使用。

⑤ 孕妇及哺乳期妇女不得接触本品。

⑥ 建议与其他作用机制不同的杀虫剂轮换使用，延缓抗药性的产生。

⑦ 在水稻上的安全间隔期为30d，每季最多使用2次；甘蔗每季最多使用一次。

（4）杀单·苏云菌

主要活性成分 杀虫单，苏云金杆菌。

作用特点 兼具杀虫单和苏云金杆菌作用。具有胃毒、触杀、内吸传导和熏蒸作用。

剂型 46％、55％、63.6％可湿性粉剂。

应用技术

① 稻纵卷叶螟 在稻纵卷叶螟卵孵盛期至低龄幼虫期施药，用46％可湿性粉剂50～65g/亩均匀喷雾。

② 二化螟 在二化螟在卵孵盛期施药，用63.6％可湿性粉剂50～75g/亩均匀喷雾。

③ 菜青虫 甘蓝菜青虫在低龄幼虫盛发期施药，用55％可湿性粉剂40～50g/亩均匀喷雾。

④ 小菜蛾 在卵孵化盛期至幼虫2龄以前施药，用55％可湿性粉剂50～60g/亩均匀喷雾。

注意事项

① 对蜜蜂、鱼类等水生生物、家蚕有毒。

② 勿与碱性物质混用。

③ 与其他不同杀虫剂轮换使用。

④ 孕妇及哺乳期妇女避免接触。

⑤ 在水稻上的安全间隔期为 20d，每季最多使用 2 次；在甘蓝上的安全间隔期为 7d，每季最多使用 3 次。

杀虫环

（thiocyclam）

$$H_3C \diagdown N \diagup \diagdown S \diagup S \diagup COOH$$
$$H_3C \diagup \qquad S \diagup COOH$$

$C_7H_{13}NO_4S_3$, 271.4, 31895-21-3

化学名称 N,N-二甲基-1,2,3-三硫杂己-5-胺草酸盐。

其他名称 易卫杀、多噻烷、虫噻烷、甲硫环、类巴丹、硫环杀、杀螟环、甲硫环、Evisect、Sulfoxane、Eviseke。

理化性质 可溶粉剂外观为白色或微黄色粉末，熔点 125～128℃。23℃水中溶解度为 84g/kg，在丙酮中 500mg/L，乙醚、乙醇中 1.9g/L，在二甲苯中的溶解度小于 10g/L，在甲醇中 17g/L，不溶于煤油，能溶于苯、甲苯和松节油等溶剂，微溶于水。在正常条件下贮存稳定期至少 2 年。

毒性 雄性大鼠急性经口 LD_{50} 为 310mg/kg，雄性小鼠为 373mg/kg。雄性大鼠急性经皮 LD_{50} 为 1000mg/kg，雄性大鼠急性吸入 $LC_{50}>$ 4.5mg/L。对兔皮肤和眼睛有轻度刺激作用。大鼠 90d 饲喂试验剂量为 100mg/kg，狗为 75mg/kg。无致畸、致癌、致突变作用。鲤鱼 LC_{50} 为 1.03mg/L（96h）。蜜蜂经口 LD_{50} 为 11.9μg/只。对人、畜为中等毒性，对皮肤、眼有轻度刺激作用，对鱼类和蚕的毒性大。对害虫具有触杀和胃毒作用，也有一定的内吸、熏蒸和杀卵作用，对害虫的药效较迟缓，中毒轻者有时能复活，持效期短。

作用特点 杀虫环是沙蚕毒素类衍生物，属神经毒剂，其作用机制是占领乙酰胆碱受体，阻断神经突触传导，害虫中毒后表现为麻痹并直至死亡。杀虫环主要起触杀和胃毒作用，还具有一定的内吸、熏蒸和杀卵作用。杀虫谱较广，对鳞翅目、鞘翅目、半翅目、缨翅目等害虫有效。但毒效表现较为迟缓，中毒轻的个体还有复活可能，与速效农药混用可提高击倒力。防治效果稳定，即使在低温条件下也能保持较高的杀虫活性。对高等动物毒性中等，对鱼类等水生生物毒性中等至低毒，对蜜蜂、家蚕有毒，对天敌无不良影响。

适宜作物　蔬菜、水稻、玉米、果树、茶树等。

防治对象　水稻害虫如二化螟、三化螟、大螟、稻纵卷叶螟等；蔬菜害虫如菜青虫、小菜蛾、菜蚜、蓟马等；果树害虫如柑橘潜叶蛾、苹果潜叶蛾、梨星毛虫等；油料及经济作物害虫如玉米螟、玉米蚜、马铃薯甲虫、烟青虫等；也可用于防治寄生线虫，如水稻白尖线虫，对一些作物的锈病和白穗也有一定的防治效果。

应用技术　以50％杀虫环可溶粉剂、50％杀虫环乳油为例。

（1）防治水稻害虫

① 三化螟　在水稻螟虫卵孵盛期至低龄幼虫期施药，用50％杀虫环可湿性粉剂50～100g/亩均匀喷雾，或用50％杀虫环乳油0.9～1L/亩均匀喷雾。同时施药期应注意保持3cm田水3～5d，有利于药效的充分发挥。

② 稻纵卷叶螟　在水稻穗期，在幼虫1～2龄高峰期施药，用50％杀虫环可湿性粉剂50～100g/亩均匀喷雾，或用50％杀虫环乳油0.9～1kg/亩均匀喷雾。

③ 二化螟　防治鞘和枯心苗，一般年份在孵化高峰前后3d内；大发生年在孵化高峰前2～3d用药。防治虫伤株、枯孕穗和白穗，一般年份在蚁螟孵化始盛期至孵化高峰期用药；在大发生年份以两次用药为宜。用50％杀虫环可湿性粉剂50～100g/亩均匀喷雾。

④ 稻蓟马　用在蓟马若虫发生高峰期施药，用50％杀虫环可溶粉剂35～40g/亩均匀喷雾。

（2）防治油料及经济作物害虫

① 玉米螟、玉米蚜　在心叶期，用50％杀虫环可溶粉剂25g/亩均匀喷雾。也可用25g药粉兑适量水成母液，再与细沙4～5kg拌匀制成毒沙，以每株1g左右撒施于心叶内。或以50倍稀释液用毛笔涂于玉米果穗下一节的茎秆。

② 马铃薯甲虫　在马铃薯甲虫低龄幼虫盛发期施药，用50％杀虫环可溶粉剂75g/亩均匀喷雾。

（3）防治蔬菜害虫　防治菜青虫、小菜蛾、甘蓝夜蛾、菜蚜、红蜘蛛时，在害虫孵化盛期至低龄幼虫高峰期施药，用50％杀虫环可溶粉剂 75g/亩均匀喷雾。

（4）防治果树害虫

① 柑橘潜叶蛾　在柑橘新梢萌芽后施药，用 50％杀虫环可溶粉剂 1500 倍液均匀喷雾。

② 梨星毛虫、桃蚜、苹果蚜、苹果红蜘蛛　在蚜虫低龄若虫始盛期施药，用 50％杀虫环可溶粉剂 2000 倍液均匀喷雾。

注意事项

① 对家蚕毒性大，蚕桑养殖地区使用应谨慎。

② 棉花、苹果、豆类的某些品种对杀虫环表现敏感，不宜使用。

③ 水田施药后应注意避免让田水流入鱼塘，以防鱼类中毒。

④ 水稻使用 50％杀虫环可湿性粉剂，每次的最高用药量为 1500g/亩，兑水均匀喷雾，全生育期内最多只能使用 3 次，安全间隔期（末次施药距收获的天数）为 15d。

⑤ 药液接触皮肤后应立即用清水洗净。个别人员皮肤有过敏反应，容易引起皮肤丘疹，但一般几小时后会自行消失。

⑥ 不宜与铜制剂、碱性物质混用，以防药效下降。建议与其他作用机制不同的杀虫剂轮换使用，以延缓抗性产生。

⑦ 置于阴凉、干燥处，不与酸碱性物质一起存放。

⑧ 在烟草上的安全间隔期为 7d，每季最多使用 4 次；在水稻上的安全间隔期为 15d，每季最多使用 3 次。

相关复配剂及应用　杀虫·啶虫脒

主要活性成分　杀虫环，啶虫脒。

作用特点　具有触杀和胃毒作用及较强的渗透作用，杀虫较迅速，且能杀卵，耐雨水冲刷，持效期较长。

剂型　28％可湿性粉剂。

应用技术

① 黄条跳甲　在黄条跳甲发生盛期施药，用 28％可湿性粉剂 30～40g/亩均匀喷雾。

② 蓟马　在蓟马发生初期进行施药，用 28％可湿性粉剂 20～30g/亩均匀喷雾。

注意事项

① 建议与其他作用机制不同的杀虫剂轮换使用，以延缓抗性产生。

② 对家蚕、赤眼蜂、鱼类有毒。

③ 孕妇及哺乳期妇女避免接触。

④ 在甘蓝上的安全间隔期为 7d，每季最多使用 2 次；在节瓜上的安全间隔期为 5d，每季最多使用 3 次。

杀虫双
（bisultap）

$C_5H_{11}NNa_2O_6S_4$，355.4，52207-48-4

化学名称 1,3-双硫代磺酸钠基 2 二甲氨基丙烷（二水合物）。

其他名称 稻螟一施净、稻鲁宝、撒哈哈、稻顺星、螟诱、烈盛、民螟、地通、三通、变利、地虫化、螟变、喜相逢、稻玉螟、螟思特、歼螟、稻抛净、秋刀、蛀螟网、螟净杀、捷猛特、三螟枪。

理化性质 纯品杀虫双为白色结晶，含有两个结晶水的熔点 169～171℃（开始分解），不含结晶水的熔点 142～143℃；有很强的吸湿性；水中溶解度（20℃）为 1330g/L，能溶于甲醇、热乙醇，不溶于乙醚、苯、乙酸乙酯；水溶液显较强的碱性；常温下稳定，长时间见光以及遇强碱、强酸分解。

毒性 杀虫双原药急性 LD_{50}（mg/kg）：大白鼠经口 451（雄）、342（雌），大鼠经皮＞1000；对兔眼睛和皮肤无刺激性；以 250mg/（kg·d）剂量饲喂大鼠 90d，未发现异常现象；对动物无致畸、致突变、致癌作用。

作用特点 杀虫双为沙蚕毒类杀虫剂，是一种神经毒剂，昆虫接触和取食药剂后表现出迟钝、行动缓慢、失去侵害作物的能力、停止发育，虫体软化、瘫痪直至死亡。杀虫双对害虫具有较强的触杀和胃毒作用，兼有一定的熏蒸作用。有很强的内吸作用，能被作物的叶、根等吸收和传导。

适宜作物 蔬菜、水稻、棉花、小麦、玉米、果树、茶树、甘蔗等。

防除对象 果树害虫如柑橘潜叶蛾等；蔬菜害虫如菜青虫、小菜蛾等；茶树害虫如茶尺蠖、茶细蛾、茶小绿叶蝉等；油料及经济作物害虫如苗期条螟、大螟等；水稻害虫如二化螟。

应用技术 以 18% 杀虫双水剂、25% 杀虫双水剂为例。

（1）防治果树害虫

① 柑橘潜叶蛾　在新梢长 2～3mm 即新梢萌发初期，或田间 50％ 嫩芽抽出时施药，用 18％杀虫双水剂 500～800 倍液均匀喷雾。

② 达摩凤蝶　在卵孵化盛期施药，用 25％杀虫双水剂 600 倍液均匀喷雾。

（2）防治蔬菜害虫

① 菜青虫、小菜蛾　在幼虫 2～3 龄盛期前施药，用 25％杀虫双水剂 100～150g/亩兑水均匀喷雾。

② 茭白螟虫　在卵孵盛末期施药，用 18％杀虫双水剂 100～150g/亩均匀喷雾，或用 18％杀虫双水剂 500 倍液灌心。

（3）防治水稻害虫　在二化螟卵孵化盛期施药，用 25％杀虫双水剂 150～250g/亩均匀喷雾。

（4）防治茶树害虫　防治茶尺蠖、茶细蛾、茶小绿叶蝉时，在茶小绿叶蝉盛发期施药，用 18％杀虫双水剂 500 倍液均匀喷雾。

（5）防治油料及经济作物害虫　防治甘蔗苗期条螟、大螟，在害虫卵孵化高峰期施药，用 25％杀虫双水剂 200～250g/亩均匀喷雾，隔 7d 左右再施药 1 次。

注意事项

① 在常用剂量下对作物安全。

② 在夏季高温时有药害，使用时应小心。

③ 如不慎中毒，立即引吐，并用 1％～2％苏打水洗胃，用阿托品解毒。

④ 置于阴凉、干燥处，不与酸碱一起存放。

⑤ 勿与碱性农药等物质混用。

⑥ 对家蚕的毒性较高，在蚕区使用时必须十分谨慎，禁止污染桑叶和蚕幼虫。对鱼等水生生物有毒，应远离水产养殖区施药，禁止在河塘等水体中清洗施药器具。

⑦ 在水稻上的安全间隔期为 21d，每季最多使用 3 次；在甘蔗上的安全间隔期为 30d，每季最多使用 1 次。

相关复配剂及应用

（1）杀双·毒死蜱

主要活性成分　杀虫双，毒死蜱。

作用特点　具有触杀、胃毒和一定的熏蒸作用。

剂型　24％水乳剂。

应用技术　在稻纵卷叶螟和二化螟卵孵化高峰期至低龄幼虫发生高峰期施药，用 24％水乳剂 75～100g/亩均匀喷雾。

注意事项

① 禁止在蔬菜上使用。

② 建议与其他作用机制不同的杀虫剂轮换使用。

③ 不能与呈碱性的农药等物质混合使用。

④ 对鱼类、水生生物和蜜蜂毒性高。

⑤ 孕妇及哺乳期妇女禁止接触本品。

⑥ 在水稻上的安全间隔期为 30d，每季最多使用 3 次。

（2）杀双·灭多威

主要活性成分　杀虫双，灭多威。

作用特点　具有内吸、触杀、胃毒作用。可以有效地杀死多种害虫的卵、幼虫和成虫。

剂型　23％可溶液剂。

应用技术　在美洲斑潜蝇低龄幼虫盛发期施药，用 23％可溶液剂 40～50g/亩均匀喷雾。

注意事项

① 对蜜蜂、鱼类等水生生物、家蚕有毒。

② 豆类、棉花对杀虫双较为敏感，使用时请注意防止药液飘移到上述作物上。高温时白菜、甘蓝等十字花科蔬菜等幼苗对杀虫双敏感，尽量避免高温时用药。

③ 不可与碱性物质混用，以免分解失效。

④ 在大豆上的安全间隔期为 7d，每季最多使用 2 次；在水稻上的安全间隔期为 21d，每季最多使用 3 次。

⑤ 灭多威禁止用于柑橘树、苹果树、茶树和十字花科蔬菜。

杀铃脲

（triflumuron）

$C_{15}H_{10}ClF_3N_2O_3$, 358.7, 64628-44-0

化学名称 1-(2-氯苯甲酰基)-3-(4-三氟甲氧基苯基)脲。

其他名称 杀虫隆、杀虫脲、氟幼脲、氟幼灵、杀虫脲、战果、先安。

理化性质 纯品杀铃脲为白色结晶固体，熔点195.1℃；溶解度(20℃，g/L)：二氯甲烷20～50，甲苯2～5，异丙醇1～2。

毒性 杀铃脲原药急性LD_{50}（mg/kg）：大鼠经口＞5000、经皮＞5000；以20mg/kg剂量饲喂大鼠90d，未发现异常现象；对动物无致畸、致突变、致癌作用。

作用特点 杀铃脲是一种昆虫几丁质合成抑制剂，它是苯甲酰脲类的昆虫生长调节剂，对昆虫主要起胃毒作用，有一定的触杀作用，但无内吸作用，有良好的杀卵作用。抑制昆虫几丁质合成，使幼虫蜕皮时不能形成新表皮，或虫体畸形而死亡。杀铃脲对绝大多数动物和人类无毒害作用，且能被微生物所分解，成为当前调节剂类农药的主要品种。

适宜作物 玉米、棉花、森林、大豆、果树等。

防除对象 蔬菜害虫如菜青虫、小菜蛾等；小麦害虫如黏虫等；果树害虫如金纹细蛾、卷叶蛾、潜叶蛾、枣尺蠖等；林木害虫如美国白蛾等。

应用技术 以20％杀铃脲悬浮剂、25％杀铃脲悬浮剂、40％杀铃脲悬浮剂为例。

（1）防治果树害虫

① 潜叶蛾 在害虫卵孵盛期及幼虫期施药，用40％杀铃脲悬浮剂5000～7000倍液均匀喷雾。

② 金纹细蛾 在卵孵盛期至低龄幼虫期间施药，用20％杀铃脲悬浮剂4000～6000倍液均匀喷雾。

（2）防治棉花害虫 在棉铃虫卵孵盛期施药，用25％杀铃脲悬浮剂20～35g/亩均匀喷雾。

注意事项

① 本品贮存有沉淀现象，需摇匀后使用，不影响药效。

② 为高效药剂，可同菊酯类农药混合使用，施药比例为2∶1。

③ 不能与碱性农药混用。

④ 本品对虾、蟹幼体有害，对成体无害。

⑤ 库房通风低温干燥；与食品原料分开储运。

⑥ 避免孕妇、儿童接触。

⑦ 在苹果树上的安全间隔期为21d，每季最多使用1次。

杀螟丹

（cartap）

C$_7$H$_{15}$N$_3$O$_2$S$_2$, 237.3, 15263-52-2

化学名称　1,3-双-(氨基甲酰硫基)-2-二甲胺基丙烷盐酸盐。

其他名称　巴丹、培丹、克螟丹、派丹、粮丹、乐丹、沙蚕胺卡塔普、克虫普、卡达普、农省星、螟奄、兴旺、稻宏远、卡泰丹、云力、双诛、巧予、盾清、Cartapp、Cartap-hydrochloride、Padan、Cardan、Sanvex、Thiobel。

理化性质　纯品杀螟丹为白色结晶，熔点 179～181℃（开始分解）；水中溶解度（25℃）为 200g/L，微溶于甲醇和乙醇，不溶于丙酮、氯仿和苯；在酸性介质中稳定，在中性和碱性溶液中水解，稍有吸湿性，对铁等金属有腐蚀性；工业品为白色至微黄色粉末，有轻微臭味。

毒性　杀螟丹原药急性 LD$_{50}$（mg/kg）：大白鼠经口 325（雄）、345（雌），小鼠经皮＞1000；对兔眼睛和皮肤无刺激性；以 10mg/(kg·d) 剂量饲喂大鼠两年，未发现异常现象；对动物无致畸、致突变、致癌作用。

作用特点　杀螟丹为沙蚕毒类杀虫剂，是一种神经毒剂，昆虫接触和取食药剂后表现出迟钝、行动缓慢、失去侵害作物的能力、停止发育、虫体软化、瘫痪直至死亡。对害虫具有胃毒和触杀作用，也有一定的内吸性，并有杀卵作用，持效期长。

适宜作物　蔬菜、水稻、果树、茶树、甘蔗等。

防除对象　蔬菜害虫如菜青虫、小菜蛾幼虫、马铃薯瓢虫、茄二十八星瓢虫、黄条跳甲、葱蓟马、美洲斑潜蝇幼虫、番茄斑潜蝇幼虫、豌豆潜叶蝇幼虫、菜潜蝇幼虫、南瓜斜斑天牛、黄瓜天牛、黄守瓜、黑足黑守瓜、瓜蓟马、黄蓟马、双斑萤叶甲、黄斑长跗萤叶甲、菜叶蜂、红棕灰夜蛾、焰夜蛾、油菜蚤跳甲、蚜虫、螨、潜叶蛾、螟虫等。

应用技术 以50%杀螟丹可溶粉剂、98%杀螟丹可溶粉剂、2%杀螟丹粉剂为例。

① 南瓜斜斑天牛、黄瓜天牛、黄守瓜、黑足黑守瓜 在天牛羽化盛期施药，用50%杀螟丹可溶粉剂1000倍液均匀喷雾。

② 菜青虫、小菜蛾幼虫、马铃薯瓢虫、茄二十八星瓢虫、黄条跳甲、葱蓟马 在害虫低龄幼虫或若虫盛发期施药，用50%杀螟丹可溶粉剂1000~1500倍液均匀喷雾，或用98%可溶粉剂30~40g/亩均匀喷雾。

③ 瓜蓟马、黄蓟马 在虫害发生初期或低龄若虫高峰期施药，用50%杀螟丹可溶粉剂2000倍液均匀喷雾。

④ 蚜虫、螨类 在虫害发生初期或低龄若虫高峰期施药，用50%杀螟丹可溶粉剂2000~3000倍液均匀喷雾。

⑤ 美洲斑潜蝇、番茄斑潜蝇、豌豆潜叶蝇 在潜叶蝇低龄幼虫期施药，用98%杀螟丹可溶粉剂1500~2000倍液均匀喷雾。

⑥ 丝大蓟马、黄胸蓟马、色蓟马、印度裸蓟马、黄领麻纹灯蛾 在虫害发生初期或低龄若虫或幼虫高峰期施药，用98%杀螟丹可溶粉剂2000倍液均匀喷雾。

⑦ 红棕灰夜蛾、焰夜蛾 用2%杀螟丹粉剂2kg/亩与干细土225kg混匀，制成毒土，撒于株间。

注意事项

① 在蔬菜收获前21d停用。高温季节，在十字花科蔬菜上慎用本剂，以避免药害。

② 置于阴凉、干燥处，不与酸碱一起存放。

③ 不可与呈碱性的农药等物质混合使用。

④ 对蜜蜂、鱼类等水生生物、家蚕有毒，施药期间应避免对周围蜂群的影响，蜜源作物花期、蚕室和桑园附近禁用。远离水产养殖区施药，禁止在河塘等水体中清洗施药器具。

⑤ 禁止儿童、孕妇及哺乳期的妇女接触。

⑥ 在水稻上的安全间隔期为21d，每季最多使用3次；在柑橘树上的安全间隔期为21d，每季最多使用3次；在茶树上的安全间隔期为7d，每季最多使用2次；在白菜、甘蓝上的安全间隔期为7d，每季最多使用3次；在甘蔗上的安全间隔期为35d，每季最多使用6次。

杀螟硫磷

（fenitrothipon）

C$_9$H$_{12}$NO$_5$PS, 277.14, 122-14-5

化学名称　*O*,*O*-二甲基-*O*-(3-甲基-4-硝基苯基)硫代磷酸酯。

其他名称　杀螟松、苏米硫磷、杀虫松、住硫磷、速灭虫、福利松、苏米松、杀螟磷、诺发松、富拉硫磷、Accothion、Agrothion、Sumithion、Novathion、Foliithion、S-5660、Bayer41831、S-110A、S-1102A。

理化性质　棕色液体，沸点140～145℃（13.3Pa），工业品为浅黄色油状液体；溶解度（30℃）：水14mg/L，二氯甲烷、甲醇、二甲苯＞1.0kg/kg，己烷42g/kg；常温条件下稳定，高温分解，在碱性介质中水解。

毒性　原药急性LD$_{50}$：大白鼠经口240mg/kg（雄）、450mg/kg（雌）；小白鼠经口370mg/kg，经皮3000mg/kg。无致癌、致畸作用，有较弱的致突变作用。

作用特点　杀螟硫磷为广谱杀虫剂，触杀作用强烈，也有胃毒作用，有渗透作用，能杀死钻蛀性害虫，但杀卵活性低。

适宜作物　水稻、棉花、甘薯、果树、茶树等。

防除对象　水稻害虫如二化螟、三化螟、稻纵卷叶螟、稻飞虱等；棉花害虫如棉铃虫、棉红铃虫、蚜虫等；果树害虫如食心虫、卷叶蛾等；茶树害虫如茶尺蠖、茶小绿叶蝉、毛虫类等；甘薯害虫如甘薯小象甲等；卫生害虫如蚊、蝇、蜚蠊等。

应用技术　以40％、45％、50％乳油为例。

（1）防治水稻害虫

① 二化螟　早、晚稻分蘖期或晚稻孕穗、抽穗期，在卵孵始盛期至高峰期时施药，用45％乳油44.4～55.5g/亩兑水朝稻株中下部重点喷雾。

② 三化螟　在分蘖期和孕穗至破口露穗期当发现田间有枯心苗或白穗时施药，用50％乳油49～100g/亩兑水喷雾，隔6～7d再防第2次。

③ 稻纵卷叶螟　在卵孵盛期至低龄幼虫期施药，用50%乳油50～75g/亩均匀喷雾。重点是稻株的中上部。

④ 稻飞虱　在低龄若虫盛期施药，用45%乳油56～83g/亩兑水喷雾，重点是水稻中下部的叶丛及茎秆。

防治水稻害虫时田间应保持3～5cm的水层3～5d。

（2）防治棉花害虫

① 棉铃虫　在卵孵盛期至低龄幼虫期施药，用45%乳油55～110g/亩均匀喷雾。

② 棉红铃虫　在成虫发生盛期施药，用45%乳油55～110g/亩均匀喷雾。

③ 棉蚜、叶蝉、造桥虫　各类害虫的低龄若虫或低龄幼虫在始盛期时施药，用45%乳油55～85g/亩均匀喷雾。

（3）防治甘薯害虫　在甘薯小象甲成虫转移到田间为害时施药，用45%乳油80～135g/亩兑水向甘薯上喷雾。

（4）防治果树害虫

① 卷叶蛾类　在卵孵高峰至低龄幼虫期施药，用45%乳油900～1800倍液均匀喷雾。

② 食心虫类　在成虫高峰期施药，用45%乳油900～1800倍液均匀喷雾。

（5）防治茶树害虫　防治尺蠖类、毛虫类及茶小绿叶蝉时，各害虫在低龄幼虫或若虫盛发期施药，用45%乳油900～1800倍液均匀喷雾。

（6）卫生害虫的防治　防治蚊、蝇、蜚蠊时，用40%乳油按5g/m²兑水25～50g稀释滞留喷洒。

注意事项

① 不可与碱性农药等物质混合使用。

② 对蜜蜂、鱼类等水生生物、家蚕有毒，施药期间应避免对周围蜂群的影响；开花作物花期、蚕室和桑园附近禁用；远离水产养殖区施药；禁止在河塘等水体中清洗施药器具，避免污染水源。

③ 对萝卜、油菜、青菜、卷心菜等十字花科蔬菜及高粱易产生药害，使用时应注意。

④ 施药时应现配现用，不可隔天使用，以免影响药效。

⑤ 大风天或预计1h内降雨请勿施药。

⑥ 在水稻上的安全间隔期为21d，每季最多使用3次；在苹果树上

的安全间隔期为 15d，每季最多用药 3 次。

相关复配剂及应用

（1）阿维·杀螟松

主要活性成分　杀螟硫磷，阿维菌素。

作用特点　为有机磷类杀虫剂杀螟硫磷与生物源类杀虫剂阿维菌素的复配制剂，作用于害虫的神经系统，对害虫和害螨具有较强的胃毒和触杀作用，兼具横向渗透传导的功能。

剂型　16％、20％乳油。

应用技术

① 棉花红蜘蛛　叶螨发生始盛期施药，用 20％乳油 20～30g/亩均匀喷雾。

② 二化螟　在早、晚稻分蘖期或晚稻孕穗、抽穗期卵孵化高峰后5～7d，枯鞘丛率 5％～8％或早稻每亩有中心为害株 100 株或丛害率1％～1.5％或晚稻为害团高于 100 个时施药，用 20％乳油 50～70g/亩均匀喷雾，重点是稻株中下部。第一次施药后间隔 10d 后可以再施一次。施药期间田间保持 3～5cm 的水层 5～7d。

③ 稻纵卷叶螟　在卵孵盛期至低龄幼虫期施药，用 16％乳油 50～60g/亩兑水喷雾，重点喷稻株中上部。

注意事项

① 不能与碱性农药混用。

② 对蜜蜂有毒，不要在蜜蜂采蜜期使用；蜜源作物花期、蚕室和桑园附近禁用；对鱼类毒性大，使用时勿污染水源，远离水产养殖区施药；禁止在河塘等水体中清洗药具。

③ 十字花科蔬菜和高粱作物对该药较敏感，施药时应避免药液飘移。

④ 建议与其他作用机制不同的杀虫剂轮换使用。

⑤ 在棉花、水稻上的安全间隔期均为 21d，每季最多使用均为2 次。

（2）氰戊·杀螟松

主要活性成分　杀螟硫磷，氰戊菊酯。

作用特点　为有机磷类杀虫剂杀螟硫磷与拟除虫菊酯类杀虫剂氰戊菊酯的复配制剂，对害虫具有触杀和胃毒作用。氰戊·杀螟松杀虫谱较广，持效期较长，渗透性较强，对钻蛀性害虫也有良好的效果。

剂型　20％乳油。

应用技术

① 棉铃虫　在卵孵盛期或低龄幼虫钻蛀前施药，用20％乳油40～50g/亩均匀喷雾。

② 桃小食心虫　在卵果率达到1‰时施药，用20％乳油600～1250倍液向树上喷雾，重点是未套袋的果实。

注意事项

① 禁止在茶树上使用。

② 不能与碱性农药等物质混用。

③ 对蜜蜂、鱼类等水生生物、家蚕有毒，施药期间应避免对周围蜂群的影响；蜜源作物花期，蚕室和桑园附近禁用。远离水产养殖区施药，禁止在河塘等水体中清洗施药器具。

④ 使用时尽量与其他不同作用机制的杀虫剂轮换使用。

⑤ 在棉花、苹果树上的安全间隔期为15d；每季最多使用均为3次。

（3）溴氰·杀螟松

主要活性成分　杀螟硫磷，溴氰菊酯。

作用特点　为有机磷杀虫剂杀螟硫磷和拟除虫菊酯类杀虫剂溴氰菊酯的复配制剂，主要用来拌和于原粮，专治储粮害虫，适用于全国各地粮库和农村储粮。

剂型　1.01％微胶囊粉剂。

应用技术　主要用于储粮害虫防治。粮食入库时拌药防虫，用1.01％微胶囊粉剂200～500g拌粮处理1000kg原粮。

推荐方法：先将药粉（100g）分成10份，每装一层粮食（约50千克）撒一份，拌和一下，直至装满。表层应适当多撒些微胶囊粉剂。

注意事项

① 粮食收获晒干后及时拌药入仓，无虫粮拌药防虫效果最好。

② 本品不宜用于大米和面粉防虫，也不可用于未经登记的作物和防治对象。

③ 装具不需密封，但需防鼠防潮。

④ 禁止在河塘等水体中清洗用药器具。

⑤ 储粮的安全间隔期为240d，最多使用1次。

（4）马拉·杀螟松

主要活性成分　马拉硫磷，杀螟硫磷。

作用特点　为两种有机磷类杀虫剂马拉硫磷和杀螟硫磷的复配制剂，主要抑制昆虫的乙酰胆碱酯酶，使虫体剧烈抽搐而死，具有触杀、胃毒和渗透作用。可用于防治水稻作物上的二化螟、稻飞虱及十字花科蔬菜菜青虫。

剂型　12%乳油。

应用技术

① 二化螟　在卵孵始盛期至高峰期施药，用12%乳油130～150g/亩均匀喷雾，重点是稻株中下部。施药期间田间保持3～5cm的水层5～7d。

② 稻飞虱　在低龄若虫为害盛期施药，用12%乳油80～100g/亩喷雾，重点为水稻的中下部叶丛及茎秆。施药期间田间保持3～5cm的水层3～5d。

③ 菜青虫　在2～3龄幼虫盛期施药，用12%乳油40～50g/亩均匀喷雾。视虫害发生情况，可连续用药2次。

注意事项

① 不可与碱性农药等物质混合使用。

② 对蜜蜂、鱼类等水生生物、家蚕有毒，施药期间应避免对周围蜂群的影响；开花植物花期、蚕室和桑园附近禁用。远离水产养殖区施药，禁止在河塘等水体中清洗施药器具。

③ 大风天或预计1h内降雨请勿使用。

④ 建议与其他作用机制不同的杀虫剂轮换使用，以延缓抗性产生。

⑤ 水稻上的安全间隔期为21d，每季最多使用3次。

蛇床子素
（cnidiadin）

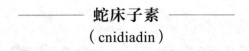

$C_{15}H_{16}O_3$, 244.29, 484-12-8

化学名称　7-甲氧基-8-异物烯基香豆素。

理化性质 熔点 83～84℃；沸点 145～150℃；溶解性（20℃）：不溶于水和冷石油醚，易溶于丙酮、甲醇、乙醇、三氯甲烷、醋酸；在普遍贮存条件下稳定，在 pH 5～9 溶液中无分解现象。

毒性 急性 LD_{50}（mg/kg）：经口 3687；经皮 2000。

作用特点 蛇床子素是从中药材蛇床子种子内提取的杀虫活性物质，以触杀作用为主，胃毒作用为辅，药液通过体表吸收进入昆虫体内，作用于害虫神经系统，导致昆虫肌肉非功能性收缩，最终衰竭而死。本产品低毒，在自然界中易分解，推荐使用条件下对人、畜及环境相对安全，药效稳定。

适宜作物 蔬菜、茶树、原粮等。

防除对象 蔬菜害虫如菜青虫等；茶树害虫如茶尺蠖；原粮害虫如谷蠹、书虱、玉米象等。

应用技术 以 2%蛇床子素乳油、0.4%蛇床子素可溶液剂、1%蛇床子素粉剂、0.4%蛇床子素乳油为例。

（1）防治蔬菜害虫 在菜青虫低龄幼虫发生期施药，用 0.4%蛇床子素可溶液剂 100～120g/亩均匀喷雾。

（2）防治茶树害虫 在茶尺蠖低龄幼虫发生初期和始盛期施药，用 0.4%蛇床子素乳油 100～120g/亩均匀喷雾。

（3）防治原粮害虫 防治谷蠹、书虱、玉米象时，用 1%蛇床子素粉剂拌粮。在粮食未生虫前施药，将药剂与少量储粮拌和，然后再与待处理粮拌和均匀。根据储粮数量和粮仓条件确定使用技术，小型粮仓宜采用全仓拌粮处理，而大型粮仓宜采用表层 35cm 拌粮处理。粮仓周围和门、窗下缘打防虫线。新粮储藏宜采用 0.05g/kg 剂量处理，已发生虫情感染的储粮宜适当增加处理剂量（25～75g/1000kg 原粮）。本产品用于原粮和种子粮的防虫，不可用于成品粮。

注意事项

① 本品不可与呈强酸、强碱性的农药等物质混合使用。

② 建议与其他作用机制不同的杀虫剂轮换使用，以延缓抗性产生。

③ 养蜂场所和周围开花植物花期禁用，使用时应密切关注对附近蜂群的影响，蚕室及桑园、鸟类保护区附近禁用；水产养殖区、河塘等水体附近禁用，禁止在河塘等水域内清洗施药器具。

④ 每季最多使用 1 次。

双甲脒

（amitraz）

$C_{19}H_{23}N_3$, 293.4, 33089-61-1

化学名称　N,N-双-(2,4-二甲苯基亚氨基甲基)甲胺。

其他名称　螨克、兴星、阿米曲士、二甲脒、双虫脒、胺三氮螨、阿米德拉兹、果螨杀、杀伐螨、三亚螨、双二甲脒、梨星二号、Taktic、Mitac、Azaform、Danicut、Triatox、Triazid。

理化性质　纯品双甲脒为白色单斜针状结晶，熔点 86～87℃；在酸性介质中不稳定，在潮湿环境中长期存放会慢慢分解。

毒性　双甲脒原药急性 LD_{50}（mg/kg）：经口大白鼠 800、小白鼠 1600，兔经皮＞1600。以 50mg/kg 剂量饲喂大鼠两年，未发现异常现象；对动物无致畸、致突变、致癌作用；对蜜蜂、鸟类及天敌较安全。

作用特点　双甲脒系广谱杀螨剂，主要是抑制单胺氧化酶的活性。具有触杀、拒食、驱避作用，也有一定的内吸、熏蒸作用。

适宜作物　蔬菜、棉花、果树、茶树等。

防除对象　各种作物的害螨，对半翅目害虫也有较好的防效。

应用技术　以 20％双甲脒乳油为例。

（1）防治果树害螨、害虫　防治苹果叶螨、柑橘红蜘蛛、柑橘锈螨、木虱时，在害螨发生初期施药，用 20％双甲脒乳油 1000～1500 倍液均匀喷雾。

（2）防治茶树害螨

① 茶黄螨　在若虫发生盛期施药，用有效浓度 150～200mg/kg 均匀喷雾。

② 茶螨　在若虫发生盛期施药，用 20％双甲脒乳油 1000～1500 倍液均匀喷雾。

（3）防治蔬菜害螨

① 茄子、豆类红蜘蛛　在低龄幼虫发生高峰期施药，用 20％双甲脒乳油 2500～5000 倍液均匀喷雾。

② 西瓜、冬瓜红蜘蛛　在低龄幼虫发生高峰期施药，用 20％双甲

脒乳油 2500～5000 倍液均匀喷雾。

（4）防治棉花害螨、害虫　在红蜘蛛初发期间施药，用 20％双甲脒乳油 45～50g/亩均匀喷雾。同时对棉铃虫、棉红铃虫有一定兼治作用。

（5）防治牲畜体外蜱螨、其他害螨

① 牛、羊等牲畜蜱螨　处理药液 50～1000mg/kg。

② 环境害螨　用 20％双甲脒乳油 4000～5000 倍液均匀喷雾。

注意事项

① 不要与碱性和酸性农药混合使用。

② 在气温低于 25℃ 以下时使用，药效发挥作用较慢，药效较低，高温天晴时使用药效高。

③ 在推荐使用浓度范围内，对棉花、柑橘、茶树和苹果无药害，对天敌及蜜蜂较安全。

④ 应储存于阴凉、通风的库房，远离火种、热源，防止阳光直射，保持容器密封。应与氧化剂、碱类分开存放，切忌混储。配备相应品种和数量的消防器材，储区应备有泄漏应急处理设备和合适的收容材料。

⑤ 对柑橘树红蜘蛛各个发育阶段的虫态都有效，但对越冬的卵效果较差。

⑥ 建议与其他作用机制不同的杀虫剂轮换使用，以延缓抗性产生。

⑦ 在棉花上的安全间隔期为 7d，每季最多使用 2 次；在苹果树、柑橘树上的安全间隔期为 21d，每季最多使用 3 次。

相关复配剂及应用　双甲·高氯氟。

主要活性成分　高效氯氟氰菊酯，双甲脒。

作用特点　兼具双甲脒和高效氯氟氰菊酯作用，具有胃毒、触杀、拒食、驱避和内吸作用。

剂型　12％乳油。

应用技术　在红蜘蛛种群数量上升初期施药，用 12％乳油 1500～2000 倍液均匀喷雾。

注意事项

① 建议与其他作用机制杀虫剂交替使用，以延缓抗性产生。

② 不能与碱性农药等物质混用，以免降低药效。

③ 对蜜蜂、家蚕、鱼类等水生生物有毒。

④ 高温下可能对辣椒幼苗和梨树有药害，应避免药液飘移到上述

作物上。

⑤ 在柑橘树上的安全间隔期为 40d，每季最多使用 2 次。

水胺硫磷
（isocarbophos）

C$_{11}$H$_{16}$NO$_4$PS, 289.3, 24353-61-5

化学名称 O-甲基-O-（2-甲酸异丙酯苯基）硫代磷酰胺。

其他名称 梨星一号、灭蛾净、羟胺磷、Optunal、Bayer 93820。

理化性质 纯品为无色棱形片状结晶；工业品为浅黄色至茶褐色黏稠油状液体，呈酸性，常温下放置逐渐会有结晶析出。熔点 45～46℃，能溶于乙醚、丙酮、乙酸乙酯、苯、乙醇等有机溶剂，难溶于石油醚，不溶于水。常温下贮存稳定。

毒性 大鼠急性经口 LD$_{50}$（mg/kg）：雄性 25，雌性 36；小鼠急性经口 LD$_{50}$（mg/kg）：雄性 11，雌性 13；大鼠急性经皮 LD$_{50}$（mg/kg）：雄性 197，雌性 218。亚急性毒性试验表明，无作用剂量为每天 0.3mg/kg。慢性毒性试验表明，无作用剂量为每天＜0.05～0.3mg/kg。未发现致畸、致突变作用。对动物蓄积中毒作用很小。

作用特点 水胺硫磷抑制昆虫体内乙酰胆碱酯酶的活性，具有触杀和胃毒作用，是一种广谱性有机磷杀虫、杀螨剂，兼有杀卵作用。在昆虫体内能首先氧化成毒性更大的水胺氧磷；在土壤中持久性差，易于分解，残效期 7～14d。

适宜作物 水稻、棉花等。

防除对象 水稻害虫如二化螟、三化螟、稻纵卷叶螟、蓟马、象甲等；棉花害虫如棉铃虫、棉叶螨等。

应用技术 以 35％乳油为例。

（1）防治水稻害虫

① 二化螟 在卵孵始盛期至高峰期施药，用 35％乳油 86～171g/亩兑水喷雾，重点是稻株中下部。

② 三化螟 在分蘖期和孕穗至破口露穗期当发现田间有枯心苗或

白穗时施药，用35％乳油86～171g/亩兑水喷雾。前期重点是近水面的茎基部；孕穗期重点是稻穗。

③ 稻纵卷叶螟　在卵孵盛期至低龄幼虫期施药，用35％乳油86～171g/亩兑水喷雾，重点是水稻中上部。

④ 稻蓟马　秧苗4～5叶期和本田稻苗返青期施药，用35％乳油86～171g/亩均匀喷雾。

⑤ 象甲　在成虫尚未产卵时施药，用35％乳油20～40g/亩兑水朝叶鞘部位喷雾。

防治水稻害虫时田间应保持3～5cm的水层3～5d。

（2）防治棉花害虫

① 棉铃虫　在卵孵盛期至低龄幼虫期施药，用35％乳油57～114g/亩均匀喷雾。

② 棉花红蜘蛛　在螨达到3～5头/叶时施药，用35％乳油57～114g/亩均匀喷雾。

注意事项

① 禁止在蔬菜、瓜果、茶叶、菌类、中草药材上使用；禁止用于防治卫生害虫；禁止用于水生植物的病虫害防治。

② 不可与碱性物质混用。

③ 建议与不同作用机制的农药轮换使用，避免或延缓抗性的产生。

④ 在水稻上的安全间隔期为28d，每季最多使用3次；棉花的安全间隔期为21d，每季最多使用2次。

相关复配剂及应用

（1）氰戊·水胺

主要活性成分　水胺硫磷，氰戊菊酯。

作用特点　为有机磷类杀虫剂水胺硫磷和拟除虫菊酯类杀虫剂氰戊菊酯的复配制剂，具有触杀、胃毒和一定的杀卵作用；在昆虫体内首先被氧化成毒性更大的水胺氧磷，能有效防治水稻、棉花等作物上的多种害虫。

剂型　20％、35％乳油。

应用技术

① 稻象甲　在成虫尚未产卵时施药，用35％乳油20～40g/亩。注意喷雾均匀，视虫害发生情况可继续使用，但每季只能使用3次。

② 稻蓟马　秧田4～5叶期和本田稻苗返青期施药，用20％乳油150～300g/亩均匀喷药。

③ 螟虫　二化螟、三化螟卵孵始盛期施药，用20％乳油150～300g/亩兑水喷雾；稻纵卷叶螟在卵孵盛期至低龄幼虫期施药，用上述药剂喷雾。田间保留3～5cm的水层，保水3～5d。

④ 棉花红蜘蛛　棉花平均每片叶子有螨3～5头时施药，用35％乳油60～80g/亩均匀喷雾。

⑤ 棉铃虫　在卵孵盛期至低龄幼虫期施药，用35％乳油50～75g/亩均匀喷雾。

注意事项

① 不得用于蔬菜、瓜果、茶叶、菌类、中草药材的生产；不得用于水生植物的病虫害防治；不得用于防治卫生害虫。

② 不可与碱性农药混用。

③ 对水生动物、蜜蜂、蚕有毒，施药期间应避免对周围蜂群的影响；开花作物花期、蚕室和桑园附近禁用；禁止在水产养殖区、河塘等水域施药；禁止在河塘等水体清洗施药器具。

④ 水稻田施用前后一周内不得使用敌稗，以免产生药害。

⑤ 桃树、桑树对该药较敏感，使用时应避免药液飘移到上述作物上。

⑥ 降雨前及大风天勿施药。

⑦ 建议与作用机制不同的杀虫剂轮换使用，以延缓害虫抗性的产生。

⑧ 在水稻上的安全间隔期为28d，每季最多使用3次；在棉花上的安全间隔期为28d，每季最多使用2次。

（2）氯氰·水胺

主要活性成分　水胺硫磷，氯氰菊酯。

作用特点　为有机磷类农药水胺硫磷与拟除虫菊酯类农药氯氰菊酯的复配制剂，具有触杀、胃毒和一定的熏蒸作用，宜在虫螨发生初期施用。

剂型　20％乳油。

应用技术

① 棉铃虫　在卵孵盛期至低龄幼虫期施药，用20％乳油40～50g/亩均匀喷雾。

② 棉红铃虫　在百株卵量达到68粒或百铃小幼虫20～30头时施药，用20％乳油40～50g/亩均匀喷雾。

③ 棉花红蜘蛛　棉花上螨平均达3～5头/叶时即可施药，用20％

乳油 30～40g/亩均匀喷雾。

④ 棉蚜 在蚜虫始盛期施药，用 20％乳油 30～40g/亩均匀喷雾。

注意事项

① 不得用于防治卫生害虫；不得用于水生植物的病虫害防治；不得用于蔬菜、瓜果、茶叶、菌类、中草药材的生产。

② 不可与碱性物质混用。

③ 对蜜蜂、鱼类等水生生物、家蚕有毒，施药期间应避免对周围蜂群的影响；蜜源作物花期、蚕室和桑园附近禁用；远离水产养殖区施药；禁止在河塘等水体中清洗施药器具。

④ 桃树、桑树对该药较敏感，使用时应避免药液飘移到上述作物上。

⑤ 大风天或预计 1h 内降雨请勿施药。

⑥ 建议与不同作用机制的农药轮换使用，避免或延缓害虫抗性的产生。

⑦ 在棉花上的安全间隔期为 28d，每季最多使用 2 次。

（3）水胺·高氯

主要活性成分 水胺硫磷，高效氯氰菊酯。

作用特点 为有机磷类杀虫剂水胺硫磷和拟除虫菊酯类杀虫剂的复配制剂，具有触杀和胃毒作用，击倒力强，可用于防治棉花棉铃虫。

剂型 20％乳油。

应用技术 在棉铃虫卵孵盛期至低龄幼虫期施药，用 20％乳油 40～50g/亩均匀喷雾。

注意事项

① 不得用于防治卫生害虫；不得用于蔬菜、瓜果、茶叶、菌类、中草药材的生产；不得用于水生植物的病虫害防治。

② 不可与碱性农药等物质混合使用。

③ 对鱼、蚕高毒，勿在桑树、鱼池附近使用；对蜜蜂、蚯蚓有毒，勿在花期及地下使用；远离水产养殖区施药，禁止在河塘等水体中清洗施药器具。赤眼蜂等天敌放飞区域、鸟类保护区域禁用。

④ 桃树、桑树、烟草对该药较敏感，使用时应避免药液飘移到上述作物上。

⑤ 水胺·高氯易见光分解，田间喷雾最好在傍晚进行。

⑥ 建议与其他不同作用机制的杀虫剂轮换使用。

⑦ 在棉花上的安全间隔期为 28d，每季作物最多使用次数为 2 次。

（4）水胺·吡虫啉

主要活性成分　水胺硫磷，吡虫啉。

作用特点　为有机磷类农药水胺硫磷与硝基亚甲基类农药吡虫啉的混剂，具有触杀、胃毒和内吸作用，主要用于防治棉花蚜虫。

剂型　29％乳油。

应用技术　在蚜虫始盛期施药，用29％乳油40～50g/亩均匀喷雾。

注意事项

① 不得用于防治卫生害虫；不得用于蔬菜、瓜果、茶叶、菌类、中草药材的生产；不得用于水生植物的病虫害防治。

② 不可与碱性物质混合使用。

③ 对蜜蜂、家蚕、鱼类等水生生物，鸟类等毒性高，施药期间避免对周围蜂群产生影响；蜜源作物花期，蚕室和桑园附近禁用；鸟类保护区，天敌放飞区禁用；施药时应远离水产养殖区。

④ 桃树、桑树对该药较敏感，使用时应避免药液飘移到上述作物上。

⑤ 大风天或预计1h内降雨请勿施药。

⑥ 建议与不同作用机制农药轮换使用，避免或延缓抗性的产生。

⑦ 在棉花上的安全间隔期为28d，每季最多使用2次。

顺式氯氰菊酯
（alpha-cypermethrin）

C$_{22}$H$_{19}$Cl$_2$NO$_3$, 416.3, 67375-30-8

其他名称　甲体氯氰菊酯、快杀敌。

理化性质　纯品为白色至奶油色结晶。熔点80.5℃，相对密度1.12，易溶于醇类、酮类及芳香烃类有机溶剂，如环己酮515kg/L，二甲苯315g/L，在水中溶解度5～10mg/kg。在酸性及中性条件下较稳定，在强碱性条件下易水解，热稳定性良好。

毒性　大鼠急性经口LD$_{50}$：79mg/kg。

作用特点　本品为生物活性较高的拟除虫菊酯类杀虫剂，由氯氰菊酯的高效异构体组成。作用于害虫的神经系统，扰乱昆虫神经轴突传导，具有触杀和胃毒作用，药效较迅速，防效较持久，且耐雨水冲刷。

适宜作物 棉花、小麦、玉米、果树、蔬菜等。

防除对象 蔬菜害虫如菜青虫、蚜虫、小菜蛾、大豆卷叶螟等；小麦害虫如蚜虫等；棉花害虫如棉铃虫、棉红铃虫、盲蝽等；玉米地下害虫如蛴螬、蝼蛄、金针虫和地老虎等；果树害虫如柑橘潜叶蛾、荔枝蒂蛀虫等；卫生害虫如蚊、蝇、蜚蠊、跳蚤等。

应用技术 以50g/L顺式氯氰菊酯乳油、100g/L顺式氯氰菊酯乳油、5%顺式氯氰菊酯水乳剂、100g/L顺式氯氰菊酯悬浮剂、200g/L顺式氯氰菊酯种子处理悬浮剂、15%顺式氯氰菊酯悬浮剂为例。

（1）防治蔬菜害虫

① 菜青虫 在卵孵盛期至低龄幼虫期施药，用50g/L顺式氯氰菊酯乳油15～20mL/亩均匀喷雾；或用100g/L顺式氯氰菊酯乳油5～10mL/亩均匀喷雾；或用5%顺式氯氰菊酯水乳剂30～40g/亩均匀喷雾。

② 小菜蛾 在低龄幼虫期施药，用50g/L顺式氯氰菊酯乳油12～24g/亩均匀喷雾；或用100g/L顺式氯氰菊酯乳油5～10g/亩均匀喷雾。

③ 蚜虫 在蚜虫为害初期施药，用50g/L顺式氯氰菊酯乳油20～30mL/亩均匀喷雾；或用100g/L顺式氯氰菊酯乳油5～10mL/亩均匀喷雾。

④ 大豆卷叶螟 在豇豆大豆卷叶螟卵孵盛期或低龄幼虫期施药，用100g/L顺式氯氰菊酯乳油10～13mL/亩均匀喷雾。

（2）防治玉米害虫 防治地下害虫蛴螬、蝼蛄、金针虫和地老虎时，按照1:（570～665）的药种比，用200g/L顺式氯氰菊酯种子处理悬浮剂均匀拌种。

（3）防治棉花害虫

① 棉铃虫 在卵孵盛期至1～2龄幼虫发生初盛期施药，用50g/L顺式氯氰菊酯乳油35～50mL/亩均匀喷雾；或用100g/L顺式氯氰菊酯乳油6.5～13mL/亩均匀喷雾。

② 盲蝽 在低龄若虫盛期施药，用50g/L顺式氯氰菊酯乳油40～50mL/亩均匀喷雾。

③ 棉红铃虫 在卵孵盛期至低龄幼虫期施药，用100g/L顺式氯氰菊酯乳油6.5～13mL/亩均匀喷雾。

（4）防治果树害虫

① 柑橘潜叶蛾　当柑橘树嫩梢有潜叶蛾虫或卵的比率达 20％时施药，用 50g/L 顺式氯氰菊酯乳油 1000～1500 倍液均匀喷雾；或用 100g/L 顺式氯氰菊酯乳油 10000～20000 倍液均匀喷雾。

② 荔枝蒂蛀虫　在第一次生理落果后、果实膨大期、果实成熟前 20d 各施一次药，用 50g/L 顺式氯氰菊酯乳油 1000～1500 倍液均匀喷雾。

③ 椿象　在成虫交尾产卵前和若虫发生期各施 1 次药，用 50g/L 顺式氯氰菊酯乳油 2000～2500 倍液均匀喷雾。

（5）防治卫生害虫

① 蚊、蝇、蜚蠊　用 15％顺式氯氰菊酯悬浮剂 266mg/m^2 滞留喷洒；用 100g/L 顺式氯氰菊酯悬浮剂 200～300mL/m^2 滞留喷洒。

② 跳蚤　室内防治用 15％顺式氯氰菊酯悬浮剂 266mg/m^2 滞留喷洒；或用 100g/L 顺式氯氰菊酯悬浮剂 150～250mL/m^2 滞留喷洒。

注意事项

① 不能在桑园、鱼塘、河流、养蜂场使用，避免污染；赤眼蜂放飞区域禁用。

② 不能与碱性物质混用，以免分解失效。

③ 建议与作用机制不同的杀虫剂轮换使用，以延缓抗性产生。

④ 在黄瓜、豇豆上的安全间隔期分别为 3d 和 5d，每季最多用药 2 次；在甘蓝上的安全间隔期 3d，每季最多用药 3 次；在棉花上的安全间隔期 7d，每季最多用药 3 次；在柑橘树、荔枝树上的安全间隔期分别为 7d 和 14d，每季最多用药 3 次。

相关复配剂及应用

（1）阿维·顺氯氰

主要活性成分　顺式氯氰菊酯，阿维菌素。

作用特点　本品由阿维菌素与顺式氯氰菊酯复配而成。阿维菌素是一种大环内酯双糖类化合物，具有较强的触杀、胃毒和熏蒸作用，药液对叶片有较强的渗透作用，可杀死表皮下的害虫，且持效期较长。其作用机理是阻碍害虫运动神经信息传递而使昆虫麻痹死亡。顺式氯氰菊酯是一种生物活性较高的拟除虫菊酯类杀虫剂，它是由氯氰菊酯的高效异构体组成。其杀虫活性较高、用量少，可有效地防治成虫及幼虫，对卵也有明显的防治作用，初始活性较快，防效较持久。两者复配能提高杀虫毒力，能更有效地防治甘蓝菜青虫。

剂型　8%乳油。

应用技术　在菜青虫低龄幼虫始盛期施药，用8%乳油12～16g/亩均匀喷雾。

注意事项

① 不能在桑园、鱼塘、河流、养蜂场使用，避免污染；赤眼蜂放飞区域禁用。

② 不能与碱性物质混用。

③ 建议与作用机制不同的杀虫剂轮换使用，以延缓抗性产生。

④ 在甘蓝上的安全间隔期为3d，每季最多施药3次。

（2）顺氯·啶虫脒

主要活性成分　顺式氯氰菊酯，啶虫脒。

作用特点　本品由顺式氯氰菊酯和啶虫脒混配而成，具有触杀、胃毒、内吸等杀虫功能。效果好，持效期长，对蚜虫有较好的防效。

剂型　2%水分散颗粒剂。

应用技术　在蚜虫盛发初期施药，用2%水分散颗粒剂6～9g/亩均匀喷雾。

注意事项

① 不能在桑园、鱼塘、河流、养蜂场使用，避免污染；赤眼蜂放飞区域禁用。

② 不能与碱性物质混用。

③ 建议与作用机制不同的杀虫剂轮换使用，以延缓抗性产生。

④ 在甘蓝上的安全间隔期为7d，每季最多使用2次。

（3）顺氯·茚虫威

主要活性成分　顺式氯氰菊酯，茚虫威。

作用特点　本品是由拟除虫菊酯类顺式氯氰菊酯和噁二嗪类茚虫威复配而成的杀虫剂，两种药剂的作用机理完全不同，具有相互增效的作用，兼具触杀和胃毒活性。本品可作用于害虫卵、幼虫和成虫，击倒性强，对隐藏在叶片背面的害虫也有杀伤力，害虫在短时间内即产生拒食作用而死亡。

剂型　25%悬浮剂。

应用技术　在大白菜甜菜夜蛾低龄幼虫发生始盛期施药，用25%悬浮剂12～15g/亩均匀喷雾。

注意事项

① 不能在桑园、鱼塘、河流、养蜂场使用，避免污染；赤眼蜂放飞区域禁用。

② 不能与碱性物质混用。

③ 建议与作用机制不同的杀虫剂轮换使用，以延缓抗性产生。

④ 在大白菜上的安全间隔期为 7d，每季最多使用 3 次。

四氟醚菊酯
（tetramethylfluthrin）

$C_{17}H_{20}F_4O_3$, 348.0, 84937-88-2

化学名称　2,2,3,3-四甲基环丙烷羧酸-2,3,5,6-四氟-4-甲氧甲基苄基酯。

其他名称　优士菊酯。

理化性质　工业品为淡黄色透明液体，沸点为 110℃（0.1MPa），熔点为 10℃，相对密度为 1.5072，难溶于水，易溶于有机溶剂。在中性、弱酸性介质中稳定，但遇强酸和强碱能分解，对紫外线敏感。

毒性　属中等毒，大鼠急性经口 $LD_{50} < 500mg/kg$。

作用特点　四氟醚菊酯是通过破坏轴突离子通道而影响神经功能的神经毒剂，是吸入和触杀型杀虫剂，也用作驱避剂，对蚊子具有击倒效果，适用于家庭、宾馆等室内场所。

防除对象　卫生害虫如蚊子。

应用技术　以 0.05% 四氟醚菊酯蚊香、0.72% 四氟醚菊酯电热蚊香液、1.5% 四氟醚菊酯电热蚊香液为例。

防治卫生害虫。用含四氟醚菊酯 0.05% 的蚊香杀蚊，于上风方向点燃毒杀；或电热加温含 0.72% 或 1.5% 四氟醚菊酯的电热蚊香液，使用时始终保持药液瓶竖直向上，以免发生药液泄漏。

注意事项

① 本品对鱼类、蜂、家蚕有毒，远离水产养殖区施药，禁止在河塘等水体中清洗施药器具，避开蜜蜂、家蚕、水生生物繁殖区等敏感区

域使用。

② 使用时注意通风。

③ 勿让儿童玩耍，忌食，放置于儿童接触不到的地方。

④ 使用蚊香时勿用易燃品做接灰盘。

相关复配剂及应用 氯菊·四氟醚。

主要活性成分 四氟醚菊酯，氯菊酯。

作用特点 氯菊酯是一种不含氰基结构的拟除虫菊酯类杀虫剂，其作用方式以触杀和胃毒为主，无内吸和熏蒸作用。四氟醚菊酯也属于拟除虫菊酯类杀虫剂，具有吸入和触杀特性。两者混配，能有效地防治室内外蚊、蝇。

剂型 0.33%水基气雾剂，5%水乳剂

应用技术

① 蜚蠊 用0.33%水基气雾剂喷雾防治，关闭门窗，人、畜立即离开房间，20min后打开门窗，充分通风后方可再次进入房间。

② 蚊、蝇 用0.33%水基气雾剂喷雾防治，关闭门窗，人、畜立即离开房间，20min后打开门窗，充分通风后方可再次进入房间；室外用5%水乳剂喷雾或超低量喷雾。

注意事项

① 本品对鱼类、蜂和蚕毒性高，蚕室及桑园附近禁用；鸟类保护区禁用；远离水产养殖区。

② 不要与碱性物质混用。

③ 气雾剂是压力包装，切勿受太阳直射，切勿在火源附近喷射或使本品接近火源、电源。

④ 气雾剂切勿在温度超过50℃的环境中存放。

四氯虫酰胺

（tetrachlorantraniliprole）

$C_{17}H_{10}BrCl_4N_5O_2$, 538.015, 1104384-14-6

化学名称 3-溴-2′,4′-二氯-1-(3,5-二氯-2-吡啶基)-6′-(甲氨基甲酰基)-1H-吡唑-5-甲酰苯胺。

理化性质 原药纯品为白色至灰白色固体，熔点 189～191℃，易溶于 N,N-二甲基甲酰胺、二甲亚砜，可溶于二氧六环、四氢呋喃、丙酮，光照下稳定。

毒性 四氯虫酰胺原药对大鼠急性经口 LD_{50} ＞5000mg/kg，大鼠急性经皮 LD_{50} ＞2000mg/kg，对家兔眼睛、皮肤均无刺激性，对豚鼠无皮肤致敏性，Ames 试验、小鼠骨髓细胞微核试验和睾丸细胞染色体畸变试验均为阴性。四氯虫酰胺对 3 龄家蚕的 LC_{50} 为 9.48mg/L (48h)，毒性较大。

作用特点 四氯虫酰胺属于邻甲酰氨基苯甲酰胺类杀虫剂，作用于昆虫的鱼尼丁受体。通过激活鱼尼丁受体引起钙离子的持续释放，害虫中毒后表现为抽搐、麻痹、拒食，最终导致死亡。该药剂对鳞翅目害虫活性高，对哺乳动物低毒，对蜂类、鸟类等非靶标生物安全，属低毒杀虫剂。四氯虫酰胺对多种害虫具有触杀、胃毒和内吸传导作用，对黏虫幼虫具有明显触杀活性。

适宜作物 甘蓝、水稻、玉米、果树等。

防除对象 甜菜夜蛾、稻纵卷叶螟、玉米螟。

应用技术 以 10%四氯虫酰胺悬浮剂为例。

① 在水稻稻纵卷叶螟卵孵高峰期至 2 龄幼虫期施药，用 10%四氯虫酰胺悬浮剂 10～20g/亩均匀喷雾。

② 在甘蓝甜菜夜蛾低龄幼虫盛发期施药，用 10%四氯虫酰胺悬浮剂 30～40g/亩均匀喷雾。

③ 在玉米螟卵孵化高峰期至低龄幼虫期施药，用 10%四氯虫酰胺悬浮剂 20～40g/亩均匀喷雾。

注意事项

① 正常使用技术条件下，该产品不会对家畜和人产生危害。

② 孕妇及哺乳期妇女避免接触。

③ 禁止在蚕室和桑园附近用药，禁止在河塘等水域内清洗施药器具。水产养殖区、河塘等水体附近禁用。鱼、虾蟹套养稻田禁用，施药后的田水不得直接排入水体。对虾、蟹毒性高。

④ 本品不可与强酸、强碱性物质混用。

⑤ 在水稻上的安全间隔期为21d，每季最多使用1次；在甘蓝上的安全间隔期为7d，每季最多使用2次；在玉米上的安全间隔期为14d，

每季最多使用 2 次。

四螨嗪

（clofentezine）

C₁₄H₈Cl₂N₄, 303.1, 74115-24-5

化学名称　3,6-双(邻氯苯基)-1,2,4,5-四嗪。

其他名称　螨死净、阿波罗、克螨芬、Apollo、Acaritop、NC 144、brsclofantazin、NC 21344。

理化性质　纯品四螨嗪为红色晶体，熔点 179～182℃，溶解性 (20℃)：在一般极性和非极性溶剂中溶解度都很小，在卤代烃中稍大；工业品为红色无定形粉末。

毒性　四螨嗪原药急性 LD₅₀（mg/kg）：大、小鼠经口＞10000，大鼠和兔经皮＞5000；对兔眼睛有极轻度刺激性，对兔皮肤无刺激性；以 200mg/kg 剂量饲喂大鼠 90d，未发现异常现象；对动物无致畸、致突变、致癌作用。

作用特点　四螨嗪为有机氮杂环类广谱性杀螨剂，以触杀作用为主，无内吸、传导作用。四螨嗪为特效杀螨剂，药效持久。对发生在果树、棉花、观赏植物上的苹果全爪螨、茶红蜘蛛的卵和若螨有效，对成螨无效，对捕食螨、天敌无害。对温室玫瑰花、石竹有轻微影响。但该药作用慢，药效持久，一般用药后 2 周才能达到最高防效，因此使用该药时应做好预测预报。

适宜作物　棉花、果树等。

防除对象　螨类。

应用技术　以 50％四螨嗪悬浮剂、20％四螨嗪悬浮剂、10％四螨嗪可湿性粉剂为例。

① 橘全爪螨　在发生初期和卵孵化盛期施药，用 20％四螨嗪悬浮剂 1200～2000 倍液均匀喷雾。

② 柑橘锈壁虱　在发生初期，用 50％四螨嗪悬浮剂 4000～5000 倍液均匀喷雾，或用 10％四螨嗪可湿性粉剂 800～1000 倍液均匀喷雾。

③ 柑橘红蜘蛛　在柑橘红蜘蛛发生始盛期施药，用 20％四螨嗪悬

浮剂 1000～2000 倍液均匀喷雾；或在卵初孵前期施药，用 40％四螨嗪悬浮剂 3000～4000 倍液均匀喷雾。

④ 苹果红蜘蛛　在苹果红蜘蛛卵初孵期施药，用 20％四螨嗪悬浮剂 2000～2500 倍液均匀喷雾；或在苹果花后 3～5d 第一代卵盛期至初孵幼螨始见期施药，用 50％四螨嗪可湿性粉剂 5000～6000 倍液均匀喷雾。

⑤ 山楂红蜘蛛　在卵盛期施药，用 20％四螨嗪悬浮剂 2000～2500 倍液均匀喷雾；或在卵盛期施药，用 10％四螨嗪可湿性粉剂 1000～1500 倍液均匀喷雾。

注意事项

① 本剂主要用于杀螨卵，对幼螨也有一定效果，对成螨无效，所以在螨卵初孵期用药效果最佳。

② 在螨的密度大或温度较高时施用最好与其他杀成螨药剂混用，在气温低（15℃左右）和虫口密度小时施用效果好，持效期长。

③ 与噻螨酮（尼索朗）有交互抗性，不能交替使用。

④ 不可与呈碱性的农药等物质混用。

⑤ 在苹果树、柑橘树上的安全间隔期为 30d，每季最多使用 2 次。

相关复配剂及应用

（1）四螨·哒螨灵

主要活性成分　四螨嗪，哒螨灵。

作用特点　触杀作用较强，速效性好，对螨的整个生长期及卵、若螨和成螨都有较好的防治效果，药效较持久，对移动期的成螨同样有防治作用。

剂型　10％、16％、20％悬浮剂，16％可湿性粉剂。

应用技术

① 苹果树红蜘蛛　在红蜘蛛开始发生期施药，用 16％悬浮剂 1500～2500 倍液均匀喷雾，或在害螨大量产卵后期至卵孵化初期施药，用 16％可湿性粉剂 1600～2000 倍液均匀喷雾。

② 柑橘树红蜘蛛　在柑橘树红蜘蛛卵孵盛期施药，用 10％悬浮剂 1000～1500 倍液均匀喷雾，或用 20％悬浮剂 2000～3000 倍液均匀喷雾。

注意事项

① 在苹果上使用的安全间隔期为 30d，作物每季最多施药 2 次。

② 本品对鱼、蜜蜂、家蚕有毒，使用时需注意。

③ 孕妇及哺乳期妇女禁止接触本品。

④ 建议与其他作用机制不同的杀虫剂轮换使用，以延缓抗性产生。

⑤ 不能与碱性农药等物质混合使用。

⑥ 在高温高湿条件下会使橙类某些品种嫩梢产生斑点，但一般不影响生长。

（2）四螨·联苯肼

主要活性成分 四螨嗪，联苯肼酯。

作用特点 对害螨各个虫态均有较强触杀作用，包括卵；速效性较好，持效期较长。对高抗区域害螨有较高防效。

剂型 30%悬浮剂。

应用技术 在红蜘蛛始盛期施药，用30%悬浮剂2000～3000倍液均匀喷雾。

注意事项

① 不可与呈碱性的农药等物质混合使用。

② 孕妇及哺乳期妇女避免接触本品。

③ 建议与其他作用机制不同的杀虫剂交替使用。

④ 对蜜蜂、鱼类等水生生物、家蚕有毒。

⑤ 在柑橘树上的安全间隔期为30d，每季最多使用1次。

（3）四螨·螺螨酯

主要活性成分 螺螨酯，四螨嗪。

作用特点 四螨嗪属于四嗪类杀螨剂，是一种胚胎发育抑制剂，主要杀螨卵，但对幼螨也有一定效果；螺螨酯具有触杀作用，主要抑制螨的脂肪合成，阻断螨的能量代谢，螨的各个发育阶段都有效，包括卵。

剂型 36%悬浮剂。

应用技术 在红蜘蛛为害早期施药，用36%悬浮剂2500～3500倍液均匀喷雾。

注意事项

① 建议与其他作用机制不同的杀螨剂轮换使用，以延缓抗药性的产生。

② 对蜜蜂、鱼类等水生生物、家蚕有毒。

③ 避免孕妇及哺育期妇女接触。

④ 本品不可与呈碱性的农药等物质混合使用。

⑤ 在柑橘树上的安全间隔期为30d，每季最多使用1次。

（4）四螨·三唑锡

主要活性成分　四螨嗪，三唑锡。

作用特点　对螨卵、幼螨、成螨有杀伤力，速效性好，持效期长。

剂型　25%悬浮剂。

应用技术　在螨卵初孵期施药，用25%悬浮剂2000～4000倍液均匀喷雾。

注意事项

① 建议与其他作用机制的杀螨剂交替使用，但与噻螨酮有交互抗性，不宜交替使用。

② 孕妇及哺乳期妇女不得接触。

③ 对水生生物有毒。

④ 对人的皮肤刺激性较大，施药时要保护好皮肤和眼睛避免接触药液。

⑤ 在柑橘树上的安全间隔期为30d，每季最多使用1次。

（5）四螨·苯丁锡

主要活性成分　苯丁锡，四螨嗪。

作用特点　兼具苯丁锡和四螨嗪的作用，以触杀为主。

剂型　45%悬浮剂。

应用技术　在柑橘红蜘蛛卵孵化盛期或红蜘蛛为害初期施药，用45%悬浮剂2000～2500倍液均匀喷雾。

注意事项

① 不能与强碱性药剂等物质混合使用。

② 对鱼类等水生生物毒性较高，对蜜蜂有毒。

③ 建议与其他作用机理的农药交替使用。

④ 孕妇及哺乳期妇女禁止接触。

⑤ 在柑橘树上的安全间隔期为14d，每季最多使用2次。

（6）四螨·丁醚脲

主要活性成分　丁醚脲，四螨嗪。

作用特点　具有触杀、胃毒、内吸和熏蒸作用，药效持久，对柑橘树红蜘蛛的各个虫态均有效。

剂型　50%悬浮剂。

应用技术　在柑橘树红蜘蛛种群数量上升初期施药，用50%悬浮剂2000～3000倍液均匀喷雾。

注意事项

① 孕妇及哺乳期妇女禁止接触本品。

② 严禁在水产养殖区、河塘等水域内及附近施药，施药器械不得在河塘等水域内洗涤；禁止在开花植物花期施药，施药期间应密切关注对附近蜂群的影响。禁止在桑园及蚕室附近施药。注意保护天敌，赤眼蜂等天敌放飞区禁用。

③ 在柑橘树上的安全间隔期为 21d，每季最多使用 2 次。

（7）四螨·炔螨特

主要活性成分　炔螨特，四螨嗪。

作用特点　具有触杀和胃毒作用，对成螨、若螨和卵均有较好的防治作用，药效持效期较长。在作物、害虫体表的展着、浸润能力较强，并有效破坏蜡质，使药剂成分快速渗入作物、害螨体内。

剂型　20％可湿性粉剂。

应用技术　在红蜘蛛发生初期施药，用 20％可湿性粉剂 1000～2000 倍液均匀喷雾。

注意事项

① 对蜜蜂中毒，避免在蜜源区施药，作物开花期禁用。

② 对鱼高毒，在使用时应注意对农田及周围的水体的影响，不可在河塘、鱼塘等处清洗药具。

③ 孕妇及哺乳期妇女避免接触。

④ 高温、高湿下，本药对某些作物的幼苗和新梢嫩叶，如对 25cm 以下的瓜、豆、棉苗等有药害，避免药液飘移到上述作物。应与其他药剂交替使用，延缓害虫的抗药性。

⑤ 在柑橘树上的安全间隔期为 30d，每季最多使用 2 次。

苏云金杆菌以色列亚种
（ *Bacillus thuringiensis* H-14）

其他名称　B.t.i.。

产品性能　苏云金杆菌以色列亚种是目前应用广泛的一种微生物杀蚊剂，其主要杀虫成分是伴孢晶体。孑孓（蚊幼虫）取食后，晶体被碱性肠液破坏成较小单位的 δ-内毒素，使上皮细胞解离，破坏肠壁，使昆虫得败血症而死。其灭蚊选择性强，对非靶标生物和人畜无毒性，在自然界中易降解，不污染环境。

应用技术 以 1200ITU/mg 苏云金杆菌以色列亚种可湿性粉剂、400ITU/mg 苏云金杆菌以色列亚种悬浮剂、600ITU/μL 苏云金杆菌以色列亚种悬浮剂为例。

防治蚊幼虫时，用 1200ITU/mg 苏云金杆菌以色列亚种可湿性粉剂稀释 30 倍，$0.5 \sim 1g/m^2$ 均匀喷洒，5d 后应再次施药；或用 400ITU/μL 苏云金杆菌以色列亚种悬浮剂 $1.5 \sim 3mL/m^2$ 均匀喷洒，5d 后应再次施药；或用 600ITU/mg 苏云金杆菌以色列亚种悬浮剂 $2 \sim 5mL/m^2$ 均匀喷洒，$10 \sim 15d$ 用药 1 次。

注意事项

① 对鱼等水生动物、蜜蜂、蚕有毒，使用时不可污染鱼塘等水域及养蜂、养蚕场地。

② 不要与碱性物质混用。

苏云金芽孢杆菌
（Bacillus thuringiensis）

其他名称 敌宝、包杀敌、快来顺、B. t、Dipel、Ecotech-Bio。

产品性能 苏云金杆菌可产生内毒素（即伴孢晶体）和外毒素（α、β 和 γ 外毒素）两大类毒素，伴孢晶体是主要的毒素。在昆虫的碱性中肠中，毒素可使肠道在几分钟内麻痹，昆虫停止取食，并很快破坏肠道内膜，穿透肠道底膜进入血淋巴，最后昆虫因饥饿和败血症而死亡。外毒素作用缓慢，在蜕皮和变态时作用明显。

适宜作物 蔬菜、玉米、水稻、高粱、烟草、甘薯、棉花、果树、茶树、林木、草坪等。

防除对象 蔬菜害虫如菜青虫、小菜蛾、甜菜夜蛾、豆荚螟等；玉米害虫如玉米螟等；烟草害虫如烟青虫等；水稻害虫如稻苞虫、稻纵卷叶螟等；棉花害虫如棉铃虫、造桥虫等；甘薯害虫如甘薯天蛾等；大豆害虫如豆天蛾等；果树害虫如天幕毛虫、枣尺蠖、桃小食心虫、苹果巢蛾、柑橘凤蝶等；茶树害虫如茶毛虫等；林木害虫如松毛虫、美国白蛾、柳毒蛾等；卫生害虫如蚊等。

应用技术 以 16000IU/mg 苏云金杆菌可湿性粉剂、8000IU/μL 苏云金杆菌悬浮剂为例。

（1）防治蔬菜害虫

① 菜青虫 在 $1 \sim 2$ 龄幼虫期施药，用 16000IU/mg 苏云金杆菌可

湿性粉剂 100～150g/亩均匀喷雾；或用 8000IU/μL 苏云金杆菌悬浮剂 200～300g/亩均匀喷雾。

② 小菜蛾　在 1～2 龄幼虫期施药，用 16000IU/mg 苏云金杆菌可湿性粉剂 100～150g/亩均匀喷雾；或用 8000IU/μL 苏云金杆菌悬浮剂 200～300g/亩均匀喷雾。

③ 甜菜夜蛾　在低龄幼虫期施药，用 16000IU/mg 苏云金杆菌可湿性粉剂 75～100g/亩均匀喷雾。

④ 豇豆豆荚螟　用 16000IU/mg 苏云金杆菌可湿性粉剂 75～100g/亩均匀喷雾。

（2）防治玉米害虫　在玉米螟 1～2 龄幼虫期施药，用 16000IU/mg 苏云金杆菌可湿性粉剂 50～100g/亩均匀喷雾；或用 8000IU/μL 苏云金杆菌悬浮剂 200～300g/亩加细沙灌心叶。

（3）防治水稻害虫　在稻纵卷叶螟、稻苞虫卵孵高峰后 2～5d 或 1～2 龄幼虫期施药，用 16000IU/mg 苏云金杆菌可湿性粉剂 100～150g/亩均匀喷雾；或用 8000IU/μL 苏云金杆菌悬浮剂 200～400g/亩均匀喷雾。

（4）防治棉花害虫　在棉铃虫、造桥虫卵孵盛期后 2～5d 施药，用 16000IU/mg 苏云金杆菌可湿性粉剂 100～500g/亩均匀喷雾；或用 8000IU/μL 苏云金杆菌悬浮剂 250～400g/亩均匀喷雾。

（5）防治烟草害虫　在烟青虫卵孵化盛期至低龄幼虫期用药，用 16000IU/mg 苏云金杆菌可湿性粉剂 100～200g/亩均匀喷雾；或用 8000IU/μL 苏云金杆菌悬浮剂 400～500g/亩均匀喷雾。

（6）防治甘薯害虫　在甘薯天蛾 1～2 龄幼虫期施药，用 16000IU/mg 苏云金杆菌可湿性粉剂 100～150g/亩均匀喷雾；或用 8000IU/μL 苏云金杆菌悬浮剂 200～300g/亩均匀喷雾。

（7）防治大豆害虫　在豆天蛾 1～2 龄幼虫期施药，用 16000IU/mg 苏云金杆菌可湿性粉剂 100～150g/亩均匀喷雾。

（8）防治茶树害虫　在茶毛虫低龄幼虫盛发初期施药，用 16000IU/mg 苏云金杆菌可湿性粉剂 800～1600 倍液均匀喷雾；或用 8000IU/μL 苏云金杆菌悬浮剂 100～200 倍液均匀喷雾。

（9）防治果树害虫

① 天幕毛虫　在卵孵化盛期和低龄幼虫发生初期施药，用 16000IU/mg 苏云金杆菌可湿性粉剂 100～250g/亩均匀喷雾。

② 枣尺蠖　在卵孵化盛期和低龄幼虫发生初期施药，用 16000IU/

mg 苏云金杆菌可湿性粉剂 1200～1600 倍液均匀喷雾；或用 8000IU/μL 苏云金杆菌悬浮剂 100～200 倍液均匀喷雾。

③ 柑橘凤蝶、苹果巢蛾　在低龄幼虫期施药，用 16000IU/mg 苏云金杆菌可湿性粉剂 150～250g/亩均匀喷雾。

（10）防治林木害虫

① 松毛虫　在 3～4 龄幼虫期施药，用 16000IU/mg 苏云金杆菌可湿性粉剂 1000～1500 倍液均匀喷雾；或用 8000IU/μL 苏云金杆菌悬浮剂 100～200 倍液均匀喷雾。

② 柳毒蛾　在 1～2 龄幼虫期施药，用 16000IU/mg 苏云金杆菌可湿性粉剂 150～500g/亩均匀喷雾；或用 8000IU/μL 苏云金杆菌悬浮剂 150～200 倍液均匀喷雾。

③ 美国白蛾　在低龄幼虫高峰期施药，用 8000IU/μL 苏云金杆菌悬浮剂 250～350 倍液均匀喷雾。

注意事项

① 不得与碱性农药等物质混用。

② 禁止在蚕室、桑园及附近使用，远离水产养殖区施药。

③ 施药应在晴天傍晚或阴天全天用药。

④ 与作用机制不同杀虫剂交替使用，延缓其抗药性。

相关复配剂及应用

（1）阿维·苏云菌

主要活性成分　阿维菌素，苏云金杆菌。

作用特点　本品为生物源农药阿维菌素和微生物农药苏云金杆菌复配而成，对昆虫具有触杀和胃毒作用，并有微弱的熏蒸作用，无内吸作用，但它对叶片有很强的渗透作用，可杀死表皮下的害虫，且残效期长。

剂型　1.6%悬乳剂，2%、1.1%可湿性粉剂。

应用技术

① 小菜蛾　在卵孵盛期至低龄幼虫期施药，用 1.6%悬乳剂 75～125g/亩均匀喷雾；或用 2%可湿性粉剂 40～50g/亩均匀喷雾；或用 1.1%可湿性粉剂 75～100g/亩均匀喷雾。

② 菜青虫　在卵孵盛期至低龄幼虫期施药，用 2%可湿性粉剂 40～50g/亩均匀喷雾。

③ 松毛虫　在卵孵盛期至低龄幼虫期施药，用 1.6%悬乳剂 50～70g/亩均匀喷雾。

注意事项

① 本品对蜜蜂、鸟类、家蚕等毒性高，养蜂地区及蜜源作物花期禁止使用，蚕室和桑园附近禁用；在赤眼蜂等天敌放飞区禁用；远离水产养殖区施药，禁止在河塘等水体中清洗施药器具，清洗器械的水不要倒入水道、池塘、河流。

② 不能与呈碱性的农药等物质混用。

③ 在叶菜类上的安全间隔期为 7d，每季最多使用 2 次。

（2）甲维·苏云菌

主要活性成分　苏云金杆菌，甲氨基阿维菌素苯甲酸盐。

作用特点　本品由甲氨基阿维菌素苯甲酸盐和苏云金杆菌两种不同作用机理的有效成分配制而成，具有触杀和胃毒作用。

剂型　2.4%悬浮剂，1%可湿性粉剂。

应用技术

① 稻纵卷叶螟　在卵孵盛期至低龄幼虫发生高峰期施药，用喷雾器进行全株喷雾至叶面微滴水珠为度，用 2.4%悬浮剂 20~40g/亩均匀喷雾。

② 小菜蛾　在低龄幼虫盛发期施药，用 1%可湿性粉剂 25~30g/亩均匀喷雾。

③ 美国白蛾　在卵孵盛期至低龄幼虫期施药，用 2.4%悬浮剂 1000~1500 倍液均匀喷雾。

注意事项

① 本品对蜜蜂、鸟类、家蚕等毒性高，养蜂地区及蜜源作物花期禁止使用，蚕室和桑园附近禁用；在赤眼蜂等天敌放飞区禁用；远离水产养殖区施药，禁止在河塘等水体中清洗施药器具，清洗器械的水不要倒入水道、池塘、河流。

② 不能与内吸性有机磷杀虫剂、杀菌剂及碱性农药等物质混用。

③ 建议与其他作用机理不同的杀虫剂轮换使用。

④ 在水稻和杨树上的安全间隔期为 14d，每季最多使用 2 次；在甘蓝上的安全间隔期为 7d，每季最多使用 2 次。

（3）苏云·吡虫啉

主要活性成分　吡虫啉，苏云金杆菌。

作用特点　本品由吡虫啉和苏云金杆菌复配而成，具有内吸、胃毒和触杀作用。

剂型　2%可湿性粉剂。

应用技术

① 二化螟　在卵孵化始盛期施药，用2%可湿性粉剂50～100g/亩均匀喷雾。

② 稻飞虱　在1～2龄若虫高峰期施药，用2%可湿性粉剂50～100g/亩均匀喷雾。

注意事项

① 禁止在河塘等水域清洗施药器具，清洗使用过的容器及喷雾器的洗涤水不可流入鱼塘、河道；蜜源作物花期、蚕室、桑园附近禁用；赤眼蜂等天敌放飞区禁用。

② 不得与碱性物质混用。

③ 在水稻上的安全间隔期为14d，每季最多使用2次。

（4）棉核·苏云菌

主要活性成分　棉铃虫核型多角体病毒（HaNPV），苏云金杆菌。

作用特点　本产品由HaNPV和苏云金杆菌配制而成，对抗性棉铃虫有较好的防治作用。病毒进入害虫体内后大量复制，导致害虫死亡，可有效地控制害虫的种群数量和危害。

剂型　棉核·苏云菌悬浮剂（棉铃虫核型多角体病毒1000万PIB/mL，苏云金杆菌2000IU/μL）。

应用技术　在棉铃虫卵孵化盛期施药，用棉核·苏云菌悬浮剂200～400g/亩均匀喷雾。

注意事项

① 本产品对家蚕有毒，桑园和蚕室附近禁用。

② 禁止与碱性农药等物质混用。

（5）菜颗·苏云菌

主要活性成分　菜青虫颗粒体病毒，苏云金杆菌。

作用特点　本产品是由菜青虫颗粒体病毒（PrGV）和苏云金杆菌为主要原料，经先进工艺精制而成的纯生物制剂。作用机理独特，苏云金杆菌作用于害虫的中肠细胞，使害虫很快停止对作物的为害；病毒进入害虫体内后大量复制，导致害虫死亡，病毒还可在害虫种群中横向和纵向传播引发菜青虫"瘟疫"，有效地控制其种群数量和危害。具有高效、低毒、低残留的特点，是生产高品质农产品的理想用药。

剂型　菜颗·苏云菌可湿性粉剂（菜青虫颗粒体病毒1万PIB/mg，苏云金杆菌16000IU/mg）。

应用技术　在菜青虫卵孵盛期或3龄前施药，用菜颗·苏云菌可湿性粉剂 50～75g/亩均匀喷雾。

注意事项

① 本产品对家蚕有毒，桑园和蚕室附近禁用。

② 施药时选择傍晚或阴天，避免阳光直射。

③ 本产品的安全间隔期为 5d，每季施药不超过 3 次。

（6）甜核·苏云菌

主要活性成分 甜菜夜蛾核型多角体病毒，苏云金杆菌。

作用特点 本产品为以甜菜夜蛾核型多角体病毒（SeNPV）和苏云金杆菌（Bt）为主要原料的纯生物制剂，低毒、低残留，对甜菜夜蛾有很好的防治作用。本产品作用机理独特，苏云金杆菌作用于害虫的中肠细胞，使害虫很快停止对作物的为害；病毒进入害虫体内后大量复制，导致害虫死亡，病毒还可在害虫种群中横向和纵向传播引发甜菜夜蛾"瘟疫"，有效地控制害虫的种群数量和危害。

剂型 甜核·苏云菌可湿性粉剂（苏云金杆菌 16000IU/mg，甜菜夜蛾核型多角体病毒 1 万 PIB/mg）。

应用技术 在甜菜夜蛾卵孵盛期或者 3 龄幼虫前施药，用甜核·苏云菌可湿性粉剂 75～100g/亩均匀喷雾。

注意事项

① 本品不得与碱性物质混用，不得与含铜及其他杀菌剂混用。

② 本产品对家蚕有毒，桑园及蚕室附近禁用；不要在河塘等水域清洗施药器具，避免药剂污染水源。

③ 本品的安全间隔期 1～2d，每季施药不超过 5 次。

（7）茶核·苏云菌

主要活性成分 茶尺蠖核型多角体病毒，苏云金杆菌。

作用特点 本品以茶尺蠖核型多角体病毒（EoNPV）和苏云金杆菌为主要原料，经先进工艺精制而成的纯生物制剂，低毒，对茶尺蠖有很好的防治作用。本品作用机理独特，苏云金杆菌作用于害虫的中肠，使害虫很快停止对作物的为害；病毒进入害虫体内后大量复制，导致害虫死亡，病毒还可在害虫种群中横向和纵向传播，控制害虫的种群数量和危害。

剂型 茶核·苏云菌悬浮剂（含有茶尺蠖核型多角体病毒 1 万 PIB/μL，苏云金杆菌 2000IU/μL）。

应用技术 在茶尺蠖卵孵盛期或者 3 龄前施药，用茶核·苏云菌悬浮剂 100～150g/亩均匀喷雾。

注意事项

① 本品为生物农药，应避免阳光紫外线照射。

② 本品对蚕有毒，不能在桑园和养蚕场所及附近使用。

③ 勿与其他药剂等物质混用。

④ 本品在茶树上的安全间隔期为 1～2d，每季施药不超过 5 次。

（8）苏·松质病毒

主要活性成分　苏云金杆菌，松毛虫质型多角体病毒。

作用特点　本产品由松毛虫质型多角体病毒和苏云金杆菌为主要原料，经先进工艺精制而成。为纯生物制剂，低毒、持效期较长，对松毛虫有很好的防治作用。本产品作用机理独特，苏云金杆菌作用于害虫的中肠细胞，使害虫很快停止对作物的为害；病毒进入害虫体内后大量复制，导致害虫死亡，病毒还可在害虫种群中横向和纵向传播引发松毛虫"瘟疫"，有效地控制松毛虫种群数量和危害。

剂型　苏·松质病毒可湿性粉剂（苏云金杆菌 1.6 万 IU/mg，松毛虫质型多角体病毒 1 万 PIB/mg）。

应用技术　在森林松毛虫卵孵化盛期至低龄幼虫期施药，用苏·松质病毒可湿性粉剂 1000～1200 倍液均匀喷雾。

注意事项

① 本品不得与碱性物质混用，不得与含铜杀菌剂混用。

② 不要在河塘等水域清洗施药器具，避免药剂污染水源；本产品对家蚕有毒，桑园禁用。

③ 应在晴天下午 4 时后或者阴天全天施药，有利于药效的发挥。

（9）苜核·苏云菌

主要活性成分　苜蓿银纹夜蛾核型多角体病毒，苏云金杆菌。

作用特点　本产品由苜蓿银纹夜蛾核型多角体病毒和苏云金杆菌为主要原料制成，为纯生物制剂，低毒，残留低，对十字花科害虫甜菜夜蛾有很好的防治作用。病毒进入害虫体内后迅速大量复制，导致害虫死亡，可有效地控制害虫的种群数量和危害。

剂型　苜核·苏云菌悬浮剂（苜蓿银纹夜蛾核型多角体病毒 1000 万 PIB/mL，苏云金杆菌 2000IU/μL）。

应用技术　在甜菜夜蛾卵孵盛期至幼虫 3 龄前施药，用苜核·苏云菌悬浮剂 75～100g/亩均匀喷雾。

注意事项

① 本产品应在晴天下午 4 时后或者阴天全天施药，有利于药效的

发挥。

② 本产品只有胃毒作用，因此喷雾时要均匀、仔细、周到，使雾滴覆盖整个植株。

速灭威

（metolecard）

$$H_3C-\overset{O}{\underset{H}{N}}-\overset{\parallel}{C}-O-\bigcirc-CH_3$$

$C_9H_{11}NO_2$, 165.2, 1129-41-5

化学名称 间-甲苯基-N-甲基氨基甲酸酯。

其他名称 治灭虱、MTMC、Tsumacide、Metacrate、Kumiai。

理化性质 纯品为白色晶体，熔点 76～77℃，相对密度 1.2，沸点 180℃，溶于丙酮、乙醇、氯仿等多种有机溶剂，在水中溶解度为 2300mg/L；遇碱迅速分解，受热时有少量分解，分解速率随温度上升而增加。

毒性 原药急性 LD_{50}（mg/kg）：小白鼠经口 268，大鼠经口 498～580，大鼠经皮 6000。对蜜蜂有毒。

作用特点 速灭威为速效性的低毒杀虫剂，具有触杀和熏蒸作用。其击倒力强，持效期短，一般只有 3～4d，对稻飞虱、稻叶蝉和稻蓟马等有特效，对稻田蚂蟥也有较好的杀伤作用。

适宜作物 水稻等。

防除对象 水稻害虫如稻飞虱、稻叶蝉等。

应用技术 以 20％乳油，25％可湿性粉剂为例。

① 稻飞虱 在低龄若虫发生盛期施药，用 20％乳油 150～200g/亩兑水进行喷雾，重点是稻株中下部。

② 稻叶蝉 在低龄若虫发生盛期施药，用 25％可湿性粉剂 100～200g/亩兑水喷雾处理，前期重点是茎秆基部；抽穗灌浆后穗部和上部叶片为喷布重点。

防治水稻害虫时田间应保持 3～5cm 的水层 3～5d。

注意事项

① 不能与石硫合剂和波尔多液等碱性物质混用。

② 对蜜蜂、蚕、鱼类毒害大，蜜源作物花期、蚕室和桑园附近禁用；远离水产养殖区施药；禁止在河塘等水体中清洗施药器具。

③ 施用药剂后 10d 内不能使用敌稗。

④ 某些水稻品种对速灭威敏感，应在分蘖末期使用，浓度不宜高。

⑤ 大风天气或预计 1h 内降雨请勿施药。

⑥ 建议与作用机制不同的杀虫剂轮换使用，以延缓害虫抗性的产生。

⑦ 在水稻上的安全间隔期为 25d，每季最多使用 3 次。

相关复配剂及应用

（1）吡蚜·速灭威

主要活性成分　速灭威，吡蚜酮。

作用特点　吡蚜·速灭威是氨基甲酸酯类杀虫剂速灭威和吡啶类杀虫剂吡蚜酮的复配制剂，其中速灭威可抑制乙酰胆碱酯酶活性，使昆虫神经过度兴奋而死亡；吡蚜酮可使刺吸式害虫的口器麻痹且不可恢复，害虫因无法正常进食而迅速停止为害，后因饥饿而死亡。两者作用机制不同，不仅可使害虫快速致死，而且能有效延缓抗药性的产生。

剂型　40% 可湿性粉剂。

应用技术　在稻飞虱低龄若虫盛期施药，用 40% 可湿性粉剂 20～25g/亩兑水 50～60kg 喷雾，重点是稻株中下部。田间应保持 3～5cm 的水层 3～5d。

注意事项

① 不得与碱性农药混用。

② 某些水稻品种对药剂敏感，应在分蘖末期使用，浓度不宜超过推荐用药量。

③ 施药前后一周内不得使用敌稗，以免产生药害。

④ 对蜜蜂有毒，开花作物花期禁用；对水蚤等水生生物有毒，应远离水产养殖区、河塘等水体施药；禁止在河塘等水体中清洗施药器具；鱼或虾蟹套养稻田禁用；赤眼蜂等天敌放飞区域禁用。

⑤ 大风天或下雨前不宜施药。

⑥ 水稻上使用的安全间隔期是 21d，每季最多使用 2 次。

（2）噻嗪·速灭威

主要活性成分　速灭威，噻嗪酮。

作用特点　噻嗪·速灭威是氨基甲酸酯类杀虫剂速灭威和噻二嗪类杀虫剂噻嗪酮的复配制剂。速灭威对害虫有良好的触杀和熏蒸作用，噻嗪酮可抑制昆虫体内几丁质的合成。二者均具内吸活性，对水稻稻飞虱有很好的防治效果。

剂型　25％可湿性粉剂。

应用技术　防治水稻稻飞虱。水稻从分蘖期到圆秆拔节期，若虫在低龄盛期时施药，用25％可湿性粉剂75～100g/亩兑水喷雾，重点为水稻的中下部叶丛及茎秆。田间应保持3～5cm的水层3～5d。

注意事项

① 不能与碱性农药等物质混用或混放。

② 对蜜蜂、家蚕、鱼类等水生生物有毒，施药期间应避免对蜂群、蚕室和桑园附近施药；禁止在水产养殖区施药；禁止在河塘等水体中清洗施药器具。

③ 施药时不要使药液飘移到萝卜、白菜等作物上，以免产生药害。

④ 施药前后一周内不得使用敌稗，以免产生药害。

⑤ 大风天或预计1h内降雨请勿施药。

⑥ 为延缓害虫抗药性的产生，建议与其他作用机制的杀虫剂轮换使用。

⑦ 在水稻上的安全间隔期为25d，每季最多使用2次。

（3）速灭·硫酸铜

主要活性成分　速灭威。

作用特点　属氨基甲酸酯类杀虫剂速灭威和硫酸铜的复配制剂，具有触杀和保护作用，击倒力较强，防治旱地蜗牛有良好的效果。

剂型　74％可湿性粉剂。

应用技术　在棉田蜗牛发生期施药，用74％可湿性粉剂280～330g/亩对植株喷雾防治。

注意事项

① 不能与碱性农药混用。硫酸铜与铁会起化学反应，所以盛装药剂的容器，配制及使用的工具都不应使用铁器，使药液尽量不与铁接触。

② 对蜜蜂的毒性大，蜜源作物花期禁用；对鱼类等水生生物毒害大，应远离水产养殖区施药，禁止在河塘等水体中清洗施药器具。

③ 硫酸铜不易溶解，使用前应先配置成水溶液再稀释。要即配即用，不能久放，以免引起沉淀而失效。对农作物叶面易产生药害，使用时应注意喷洒均匀。

④ 大风天或预计3h内降雨请勿施药。

⑤ 仅限于有蜗牛的棉花田使用。

⑥ 棉花上的安全间隔期为 25d，每季最多使用 3 次。

涕灭威

（aldicarb）

$C_7H_{14}N_2O_2S$, 190.3, 116-06-3

化学名称　2-甲基-2-(甲硫基) 丙醛-O-[(甲基氨基)甲酰基]肟。

其他名称　铁灭克、丁醛肟威、神农丹。

理化性质　纯品为无色结晶，熔点 98～100℃，蒸气压 13MPa (25℃)。相对密度 1.195，溶解度：水 4.93g/L (pH7, 20℃)，可溶于丙酮、苯、四氯化碳等大多数有机溶剂，不溶于庚烷和矿物油，在中性、酸性和微碱性中稳定，100℃以上分解。

毒性　LD_{50} 急性经口：0.93mg/kg；LD_{50} 急性经皮：20mg/kg (兔)。涕灭威在土壤中易被代谢和水解，但在黑暗条件下难于分解，在碱性条件下易被分解。在有机质中半衰期为 55d，在无机质中为 17d。

作用特点　涕灭威能抑制昆虫体内的乙酰胆碱酯酶，具有触杀、胃毒和内吸作用；施于土壤中，能被植物根系吸收，并能输送到植物地上部各组织和器官而起作用。涕灭威进入动物体内时，能够阻止胆碱酯酶的反应，是强烈的乙酰胆碱酯酶抑制剂。昆虫或螨接触涕灭威后，表现出典型的胆碱酯酶受阻症状。

适宜作物　棉花、花生、甘薯、烟草、月季等。

防除对象　棉花害虫如棉蚜等，烟草害虫如烟蚜等，月季害虫如月季叶螨等，花生线虫如花生根结线虫等，甘薯线虫如甘薯茎线虫等。

应用技术　以 5％颗粒剂为例。

(1) 防治棉花害虫　播种时沟施 5％颗粒剂 600～1200g/亩，可有效防治棉蚜。

注意：不得把药粒与棉种直接混拌；移栽苗时穴施，把药粒分散施在穴底，盖少量土后栽苗，并浇足水、封土。

(2) 防治烟草害虫　移栽烟苗时穴施 5％颗粒剂 750～1000g/亩，

可有效防治烟蚜。

注意：把药粒分散施在穴底，切忌集中，盖少量土后再栽苗，并浇足水、封土。安全使用间隔期为60d。

（3）防治花卉害螨　在月季叶螨发展呈增长趋势时穴施5%颗粒剂3.5～4kg/亩。

注意：仅限于花卉场、花园、花房。施药后的月季，仅供观赏，严禁将花或枝叶作其他用途，严禁在家庭养花时使用。

（4）防治花生、甘薯线虫

① 花生根结线虫　春播花生时沟施5%颗粒剂3～4kg/亩。

注意：仅限于春播花生，并不得在田间套种其他作物。

② 甘薯茎线虫　在常年5～6月份气候干旱的丘陵半山区应采用深施药法，即把5%颗粒剂（按2～3kg/亩）施在薯秧入土的茎基部下边2～3cm处，并浇足水以减轻干旱对药效的影响，有利于药效的正常发挥。

注意：限亩栽2500～3000株的地区使用（3000株以上，按每株1g使用）。施药距采收安全间隔期为150d。必须严格遵守以下规定：①地下水位埋深1m以内，年降雨量大于1000mm的沙土和沙壤土地区，距水源100m以内的地块不得使用。②该产品被作物根系吸收并发挥良好药效所需要的最低土壤含水量为5%（重量比）。否则将影响药效。③仅限在冀、鲁、豫春甘薯茎线虫发生严重的地区使用。④安全间隔期内施药田设立警示牌："不得采摘茎叶和挖甘薯块食用或饲用，剧毒！"。

其他注意事项

① 不得用于防治卫生害虫；不得用于果树、蔬菜、瓜果、茶叶、菌类、中草药材的生产；不得用于水生植物的病虫害防治。严禁用于水田，严禁浸水喷洒。

② 涕灭威不能用于拌种。

③ 任何情况下，严禁将涕灭威颗粒剂与种子或秧苗直接接触，以防发生药害，为便于药效充分发挥，施药前后要保持土壤湿润。

④ 远离水产养殖区用药；禁止在河塘等水体中清洗施药器具；避免药液污染水源地。

⑤ 建议与其他作用机制不同的杀虫剂轮换使用，以延缓害虫抗性的产生。

甜菜夜蛾核型多角体病毒

（Spodoptera exigua nuclear polyhedrosis virus）

理化性质 外观为灰白色。沸点为 100℃。熔点为 160～180℃。25℃以下贮藏 2 年生物活性稳定。

毒性 急性 LD_{50}（mg/kg）：经口＞5000；经皮＞2000。

作用特点 甜菜夜蛾核型多角体病毒属于高度特异性微生物病毒杀虫剂，具有胃毒作用。病毒被幼虫摄食后，包涵体在寄主中肠内溶解，释放出包有衣壳蛋白的病毒粒子，进入寄主血淋巴并增殖，最终导致幼虫死亡，表皮破裂，大量的包涵体被释放到环境中。感病幼虫通常在 5～10d 后死亡。具有毒性低、持效期长的特点。

适宜作物 蔬菜。

防除对象 蔬菜害虫甜菜夜蛾。

应用技术 以甜菜夜蛾核型多角体病毒 10 亿 PIB/g 悬浮剂、甜菜夜蛾核型多角体病毒 5 亿 PIB/g 悬浮剂、300 亿 PIB/g 甜菜夜蛾核型多角体病毒水分散粒剂、30 亿 PIB/g 甜菜夜蛾核型多角体病毒悬浮剂为例。

防治蔬菜害虫甜菜夜蛾时，在卵孵初期至 3 龄前幼虫发生高峰期施药，用 10 亿 PIB/g 甜菜夜蛾核型多角体病毒悬浮剂 80～100g/亩均匀喷雾；或用 5 亿 PIB/g 甜菜夜蛾核型多角体病毒悬浮剂 120～160g/亩均匀喷雾；或用 30 亿 PIB/g 甜菜夜蛾核型多角体病毒水分散粒剂 2～5g/亩均匀喷雾；或用 30 亿 PIB/g 甜菜夜蛾核型多角体病毒悬浮剂 20～30g/亩均匀喷雾。

注意事项

① 桑园及养蚕场所不得使用。

② 不能与碱性物质混用，也不能同化学杀菌剂混用。

③ 施药时选择傍晚或阴天，避免阳光直射。

④ 建议与其他不同作用机理的杀虫剂轮换使用。

⑤ 视害虫发生情况，每 7d 左右施药一次，采收前 7d 停止施药。

相关复配剂及应用 甜核·苏云菌。

主要活性成分 甜菜夜蛾核型多角体病毒（SeNPV），苏云金杆菌（Bt）。

作用特点 本产品为以 SeNPV 和 Bt 为主要原料的纯生物制剂，低毒、低残留，对甜菜夜蛾有很好的防治作用。本产品作用机理：苏云金杆菌作用于害虫的中肠细胞，使害虫很快停止对作物的为害；病毒进入害虫体内后迅速大量复制，导致害虫死亡，病毒还可在害虫种群中横、纵向传播引发甜菜夜蛾"瘟疫"，有效控制害虫的种群数量和危害。

剂型　甜核·苏云菌可湿性粉剂（苏云金杆菌 16000IU/mg、甜菜夜蛾核型多角体病毒 1 万 PIB/mg）。

应用技术　在甜菜夜蛾卵孵盛期或者 3 龄幼虫前施药，用甜核·苏云菌可湿性粉剂 75～100g/亩均匀喷雾。

注意事项

① 本品不得与碱性物质混用，不得与含铜及其他杀菌剂混用。

② 本品对家蚕有毒，桑园及蚕室附近禁用；禁止在河塘等水域清洗施药器具，避免药剂污染水源。

③ 本品的安全间隔期 1～2d，每季施药不超过 5 次。

蚊蝇醚
（pyriproxyfen）

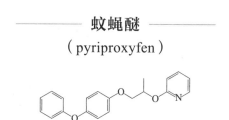

C$_{20}$H$_{29}$NO$_3$, 331.5, 95737-68-1

化学名称　4-苯氧基苯基-(RS)-2-(2-吡啶氧基)丙基醚。

其他名称　丙基醚、吡丙醚、Sumilarv、S～9318、S～31183。

理化性质　纯品蚊蝇醚为白色结晶，熔点 45～47℃。

毒性　蚊蝇醚原药急性 LD$_{50}$（mg/kg）：大鼠经口＞5000、经皮＞2000。

作用特点　蚊蝇醚是一种保幼激素类型的几丁质合成抑制剂，具有强烈杀卵作用，还具有内吸性转移活性，可以影响隐藏在叶片背后的幼虫。对昆虫的抑制作用表现在影响昆虫的蜕皮和繁殖。对于蚊蝇类卫生害虫，在其幼虫 4 龄期较为敏感的阶段，低剂量即可导致其在化蛹阶段死亡，抑制成虫羽化，其持效期长，可达一个月以上。对半翅目、双翅目、鳞翅目、缨翅目害虫具有高效，具有用药量少、持效期长、对作物安全、对鱼低毒、对生态环境影响小等特点。

适宜作物　果树、姜、番茄等。

防除对象 果树害虫如柑橘吹绵蚧、木虱等；姜害虫如姜蛆；番茄害虫如白粉虱；卫生害虫如蚊、蝇等。

应用技术 以0.5％蚊蝇醚颗粒剂、10％蚊蝇醚乳油、1％吡丙醚粉剂为例。

（1）防治卫生害虫 可直接投入污水塘中或散布于蚊蝇滋生的地表面，蚊幼虫用0.5％蚊蝇醚颗粒剂100mg/m²，家蝇幼虫用0.5％蚊蝇醚颗粒剂100～200mg/m²。

（2）防治果树害虫 在柑橘吹绵蚧若虫孵化初期施药，用10％蚊蝇醚乳油1000～1500倍液均匀喷雾。

（3）防治姜害虫 在姜窖内使用时，将药剂与细河沙按照1∶10比例混匀后均匀撒施于生姜表面，可有效防治姜蛆。生姜储藏期撒施1次，安全间隔期180d。

（4）防治番茄害虫 在粉虱发生初期施药，用10％蚊蝇醚乳油47.5～60g/亩均匀喷雾于作物叶片正、背面，每隔7d左右再用药一次。

（5）防治柑橘树木虱 于若虫孵化初期施药，用10％蚊蝇醚乳油1000～1500倍液均匀喷雾，间隔7～15d再用药一次。

注意事项

① 本品对鱼和其他水生生物有毒，避免污染池塘、河流等水域。

② 密闭存放于通风、阴凉处，避免阳光直射，远离火源。

③ 避免接触眼睛、皮肤，施药时佩戴手套，施药完毕后用肥皂彻底清洗。

④ 勿让儿童、敏感体质人士、孕妇及哺乳期妇女接触本品。加锁保存，不能与食品、饲料存放一起。

⑤ 生姜储藏期撒施1次，安全间隔期180天；在番茄上的安全间隔期为7d，每季最多使用2次；在柑橘上的安全间隔期为28d，每季最多使用2次。

相关复配剂及应用

（1）吡丙·噻虫嗪

主要活性成分 吡丙醚，噻虫嗪。

作用特点 吡丙·噻虫嗪具有胃毒、触杀、内吸作用，作用速度快、持效期长。

剂型 30％悬浮剂。

应用技术 在白粉虱发生初期用药，用30％悬浮剂8～10g/亩均匀喷雾。

注意事项

① 对鱼类等水生生物、蜜蜂、家蚕毒性高，对鸟类毒性较高。

② 与作用机制不同的杀虫剂轮换使用，可减缓抗性产生。

③ 避免孕妇及哺乳期妇女接触。

④ 在番茄上的安全间隔期为7d，每季最多使用1次。

（2）吡丙·呋虫胺

主要活性成分　吡丙醚，呋虫胺。

作用特点　吡丙醚为保幼激素类杀虫剂，是一种昆虫生长调节剂，呋虫胺为第三代烟碱类杀虫剂，具有触杀和内吸作用。

剂型　30％可溶液剂。

应用技术　在白粉虱发生初期施药，用30％可溶液剂20～25g/亩均匀喷雾。

注意事项

① 对蜜蜂、家蚕和水生生物有毒。

② 孕妇及哺乳期妇女禁止接触。

③ 在番茄上的安全间隔期为10d，每季最多使用1次。

（3）吡丙·噻嗪酮

主要活性成分　吡丙醚，噻嗪酮。

作用特点　本品是吡丙醚与噻嗪酮的复配制剂。吡丙醚是保幼激素类型的几丁质合成抑制剂，具有杀卵作用及内吸性转移活性，可以影响隐藏在叶片背后的幼虫，对昆虫的抑制作用表现在影响昆虫蜕变和繁殖。噻嗪酮是抑制昆虫生长发育的选择性杀虫剂，具有触杀作用及胃毒作用。

剂型　25％悬浮剂。

应用技术

① 木虱　在木虱发生期施药，用25％悬浮剂1500～2500倍液均匀喷雾。

② 介壳虫　在介壳虫发生期施药，用25％悬浮剂1500～2500倍液均匀喷雾。

注意事项

① 不可与呈碱性的农药等物质混合使用。

② 建议与其他作用机制不同的杀虫剂轮换使用，以延缓抗性产生。

③ 对蜜蜂、鱼类、家蚕、水蚤、赤眼蜂有毒，水产养殖区、河塘等水体附近禁用。

④ 孕妇及哺乳期妇女禁止接触本品。

⑤ 在柑橘树上的安全间隔期为 35d，每季最多使用 2 次。

烯啶虫胺

（nitenpyram）

$$C_{11}H_{15}ClN_4O_2, 270.71, 150824-47-8$$

化学名称 （E）-N-（6-氯-3-吡啶甲基）-N-乙基-N'-甲基-2-硝基亚乙烯基二胺。

其他名称 Bestyuard、TI 304。

理化性质 纯品烯啶虫胺为浅黄色结晶固体，熔点 83～84℃；溶解度（20℃，g/L）：水 840，氯仿 700，丙酮 290，二甲苯 4.5。

毒性 烯啶虫胺原药急性 LD_{50}（mg/kg）：经口大鼠 1680（雄）、1574（雌），小鼠 867（雄）、1281（雌），大鼠经皮＞2000；对兔眼睛和皮肤无刺激性。对动物无致畸、致突变、致癌作用。

作用特点 烯啶虫胺属烟酰亚胺类杀虫剂，烯啶虫胺主要作用于烟碱型乙酰胆碱受体，具有神经阻断作用，与其他的新烟碱类化合物相似。烯啶虫胺是一种高效、广谱的新型烟碱类杀虫剂，具有很好的内吸和渗透作用，有用量少、毒性低、对作物安全、无药害等优点，广泛应用于园艺和农业上防治半翅目害虫，持效期可达 14d 左右。

适宜作物 水稻、小麦、棉花、马铃薯、蔬菜、果树、茶树等。

防除对象 防治刺吸式口器害虫如稻飞虱、白粉虱、蚜虫、梨木虱、叶蝉、蓟马等。

应用技术 以 10%、20% 烯啶虫胺水剂，20% 烯啶虫胺水分散粒剂，25% 烯啶虫胺可溶粉剂，50% 烯啶虫胺可溶粉剂，20% 烯啶虫胺可湿性粉剂为例。

（1）防治棉花害虫

① 在棉花蚜虫发生初期施用，用 10% 烯啶虫胺水剂 10～20g/亩均匀喷雾。

② 在棉花蚜虫发生初期施用，用 20% 烯啶虫胺水分散粒剂 5～

10g/亩均匀喷雾。

③ 在蚜虫低龄若虫期施药，用25%烯啶虫胺可溶粉剂4～8g/亩均匀喷雾。

（2）防治水稻害虫

① 在水稻稻飞虱低龄若虫高峰期施药，用20%烯啶虫胺水剂20～30g/亩均匀喷雾。

② 在水稻稻飞虱低龄若虫盛发期施用，用50%烯啶虫胺可溶粉剂8～12g/亩均匀喷雾。

③ 在水稻稻飞虱低龄若虫盛发期，用50%烯啶虫胺可溶粒剂2～4g/亩均匀喷雾。

（3）防治蔬菜蚜虫　在蚜虫发生的初盛期施药，用20%烯啶虫胺可湿性粉剂5～10g/亩均匀喷雾。

（4）防治果树蚜虫　在蚜虫发生的初盛期施药，用50%烯啶虫胺可溶粒剂2～4g/亩均匀喷雾。

注意事项

① 在棉花上的安全间隔期为14d，每季最多使用2次；在水稻上的安全间隔期为21d，每季最多使用2次；在柑橘树上的安全间隔期为14d，每季最多使用2次；在甘蓝上的安全间隔期为14d，每季最多使用2次。

② 本品对蜜蜂、鱼类等水生生物、家蚕有毒，用药时需注意。

③ 本品不可与碱性物质混用。

④ 为延缓抗药性产生，要与其他不同作用机制的药剂交替使用。

⑤ 勿让儿童、孕妇及哺乳期妇女接触本品。

⑥ 贮运时，严防潮湿和日晒。

相关复配剂及应用

（1）烯啶·呋虫胺

主要活性成分　烯啶虫胺，呋虫胺。

作用特点　本品为烟酰亚胺类第一代与第三代的复配制剂；烯啶虫胺主要作用于昆虫神经系统，对害虫的突触受体具有神经阻断作用，在自发放电后扩大隔膜位差，最后使突触隔膜刺激下降，导致神经的轴突触隔膜电位通道刺激消失，致使害虫麻痹死亡；呋虫胺主要作用于昆虫神经结合部后膜，通过与乙酰胆碱受体结合使昆虫异常兴奋，全身痉挛、麻痹而死。

剂型　60%可湿性粉剂。

应用技术

① 叶蝉　在叶蝉发生始盛期施药，用60%可湿性粉剂3000～4000倍液均匀喷雾。

② 蓟马　在蓟马发生始盛期施药，用60%可湿性粉剂3000～4000倍液均匀喷雾。

③ 稻飞虱　在水稻飞虱1～2龄若虫盛发期施药，用60%水分散粒剂10～15g/亩均匀喷雾。

注意事项

① 对蜜蜂、水蚤等水生生物、家蚕有毒，施药期间应避免对周围蜂群的影响、（周围）开花植物花期、鸟类保护区、蚕室和桑园附近、赤眼蜂等天敌放飞区域禁用，施药期间应密切关注对附近蜂群的影响。

② 孕妇及哺乳期的妇女应避免接触。

③ 严格按推荐剂量、方法及范围使用。

④ 不可与强碱性物质混合使用，建议与其他作用机制不同的杀虫剂轮换使用，以延缓害虫抗性产生。

⑤ 在咖啡树上的安全间隔期为21d，每季最多使用1次；在水稻上的安全间隔期为14d，每季最多使用4次。

（2）烯啶·吡蚜酮

主要活性成分　烯啶虫胺，吡蚜酮。

作用特点　本品可作用于昆虫神经，对昆虫的轴突触受体具有神经阻断作用，具有卓越的内吸和渗透作用。成虫和若虫接触药剂后，产生口针阻塞效应，停止取食为害，饥饿致死，所以该药剂作用较慢，持效期较长。

剂型　40%水分散粒剂。

应用技术

① 蚜虫　在蚜虫始盛期施药，用40%水分散粒剂10～15g均匀喷雾。

② 稻飞虱　在水稻稻飞虱低龄若虫发生初期施药，用40%水分散粒剂15～20g/亩均匀喷雾。

注意事项

① 严格按照规定用药量和方法使用。

② 不可与碱性农药等物质混用。

③ 建议与其他作用机制不同的杀虫剂轮换使用，以延缓抗性产生。

④ 对家蚕高毒、对赤眼蜂高风险。蚕室及桑园附近禁用；赤眼蜂等天敌放飞区域禁用；禁止在河塘等水域中清洗施药器具。

⑤ 孕妇及哺乳期妇女禁止接触本品。

⑥ 在水稻上的安全间隔期为 7d，每季最多使用 2 次。

（3）烯啶·联苯

主要活性成分　联苯菊酯，烯啶虫胺。

作用特点　本品为烟碱类和菊酯类混配杀虫剂，具有很好的内吸、渗透作用，毒性低。

剂型　25%可溶液剂。

应用技术　在棉花蚜虫发生初期施药，用 25%可溶液剂 9~12g/亩均匀喷雾。

注意事项

① 在开花植物开花期及桑园附近禁止使用，避免造成损失。

② 建议与其他作用机制不同的杀虫剂轮换使用，以延缓抗性产生。

③ 孕妇及哺乳期妇女应避免接触。

④ 鸟类保护区禁用。

⑤ 在棉花上的安全间隔期为 21d，每季最多使用 2 次。

（4）烯啶·噻虫嗪

主要活性成分　噻虫嗪，烯啶虫胺。

作用特点　本品是由烯啶虫胺和噻虫嗪复配而成的杀虫剂，具有高效、广谱、持效期长等特点。

剂型　50%水分散粒剂。

应用技术　在水稻稻飞虱低龄若虫盛发期施药，用 50%水分散粒剂 2.5~3.3g/亩均匀喷雾。

注意事项

① 对蜜蜂、家蚕高毒，对鱼类等水生生物有毒。

② 建议与其他作用机制不同的杀虫剂轮换使用，以免产生抗性，不宜与碱性农药混用。

③ 孕妇、哺乳期妇女及过敏者避免接触。

④ 在水稻上的安全间隔期为 14d，每季最多使用 2 次。

（5）烯啶·异丙威

主要活性成分　烯啶虫胺，异丙威。

作用特点　本产品的有效成分为烯啶虫胺和异丙威，具有较好的内吸、渗透作用。

剂型 25%可湿性粉剂。

应用技术 在稻飞虱若虫低龄发生盛期施药，用25%可湿性粉剂50~80g/亩均匀喷雾。

注意事项

① 对蜜蜂、鸟、水生生物、蚕及天敌昆虫赤眼蜂的毒性较大。

② 不能与碱性物质混用；为提高喷药质量药液应随配随用，不能久存。

③ 在水稻上的安全间隔期为21d，每季最多使用2次。

(6) 烯啶·噻嗪酮

主要活性成分 烯啶虫胺，噻嗪酮。

作用特点 本品为烯啶虫胺和噻嗪酮复配杀虫剂，具有触杀、胃毒作用。二者混配可相互补充，具有明显的增效作用。

剂型 15%可湿性粉剂、70%水分散粒剂。

应用技术 在稻飞虱低龄若虫始盛期施药，用15%可湿性粉剂24~36g/亩，或用70%水分散粒剂20~24g/亩均匀喷雾。

注意事项

① 对家蚕和蜜蜂高毒，蚕室和桑园附近禁止施药，周围开花植物花期禁用。

② 孕妇及哺乳期的妇女禁止接触本品。

③ 不能与呈碱性的农药等物质混用。

④ 建议与不同作用机制杀虫剂轮换使用，以延缓抗性产生。

⑤ 在水稻上的安全间隔期为14d，每季最多使用2次。

小菜蛾颗粒体病毒

（ *Plutella xylostella granulosis virus* ）

其他名称 环业二号。

理化性质 外观为均匀疏松粉末，制剂密度为2.6~2.7g/cm^3，pH 6~10，54℃保存14d活性降低率不小于80%。

毒性 急性LD$_{50}$（mg/kg）：经口3174.7；经皮>5000。

作用特点 小菜蛾颗粒体病毒感染小菜蛾后在其中肠中溶解，进入细胞核中复制、繁殖、感染细胞，使害虫生理失常，48h后可大量死亡。可长期造成施药地块的病毒水平传染和次代传染，对幼虫及成虫均有较好防效。对化学农药、苏云金杆菌已产生抗性的小菜蛾具有明显的防治效果，对天敌安全。

适宜作物　蔬菜。

防除对象　蔬菜害虫小菜蛾。

应用技术　以 300 亿 OB/mL 小菜蛾颗粒体病毒悬浮剂为例。

小菜蛾　在产卵高峰期施药，用 300 亿 OB/mL 小菜蛾颗粒体病毒悬浮剂 25～30g/亩均匀喷雾。

注意事项

① 本品不能与碱性物质和铜制剂及杀菌剂混用。

② 远离水产养殖区、河塘等水域施药，不要在河塘等水域清洗施药器械；桑园及蚕室附近禁用。

③ 施药时选择傍晚或阴天，避免阳光直射。

④ 建议与其他不同作用机理的杀虫剂轮用。

斜纹夜蛾核型多角体病毒

（Spodoptera litura nuclear polyhedrosis virus）

理化性质　病毒为杆状，伸长部分包围在透明的蛋白包涵体内。原药为黄褐色到棕色粉末，不溶于水。

作用特点　斜纹夜蛾核型多角体病毒是一种生物杀虫剂，具有胃毒作用，无内吸、熏蒸作用，毒性低，持效期长。

适宜作物　蔬菜。

防除对象　蔬菜害虫斜纹夜蛾。

应用技术　以 10 亿 PIB/mL 斜纹夜蛾核型多角体病毒悬浮剂、10 亿 PIB/g 斜纹夜蛾核型多角体病毒可湿性粉剂、200 亿 PIB/g 斜纹夜蛾核型多角体病毒水分散粒剂为例。

在斜纹夜蛾卵孵初期至 3 龄前幼虫发生高峰期施药，用 10 亿 PIB/mL 斜纹夜蛾核型多角体病毒悬浮剂 50～75g/亩均匀喷雾；或用 10 亿 PIB/g 斜纹夜蛾核型多角体病毒可湿性粉剂 40～50g/亩均匀喷雾；或用 200 亿 PIB/g 斜纹夜蛾核型多角体病毒水分散粒剂 3～4g/亩均匀喷雾。

注意事项

① 桑园及养蚕场所不得使用。

② 本品不能与强酸、碱性物质和铜制剂及杀菌剂混用。

③ 施药时选择傍晚或阴天，避免阳光直射。

④ 远离水产养殖区、河塘等水域施药，禁止在河塘等水域中清洗施药器具，不要在河塘等水域清洗施药器械；桑园及蚕室附近禁用。

⑤ 建议与其他不同作用机理的杀虫剂轮换使用。

⑥ 视害虫发生情况，每 7d 左右施药一次。

相关复配剂及应用

(1) 氟啶·斜纹核

主要活性成分　氟啶脲，斜纹夜蛾核型多角体病毒。

作用特点　本品是由氟啶脲和斜纹夜蛾核型多角体病毒复配而成的杀虫剂，主要用于防治十字花科蔬菜害虫斜纹夜蛾，对作物安全性高。

剂型　6 亿 PIB/mL 氟啶·斜纹核悬浮剂（氟啶脲 1.5%，斜纹夜蛾核型多角体病毒 6 亿 PIB/mL）。

应用技术　在斜纹夜蛾低龄幼虫高峰期用药，用 6 亿 PIB/mL 氟啶·斜纹核悬浮剂 40~70g/亩均匀喷雾。

注意事项

① 本品不能与碱性农药混用。

② 水产养殖区、河塘等水体附近禁止使用，禁止在河塘等水域清洗器具；桑田和蚕桑附近禁用；周围开花植物花期禁用。

③ 在十字花科蔬菜上的安全间隔期为 5d，每季最多使用 2 次。

(2) 高氯·斜夜核

主要活性成分　斜纹夜蛾核型多角体病毒，高效氯氰菊酯。

作用特点　本产品由斜纹夜蛾核型多角体病毒和高效氯氰菊酯为主要原料制成，对斜纹夜蛾有较好的防治作用。

剂型　高氯·斜夜核悬浮剂（斜纹夜蛾核型多角体病毒 1000 万 PIB/mL，高效氯氰菊酯 3%）。

应用技术　在斜纹夜蛾卵孵盛期或 3 龄前施药，用高氯·斜夜核悬浮剂 75~100g/亩均匀喷雾。

注意事项

① 本品不能与碱性物质混用，以免分解失效。

② 本品对水生动物、蜜蜂、蚕有毒，开花植物花期、蚕室和桑园附近禁用；远离水产养殖区施药，禁止在河塘等水体中清洗施药器具。

③ 在甘蓝上的安全间隔期为 7d，每季施药不超过 3 次。

辛硫磷

（phoxim）

$$C_{12}H_{15}N_2O_3PS, 298.18, 14816-18-3$$

化学名称 O,O-二乙基-O-(α-氰基亚苯胺基氧)硫代磷酸酯。

其他名称 肟硫磷、倍腈磷、倍腈松、腈肟磷、地虫杀星、Baythion、Valaxon、Phoxime、Volaton、Bayer77488、BaySRA7502、Bay5621。

理化性质 黄色透明液体，熔点 5～6℃；溶解度（20℃）：水 700mg/kg，二氯甲烷＞500g/kg，异丙醇＞600g/kg；蒸馏时分解，在水和酸性介质中稳定；工业品原药为浅红色油状液体。

毒性 原药大白鼠急性经口 LD_{50}（mg/kg）：2170（雄）、1976（雌）；以 15mg/kg 剂量饲喂大白鼠两年，无异常现象；对蜜蜂有毒。

作用特点 辛硫磷为乙酰胆碱酯酶抑制剂。当害虫接触药液后，神经异常兴奋，肌肉抽搐，最终导致死亡。辛硫磷为高效低毒的杀虫剂，以触杀和胃毒作用为主，无内吸作用，杀虫谱广，击倒力强，对鳞翅目幼虫很有效。在田间使用，因对光不稳定，很快分解失效，所以残效期很短，残留危害性极小，叶面喷雾一般残效期为 2～3d，但该药施入土中，残效期很长，可达 1～2 个月。

适宜作物 花生、小麦、玉米、水稻、棉花、甘蔗、十字花科蔬菜、山药、苹果、茶树、烟草、桑树、林木等。

防除对象 花生地下害虫如蛴螬、金针虫、蝼蛄、地老虎等；小麦地下害虫如金针虫、蝼蛄、蛴螬等；玉米害虫如玉米螟等；水稻害虫如三化螟、稻纵卷叶螟等；棉花害虫如棉蚜等；甘蔗害虫如蔗龟等；蔬菜害虫如菜青虫、韭蛆等；果树害虫如桃小食心虫等；烟草、茶树和桑树害虫如各种食叶类害虫等；卫生害虫如蝇等。

应用技术 以 3%、5% 颗粒剂，15%、40%、70% 乳油，20% 微乳剂为例。

（1）花生害虫防治　防治花生地下害虫，花生播种时用 5% 颗粒剂 4.2～4.8kg/亩拌细土沟施，施用后应及时覆土。

（2）小麦害虫防治　防治小麦地下害虫，小麦播种前耕地时每亩用

3%颗粒剂 3～4kg/亩加细土或细沙 15～20kg 沟施。

（3）玉米害虫防治　防治玉米螟，用 3%颗粒剂加细沙或炉渣 2～4 倍拌匀，于玉米心叶期施入喇叭口中，对玉米螟有良好的防治效果。

（4）水稻害虫防治

① 三化螟　在分蘖期和孕穗至破口露穗期当发现田间有枯心苗或白穗时施药，用 40%乳油 100～125g/亩喷雾。

② 稻纵卷叶螟　在卵孵盛期至低龄幼虫期施药，用 20%微乳剂 250～300g/亩兑水喷雾，重点喷稻株中上部。

施药期间田间保持 3～5cm 的水层 3～5d。

（5）防治棉花害虫

① 棉铃虫　在卵孵盛期或低龄幼虫钻蛀前施药，用 40%乳油 37.5～50g/亩均匀喷雾。

② 棉蚜　在蚜虫始盛期施药，用 40%乳油 30～40g/亩均匀喷雾。

（6）防治甘蔗害虫　甘蔗下种时施药，用 5%颗粒剂 3.6～4.8kg/亩均匀撒施于种植沟内，及时覆盖土，可有效防治蔗龟。土壤保持湿润效果更佳。

（7）防治蔬菜害虫

① 菜青虫　在 2～3 龄幼虫盛发时施药，用 40%乳油 50～75g/亩均匀喷雾。

② 韭蛆　当发现韭菜叶尖发黄、植株零星倒伏，并扒出韭蛆幼虫时施药，用卸去旋水片的手动喷雾器将 70%乳油 350～570g/亩兑水顺垄喷入韭菜根部；也可以随灌溉水施药。

（8）防治果树害虫　在桃小食心虫卵果率达 1%时开始防治，用 40%乳油 1000～2000 倍均匀喷雾。7～10d 喷雾一次，可连续用药 2～3 次。亦可用该剂 500 倍液在 6 月上中旬的雨后向苹果树盘下喷雾，防效良好。

（9）防治烟草害虫　在烟草食叶害虫卵孵盛期或低龄幼虫期施药，用 40%乳油 50～100g/亩均匀喷雾。

（10）防治茶、桑害虫　在茶树、桑树的食叶害虫卵孵盛期或低龄幼虫期施药，用 40%乳油 1000～2000 倍液均匀喷雾。

（11）防治卫生害虫　用 15%乳油兑水 50 倍，按 $10g/m^2$ 喷洒，可有效防治蝇类卫生害虫。

注意事项

① 不能和碱性物质混合使用。

② 辛硫磷在光照条件下易分解，所以田间喷雾最好在傍晚或阴天施用。

③ 对鱼类等水生生物、蜜蜂、家蚕有毒，施药期间应避免对周围蜂群的影响；蜜源作物花期、蚕室和桑园附近禁用；远离水产养殖区施药；禁止在河塘等水体中清洗施药器具。

④ 烟叶、瓜类苗期、大白菜秧苗、莴苣、甘蔗、高粱、甜菜、玉米和某些樱桃品种对该药较敏感，施药时应避免药液飘移到上述作物上，以防产生药害。

⑤ 加水稀释后应一次用完，应现配现用。

⑥ 大风天或预计 1h 内降雨请勿施药。

⑦ 建议与其他作用机制的农药轮换使用。

⑧ 在花生地下害虫使用上的安全间隔期为 28d，每季最多施药 1 次；在水稻上的安全间隔期为 14d，每季最多不超过 2 次；在棉花上的安全间隔期为 14d，每季最多使用 3 次；在甘蓝、萝卜上的安全间隔期为 7d，每季最多 3 次；在韭菜上的安全间隔期为 14d，每季最多使用 1 次；在苹果树上的安全间隔期为 14d，每季最多使用 3 次；在茶树上的安全间隔期为 6d，每季最多使用 1 次；在烟草上的安全间隔期为 5d，每季最多使用 2 次。

相关复配剂及应用

（1）甲维·辛硫磷

主要活性成分 辛硫磷，甲氨基阿维菌素苯甲酸盐。

作用特点 为有机磷类杀虫剂辛硫磷和生物源杀虫剂甲维盐的复配制剂。前者以触杀和胃毒为主，击倒力较强；后者以胃毒为主，具有优良的渗透能力，可有效渗入作物表皮组织，对虫卵也有一定的杀伤作用。宜在害虫幼虫早期施药。

剂型 15%、21%乳油。

应用技术

① 美国白蛾 在卵孵盛期至低龄幼虫期施药，用 15%乳油 1000～2000 倍液树上喷雾。

② 小菜蛾 在低龄幼虫盛期施药，用 21%乳油 85～90g/亩喷雾防治。

注意事项

① 不可与碱性农药等物质混用。

② 对蜜蜂有毒，在开花植物花期禁用，施用期间应避免对周围蜂

群的影响；赤眼蜂等天敌放飞区域、鸟类保护区和蚕室及桑园附近禁用；对鱼高毒，水产养殖区禁用。

③ 高梁、黄瓜、菜豆和甜菜等作物对该药敏感，施药时应避免药液飘移到上述作物上，以防产生药害。

④ 大风或预计1h内降雨请勿施药。

⑤ 建议与不同作用机制的杀虫剂轮换使用，以延缓害虫抗性的产生。

⑥ 在十字花科蔬菜甘蓝上的安全间隔期为7d，每季最多使用2次。

（2）阿维·辛硫磷

主要活性成分 辛硫磷，阿维菌素。

作用特点 为有机磷类杀虫剂辛硫磷和大环内酯类杀虫剂阿维菌素的复配制剂，以触杀和胃毒为主，对虫卵也有 定的杀伤作用。辛硫磷速效，但持效短；阿维菌素慢效，但持效长。阿维·辛硫磷兼具二者优点，对害虫有良好的杀伤效果。

剂型 15%微乳剂，20%乳油。

应用技术

① 小菜蛾 在低龄幼虫盛期施药，用20%乳油50～80g/亩均匀喷雾。

② 菜青虫 在低龄幼虫盛期施药，用15%微乳剂60～80g/亩均匀喷雾。

注意事项

① 不能与碱性药剂混用。

② 对光稳定性差，田间喷雾最好在傍晚进行。

③ 对蜜蜂有毒，不要在开花期施用；对鱼高毒，应远离水产养殖区；蚕室及桑园附近禁用；周围开花植物花期禁用；赤眼蜂等天敌放飞区域禁用。

④ 高梁、黄瓜、菜豆和甜菜等对有效成分辛硫磷敏感，应避免药液飘移到上述作物上产生药害。

⑤ 大风天或预计1h内降雨请勿施药。

⑥ 为减缓害虫的抗药性，建议与其他农药轮换使用。

⑦ 在甘蓝上的安全间隔期为21d，每季最多使用2次。

（3）除脲·辛硫磷

主要活性成分 辛硫磷，除虫脲。

作用特点 为有机磷类杀虫剂辛硫磷与苯甲酰脲类昆虫生长调节剂

除虫脲的复配制剂，具有触杀和胃毒作用，无内吸作用，但击倒较迅速，药效较持久。主要用于十字花科蔬菜菜青虫的防治。

剂型 20％乳油。

应用技术 在菜青虫2～3龄幼虫盛期施药，用20％乳油30～40g/亩兑水45～50kg均匀喷雾。

注意事项

① 不可与碱性物质混用。

② 对蜜蜂、鱼类等水生生物、家蚕有毒，施药期间应避免对周围蜂群的影响；蜜源作物花期、蚕室和桑园附近禁用。远离水产养殖区施药，禁止在河塘等水体中清洗施药器具。

③ 高粱、黄瓜、菜豆、甜菜等对有效成分辛硫磷敏感，施药时应避免药液飘移到上述作物上。

④ 大风天或预计1h内降雨请勿施药。

⑤ 建议与其他作用机制不同的杀虫剂轮换使用，以延缓抗性产生。

⑥ 在十字花科蔬菜甘蓝上的安全间隔期为7d，每季最多使用3次。

（4）氟铃·辛硫磷

主要活性成分 辛硫磷，氟铃脲。

作用特点 为有机磷类杀虫剂辛硫磷与苯甲酰脲类昆虫生长调节剂氟铃脲的复配制剂，对害虫有胃毒和触杀作用。辛硫磷抑制昆虫神经乙酰胆碱酯酶，具有速效性；氟铃脲抑制昆虫表皮几丁质的合成，具有持效性。

剂型 15％、20％、21％乳油。

应用技术

① 小菜蛾 在低龄幼虫盛期施药，用20％乳油50～60/亩均匀喷雾。喷雾最好在傍晚施用。

② 甜菜夜蛾 在十字花科蔬菜上当低龄幼虫盛发时施药，用21％乳油130～160g/亩均匀喷雾。

③ 棉铃虫 在卵孵盛期至低龄幼虫期施药，用15％乳油75～100g/亩均匀喷雾。

注意事项

① 勿与碱性农药混用。

② 对蜜蜂、家蚕、鱼有毒，施药要避开植物、桑园和鱼塘。

③ 白菜、黄瓜、菜豆、甜菜和高粱等品种对该药剂敏感，易产生药害，使用时注意。

④ 在光照条件下易降解，田间喷雾宜在傍晚。

⑤ 大风天或预计 1h 内降雨请勿施药。

⑥ 建议与其他作用机制不同的杀虫剂轮换使用，以延缓害虫抗性的产生。

⑦ 甘蓝收获前 7d 禁用，每季最多用 2 次；在棉花上的安全间隔期为 21d，每季最多用 3 次。

（5）虫酰·辛硫磷

主要活性成分 辛硫磷，虫酰肼。

作用特点 为有机磷类农药辛硫磷和非甾族类昆虫生长调节剂虫酰肼的混配杀虫剂。前者主要作用于害虫的乙酰胆碱酯酶；后者可使昆虫产生脱皮反应，失水死亡。二者相互协调，对甜菜夜蛾有良好的杀灭作用。

剂型 20％乳油。

应用技术 大白菜上当甜菜夜蛾低龄幼虫盛期施药，用 20％乳油 80～100g/亩均匀喷雾。

注意事项

① 不宜与碱性农药混用。

② 辛硫磷遇光易分解，田间使用最好在傍晚或阴天进行，以免分解失效。

③ 对鱼类有毒，对蜜蜂、家蚕具有极高风险性。开花植物花期禁用；桑蚕养殖区禁用；赤眼蜂等天敌放飞区域禁用；鱼或虾蟹套养稻田禁用；鸟类保护区禁用；远离水产养殖区等水体施药。

④ 黄瓜、菜豆、甜菜和高粱等对有效成分辛硫磷敏感，应避免药液飘移到上述作物中。

⑤ 大风天或预计 1h 内有雨请勿施药。

⑥ 建议与其他作用机制不同的杀虫剂轮换使用，以延缓害虫抗性的产生。

⑦ 在大白菜上的安全间隔期为 7d，每季最多用 3 次。

（6）吡虫·辛硫磷

主要活性成分 辛硫磷，吡虫啉。

作用特点 为有机磷类杀虫剂辛硫磷和新烟碱类杀虫剂吡虫啉的复合制剂，具有较强的触杀和内吸作用，可破坏昆虫正常的神经系统，击倒速度较快，对咀嚼式口器和刺吸式口器的害虫均有效。

剂型 20％、22％、25％、30％乳油。

应用技术

① 稻飞虱　在低龄若虫始盛期施药，用 25％乳油 80～100g/亩兑水喷雾，重点是稻株中下部叶丛和茎秆。田间保持水层 3～5cm 深，保水 3～5d。

② 菜蚜　当蚜虫在始盛期时施药，用 25％乳油 50～60g/亩均匀喷雾。

③ 棉蚜　当蚜虫在始盛期时施药，用 30％乳油 15～20g/亩均匀喷雾。北方春棉应在 5 月中下旬蚜虫从越冬寄主上迁移到棉花上的时候适时喷布，以防蚜虫定居。

④ 棉铃虫　在卵孵盛期至低龄幼虫期施药，用 20％乳油 100～120g/亩均匀喷雾。

⑤ 花生蛴螬　花生开花期施药，用 22％乳油 450～600g/亩兑细沙20kg 均匀配成毒土，行间开沟撒施，施后及时覆土。

⑥ 韭蛆　将所需的 20％乳油倒入容器内，按用药量 500～750g/亩用水稀释，搅拌均匀。稀释后的药液浇灌作物根部；或将喷雾器去掉旋水片后顺垄浇施。

注意事项

① 勿与碱性物质混用。

② 对蜜蜂、家蚕及鱼类有毒，使用时应注意对蜜蜂、家蚕的影响；远离鱼塘等水产养殖区。

③ 高粱、黄瓜、菜豆和甜菜等对有效成分辛硫磷敏感，避免药液飘移到上述作物上。

④ 该药在光照条件下易分解，田间喷雾最好在傍晚施用。

⑤ 下雨前、大风天气、气温高（30℃以上）时请勿喷药。

⑥ 在水稻上的安全间隔期为 15d，每季最多使用 2 次；在叶菜甘蓝上的安全间隔期为 7d，每季最多使用 2 次；在棉花上的安全间隔期为15d，每季最多使用 2 次；在花生整个生长季节只能在开花期使用 1 次；在韭菜上的安全间隔期为 10d，每季最多使用 2 次。

（7）啶虫·辛硫磷

主要活性成分　辛硫磷，啶虫脒。

作用特点　为辛硫磷和啶虫脒的混配制剂，具有触杀、胃毒和较强的渗透作用，对刺吸式害虫苹果绣线菊蚜、小麦蚜虫及蔬菜白粉虱有良好的防治效果。

剂型　20％乳油。

应用技术

① 绣线菊蚜　在蚜虫发生始盛期施药，用20％乳油1500～2000倍液均匀喷雾。

② 麦蚜　在蚜虫发生始盛期施药，用20％乳油25～35g/亩均匀喷雾。

③ 白粉虱　在低龄若虫发生始盛期施药，用20％乳油30～50g/亩均匀喷雾。

注意事项

① 不可与碱性农药等物质混合使用。

② 对蜜蜂、鱼类等水生生物、家蚕有毒，施药期间应避免对周围蜂群的影响；开花植物花期、蚕室和桑园附近禁用。远离水产养殖区施药，禁止在河塘等水体中清洗施药器具。

③ 高粱、黄瓜、菜豆和甜菜等对有效成分辛硫磷敏感，避免药液飘移到上述作物上。

④ 大风天或预计1h内降雨请勿施药。

⑤ 建议与其他作用机制不同的杀虫剂轮换使用。

⑥ 在苹果树上的安全间隔期为20d，每季最多使用1次；在小麦上的安全间隔期为20d，每季最多使用2次；在十字花科蔬菜甘蓝上的安全间隔期为7d，每季最多使用2次。

(8) 哒螨·辛硫磷

主要活性成分　辛硫磷，哒螨灵。

作用特点　为辛硫磷和哒螨灵的混配制剂，具有触杀、胃毒作用，较单剂有明显增效，对柑橘、苹果红蜘蛛有良好的效果。

剂型　20％乳油。

应用技术

① 柑橘树红蜘蛛　当柑橘上螨达到2～3头/叶时施药，用20％乳油1500～2000倍液均匀喷雾。

② 苹果树红蜘蛛　当苹果上螨达到2～3头/叶时施药，用20％乳油1500～2000倍液均匀喷雾。

注意事项

① 不可与碱性农药等物质混用。

② 哒螨·辛硫磷在光照条件下易分解，田间喷雾最好在傍晚施用。

③ 对鱼、蜜蜂、蚕毒性较高，应避免污染水塘、河道或沟渠；蜜源作物花期禁用；鸟类保护区、蚕室及桑园区域慎用。

④ 黄瓜、菜豆、甜菜、高粱等对有效成分辛硫磷敏感，不慎使用会引起药害。

⑤ 大风天或预计 1h 内降雨勿施药。

⑥ 建议与其他作用机制不同的杀螨剂交替使用。

⑦ 在柑橘上的安全间隔期为 20d，每季最多使用 2 次；在苹果上的安全间隔期为 14d，每季最多使用 2 次。

（9）氯氰•辛硫磷

主要活性成分 辛硫磷，氯氰菊酯。

作用特点 辛硫磷是一种有机磷杀虫剂，作用机理是抑制昆虫的乙酰胆碱酯酶活性，造成胆碱能神经末梢释放的化学递质乙酰胆碱不能被及时水解而大量积聚，导致胆碱能神经过度兴奋致死。主要以触杀和胃毒作用为主；氯氰菊酯属拟除虫菊酯类农药，主要影响害虫神经膜的透性，改变钠离子通道，干扰害虫的神经传导，使害虫痉挛、麻痹而死亡。

剂型 20％、24％、40％乳油。

应用技术

① 棉铃虫 在卵孵盛期至低龄幼虫期施药，用 20％乳油 70～100g/亩均匀喷雾。

② 棉蚜 当蚜虫在始盛期时施药，用 20％乳油 70～100g/亩均匀喷雾。

③ 麦蚜 当蚜虫在始盛期时施药，用 24％乳油 40～70g/亩均匀喷雾。

④ 玉米螟 在卵孵盛期到幼虫咬食心叶时施药，用 24％乳油 60～80g/亩兑水向喇叭口喷施。

⑤ 甜菜夜蛾 在卵孵盛期至低龄幼虫期施药，用 20％乳油 80～100g/亩朝大豆正反叶均匀喷雾。

⑥ 菜青虫 在 2～3 龄幼虫发生盛期施药，用 40％乳油 40～50g/亩均匀喷雾。

⑦ 小菜蛾 在低龄幼虫盛期施药，用 20％乳油 50～75g/亩均匀喷雾。

⑧ 菜蚜 在蚜虫发生始盛期施药，用 20％乳油 50～75g/亩均匀喷雾。

⑨ 桃小食心虫 在卵果率达到 1％时施药，用 20％乳油 1000～1500 倍液向树上喷雾，重点是未套袋的果实。

⑩ 茶尺蠖 在卵孵盛期至低龄幼虫期施药，用 24％乳油 60～80g/亩均匀喷雾。

注意事项

① 不可与碱性农药等物质混合使用。

② 对蜜蜂、鱼类等水生生物、家蚕有毒，施药期间应避免对周围蜂群的影响；蜜源作物花期、蚕室和桑园附近禁用。远离水产养殖区施药，禁止在河塘等水体中清洗施药器具。该药在应用浓度范围内，对蚜虫的天敌七星瓢虫的卵、幼虫和成虫有杀伤作用，用药时应注意。

③ 高粱、黄瓜、菜豆对有效成分辛硫磷敏感，施药时应避免药液飘移到上述作物上，防止产生药害。

④ 大风天或预计 1h 内降雨不要施药。

⑤ 建议与其他作用机制不同的杀虫剂轮换使用，以延缓抗性产生。

⑥ 在棉花上的安全间隔期为 15d，每季最多使用 3 次；在小麦上的安全间隔期为 31d，每季最多使用 2d；在玉米上的安全间隔期为 32d，每季最多使用 2 次；在大豆上的安全间隔期为 7d，每季最多使用 1 次；在甘蓝上的安全间隔期为 7d；每季作物最多使用 3 次；苹果上安全间隔期为 21d，每季最多使用 3 次。在茶树上的安全间隔期为 7d，每季最多使用 1 次。

（10）高氯·辛硫磷

主要活性成分 辛硫磷，高效氯氰菊酯。

作用特点 为有机磷类农药辛硫磷和拟除虫菊酯类农药高效氯氰菊酯的复合制剂，为非内吸杀虫剂，具有触杀和胃毒作用，兼有一定的熏蒸作用，对刺吸式口器和咀嚼式口器的害虫具有防治作用，对鳞翅目幼虫效果较好，但对螨类无效。

剂型 20％、35％乳油，21％可溶液剂。

应用技术

① 菜青虫 在 2～3 龄幼虫发生期施药，用 20％乳油 40～60g/亩均匀喷雾。

② 棉铃虫 在卵孵盛期至低龄幼虫期施药，用 20％乳油 60～80g/亩均匀喷雾。视虫害发生情况，每 7～10d 施药一次，可连续用药 2～3 次。

③ 甜菜夜蛾 在卵孵盛期至低龄幼虫盛期施药，用 20％乳油 80～100g/亩均匀喷雾。视虫害发生情况，每 7～10d 施药一次，可连续用药

2 次。

④ 桃小食心虫　在卵果率达到 1% 时施药，用 35% 乳油 1000～2000 倍液向树上喷雾，重点是未套袋的果实。每 7～10d 施药一次，可连续用药 3 次。

⑤ 蚊、蝇　用 21% 可溶液剂稀释 200 倍，按 $0.3g/m^2$，将药液喷洒于绿化带、广场、水沟等室外害虫发生场所。

注意事项

① 不要与碱性农药混用或前后紧接使用。

② 对水生动物、蜜蜂、蚕有毒，使用时不可污染水域及饲养蜂蚕场地、瓢虫等天敌放飞区。

③ 高粱、黄瓜、菜豆和甜菜等对有效成分辛硫磷敏感，不慎使用会引起药害，应按已登记作物规定的使用量施用。

④ 该药在光照条件下易分解，所以田间喷雾最好在傍晚施用。

⑤ 在甘蓝上的安全间隔期为 7d，每季最多使用 2 次；在棉花上的安全间隔期为 15d，每季最多使用 3 次；在大豆上的安全间隔期为 14d，每季最多施药 2 次；在苹果上的安全间隔期为 21d，每季最多使用 3 次。

(11) 氰戊·辛硫磷

主要活性成分　辛硫磷，氰戊菊酯。

作用特点　为有机磷类农药辛硫磷与拟除虫菊酯类农药氰戊菊酯的复配杀虫剂，具有胃毒、触杀作用，对害虫作用快，击倒力强。

剂型　16%、30%、40% 乳油。

应用技术

① 棉铃虫　在卵孵盛期至低龄幼虫钻蛀前施药，用 30% 乳油 60～80g/亩均匀喷雾。

② 棉蚜　在蚜虫始盛期时施药，用 30% 乳油 33～50g/亩均匀喷雾。

③ 麦蚜　在蚜虫始盛期时施药，用 30% 乳油 25～35g/亩均匀喷雾。

④ 菜青虫　在低龄幼虫盛发期施药，用 16% 乳油 70～100g/亩均匀喷雾。

⑤ 桃小食心虫　当苹果上卵果率达到 1% 时施药，用 40% 乳油 1000～2000 倍液树上喷雾。

注意事项

① 茶树、桑树上禁用。

② 不可与碱性农药等物质混合使用。

③ 对家蚕、鱼、虾毒性高，桑园及养殖区禁用。

④ 高粱、黄瓜、菜豆等作物对有效成分辛硫磷敏感，应避免药液飘移到上述作物上。

⑤ 在光照下易分解，药液应随配随用，适宜施药时间为傍晚前后。

⑥ 预计 1h 内降雨请勿施药。

⑦ 在棉花上安全间隔期为 21d，每季最多使用 2 次；在小麦上的安全间隔期为 10d，每季最多使用 4 次；在甘蓝上的安全间隔期为 14d，每季最多使用 2 次；在苹果树上的安全间隔期为 14d，每季最多使用 3 次。

（12）甲氰·辛硫磷

主要活性成分 辛硫磷，甲氰菊酯。

作用特点 为有机磷类农药辛硫磷与拟除虫菊酯类农药甲氰菊酯的复配杀虫剂，以触杀和胃毒为主，击倒快，作用迅速。两种有效成分作用机理不同，因此可有效地杀伤害虫并延缓抗药性的产生。

剂型 12%、25%、33%乳油。

应用技术

① 菜青虫　在低龄幼虫盛发期施药，用 25%乳油 25～50g/亩均匀喷雾处理。

② 棉铃虫　在卵孵盛期至低龄幼虫期施药，用 25%乳油 60～100g/亩均匀喷雾。

③ 棉花红蜘蛛　棉花上平均每片叶子有叶螨 3～5 头时施药，用 33%乳油 25～33g/亩均匀透彻喷雾处理；苹果上每片叶子发现有叶螨 2～3 头时施药，用 25%乳油 1000～1500 倍喷雾处理。

④ 桃小食心虫　当苹果上卵果率达到 1%时施药，用 12%乳油 1500～2000 倍喷雾，喷雾的重点是果实。

⑤ 蚜虫　当苹果树上蚜虫在始盛期时施药，用 25%乳油 800～1200 倍均匀喷雾。

⑥ 茶尺蠖　在卵孵盛期至低龄幼虫期施药，用 25%乳油 20～30g/亩均匀喷雾。

注意事项

① 不可与碱性农药等物质混用。

② 对蜜蜂、鱼类等水生生物、家蚕有毒，施药期间应避免对周围蜂群的影响；蜜源作物花期、蚕室和桑园附近禁用；远离水产养殖区施药；禁止在河塘等水体中清洗施药器具。

③ 高粱、黄瓜、菜豆、甜菜等作物对有效成分辛硫磷敏感，避免药液飘移到上述作物上产生药害。

④ 大风天或预计 1h 内降雨请勿施药。

⑤ 建议与其他作用机制不同的杀虫剂轮换使用。

⑥ 在甘蓝上的安全间隔期为 7d，每季最多使用 3 次；在萝卜上的安全间隔期为 7d，每季最多使用 3 次；在油菜上的安全间隔期为 14d，每季最多使用 3 次；在小白菜上的安全间隔期为 21d，每季最多使用 2 次；十字花科最后一次施药至作物收获时允许间隔天数不少于 7d；在棉花上的安全间隔期为 14d，每季最多使用 3 次；在苹果树上的安全间隔期为 30d，每季最多使用 3 次；在茶树上的安全间隔期为 7d，每季节最多使用 1 次。

（13）溴氰·辛硫磷

主要活性成分 辛硫磷，溴氰菊酯。

作用特点 为有机磷类杀虫剂辛硫磷和拟除虫菊酯类杀虫剂溴氰菊酯的复配制剂，具有触杀、胃毒和一定的驱避、拒食作用；对害虫击倒速度快，触杀效果明显。

剂型 25%、50%乳油。

应用技术

① 棉铃虫 在卵孵盛期至低龄幼虫期施药，用 25%乳油 1200～1500 倍液均匀喷雾。对大龄虫可适当增加浓度。视虫情每隔 10d 左右喷一次，可连续 2～3 次。

② 棉蚜 在蚜虫始盛期施药，用 50%乳油 20～25g/亩均匀喷雾。

注意事项

① 不宜与碱性物质混用，以免分解失效。

② 对鱼类等水生生物、家蚕、蜜蜂有毒，施药时应避免对周围蜜蜂的影响；蜜源作物花期、蚕室和桑园附近禁用；远离水产养殖区域施药，禁止在河塘等水体中清洗施药器具。

③ 高粱、黄瓜、菜豆和甜菜对该药剂敏感，施药时应避免药液飘移到上述作物上，以防产生药害。

④ 施药时间最好在早上 10 时前或下午 4 时后。

⑤ 建议与其他机制不同的杀虫剂轮换使用，以延缓抗性的产生。

⑥ 在棉花上的安全间隔期为 15d，每季最多使用 3 次。

（14）丙溴·辛硫磷

主要活性成分　辛硫磷，丙溴磷。

作用特点　为两种有机磷杀虫剂辛硫磷和丙溴磷的复配制剂，是一种高渗透性的杀虫剂，作用机制是抑制昆虫体内的乙酰胆碱酯酶，使害虫剧烈抽搐而死亡。具有较强的触杀、胃毒作用，击倒速度快。

剂型　24%、25%、35%、40%乳油。

应用技术

① 棉铃虫　在卵孵盛期至低龄幼虫期施药，用 35%乳油 70～100g/亩均匀喷雾。用药时，应在上午 10 点以前，下午 4 时以后施药。

② 菜青虫　在低龄幼虫盛发时施药，用 24%乳油 30～40g/亩均匀喷雾。

③ 甜菜夜蛾　甘蓝上在低龄幼虫盛发时施药，可用 40%乳油 50～70g/亩均匀喷雾。

④ 苹果蚜虫　在蚜虫为害始盛期施药，用 25%乳油 1000～2000 倍液均匀喷雾。

⑤ 稻纵卷叶螟　在卵孵盛期至低龄幼虫期施药，用 25%乳油 80～100g/亩均匀喷雾。

⑥ 稻飞虱　在低龄若虫为害盛期施药，用 25%乳油 50～70g/亩兑水喷雾，重点为水稻的中下部叶丛及茎秆。田间要保持 3～5cm 的水层 3～5d。

⑦ 二化螟　在卵孵始盛期至高峰期施药，用 25%乳油 85～100g/亩兑水朝稻基部水面附近重点喷雾。田间保持水层 3～5cm 深，保水 3～5d。

⑧ 三化螟　在分蘖期和孕穗至破口露穗期当发现田间有枯心苗或白穗时施药，用 40%乳油 100～120g/亩均匀喷雾。施药期间田间保持 3～5cm 的水层 3～5d。

注意事项

① 茶叶上禁用该药。

② 不能与碱性农药等物质混用，或前后紧接着使用。

③ 避开蜜蜂、家蚕、水生生物养殖区等敏感区域使用。

④ 高粱、黄瓜、菜豆和甜菜等对有效成分辛硫磷敏感，应注意施

药飘移问题。

⑤ 该药在光照条件下易分解，田间喷雾最好在傍晚施用。

⑥ 大风天或预计 1h 内降雨请勿施药。

⑦ 建议与其他作用机制不同的杀虫剂轮换使用。

⑧ 在棉花上的安全间隔期为 21d，每季最多使用 2 次；在甘蓝上的安全间隔期 21d，每季最多使用 2 次；在水稻上的安全间隔期为 21d，每季最多使用 2 次；在苹果上的安全间隔期为 60d，每季最多使用 1 次。

（15）马拉·辛硫磷

主要活性成分　辛硫磷，马拉硫磷。

作用特点　为两种有机磷类杀虫剂辛硫磷和马拉硫磷的复配制剂，具有触杀、胃毒和一定的熏蒸作用，能迅速进入害虫体内，抑制害虫体内的乙酰胆碱酯酶，对于防治多种害虫有良好的效果。

剂型　25％乳油。

应用技术

① 棉铃虫　在卵孵盛期至低龄幼虫期施药，用 25％乳油 70～80g/亩均匀喷雾。视虫害发生情况，每隔 3～5d 施药一次，可连续施药 3 次。

② 棉盲蝽　在低龄若虫盛发期施药，用 25％乳油 80～100g/亩均匀喷雾。

③ 稻纵卷叶螟　在卵孵盛期至低龄幼虫期施药，用 25％乳油 80～100g/亩均匀喷雾。

④ 二化螟　在卵孵始盛期至高峰期施药，用 25％乳油 90～100g/亩兑水喷雾，重点是靠近水面 6～10cm 的地方。田间保持水层 3～5cm 深，保水 3～5d。

⑤ 麦蚜　在蚜虫发生始盛期施药，用 25％乳油 50～70g/亩均匀喷雾。

⑥ 菜青虫　在低龄幼虫盛发期施药，用 25％乳油 50～70g/亩均匀喷雾。

⑦ 根蛆　大蒜上根蛆初发时施药，用 25％乳油 750～1000g/亩兑水灌根。

注意事项

① 不可与呈强酸、强碱的农药等性物质混用。

② 对蜜蜂、鱼类及捕食螨、寄生蜂等天敌昆虫高毒，不宜在蜜源

植物上使用。

③ 辛硫磷易分解，宜在傍晚施药。

④ 高粱、黄瓜、菜豆和甜菜等对有效成分辛硫磷敏感，不慎使用会引起药害。

⑤ 对蚜虫的天敌七星瓢虫的卵、幼虫和成虫均有强烈的杀伤作用，用药时应注意。

⑥ 大风天或预计 1h 内降雨请勿施药。

⑦ 为了减缓害虫抗药性，请注意与其他不同作用机制的农药轮换使用。

⑧ 在棉花上的安全间隔期为 14d，每季最多用 3 次；在水稻上的安全间隔期为 15d，每季最多用 3 次；在小麦上的安全间隔期为 20d，每季最多用 3 次；在萝卜、甘蓝上的安全间隔期为 10d，每季最多用 2 次；在油菜上的安全间隔期为 14d，每季最多用 3 次；在大蒜上的安全间隔期为 28d，每季最多用 1 次。

(16) 二嗪·辛硫磷

主要活性成分　辛硫磷，二嗪磷。

作用特点　为两种有机磷类农药辛硫磷和二嗪磷的复配杀虫剂，具有触杀、胃毒和熏蒸的作用，对水稻螟虫有良好的防治效果。

剂型　16％、40％乳油。

应用技术

① 二化螟　在水稻分蘖末期卵孵始盛期至高峰期施药，用 40％乳油 90～100g/亩重点朝水稻中下部喷雾。田间保持水层 3～5cm 深，保水 3～5d。

② 三化螟　在分蘖期和孕穗至破口露穗期当发现田间有枯心苗或白穗时施药，用 16％乳油 225～250g/亩均匀喷雾。田间要保持 3～5cm 的水层 5～7d。

注意事项

① 勿与碱性农药混合。

② 宜在傍晚或阴天进行，以免在光照条件下分解失效。

③ 对蜜蜂、家蚕、鱼类、鸟类有毒，施药期间应避开蜜源作物花期；蚕室和桑园附近禁用；远离水产养殖区施药，禁止在池塘等水源中清洗施药器具；注意对鸟类的影响。在应用浓度范围内，对蚜虫的天敌七星瓢虫的卵、幼虫和成虫均有强烈的杀伤作用，用药时应注意。

④ 高粱、黄瓜、菜豆和甜菜等对有效成分辛硫磷较为敏感，使用

时应注意药液的飘移，防止产生药害。

⑤ 大风天或预计 1h 内降雨请勿施药。

⑥ 建议与不同作用机制的杀虫剂轮换使用。

⑦ 在水稻上的安全间隔期为 30d，每季最多使用 2 次。

（17）三唑·辛硫磷

主要活性成分 辛硫磷，三唑磷。

作用特点 为两种有机磷类农药辛硫磷和三唑磷的复配杀虫剂，具有触杀、胃毒和渗透作用。三唑·辛硫磷作用于害虫神经系统，对防治水稻二化螟有良好的效果。宜在二化螟幼虫早期施药。

剂型 20％乳油。

应用技术 在水稻分蘖末期卵孵始盛期至高峰期施药，用 20％乳油 120～160g/亩重点朝水稻中下部喷雾。田间保持水层 3～5cm 深，保水 3～5d。视虫害发生情况，每 10d 左右施药一次，可连续用药 2 次，可有效防治二化螟。

注意事项

① 禁止在蔬菜上使用。

② 不能与碱性物质混用。

③ 蜂场、桑园、蚕场附近禁用；周围蜜源作物花期禁用；施药后的田水不可马上排入鱼塘等水源，禁止在河塘水域清洗施药器具；鸟类保护区禁用。

④ 辛硫磷易光解，喷雾时注意防晒。

⑤ 甘蔗、高粱、玉米、甜菜等对该药剂敏感，不慎使用会引起药害。

⑥ 大风天或预计 1h 内降雨请勿施药。

⑦ 在水稻上的安全间隔期为 30d，每季最多使用 2 次。

（18）敌百·辛硫磷

主要活性成分 敌百虫，辛硫磷。

作用特点 为两种有机磷农药敌百虫和辛硫磷的复配杀虫剂，为胆碱酯酶抑制剂，具有快速触杀和胃毒作用，可杀死多种害虫。宜在幼虫早期施药。

剂型 30％、40％、50％乳油。

应用技术

① 二化螟 在卵孵始盛期至高峰期施药，用 30％乳油 110～120g/亩均匀喷雾。田间保持水层 3～5cm 深，保水 3～5d。视虫害发生情况，

每7～10d施药一次，可连续用药3次。

② 菜青虫　在2～3龄幼虫发生期施药，用40％乳油60～80g/亩均匀喷雾。

③ 棉铃虫　在卵孵盛期至低龄幼虫期施药，用50％乳油60～80g/亩均匀喷雾。视虫害发生情况，每7～10d施药一次，可连续用药2次。

④ 棉蚜　在蚜虫发生始盛期施药，用50％乳油60～80g/亩均匀喷雾。视虫害发生情况，每7～10d施药一次，可连续用药2次。

注意事项

① 不能与碱性农药等物质混用。

② 对蜜蜂、鱼类等水生生物、家蚕有毒，施药期间应避免对周围蜂群的影响；开花植物花期、蚕室和桑园附近禁用。远离水产养殖区施药，禁止在河塘等水体中清洗施药器具。

③ 高粱、黄瓜、菜豆和甜菜等对有效成分辛硫磷敏感；高粱、豆类对有效成分敌百虫敏感，使用时应避免药液飘移到上述作物上。

④ 大风天或预计1h内降雨请勿施药。

⑤ 建议与其他作用机制不同的杀虫剂轮换使用，以延缓抗性产生。

⑥ 在水稻上的安全间隔期为15d，每季最多使用3次；在小油菜上的安全间隔期为14d，每季最多使用2次；在萝卜上的安全间隔期为14d，每季最多使用2次；在棉花上的安全间隔期为21d，每季最多使用2次。

（19）敌畏·辛硫磷

主要活性成分　辛硫磷，敌敌畏。

作用特点　为两种有机磷农药敌敌畏和辛硫磷的复配杀虫剂，为胆碱酯酶抑制剂，具有快速的触杀、胃毒和一定的熏蒸作用，可用于防治多种害虫。

剂型　25％、30％、40％乳油。

应用技术

① 棉铃虫　在卵孵盛期至低龄幼虫期施药，用30％乳油70～100g/亩均匀喷雾。视虫害发生情况，每7～10d施药一次，可连续用药2次。

② 棉红蜘蛛　叶螨发生始盛期施药，用30％乳油70～100g/亩均匀喷雾。

③ 棉蚜　在蚜虫始盛期施药，用30％乳油70～100g/亩均匀喷雾。

④ 桑毛虫　在卵孵盛期至低龄幼虫期施药，用40％乳油800～

1200 倍液均匀喷雾。

⑤ 稻纵卷叶螟　在卵孵化高峰期至低龄幼虫期施药，用 25％乳油 80～120g/亩均匀喷雾。

注意事项

① 药液要随配随用，不能与碱性农药等物质混合使用。

② 药剂在光照条件下易分解，田间喷雾最好在傍晚施用。

③ 对蜜蜂、鱼类等水生生物、家蚕有毒，施药期间应避免对周围蜂群的影响；蜜源作物花期、蚕室和桑园附近禁用；远离水产养殖区施药；地下水、饮用水源地附近禁用。严禁施药区放牧，以免牲畜中毒。

④ 对高粱、月季花、黄瓜、菜豆和甜菜易产生药害；玉米、豆类、瓜类幼苗及柳树对该药也较敏感，施药时避免药液飘移到上述作物上。

⑤ 建议与其他作用机制不同的杀虫剂轮换使用，以延缓抗性产生。

⑥ 在棉花上的安全间隔期为 7d，每季最多使用 2 次；在桑树上的安全间隔期为 7d，每季最多使用 3 次；在水稻上的安全间隔期为 28d，每季最多使用 2 次。

（20）杀螟·辛硫磷

主要活性成分　辛硫磷，杀螟硫磷。

作用特点　为两种有机磷农药辛硫磷和杀螟硫磷的复配杀虫剂，为胆碱酯酶抑制剂，以触杀和胃毒为主，无内吸传导作用，用于防治棉花上的棉铃虫。

剂型　46％乳油。

应用技术　在棉铃虫卵孵盛期施药，用 46％乳油 40～50g/亩均匀喷雾。视虫害发生情况，每 7d 施药一次，可连续用药 2 次。

注意事项

① 不能与碱性农药等物质混用。

② 杀螟·辛硫磷在光照条件下易分解，田间喷雾最好在傍晚进行。

③ 稀释液不宜放置过久，应现配现用。

④ 对家蚕、蜜蜂有毒，使用时注意不要污染河流、池塘、桑园、养蜂场等；瓢虫等天敌放飞区、周围蜜源作物花期、蚕室及桑园附近禁用；远离水产养殖区施药，禁止在河塘等水域内清洗施药器具。该药对蚜虫天敌七星瓢虫的卵、幼虫和成虫均有强烈的杀伤作用，用药时应注意。

⑤ 高粱、黄瓜、豆类、玉米、苹果（曙光、元帅在早期）和甜菜等对该药敏感，使用时注意，防止飘移到上述作物上。

⑥ 在棉花上的安全间隔期为 14d，每季最多使用 3 次。

（21）辛硫·矿物油

主要活性成分 辛硫磷，矿物油。

作用特点 为有机磷类农药辛硫磷和矿物油的复配制剂，以触杀、胃毒为主，有一定的熏蒸作用，对十字花科蔬菜菜青虫、棉花棉铃虫、小麦蚜虫有良好的防效。

剂型 40%、50%乳油。

应用技术

① 菜青虫 在 2～3 龄幼虫盛期施药，用 40%乳油 50～75g/亩均匀喷雾。视虫害发生情况，每 7d 施药一次，可连续用药 3 次。

② 棉铃虫 在卵孵盛期施药，用 40%乳油 100～150g/亩均匀喷雾。视虫害发生情况，每 7d 施药一次，可连续用药 2～3 次。

③ 麦蚜 在蚜虫发生始盛期施药，用 50%乳油 80～100g/亩均匀喷雾。

注意事项

① 勿与碱性农药等物质混用。

② 对蜜蜂、家蚕、鱼等有毒，开花植物花期，鱼塘及桑园附近禁用，禁止在河塘等水域内清洗施药器具。

③ 黄瓜、高粱、菜豆、甜菜对药剂敏感，施药时应避免药液飘移到上述作物上。

④ 辛硫磷见光易光解，宜在傍晚施药。

⑤ 建议与其他不同作用机理的杀虫剂轮换使用。

⑥ 在甘蓝、小油菜上的安全间隔期为 14d，在萝卜上的安全间隔期为 7d，在十字花科蔬菜上每季最多使用 3 次；在小麦、棉花上的安全间隔期为 21d，每季最多使用 3 次。

（22）氯·马·辛硫磷

主要活性成分 辛硫磷，马拉硫磷，氯氰菊酯。

作用特点 为两种有机磷农药辛硫磷和马拉硫磷与拟除虫菊酯类农药氯氰菊酯的复配制剂，具有触杀、胃毒和熏蒸的作用，可防治棉花上的棉铃虫。

剂型 30%乳油。

应用技术 在棉铃虫卵孵盛期施药，用 30%乳油 50～75g/亩均匀喷雾。视虫害发生情况，每 7d 施药一次，可连续用药 2～3 次。

注意事项

① 不可与碱性农药等物质混合使用。

② 在高温下易分解，宜在早晨或傍晚时施药。

③ 对蜜蜂、鱼类等水生生物、家蚕有害，施药期间应避免对周围蜂群的影响；开花植物花期、蚕室和桑园附近禁用；远离水产养殖区施药，禁止在河塘等水体中清洗施药器具。

④ 黄瓜、菜豆、甜菜、高粱等作物对该药敏感，施药时应避免药液飘移到上述作用上。

⑤ 大风天或预计 1h 内降雨时不要施药。

⑥ 建议与其他作用机制不同的杀虫剂轮换使用。

⑦ 在棉花上的安全间隔期为 14 天，每季最多使用 3 次。

溴螨酯
（bromopropylate）

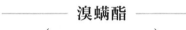

$C_{17}H_{16}Br_2O_3$, 428.1, 18181-80-1

化学名称 4,4'-二溴代二苯乙醇酸异丙酯。

其他名称 螨代治、新灵、溴杀螨醇、溴杀螨、新杀螨、溴丙螨醇、溴螨特、Phenisobromolate、Neoron、Acarol。

理化性质 白色结晶，熔点 77℃，相对密度 1.59，蒸气压 1.066×10^{-6} Pa（20℃），0.7Pa（100℃）。能溶解于丙酮、苯、异丙醇、甲醇、二甲苯等多种有机溶剂；20℃时在水中溶解度＜0.5mg/kg。常温下贮存稳定，在中心介质中稳定，在酸性或碱性条件下不稳定。

毒性 急性经口 LD_{50}（mg/kg）：5000（大鼠），8000（小鼠）；兔急性经皮 LD_{50}＞4000mg/kg。大鼠急性经口无作用剂量为每天 25mg/kg，小鼠每天 143mg/kg。对兔皮肤有轻度刺激性，对眼睛无刺激作用。动物实验未见致癌、致畸、致突变作用。虹鳟鱼 LC_{50}0.3mg/L，北京鸭 LD_{50}＞601mg/kg（8d），对蜜蜂低毒。

作用特点 溴螨酯杀螨谱广，残效期长，毒性低，是对天敌、蜜蜂及作物比较安全的杀螨剂。触杀性较强，无内吸性，对成、若螨和卵均有一定杀伤作用。温度变化对药效影响不大。

适宜作物　蔬菜、棉花、果树、茶树等。

防除对象　叶螨、瘿螨、线螨等多种害螨。

应用方法　以50％溴螨酯乳油为例。

（1）防治果树害螨

① 山楂红蜘蛛、苹果红蜘蛛　在红蜘蛛盛发初期施药，用50％溴螨酯乳油1000～2000倍液均匀喷雾。

② 柑橘红蜘蛛、柑橘锈壁虱　在害螨盛发初期施药，用50％溴螨酯乳油800～1500倍液均匀喷雾。

（2）防治棉花害螨　在红蜘蛛盛发初期施药，用50％溴螨酯乳油25～40g/亩均匀喷雾。

（3）防治蔬菜害螨　在害螨发生初期施药，用50％溴螨酯乳油20～30g/亩均匀喷雾。

注意事项

① 在蔬菜和茶叶采摘期不可用药。

② 本品无专用解毒剂，应对症治疗。

③ 贮于通风阴凉干燥处，温度不要超过35℃。

④ 不可与呈碱性的农药等物质混合使用。

⑤ 在柑橘树上的安全间隔期为14d，每季最多使用3次。

相关复配剂及应用　炔螨·溴螨酯

主要活性成分　炔螨特，溴螨酯。

作用特点　具有触杀和胃毒作用，无内吸传导作用，对卵、若螨、成螨均具有杀伤作用。

剂型　50％乳油

应用技术　在柑橘树红蜘蛛发生为害初期施药，用50％乳油1500～2500倍液均匀喷雾。

注意事项

① 建议与其他作用机制不同的杀虫剂轮换使用，以延缓抗性产生。

② 对鱼和水蚤高毒，禁止在鱼塘、河流等场所及其周围使用。

③ 不能与强酸、强碱性等物质混合使用。

④ 在柑橘树上的安全间隔期为30d，每季最多使用2次。

溴氰虫酰胺

（cyantraniliprole）

C$_{19}$H$_{14}$BrClN$_6$O$_2$, 473.7105, 736994-63-1

化学名称　3-溴-1-（3-氯-2-吡啶基）-N-[4-氰基-2-甲基-6-[（甲基氨基）]苯基]-1H-吡唑-5-甲酰胺。

其他名称　氰虫酰胺。

理化性质　外观为白色粉末，密度 1.387g/cm^3，熔点 168～173℃，不易挥发，水中溶解度 0～20mg/kg，（20±0.5）℃时其他溶剂中的溶解度：（2.383±0.172）g/L（甲醇）、（5.965±0.29）g/L（丙酮）、（0.576±0.05）g/L（甲苯）、（5.338±0.395）g/L（二氯甲烷）、（1.728±0.315）g/L（乙腈）。

毒性　急性经口 LD$_{50}$ 大鼠（雌/雄）＞2000mg/kg，急性经皮 LD$_{50}$ 大鼠（雌/雄）＞2000mg/kg。

作用特点　溴氰虫酰胺通过激活靶标害虫的鱼尼丁受体而防治害虫，为新型酰胺类内吸性杀虫剂，胃毒为主，兼具触杀。鱼尼丁受体的激活可释放平滑肌和横纹肌细胞内储存的钙离子，导致损害肌肉运动调节、麻痹，最终害虫死亡。该药表现出对哺乳动物和害虫鱼尼丁受体极显著的选择性差异，大大提高了对哺乳动物、其他脊椎动物以及其他天敌的安全性。

适宜作物　蔬菜等。

防除对象　蔬菜害虫如美洲斑潜蝇、蓟马、甜菜夜蛾、烟粉虱、棉铃虫、黄条跳甲、蚜虫、小菜蛾、斜纹夜蛾、菜青虫等。

应用技术　以 10％溴氰虫酰胺可分散油悬浮剂为例。

① 美洲斑潜蝇　在害虫初现时施药，用 10％溴氰虫酰胺可分散油悬浮剂 14～24g/亩均匀喷雾。

② 蓟马　在害虫初现时或每张叶片 3～10 头蓟马时，用 10％溴氰虫酰胺可分散油悬浮剂 18～24g/亩均匀喷雾。

③ 甜菜夜蛾　在卵孵盛期施药，用 10％溴氰虫酰胺可分散油悬浮

剂 10～18g/亩均匀喷雾。

④ 黄条跳甲　在害虫初现时施药，用 10％溴氰虫酰胺可分散油悬浮剂 24～28g/亩均匀喷雾。

⑤ 蚜虫　在蚜虫发生初期施药，用 10％溴氰虫酰胺可分散油悬浮剂 33.3～40g/亩均匀喷雾。

⑥ 小菜蛾、斜纹夜蛾、菜青虫　在卵孵化盛期或每株初现 2～3 头 1～2 龄幼虫时施药，用 10％溴氰虫酰胺可分散油悬浮剂 10～14g/亩均匀喷雾。

注意事项

① 使用时，需将溶液调节至 pH 4～6。

② 对家蚕和水蚤有毒，蚕室和桑园附近禁用。

③ 儿童、孕妇和哺乳期妇女应避免接触。

④ 在甘蓝上每季最多使用 3 次；在水稻上的安全间隔期为 21d，每季最多使用 2 次；豇豆、西瓜上推荐的安全间隔期分别为 3 天、5 天；在番茄和黄瓜上推荐的安全间隔期为 3 天；在棉花上推荐的安全间隔期为 14 天；小白菜上推荐的安全间隔期为 3 天；在大葱上推荐的安全间隔期为 3 天；以上作物每季最多使用 3 次。

相关复配剂及应用

（1）溴酰·噻虫嗪

主要活性成分　噻虫嗪，溴氰虫酰胺。

作用特点　噻虫嗪为烟碱类杀虫剂，具有内吸传导性，兼具胃毒和触杀作用，防治刺吸式口器和鞘翅目害虫。溴氰虫酰胺为双酰胺类杀虫剂，通过激活靶标害虫的鱼尼丁受体而导致害虫肌肉运动失调、麻痹，最终死亡，对鳞翅目害虫有较好的活性，同时对刺吸式口器也具有较高的活性。两有效成分处理种子后，均可被作物根部吸收，并迅速传导到植株各部位。

剂型　40％种子处理悬浮剂。

应用技术　防治玉米二点委夜蛾、蓟马、甜菜夜蛾、小地老虎、黏虫、蛴螬时，按推荐用药量，每 100kg 种子加入 40％种子处理悬浮剂 300～600g，加入适量水，将药浆与种子充分搅拌，直到药液均匀分布到种子表面，晾干后即可。

注意事项

① 播种后必须覆土，严禁畜禽进入。

② 处理过的种子必须放置在有明显标签的容器内。

③ 孕妇及哺乳期的妇女避免接触本品。

④ 对蜜蜂和其他授粉昆虫有毒，播种时避开赤眼蜂等天敌放飞、蜜蜂活跃的区域及蜂箱附近；对水生生物有毒。

（2）溴酰·三氟苯

主要活性成分 溴氰虫酰胺，三氟苯嘧啶。

作用特点 溴酰·三氟苯由溴氰虫酰胺和三氟苯嘧啶复配而成，具有内吸、胃毒和触杀作用。

剂型 23%悬浮剂。

应用技术 防治稻飞虱、稻纵卷叶螟、二化螟时，在水稻营养生长期（分蘖至幼穗分化期前）田间稻飞虱发生数量达到5～10头/丛或鳞翅目害虫（二化螟或稻纵卷叶螟）卵孵盛期施药，用23%悬浮剂15～20g/亩均匀喷雾。

注意事项

① 对水蚤有毒，施药时应远离水产养殖区、河塘等水域，施药后的田水不得直接排入水体，远离桑蚕养殖区，禁止在河塘等水域清洗施药器具。

② 避免孕妇及哺乳期妇女接触。

③ 在水稻上的安全间隔期为14d，每季最多使用1次。

溴氰菊酯
（deltamethrin）

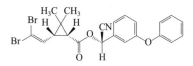

$C_{22}H_{19}Br_2NO_3$, 505.2, 52918-63-5

化学名称 （S）-α-氰基-3-苯氧苄基(1R,3R)-3-(2,2-二溴乙烯基)--2,2-二甲基环丙烷羧酸。

其他名称 敌杀死、凯安保、凯素灵、扑虫净、氰苯菊酯、第灭宁、敌苄菊酯、倍特、康素灵、克敌、Decamethrin、K-Othrin、Decis、NRDC-161、FMC45498、K-Obiol、Butox。

理化性质 溴氰菊酯纯品为白色斜方形针状结晶，熔点101～102℃；工业原药有效成分含量98%，为无色结晶粉末，熔点98～

101℃；难溶于水，可溶于丙酮、DMF、苯、二甲苯、环己烷等有机溶剂；对光、空气稳定；在弱酸性介质中稳定，在碱性介质中易发生皂化反应而分解。

毒性　原药急性 LD_{50}（mg/kg）：大鼠经口 128（雄）、138（雌），小鼠经口 33（雄）、34（雌）；经皮大鼠＞2000；对皮肤、眼睛、鼻黏膜刺激性较大，对鱼、蜜蜂、家蚕高毒；对动物无致畸、致突变、致癌作用。

作用特点　溴氰菊酯为神经毒剂，作用于昆虫神经系统，使其兴奋麻痹而死。具有触杀和胃毒作用，有一定驱避和拒食作用，无内吸和熏蒸作用。本品杀虫谱广、持效期长、击倒速度快，对鳞翅目幼虫、蚜虫等杀伤力大，但对螨类无效。

适宜作物　蔬菜、棉花、小麦、玉米、果树、茶树、烟草等。

防除对象　蔬菜害虫如菜青虫、小菜蛾、斜纹夜蛾、蚜虫、黄条跳甲等；棉花害虫如棉铃虫、棉红铃虫、造桥虫、棉蚜、棉蓟马、棉盲蝽等；小麦害虫如蚜虫、黏虫等；果树害虫如桃小食心虫、梨小食心虫、蚜虫、苹果蠹蛾、柑橘潜叶蛾、椿象等；玉米害虫如玉米螟等；烟草害虫如烟青虫等；茶树害虫如茶尺蠖、茶小绿叶蝉、卷叶蛾、刺蛾、介壳虫、黑刺粉虱、蚜虫、茶毛虫等；卫生害虫如蜚蠊、蚊、蝇、臭虫、跳蚤、蚂蚁等。

应用技术　以 25g/L 溴氰菊酯乳油为例。

（1）防治棉花害虫

① 棉铃虫、棉红铃虫、棉造桥虫　在卵孵盛期或低龄幼虫期施药，用 25g/L 溴氰菊酯乳油 20～40mL/亩均匀喷雾。

② 棉蚜　在无翅若蚜发生盛期施药，用 25g/L 溴氰菊酯乳油 20～40mL/亩均匀喷雾。

③ 棉盲蝽、棉蓟马　在害虫发生初期施药，用 25g/L 溴氰菊酯乳油 20～40mL/亩均匀喷雾。

（2）防治小麦害虫　在蚜虫虫害发生初期施药，用 25g/L 溴氰菊酯乳油 12.5～15mL/亩均匀喷雾。

（3）防治玉米害虫　在玉米螟卵孵化高峰期、玉米喇叭口期施药，用 25g/L 溴氰菊酯乳油 20～30mL/亩拌 2kg 细沙撒施入玉米喇叭口中。

（4）防治大豆害虫　在大豆食心虫卵高峰期后 3～5d 施药，用 25g/L 溴氰菊酯乳油 20～25mL/亩均匀喷雾。

（5）防治蔬菜害虫

① 菜青虫、小菜蛾、斜纹夜蛾　在卵孵盛期或低龄幼虫发生高峰期施药，用 25g/L 溴氰菊酯乳油 20～40mL/亩均匀喷雾。

② 黄条跳甲　用 25g/L 溴氰菊酯乳油 20～40mL/亩均匀喷雾。

③ 蚜虫　在十字花科蔬菜蚜虫发生期施药，用 25g/L 溴氰菊酯乳油 8～12mL/亩均匀喷雾。

（6）防治烟草害虫　在烟青虫低龄幼虫期施药，用 25g/L 溴氰菊酯乳油 20～35mL/亩均匀喷雾。

（7）防治果树害虫

① 梨小食心虫　在梨树梨小食心虫卵果率达到 1％时施药，用 25g/L 溴氰菊酯乳油 2500～3000 倍液均匀喷雾。

② 桃小食心虫　在苹果树桃小食心虫卵孵盛期、幼虫蛀果前施药，用 25g/L 溴氰菊酯乳油 2000～3000 倍液均匀喷雾。

③ 苹果蠹蛾　在幼虫始发期施药，用 25g/L 溴氰菊酯乳油 2000～2500 倍液均匀喷雾。

④ 柑橘潜叶蛾　在夏梢或秋梢整齐抽发（平均长度在 5cm 以下）、有虫卵叶率 50％以下时施药，用 25g/L 溴氰菊酯乳油 1500～2500 倍液均匀喷雾。

⑤ 荔枝蝽　在卵孵盛期施药，用 25g/L 溴氰菊酯乳油 3000～3500 倍液均匀喷雾。

（8）防治茶树害虫

① 茶尺蠖、茶毛虫、茶刺蛾　于幼虫 2～3 龄期施药，用 25g/L 溴氰菊酯乳油 10～20mL/亩均匀喷雾。

② 茶小绿叶蝉　在茶小绿叶蝉盛发期施药，用 25g/L 溴氰菊酯乳油 10～20mL/亩均匀喷雾。

③ 黑刺粉虱、介壳虫　在害虫盛发期施药，用 25g/L 溴氰菊酯乳油 10～20mL/亩均匀喷雾。

注意事项

① 本品不要与铜、汞制剂及呈碱性的农药等物质混用。

② 为了避免害虫产生抗性，建议与其他作用机制不同的杀虫剂轮换使用。

③ 对鱼、蜂、蚕毒性大，开花植物花期、蚕室和桑园附近禁用；施药时远离水产养殖区，禁止在河塘等水体中清洗施药器具。

④ 在柑橘树和荔枝树上的安全间隔期为 28d，每季最多使用 3 次；

在苹果和梨树上的安全间隔期为 5d，每季最多使用 3 次；在大豆上的安全间隔期为 7d，每季最多使用 2 次；在小麦上的安全间隔期为 28d，每季最多使用 3 次；在玉米上的安全间隔期为 20d，每季最多使用 2 次；在烟草上的安全间隔期为 15d，每季最多使用 2 次；在棉花上的安全间隔期为 14d，每季最多使用 3 次；在茶树上的安全间隔期为 5d，每季最多使用 1 次。

相关复配剂及应用

（1）溴氰·敌敌畏

主要活性成分　溴氰菊酯，敌敌畏。

作用特点　本品由溴氰菊酯和敌敌畏复配而成，溴氰菊酯为神经毒剂，使昆虫过度兴奋、麻痹而死，敌敌畏为胆碱酯酶抑制剂。本品具有胃毒、触杀及一定的驱避和拒食作用。

剂型　20.5%乳油。

应用技术

① 棉蚜　在棉花蚜虫发生期施药，用 20.5%乳油 80～100g/亩均匀喷雾，均匀喷施于叶面正、反两面以及幼嫩枝梢。

② 菜青虫　在卵孵盛期或低龄幼虫发生高峰期施药，用 20.5%乳油 40～50g/亩均匀喷雾。

注意事项

① 用药应避免阴雨天气及高温午间用药，宜在上午 10 点前或下午 4 点以后施用。

② 高粱、月季、玉米、瓜类幼苗对敌敌畏较敏感，要防止飘移到这些作物上。

（2）溴氰·辛硫磷

主要活性成分　溴氰菊酯，辛硫磷。

作用特点　本品是根据害虫抗性选用优质有机磷类和拟除虫菊酯类农药加工而成的杀虫剂，具有触杀和胃毒作用，对害虫还有一定驱避与拒食作用，击倒速度较快。

剂型　20%、50%乳油。

应用技术

① 棉铃虫　在低龄幼虫期施药，用 50%乳油 20～25g/亩均匀喷雾。

② 棉蚜　在棉蚜发生初期施药，用 50%乳油 20～25g/亩均匀喷雾。

注意事项

① 用药应避免阴雨天气及高温午间用药，宜在上午 10 点前或下午 4 点以后施用。

② 高粱、黄瓜、菜豆对辛硫磷敏感，施药时应避免飘移到以上作物上。

③ 不要与碱性农药等物质混用。

④ 对鱼、蜂、蚕毒性大，开花植物花期、蚕室和桑园附近禁用；施药时远离水产养殖区，禁止在河塘等水体中清洗施药器具。

⑤ 本品在棉花上的安全间隔期 14d，每季最多使用 3 次。

亚胺硫磷

（phosmet）

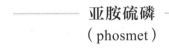

C₁₁H₁₂NO₄PS₂, 317.3, 732-11-6

化学名称 *O,O*-二甲基-*S*-酞酰亚胺基甲基二硫代磷酸酯。

其他名称 亚氨硫磷、酞胺硫磷、亚胺磷、Appa、Fosdan、Prolate、Ineovat、Imidan、phthalophos。

理化性质 纯品为白色无臭结晶；工业品为淡黄色固体，有特殊刺激性气味。熔点 72.5℃。25℃在有机溶剂中溶解度为丙酮 650g/L，苯 600g/L，甲苯 300g/L，二甲苯 250g/L，甲醇 50g/L，煤油 5g/L，在水中溶解度为 22mg/kg。遇碱和高温易水解，有轻微腐蚀性。

毒性 急性经口 LD_{50}（mg/kg）：147（大鼠），34（鼷鼠），45（小鼠）。急性经皮 LD_{50}（mg/kg）：>3160（兔），>1000（小鼠），大鼠及狗慢性无作用剂量为 45mg/kg。对鱼类中等毒性，鲤鱼 LC_{50} 5.3mg/L。蜜蜂 LD_{50} 0.0181mg/只。

作用特点 亚胺硫磷的作用机制是抑制昆虫体内的乙酰胆碱酯酶，属于广谱性杀虫剂，具有触杀和胃毒作用，残效期较长。

适宜作物 水稻、玉米、棉花、大豆、白菜、柑橘树等。

防除对象 水稻害虫如二化螟、三化螟、稻纵卷叶螟等；玉米害虫如玉米螟、黏虫等；棉花害虫如棉铃虫、蚜虫等；大豆害虫如大豆食心虫等；蔬菜害虫如菜青虫等；柑橘害虫如介壳虫等。

应用技术　以20％乳油为例。

（1）防治水稻害虫

① 二化螟　在卵孵始盛期至高峰期施药，用20％乳油250～300g/亩兑50～70kg水重点喷布稻株中下部。

② 三化螟　在分蘖期和孕穗至破口露穗期当发现田间有枯心苗或白穗时施药，用20％乳油250～300g/亩兑50～70kg水喷雾。

③ 稻纵卷叶螟　在卵孵盛期至低龄幼虫期施药，用20％乳油250～300g/亩均匀喷雾。

防治水稻害虫时田间应保持3～5cm的水层3～5d。

（2）防治玉米害虫

① 玉米螟　在卵孵盛期至低龄幼虫期施药，用20％乳油200～400倍液均匀喷雾。

② 黏虫　在卵孵盛期至低龄幼虫期施药，用20％乳油200～400倍液均匀喷雾。

（3）防治棉花害虫

① 棉铃虫　在卵孵盛期至低龄幼虫期施药，用20％乳油300～2000倍液均匀喷雾。

② 棉蚜　在蚜虫始盛期施药，用20％乳油300～2000倍液均匀喷雾。

③ 棉花红蜘蛛　叶螨发生始盛期施药，用20％乳油300～2000倍液均匀喷雾。

（4）防治大豆害虫　防治大豆食心虫，成虫盛发期施药，用20％乳油325～425g/亩均匀喷雾。

（5）防治蔬菜害虫　在菜青虫2～3龄幼虫盛发期施药，用20％乳油700～1000倍液均匀喷雾。

（6）防治柑橘害虫　在柑橘上介壳虫卵孵盛期、一龄若虫爬迁时施药，用20％乳油250～400倍液均匀喷雾。

注意事项

① 不能与碱性物质混用，以免分解失效。

② 对蜜蜂毒性较高，应规避对其的影响。

③ 建议与其他作用机制不同的杀虫剂轮换使用，以延缓害虫抗性的产生。

④ 作物收获前20d不要使用。

烟碱

（nicotine）

C$_{10}$H$_{14}$N$_2$, 162.2, 54-11-5

化学名称　（S）-3-(1-甲基-2-吡咯烷基)吡啶。

其他名称　蚜克、尼古丁。

理化性质　无色液体，见光和在空气中很快变深色，熔点～80℃，沸点 246～247℃，蒸气压 5.65Pa（25℃），相对密度 1.01（20℃），60℃以下与水混溶，形成水合物。与乙醚，乙醇混溶，迅速溶于大多有机溶剂，暴露于空气中颜色变深，发黏，与酸形成盐，pK_b：pK_{b1} 为 6.16，pK_{b2} 为 10.96；旋光度 [a]－161.55。

毒性　急性 LD$_{50}$（mg/kg）：经口 56～60；经皮（兔）＞50；对蜜蜂有忌避作用。

作用特点　烟碱对害虫有胃毒、触杀、熏蒸作用，并有杀卵作用。其主要作用机理是麻痹昆虫神经，其蒸气可从虫体任何部位侵入体内而发挥毒杀作用，能够引起昆虫颤抖、痉挛、麻痹，通常在 1h 内死亡。烟碱为受体激动剂，低浓度时刺激受体，使突触后膜产生去极化，虫体表现出兴奋；高浓度时对受体脱敏性抑制，神经冲动传导受阻，但神经膜仍保持去极化，虫体表现麻痹。烟碱易挥发，故残效期短。

适宜作物　棉花、烟草等。

防除对象　棉花害虫如蚜虫等；烟草害虫如烟青虫等。

应用技术　以 10％烟碱水剂、10％烟碱乳油为例。

（1）防治棉花害虫　在蚜虫发生初期施药，用 10％烟碱水剂 80～100g/亩均匀喷雾。

（2）防治烟草害虫　在烟青虫低龄幼虫盛期施药，用 10％烟碱乳油 50～75g/亩均匀喷雾。

注意事项

① 烟碱易挥发，配成的药液应立即使用。

② 本品对家蚕和鸟类高毒，蚕室和桑园附近禁用；应远离水产养殖区施药，禁止在河塘等水体中清洗施药器具；鸟类保护区禁用。

③ 与不同作用机理的药物轮换使用。

④ 本品不得与碱性物质混用，不得与含铜杀菌剂混用。

⑤ 在棉花上的安全间隔期为 14d，每季施药不超过 3 次。

相关复配剂及应用 烟碱·苦参碱

主要活性成分 烟碱，苦参碱。

作用特点 本制剂是复配型植物源杀虫剂，以植物提取物烟碱、苦参碱为主剂加工而成，具有较强的熏蒸、触杀、胃毒和杀卵作用。烟碱主要作用于昆虫神经系统，引起昆虫兴奋死亡；苦参碱主要作用是麻痹昆虫神经中枢，引起虫体蛋白凝固，导致害虫窒息死亡。烟剂燃烧后，主剂在高温下挥发到大气中，冷凝成雾滴充分扩散到空中，深入到各空间起到杀虫作用。

剂型 1.2％烟剂，3.6％微胶囊悬浮剂，0.6％、1.2％乳油。

应用技术

(1) 松毛虫 在松树松毛虫 2～3 龄幼虫期施药，在林内风速为 0.3～1m/s 时，用 1.2％烟剂 1000～2000g/亩进行放烟。将烟剂筒垂直于地面，用脚踩住纸筒顶端线绳根部，用力猛拉线绳即可。重点干旱防火区或防火期，应清理出直径 60cm 的地表，中心挖一深 20cm 以上的坑穴，将烟剂放入其中拉燃。

(2) 美国白蛾 在林木美国白蛾低龄幼虫期施药，用 3.6％微胶囊悬浮剂 1000～3000 倍液均匀喷雾。

(3) 蚜虫 在甘蓝蚜虫初发期施药，用 0.6％乳油 60～120g/亩均匀喷雾。

(4) 菜青虫 在甘蓝菜青虫盛发期施药，用 1.2％乳油 40～50g/亩均匀喷雾。

注意事项

① 本品对蜜蜂、家蚕有毒，开花作物花期及蚕室、桑园附近禁用；赤眼蜂等天敌放飞区域禁用；对鱼类等水生生物有毒，远离水产养殖区、河塘等水域附近施药，残液严禁倒入河中，禁止在江河湖泊中清洗施药器具。

② 不可与呈碱性的农药等物质混合使用。

③ 与不同作用机理的杀虫剂交替使用，以延缓抗性的产生。

④ 烟雾防治，作业面积大，作业前要通知周围人群，不要在放烟时进入施业地，放烟待烟雾散尽后，方可进入林间进行作业。防治区离居民区较近的地方，要采用早上从山下放烟的方法，坚决避免烟雾笼罩

居民点。

⑤ 本品在甘蓝上的安全间隔期为 14d，每季最多使用 1 次。

氧乐果

（omethoate）

$$H_3CO \quad O \quad H$$
（结构式）
$C_5H_{12}NO_4PS$, 213.2, 1113-02-6

化学名称 O,O-二甲基-S-甲基氨基甲酰甲基硫代磷酸酯。

其他名称 氧化乐果、华果、克蚧灵、欧灭松、Dimethoxon、Lemat、Safast。

理化性质 纯品为无色油状液体，沸点 135℃（有分解）。相对密度 1.32（20℃），折射率 n_D^{20} 1.4987，蒸气压 3.333×10^{-3} Pa（20℃）。易溶于水、乙醇、丙酮和烃类，微溶于乙醚，不溶于石油醚。对热不稳定，在中性和偏酸性介质中较稳定，在 pH 7（24℃）时，半衰期为 611h，遇碱迅速分解。工业品带黄色。

毒性 大鼠急性经口 LD_{50} 为 50mg/kg，急性经皮 LD_{50} 为 700mg/kg。工业品对大鼠急性经口 LD_{50} 为 30~60mg/kg，急性经皮 LD_{50} 为 700~1400mg/kg。鲤鱼 LC_{50} >500mg/L（96h）。对蜜蜂及瓢虫、食蚜蝇等有毒。

作用特点 氧乐果抑制昆虫体内的乙酰胆碱酯酶导致害虫抽搐死亡，为高效、广谱性杀虫杀螨剂，对害虫击倒快，具有较强的内吸、触杀和一定的胃毒作用，适用于防治多种作物上的刺吸式口器害虫。它对抗性蚜虫有很强的毒效，在低温下仍能保持活性，特别适合防治越冬的蚜虫、螨类、木虱和蚧类等。

适宜作物 水稻、小麦、棉花、森林等。

防除对象 水稻害虫如稻纵卷叶螟、稻飞虱等；小麦害虫如麦蚜等；棉花害虫如棉叶螨等；森林害虫如松毛虫、松干蚧等。

应用技术 以 40%乳油为例。

（1）防治水稻害虫

① 稻纵卷叶螟 在卵孵盛期至低龄幼虫期施药，用 40%乳油 80~100g/亩兑水朝稻株中上部均匀喷雾。

② 稻飞虱 在低龄若虫盛期施药，用 40％乳油 62.5～100g/亩兑水喷雾，重点是稻株中下部叶丛和茎秆。

防治水稻害虫时田间应保持 3～5cm 的水层 3～5d。

（2）防治小麦害虫 在蚜虫始盛期施药，用 40％乳油 13.5～27g/亩均匀喷雾。

（3）防治棉花害虫

① 棉蚜 在蚜虫始盛期施药，用 40％乳油 30～50g/亩均匀喷雾。

② 棉叶螨 在螨达到 3～5 头/叶时施药，用 40％乳油 62.5～100g/亩均匀透彻地喷雾。

（4）防治森林害虫

① 松毛虫 在卵孵盛期至低龄幼虫期施药，用 40％乳油 500 倍液均匀透彻地喷雾或涂树干。视虫情可于 7～10 日后再喷 1～2 次。

② 松干蚧 当卵孵盛期、初孵若虫四下爬迁时施药，用 40％乳油 500 倍液喷雾或直接涂树干。视虫情间隔 7～10 日后可再施用 1～2 次。

注意事项

① 不得用于防治卫生害虫；不得用于蔬菜、瓜果、茶叶、菌类、中草药材的生产；不得用于水生植物的病虫害防治。

② 不得与碱性药剂混用。

③ 对蜜蜂、鱼类等水生生物、家蚕有毒，施药期间应避免对周围蜂群的影响；开花植物花期、蚕室和桑园附近禁用；远离水产养殖区施药；禁止在河塘等水体中清洗施药器具。

④ 啤酒花、菊科植物、高粱某些品种及烟草、枣树、桃、杏、梅树、橄榄、无花果、柑橘等作物对该药 1500 倍以内敏感，施药时注意不要飘移到上述作物以防产生药害。

⑤ 防治松干蚧时，应尽量避免 7～8 月的高温季节，以免产生药害。

⑥ 大风天或预计 1h 内降雨请勿施药。

⑦ 建议与其他作用机制不同的杀虫剂轮换使用，以延缓害虫抗性的产生。

⑧ 在水稻上的安全间隔期不少于 21d，每季最多使用 2 次；在棉花上的安全间隔期为 14d，每季最多使用 2 次；在小麦的安全间隔期不少于 21d，每季最多使用 2 次。

相关复配剂及应用

（1）吡虫·氧乐果

主要活性成分　氧乐果，吡虫啉。

作用特点　为氧乐果和吡虫啉的复配制剂，是一种击倒性较强、药效持久，并具有触杀、胃毒和强内吸作用的杀虫剂。

剂型　20％乳油。

应用技术　在蚜虫发生始盛期施药，用20％乳油15～20g/亩均匀喷雾，视情况可于7日后再施药一次。

注意事项

① 不得用于防治卫生害虫，不得用于蔬菜、瓜果、茶叶、菌类、中草药材的生产，不得用于水生植物的病虫害防治。

② 不可与强碱性、强酸性物质混合使用。

③ 对鱼类、蜂、蚕毒性大，使用时不可以污染水域及养蜂、蚕场地；蜜源作物花期禁用；蚕室及桑园附近禁用；瓢虫等天敌放飞区禁用；远离水产养殖区施药；禁止在荷塘等水域内清洗施药器具。

④ 建议与其他作用机制不同的杀虫剂轮换使用。

⑤ 在小麦上的安全间隔期为21d，每季最多使用2次。

（2）氰戊·氧乐果

主要活性成分　氧乐果，氰戊菊酯。

作用特点　为有机磷类农药氧乐果与拟除虫菊酯类农药氰戊菊酯的复配杀虫剂，具有杀虫、杀螨的作用，且具触杀、胃毒、内吸、用量少、击倒快等特性，可引起昆虫极度兴奋、痉挛，最终导致神经冲动紊乱而死亡。

剂型　20％、30％乳油。

应用技术

① 棉铃虫　在卵孵盛期至低龄幼虫期施药，用30％乳油20～40g/亩均匀喷雾。视虫害发生情况，每10d左右施药一次，可连续用药2次。

② 棉红铃虫　在成虫发生盛期施药，用30％乳油20～40g/亩均匀喷雾。

③ 棉花红蜘蛛　在螨达到3～5头/叶时施药，用20％乳油30～48g/亩均匀喷雾。

④ 棉蚜　在蚜虫发生始盛期施药，用30％乳油26～33g/亩均匀喷雾。

⑤ 大豆食心虫　在成虫盛发期施药，用 30％乳油 30～40g/亩均匀喷雾。

⑥ 小麦红蜘蛛　在小麦红蜘蛛始盛期时施药，用 20％乳油 10～15g/亩均匀喷雾。

⑦ 麦蚜　在蚜虫发生始盛期施药，用 20％乳油 10～15g/亩均匀喷雾。

注意事项

① 不得用于防治卫生害虫；不得用于蔬菜、瓜果、茶叶、菌类、中草药材、甘蔗等作物的生产；不得用于水生植物的病虫害防治。

② 不可与碱性农药等物质混合使用。

③ 对蜜蜂、鱼、蚕有毒，施药期间应避免对周围蜂群的影响；开花植物花期、蚕室和桑园附近禁用；远离水产养殖区施药；禁止在河塘等水体中清洗施药器具。

④ 啤酒花、菊科植物、桃、梅树、高粱某些品种可能对氰戊·氧乐果敏感，施药时应避免药液飘移到这些作物上，以免产生药害。

⑤ 建议与其他作用机制不同的杀虫剂轮换使用。

⑥ 在棉花上的安全间隔期为 14d，每季最多使用 2 次；在小麦上的安全间隔期为 45d，每季最多使用 2 次。

(3) 甲氰·氧乐果

主要活性成分　氧乐果，甲氰菊酯。

作用特点　为有机磷类农药氧乐果和拟除虫菊酯类农药甲氰菊酯的复配制剂，具有触杀、胃毒和内吸作用，能有效防治小麦蚜虫、大豆蚜虫、大豆食心虫等抗性害虫；其特点是高效、速效、广谱和持效期较长。

剂型　30％乳油。

应用技术

① 大豆食心虫　在成虫盛发期施药，用 30％乳油 60～80g/亩均匀喷雾。

② 大豆蚜虫　在蚜虫始盛期施药，用 30％乳油 30～40g/亩均匀喷雾。

③ 小麦蚜虫　在蚜虫始盛期施药，用 30％乳油 40～50g/亩均匀喷雾。

注意事项

① 不得用于防治卫生害虫；不得用于蔬菜、瓜果、茶叶、菌类、

中草药材、甘蔗等作物的生产；不得用于水生植物的病虫害防治。

② 不可与碱性农药等物质混合使用。

③ 蚕室及桑园附近禁用；蜜源作物花期禁用；养鱼稻田禁用；远离水产养殖区施药；禁止在河塘等水域内清洗施药器具。

④ 啤酒花、菊科植物、桃、梅树、高粱某些品种可能对该药敏感，施药时应避免药液飘移到这些作物上，以免产生药害。

⑤ 大风天或预计 1h 内降雨请勿施药。

⑥ 在小麦上的安全间隔期为 21d，每季最多使用 1 次；在大豆上的安全间隔期为 60d，每季最多使用 2 次。

（4）敌百·氧乐果

主要活性成分　氧乐果，敌百虫。

作用特点　为两种有机磷类杀虫剂氧乐果和敌百虫的复配制剂，有内吸、触杀和一定的胃毒作用，对抗性蚜虫防效较好。

剂型　40％乳油。

应用技术　在蚜虫始盛期施药，用 40％乳油 60～100g/亩兑水 40～50kg 均匀喷雾。视虫害发生情况，每 7d 左右施药一次，最多施药 2 次。

注意事项

① 不得用于防治卫生害虫；不得用于蔬菜、瓜果、茶叶、菌类、中草药材、甘蔗等作物的生产；不得用于水生植物的病虫害防治。

② 不可与碱性农药等物质混合使用。

③ 对蜜蜂、鱼类等水生生物、家蚕有毒，施药期间应避免对周围蜂群的影响；蜜源作物花期、蚕室和桑园附近禁用；远离水产养殖区施药，禁止在河塘等水体中清洗施药器具。

④ 玉米、苹果、高粱、豆类对敌百虫较敏感；啤酒花、菊科植物、烟草等作物对氧乐果敏感，避免药液飘移到上述作物上。

⑤ 大风天或预计 1h 内降雨请勿施药。

⑥ 在小麦上的安全间隔期为 30d，每季最多使用 2 次。

（5）敌畏·氧乐果

主要活性成分　氧乐果，敌敌畏。

作用特点　为两种有机磷杀虫剂氧乐果和敌敌畏的复配制剂，喷后可被植物的根、茎、叶吸收并传导，具有较强的触杀、胃毒、内吸和熏蒸作用，对害虫击倒力强、击倒速度快。施药后在作物体内和土壤中极易降解，残留期短。

剂型 40％乳油。

应用技术

① 棉蚜 在蚜虫始盛期施药，用 40％乳油 40～60g/亩兑水 40～50kg 均匀喷雾。

② 麦蚜 在蚜虫始盛期施药，用 40％乳油 40～60g/亩兑水 40～50kg 均匀喷雾。视虫害发生情况，每 10d 左右施药一次，可连续用药 2 次。

注意事项

① 不得用于防治卫生害虫；不得用于蔬菜、瓜果、茶叶、菌类、中草药材、甘蔗等作物的生产；不得用于水生植物的病虫害防治。

② 不可与碱性农药等物质混合使用。

③ 对蜜蜂、鱼类等水生生物、家蚕有毒，施药期间应避免对周围蜂群的影响；开花植物花期、蚕室和桑园附近禁用；远离水产养殖区施药；禁止在河塘等水体中清洗施药器具。

④ 啤酒花、菊科植物、桃、梅树、高粱某些品种对该药比较敏感，施药时应避免药液飘移到这些作物上，以免产生药害。

⑤ 大风天或预计 1h 内降雨请勿施药。

⑥ 建议与其他作用机制不同的杀虫剂轮换使用。

⑦ 在小麦、棉花上的安全间隔期分别为 28d、14d，每季最多使用 2 次。

依维菌素

（ivermectin）

B_{1a}, R=CH_2CH_3
B_{1b}, R=CH_3

B_{1a}: $C_{48}H_{74}O_{14}$, 875.1, 70161-11-4; B_{1b}: $C_{47}H_{12}O_{14}$, 861.1, 70209-81-3

理化性质 白色或微黄色结晶粉末，稳定性好，熔点 155℃，溶解度：水 4mg/kg，丁醇 30g/L。

毒性 大鼠经口 LD_{50}（mg/kg）：雄 11.6，雌 24.6～41.6；对皮肤、眼睛轻微刺激，无诱变效应。

作用特点 本品为抗生素类杀虫剂，是以阿维菌素为先导化合物，通过双键氢化、结构优化而开发成功的新型合成农药，具有胃毒、触杀作用。

适宜作物 蔬菜、果树。

防除对象 蔬菜害虫如小菜蛾等；果树害虫如红蜘蛛、果蝇等；卫生害虫如蜚蠊、白蚁等。

应用技术 以 0.5％依维菌素乳油、0.1％依维菌素杀蟑胶饵、0.3％依维菌素乳油为例。

（1）防治蔬菜害虫 在小菜蛾低龄幼虫期施药，用 0.5％依维菌素乳油 40～60g/亩均匀喷雾。

（2）防治果树害虫

① 红蜘蛛 在草莓红蜘蛛发生初期施药，用 0.5％依维菌素乳油 500～1000 倍液均匀喷雾。

② 果蝇 防治杨梅树果蝇，用 0.5％依维菌素乳油 500～750 倍液均匀喷雾。

（3）防治卫生害虫

① 蜚蠊 在食品加工业、餐馆、商用楼宇、飞机、轮船、家庭等蟑螂滋生的场所使用时，将 0.1％依维菌素杀蟑胶饵投放在蜚蠊经常出现的地方，做到药点体积小、点数多。

② 白蚁 土壤处理：新建、改建、扩建、装饰装修的房屋务必实施白蚁预防处理，将 0.3％依维菌素乳油用水稀释 2 倍后，对需处理土壤均匀喷洒。木材浸泡：将 0.3％依维菌素乳油用水稀释 4 倍后，将木材浸泡在药液中 30min 以上。

注意事项

① 不可与碱性物质混用。

② 为延缓抗性的发生，建议与其他作用机制不同的杀虫剂轮换使用。

③ 本品对鱼类和蜜蜂毒性较高，应避免污染水源，放蜂期禁用，开花植物花期、蚕室、桑园附近禁用；赤眼蜂等天敌放飞区域禁用；远离水产养殖区、河塘等水体施药，禁止在河塘等水域内清洗施药器具，防治污染水源地。

④ 使用饵剂之处应避免使用其他杀虫剂，以防蜚蠊远离饵剂。

⑤ 在甘蓝上的安全间隔期为 7d，在草莓上的安全间隔期为 5d，每季最多使用 2 次。

乙虫腈

（ethiprole）

$C_{13}H_9Cl_2F_3N_4OS$, 397.2, 181587-01-9

化学名称　5-氨基-1-(2,6-二氯-对三氟甲基苯基)-4-乙基亚磺（硫）酰基吡唑-3-腈基。

理化性质　原药纯品为白色粉末，无特别气味。制剂为具有芳香味浅褐色液体。密度（20℃）为 1.57g/mL。

毒性　每日允许摄入量 0.0085mg/kg bw，急性经口 LD_{50} 大鼠（雌/雄）＞5000mg/kg，急性经皮 LD_{50} 大鼠（雌/雄）＞5000mg/kg。

作用特点　乙虫腈是新型吡唑类杀虫剂，杀虫谱广，通过 γ-氨基丁酸（GABA）干扰氯离子通道，从而破坏中枢神经系统（CNS）正常活动使昆虫致死。该药对昆虫 GABA 氯通道的束缚比对脊椎动物更加紧密，因而具有很高的选择毒性。它的作用机制不同于拟除虫菊酯、有机磷、氨基甲酸酯等主要杀虫剂家族，与多种现存杀虫剂无交互性，因此，它是抗性治理的理想后备品种，可与其他化学家族的农药混配、交替使用。

适宜作物　水稻等。

防除对象　水稻害虫如稻飞虱等。

应用技术　以乙虫腈 100g/L 悬浮剂、9.7%乙虫腈悬浮剂为例。

在防治水稻害虫时，在水稻灌浆期时稻飞虱卵孵高峰期进行茎叶喷雾处理，用 100g/L 乙虫腈悬浮剂 30～40g/亩，或用 9.7%乙虫腈悬浮剂 30～40g/亩均匀喷雾。

注意事项

① 在水稻上的安全间隔期为 21d，每季最多使用 1 次。

② 对罗氏沼虾高毒，严禁在养鱼、虾和蟹的稻田以及临近池塘的稻田使用。严禁将施用过本品的稻田水直接排入养鱼、虾和蟹的池塘。

③ 不推荐用于防治白背飞虱。建议与不同作用机制的杀虫剂轮换

使用。

④ 孕妇及哺乳期妇女应避免接触本品。

相关复配剂及应用

（1）乙虫・毒死蜱

主要活性成分 乙虫腈，毒死蜱。

作用特点 乙虫・毒死蜱由吡唑类和有机磷类杀虫剂复配而成。二者混配可有效防治水稻稻飞虱（尤其是褐飞虱）低龄若虫。

剂型 30％悬浮剂。

应用技术 在水稻稻飞虱发生初期施药，用30％悬浮剂90～100g/亩均匀喷雾。

注意事项

① 对瓜类、莴苣苗期及烟草等敏感，施药时应防止飘移产生药害。

② 对蜜蜂高毒，严禁在非登记的蜜源植物上使用。

③ 对家蚕、鱼类等水生生物有毒。

④ 不能与碱性物质混用。

⑤ 孕妇、哺乳期的妇女及儿童应避免接触。

⑥ 毒死蜱禁止在蔬菜上使用。

⑦ 在水稻上的安全间隔期为14d，每季最多使用2次。

（2）乙虫・异丙威

主要活性成分 乙虫腈，异丙威。

作用特点 乙虫・异丙威是乙虫腈和异丙威复配而成的杀虫剂，二者混配有明显的增效作用。对水稻稻飞虱具有较好的防治效果。

剂型 60％可湿性粉剂。

应用技术 在水稻灌浆期施药，用60％可湿性粉剂30～40g/亩均匀喷雾，可有效防治稻飞虱。

注意事项

① 对鱼类、虾蟹等水生生物有毒。

② 对蜜蜂、蚕有毒，施药期间应注意对周围蜂群的影响。

③ 不得与碱性的农药等物质混用。

④ 建议与其他作用机制不同的杀虫剂轮换使用，以延缓抗性产生。

⑤ 避免孕妇及哺乳期妇女接触。

⑥ 在水稻上的安全间隔期为21d，每季最多使用2次。

乙基多杀菌素
（spinetoram）

C$_{42}$H$_{69}$NO$_{10}$，187166-40-1；C$_{43}$H$_{69}$NO$_{10}$，187166-15-0

其他名称 乙基多杀菌素-J．乙基多杀菌素-L、spinetoram-J、spinetoram-L、XDE-175-J、XDE-175-L。

理化性质 乙基多杀菌素-J（22.5℃）外观为白色粉末，乙基多杀菌素-L（22.9℃）外观为白色至黄色晶体，带苦杏仁味。密度：XDE-175-J，（1.1495±0.0015）g/cm^3（1.150kg/m^3）[（19.5±0.4）℃]；XDE-175-L，（1.1807±0.0167）g/cm^3（1.181kg/m^3）[（20.1±0.6）℃]。熔点：XDE-175-J，143.4℃；XDE-175-L，70.8℃。分解温度：XDE-175-J，497.8℃；XDE-175-L，290.7℃。溶解度：（20～25℃）水中XDE-175-J，10.0mg/L；XDE-175-L，31.9mg/L；在甲醇、丙酮、乙酸乙酯、1,2-二氯乙烷、二甲苯中＞250mg/L；在pH 5～7缓冲溶液中乙基多杀菌素-J和乙基多杀菌素-L都是稳定的，但在pH为9的缓冲溶液中乙基多杀菌素-L的半衰期为154d，降解为 N-脱甲基多杀菌素-L。光解。

毒性 大鼠急性LD$_{50}$（mg/kg）：经口＞5000（雌/雄）；经皮＞5000（雌/雄）。每日允许摄入量：0.008～0.06mg/kg bw。

作用特点 乙基多杀菌素作用于昆虫神经系统，具有胃毒和触杀作用。持效期长、杀虫谱广、用量少。

适宜作物 蔬菜、水稻、果树等。

防除对象 蔬菜害虫如美洲斑潜蝇、甜菜夜蛾、小菜蛾、蓟马等；水稻害虫如稻纵卷叶螟、蓟马等；果树害虫如果蝇、蓟马等。

应用技术 以25％乙基多杀菌素水分散粒剂、60g/L乙基多杀菌素悬浮剂为例。

（1）防治蔬菜害虫

① 美洲斑潜蝇　在黄瓜美洲斑潜蝇低龄（1～2龄）期施药，或叶面形成0.5～1cm长虫道时开始施药，用25％乙基多杀菌素水分散粒剂11～14g/亩均匀喷雾。

② 豆荚螟　在豇豆初花期施药1次，盛花期施药1次，间隔7～10d，用25％乙基多杀菌素水分散粒剂12～14g/亩均匀喷雾。

③ 甜菜夜蛾、小菜蛾　在低龄幼虫期施药2～3次，间隔7d，用60g/L乙基多杀菌素悬浮剂20～40g/亩均匀喷雾。

④ 蓟马　在茄子蓟马发生高峰前施药，用60g/L乙基多杀菌素悬浮剂10～20g/亩均匀喷雾。

（2）防治水稻害虫

① 稻纵卷叶螟　在1～2龄幼虫盛发期施药1～2次，用60g/L乙基多杀菌素悬浮剂20～30g/亩均匀喷雾。

② 蓟马　在蓟马发生高峰前施药，用60g/L乙基多杀菌素悬浮剂20～40g/亩均匀喷雾。

（3）防治果树害虫

① 果蝇　在杨梅采摘前7～10d施药，用60g/L乙基多杀菌素悬浮剂1500～2500倍液均匀喷雾。

② 蓟马　在芒果蓟马发生高峰前施药，用60g/L乙基多杀菌素悬浮剂1000～2000倍液均匀喷雾。

注意事项

① 施药后如6h内遇雨，天晴后需补喷。

② 本品对蜜蜂、家蚕等有毒，施药期间应避免影响周围蜂群，禁止在开花植物花期、蚕室和桑园附近使用；天敌放飞区域禁用；水产养殖区、河塘等水体附近禁用，禁止在河塘等水体清洗施药器具。

③ 在甘蓝上的安全间隔期为7d，每季最多使用3次；在豇豆上的安全间隔期为3d，每季最多使用2次；在茄子上的安全间隔期为5d，每季最多使用3次；在水稻上的安全间隔期为14d，每季最多使用3次；在杨梅上的安全间隔期为3d，每季最多使用1次；在芒果上的安全间隔期为7d，每季最多使用2次。

相关复配剂及应用

（1）氟虫·乙多素

主要活性成分　乙基多杀菌素，氟啶虫胺腈。

作用特点　本品是新型化学杀虫剂氟啶虫胺腈和乙基多杀菌素的混

配制剂，作用于昆虫神经系统，氟啶虫胺腈具有触杀和内吸作用，乙基多杀菌素具有胃毒和触杀作用，可同时用于防治多种作物上的刺吸式口器和咀嚼式口器害虫。

剂型 40％水分散粒剂。

应用技术

① 小菜蛾 在低龄幼虫期施药，用40％水分散粒剂7.5～12.5g/亩均匀喷雾。

② 蚜虫 在甘蓝蚜虫发生始盛期施药，用40％水分散粒剂7.5～12.5g/亩均匀喷雾。

③ 蓟马、蚜虫 在西瓜蓟马和蚜虫发生始盛期施药，用40％水分散粒剂10～14g/亩均匀喷雾。

注意事项

① 本品对蜜蜂、家蚕有毒，开花作物花期及蚕室、桑园附近禁用；赤眼蜂等天敌放飞区域禁用；对鱼类等水生生物有毒，远离水产养殖区、河塘等水域附近施药，残液严禁倒入河中，禁止在江河湖泊中清洗施药器具。

② 在甘蓝上的安全间隔期为5d，每季最多使用2次；在西瓜上的安全间隔期为7d，每季最多使用2次。

（2）乙多·甲氧虫

主要活性成分 乙基多杀菌素，甲氧虫酰肼。

作用特点 本品是新型化学杀虫剂乙基多杀菌素和甲氧虫酰肼的混配制剂，乙基多杀菌素主要作用于昆虫的神经系统，具有触杀和胃毒作用，影响昆虫正常的神经活动，直至死亡。甲氧虫酰肼属于昆虫生长调节剂，具有胃毒作用，促进鳞翅目幼虫非正常蜕皮，最终导致害虫死亡。

剂型 34％悬浮剂。

应用技术

① 甜菜夜蛾、斜纹夜蛾 在卵孵化盛期至低龄幼虫始盛期施药，用34％悬浮剂20～24g/亩均匀喷雾。

② 稻纵卷叶螟 在低龄幼虫期施药，用34％悬浮剂20～24g/亩均匀喷雾。

③ 二化螟 在卵孵化盛期至2龄幼虫前施药，用34％悬浮剂20～24g/亩均匀喷雾。

注意事项

① 本品对蜜蜂、家蚕有毒，开花作物花期及蚕室、桑园附近禁用；赤眼蜂等天敌放飞区域禁用；对鱼类等水生生物有毒，远离水产养殖区、河塘等水域附近施药，残液严禁倒入河中，禁止在江河湖泊中清洗施药器具。

② 在甘蓝上的安全间隔期为 7d，每季最多使用 2 次；在葱上的安全间隔期为 14d，每季最多使用 2 次；在水稻上的安全间隔期为 21d，每季最多使用 1 次。

乙螨唑

（etoxazole）

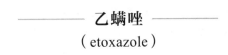

$C_{21}H_{23}F_2NO_2$, 359.4, 153233-91-1

化学名称 （RS）-5-叔丁基-2-[2-（2,6-二氟苯基）-4,5-二氢-1,3-噁唑-4-基]苯乙醚。

理化性质 纯品乙螨唑为白色粉末，熔点 101～102℃，溶解度（20℃，g/L）：甲醇 90，乙醇 90，丙酮 300，环己酮 500，乙酸乙酯 250，二甲苯 250，正己烷 13，乙腈 80，四氢呋喃 750。

毒性 乙螨唑原药急性 LD_{50}（mg/kg）：大、小鼠经口>5000，大鼠经皮>2000；对兔眼睛和皮肤无刺激性；对动物无致畸、致突变、致癌作用。

作用特点 乙螨唑属于 2,4-二苯基噁唑衍生类化合物，是一种选择性杀螨剂，主要是抑制螨类的蜕皮过程，从而对螨卵、幼虫到蛹不同阶段都有优异的触杀性。但对成虫的防治效果不是很好。对噻螨酮已产生抗性的螨类有很好的防治效果。

适宜作物 蔬菜、棉花、果树、花卉等作物。

防除对象 叶螨、始叶螨、全爪螨、二斑叶螨、朱砂叶螨等螨类。

应用技术 在柑橘红蜘蛛幼螨发生始盛期施药，用 110g/L 悬浮剂

4000～7500 倍液均匀喷雾。

注意事项

① 不可与氧化性物质混用。

② 对鸟类、蜜蜂、家蚕、赤眼蜂、七星瓢虫、鱼类有毒。

③ 不可与波尔多液混用。

④ 在柑橘树上的安全间隔期为 28d，每季最多使用 1 次。

相关复配剂及应用

（1）乙螨·三唑锡

主要活性成分 乙螨唑，三唑锡。

作用特点 有效成分为新型杀螨剂，对不同发育期的红蜘蛛均有较高活性，特别是杀卵效果突出，与其他杀螨剂无交互抗性。

剂型 45％悬浮剂。

应用技术 在红蜘蛛发生高峰前期施药，用 45％悬浮剂 5000～7000 倍液均匀喷雾。

注意事项

① 对蜜蜂、家蚕和水生生物毒性高。

② 建议与其他作用机制不同的杀虫剂轮换使用。不能与强碱性农药和铜制剂等物质混用。

③ 在咖啡树、苹果树上的安全间隔期为 21d，每季最多使用 1 次。

（2）乙螨·螺螨酯

主要活性成分 螺螨酯，乙螨唑。

作用特点 对卵、若螨、成螨效果很好，二者复配具有卵螨兼杀、持效期长的特点。

剂型 40％悬浮剂。

应用技术 在红蜘蛛发生初期施药，用 40％悬浮剂 6000～7000 倍液均匀喷雾。

注意事项

① 建议与其他作用机制不同的杀螨剂轮用。不可与强碱性农药及铜制剂或波尔多液混合使用。

② 对蜜蜂、鱼类等水生生物、家蚕有毒。

③ 孕妇及哺乳期的妇女禁止接触。

④ 在柑橘树上的安全间隔期为 30d，每季最多使用 1 次。

（3）乙螨·丁醚脲

主要活性成分 丁醚脲，乙螨唑。

作用特点 对各种发育状态的幼若螨、成螨均有良好防效。黏附性好，耐雨水冲刷，持效期长。

剂型 45％悬浮剂。

应用技术 在红蜘蛛发生高峰前期施药，用45％悬浮剂5000～7500倍液均匀喷雾。

注意事项

① 对水生生物、家蚕、天敌赤眼蜂和蜜蜂有毒。

② 孕妇及哺乳期的妇女应避免接触。

③ 在柑橘树上的安全间隔期为30d，每季最多使用1次。

异丙威

（isoprocarb）

C$_{11}$H$_{15}$NO$_2$, 193.2, 2631-40-5

化学名称 2-异丙基苯基-N-甲基氨基甲酸酯。

其他名称 叶蝉散、异灭威、灭必虱、灭扑威、灭扑散、Hytox、Entrofolan、Mipcin、Mobucin、Mipcide、Bayer 105807。

理化性质 纯品为白色结晶状粉末，熔点96～97℃。20℃蒸气压为2.8MPa。原粉为浅红色片状结晶，相对密度0.62，熔点89～91℃，闪点156℃，分解湿度为180℃，蒸气压0.13Pa。20℃时，在丙酮中溶解度为400g/L，在甲醇中125g/L，在二甲苯中＜50g/L，在水中265mg/kg。在碱液和强酸性液体中易分解，但在弱酸中稳定。对阳光和热稳定。

毒性 急性经口LD$_{50}$（mg/kg）：大鼠403～485，小鼠487～512，兔500。雄性大鼠急性经皮LD$_{50}$＞500mg/kg。雄性大鼠急性吸入LD$_{50}$＞0.4mg/kg。大鼠两年饲喂试验无作用剂量为每天0.5mg/kg。对兔皮肤和眼睛刺激性甚小，动物试验显示无明显蓄积性。在试验剂量内，动物无致癌、致畸、致突变作用。对蜜蜂有害。

作用特点　异丙威能抑制昆虫体内的乙酰胆碱酯酶，使昆虫死亡，对害虫主要是触杀和胃毒作用，击倒力强，药效迅速，但残效期较短。对稻飞虱、叶蝉等害虫具有特效，可兼治蓟马；对飞虱天敌、蜘蛛类安全。

适宜作物　黄瓜、水稻等。

防除对象　瓜果类害虫如蚜虫、白粉虱等；水稻害虫如稻飞虱、稻叶蝉等。

应用技术　以 15％、20％烟剂，20％乳油为例。

（1）防治蔬菜害虫

① 瓜蚜　黄瓜保护地蚜虫始盛期施药，用 15％烟剂按 250～350g/亩放烟。放烟时关闭保护地门窗，6h 后开门窗通风。每 60m² 放一燃点，用明火点燃放烟，点燃后吹灭明火。

② 白粉虱　黄瓜保护地白粉虱成虫盛发期施药，用 20％烟剂按 200～300g/亩放烟。每隔 3～5d 施药一次，连续用 2～3 次。使用时应根据棚室大小均匀布点，每亩大棚可设 4～6 个放烟点，由里向外逐个点燃，放烟后，应关闭棚室，放烟 6h 后开门窗通风。施药量要根据棚室高度和虫害发生情况酌情增减，放在瓦片上点燃且要离植株有一定距离，以免地面水分过大，燃烧不完影响药效。

（2）防治水稻害虫

① 稻飞虱　在低龄若虫发生盛期施药，用 20％乳油 150～200g/亩兑水朝稻株中下部重点喷雾。视虫害情况，每 7～10d 施药一次，可连续用药 2 次。

② 稻叶蝉　在低龄若虫发生盛期施药，用 20％乳油 150～200g/亩兑水 50～60kg 喷雾处理。前期重点是稻株下部；抽穗灌浆后重点是穗部和上部叶片。视虫害情况，每 7～10d 施药一次，可连续用药 2 次。

防治水稻害虫时田间应保持 3～5cm 的水层 3～5d。

注意事项

① 不可与碱性农药等物质混合使用。

② 对蜜蜂、家蚕有毒，施药期间应避免对周围蜂群的影响；蜜源作物花期、蚕室和桑园附近禁用；对鱼类等水生生物有毒，应远离水产养殖区施药；禁止在河塘等水体中清洗施药器具。

③ 在水稻上使用的前后 10d 要避免使用除草剂敌稗，以免发生药害。

④ 对薯类有药害，不宜在薯类作物上使用。

⑤ 建议与其他作用机制不同的杀虫剂轮换使用。

⑥ 在水稻上的安全间隔期为 30d，每季最多使用 2 次；在黄瓜上的安全间隔期为 7d，每季最多使用 2 次。

相关复配剂及应用

（1）乙虫·异丙威

主要活性成分 异丙威，乙虫腈。

作用特点 为氨基甲酸酯类杀虫剂异丙威和芳基吡唑类杀虫剂乙虫腈的复配制剂。异丙威抑制神经的乙酰胆碱酯酶使害虫死亡；乙虫腈则主要作用于 GABA，干扰氯离子通道，破坏中枢神经而杀死害虫。混合制剂具有触杀、胃毒以及广谱、高效等特点。

剂型 60%可湿性粉剂。

应用技术 在稻飞虱低龄若虫发生盛期施药，用 60%可湿性粉剂 30~40g/亩兑水 50~60kg 均匀喷于水稻稻株中下部。施药后田间要保持 3~5cm 的水层 3~5d。视害虫发生情况，7~10d 后可再次用药一次。

注意事项

① 不得与碱性物质混用。

② 仅限水稻灌浆期使用。

③ 对蜜蜂、蚕有毒，施药期间应注意对周围蜂群的影响；开花植物花期、蚕室桑园附近禁用。对鱼类、虾蟹等水生生物有毒，应远离水产养殖区施药；禁止在河塘等水体清洗施药器具。

④ 施药前后 10d 内不能使用除草剂敌稗，以免发生药害。

⑤ 对薯类有药害，不宜在薯类作物上使用。

⑥ 大风天或预计 1h 内降雨请勿施药。

⑦ 建议与其他作用机制不同的杀虫剂轮换使用。

⑧ 在水稻上的安全间隔期为 21d，每季最多使用 2 次。

（2）哒螨·异丙威

主要活性成分 异丙威，哒螨灵。

作用特点 为氨基甲酸酯类杀虫剂异丙威和杂环类杀螨剂哒螨灵的复配制剂，后者不仅杀螨，对一些小型刺吸式口器的害虫也有良好的效果。哒螨·异丙威触杀性强，击倒速度快，尤其对蔬菜小型害虫有良好的效果。

剂型 12%烟剂。

应用技术

① 白粉虱　在黄瓜白粉虱始盛期时施药。密闭大棚，用 12％烟剂 300～400g/亩点燃放烟。6h 后打开门窗通风，放风后方可进棚操作。

② 瓜蚜　在黄瓜蚜虫始盛期施药。密闭大棚，用 12％烟剂 200～300g/亩点燃放烟。一般在傍晚进行施药，6h 后掀棚放风。视情况可于 7～10d 后再次施药一次。

注意事项

① 不要与石硫合剂或波尔多液等强碱性药剂等物质混用。

② 哒螨灵对大型溞剧毒，对鱼高毒；异丙威对家蚕及蜜蜂高毒，周围蜜源作物花期、蚕室及桑园附近禁用；赤眼蜂等天敌放飞区禁用；远离水产养殖区、河塘等水域施药；禁止在河塘等水域中清洗施药工具。

③ 有效成分异丙威对薯类有药害，注意施药飘移问题。

④ 在黄瓜上的安全间隔期为 7d，每季最多使用 2 次。

（3）噻嗪·异丙威

主要活性成分　异丙威，噻嗪酮。

作用特点　异丙威属氨基甲酸酯类药剂，是一种触杀性兼具内吸作用的杀虫剂，对害虫的击倒力强，药效迅速，但残效期较短；噻嗪酮是二嗪类昆虫生长调节剂，具有触杀和胃毒作用，不杀成虫，药效慢，但持效期长。复配制剂兼具二者优点，对害虫尤其飞虱类有良好的效果。

剂型　25％可湿性粉剂。

应用技术　在稻飞虱低龄若虫发生盛期施药，用 25％可湿性粉剂 100～150g/亩兑水对稻株中下部进行全面喷雾处理，7d 左右可再喷一次。田间应保持 3～5cm 的水层 3～5d。

注意事项

① 不可与碱性农药等物质混合使用。

② 开花植物花期、赤眼蜂天敌放飞区、水产养殖区、虾蟹套养稻田、鸟类保护区、蚕室和桑园附近禁用；禁止在河塘等水体中清洗施药器具；施药后的田水不得直接排入水体。

③ 用药前后 10d 内不能在田间及附近喷洒除草剂敌稗。

④ 使用时注意防止飘移到白菜、萝卜和薯类上，以免产生药害。

⑤ 大风天或预计 1h 内降雨请勿施药。

⑥ 建议与其他作用机制不同的杀虫剂轮换使用。

⑦ 在水稻上的安全间隔期为 21d，每季最多使用 2 次。

（4）氟啶·异丙威

主要活性成分　异丙威，氟啶虫酰胺。

作用特点　为氨基甲酸酯类杀虫剂异丙威和吡啶酰胺类昆虫生长调节剂氟啶虫酰胺的复配制剂，具有触杀和快速拒食作用，速效性好，持效期长，耐雨水冲刷，对水稻褐飞虱有良好的防治效果。

剂型　53％可湿性粉剂。

应用技术　在褐飞虱低龄若虫盛发期施药，用 53％可湿性粉剂 70～90g/亩兑水透彻地喷雾于水稻稻株中下部的叶丛和茎秆上。田间保持 3～5cm 水层 3～5d。

注意事项

① 不能与碱性农药等物质混用。

② 对薯类有药害，注意施药飘移问题。

③ 对蜜蜂、天敌赤眼蜂、水蚤、家蚕有毒，施药期间应避免对周围蜂群的影响；蜜源作物花期、蚕室和桑园附近禁用；赤眼蜂等天敌放飞区禁用；鱼或虾蟹套养稻田禁用；远离水产养殖区施药。

④ 稻田施药前后 10d 不能使用敌稗。

⑤ 大风天或预计 1h 内降雨请勿施药。

⑥ 建议与其他作用机制不同的杀虫剂轮换使用，以延缓害虫抗性的产生。

⑦ 在水稻上的安全间隔期为 28d，每季最多使用 1 次。

（5）呋虫·异丙威

主要活性成分　异丙威，呋虫胺。

作用特点　为氨基甲酸酯类杀虫剂异丙威和呋喃烟碱类杀虫剂呋虫胺的复配制剂。异丙威具有较强的触杀和胃毒作用，击倒力强，药效迅速；呋虫胺具有较强的内吸活性，兼具触杀和胃毒作用。

剂型　30％悬浮剂。

应用技术　在稻飞虱低龄若虫盛发期施药，用 30％悬浮剂 40～60g/亩兑水喷雾于稻株中下部。施药时田间保持 3～5cm 水层 3～5d。

配药时先将药剂充分溶解于少量水中，再加入适量水混合均匀后喷雾。

注意事项

① 不能与碱性农药等物质混用。

② 不可与其他烟碱类杀虫剂混合使用。

③ 对蜜蜂、家蚕和大型溞等水生生物有毒，施药期间应避免对周围蜂群的影响；周围开花植物花期、蚕室和桑园附近禁用；赤眼蜂等天敌放飞区域禁用；远离水产养殖区、河塘等水体附近施药；禁止在河塘等水体中清洗施药器具。

④ 对薯类有药害，注意施药飘移问题。

⑤ 施药前后 10d 不能使用敌稗。

⑥ 该药易造成地下水污染，在土壤渗透性好或地下水位较浅的地方慎用。

⑦ 建议与其他作用机制不同的杀虫剂轮换使用。

⑧ 在水稻上的安全间隔期为 30d，每季最多使用 1 次。

（6）噻虫·异丙威

主要活性成分　异丙威，噻虫嗪。

作用特点　为氨基甲酸酯类杀虫剂异丙威和新烟碱类杀虫剂噻虫嗪的复配制剂，具有触杀、胃毒和内吸作用。异丙威触杀强烈，持效期较短；噻虫嗪内吸性强，持效期长。噻虫·异丙威兼具二者的优点，对稻飞虱有较理想的效果。

剂型　30%悬浮剂。

应用技术　在稻飞虱低龄若虫发生盛期施药，用 30%悬浮剂 15～20g/亩均匀喷于水稻稻株中下部；施药时田间保持 3～5cm 水层 2～3d。

注意事项

① 不能与碱性农药等物质混用。

② 不宜在薯类作物上使用，以免发生药害。

③ 施用噻虫·异丙威前后 10d 不宜用敌稗。

④ 在鸟类保护区、赤眼蜂等天敌放飞区域、桑树及蚕桑种植地区、养蜂地区及开花植物花期禁止使用。远离水产养殖区施药；虾蟹套养稻田禁用；禁止在河塘内清洗施药器具。

⑤ 建议与其他作用机制不同的杀虫剂轮换使用，以延缓害虫抗性的产生。

⑥ 在水稻上的安全间隔期为 28d，每季最多使用 2 次。

（7）吡蚜·异丙威

主要活性成分　异丙威，吡蚜酮。

作用特点　为氨基甲酸酯类杀虫剂异丙威和吡啶类杀虫剂吡蚜酮的复配制剂。异丙威触杀作用比较强，击倒快，药效迅速；吡蚜酮的作用方式独特，害虫接触到该药剂后立即停止取食，并最终饥饿死亡。两者复配既具速效性，又使持效性加长。

剂型　50％可湿性粉剂。

应用技术

① 褐飞虱　在低龄若虫发生盛期施药，用50％可湿性粉剂20～24g/亩对准稻株中下部进行喷雾处理。田间应保持3～5cm的水层3～5d。

② 灰飞虱　麦田低龄若虫发生盛期施药，用50％可湿性粉剂25～30g/亩均匀喷雾。

注意事项

① 不能与碱性农药混用。

② 对家蚕、鱼类有毒，桑园及蚕室附近、水产养殖区、河塘等不能施药；禁止在河塘等水域中清洗施药器具；虾蟹套养稻田禁用；赤眼蜂等天敌放飞区域禁用；周围开花植物花期禁用；使用时应密切关注对附近蜂群的影响。

③ 若药后5h内降雨需补药，避开大风天用药。

④ 水稻田施药前后10d不可使用敌稗。

⑤ 对薯类有药害，注意施药飘移问题。

⑥ 建议与其他作用机制不同的杀虫剂轮换使用。

⑦ 在水稻上的安全间隔期为14d，每季最多使用3次；在小麦上的安全间隔期为30d，每季最多使用2次。

（8）烯啶·异丙威

主要活性成分　异丙威，烯啶虫胺。

作用特点　为氨基甲酸酯类杀虫剂异丙威和新烟碱类杀虫剂烯啶虫胺的复配制剂，具有快速触杀、胃毒和强内吸性，对稻飞虱有良好的效果。

剂型　25％可湿性粉剂。

应用技术　在稻飞虱低龄若虫盛发期施药，用25％可湿性粉剂50～80g/亩兑水50～60kg主要喷雾于水稻稻株中下部。施药后田间要保持3～5cm的水层3～5d。

注意事项

① 不能与碱性物质混用。

② 药液应随配随用，不能久存。

③ 开花植物花期、赤眼蜂天敌放飞区、水产养殖区、虾蟹套养稻田、鸟类保护区、蚕室和桑园附近禁用；禁止在河塘等水体中清洗施药器具；施药后的田水不得直接排入水体。

④ 施药前后 10d 内不能使用除草剂敌稗，以免发生药害。

⑤ 对薯类有药害，注意施药飘移问题。

⑥ 选择在晴天早上 9 点前或下午 4 点后施用，避免正午阳光直射。

⑦ 预计 1h 内有大雨或大风的天气请勿施药。

⑧ 建议与其他机制的农药轮换使用。

⑨ 在水稻上的安全间隔期为 21d，每季最多使用 2 次。

（9）马拉·异丙威

主要活性成分　异丙威，马拉硫磷。

作用特点　为氨基甲酸酯类杀虫剂异丙威和有机磷类杀虫剂马拉硫磷的复配制剂，具有快速触杀和胃毒的特点，能较好地防治水稻飞虱和叶蝉。

剂型　30％乳油。

应用技术

① 稻飞虱　在低龄若虫发生盛期施药，用 30％乳油 100～140g/亩兑水 50～60kg，对准稻株中下部进行全面喷雾处理，同时田间保持 3～5cm 的水层 3～5d。

② 稻叶蝉　在低龄若虫发生盛期施药，用 30％乳油 100～140g/亩兑水 50～60kg 喷雾处理，前期喷雾重点是茎秆基部；抽穗灌浆后以穗部和上部叶片为重点。

注意事项

① 勿与碱性农药等物质混用。

② 施药时应远离蜂群、蚕室、水产养殖区；禁止在河塘等水体中清洗施药器具。

③ 如附近有白菜、萝卜、薯类等作物，应注意药剂飘移，以防药害。

④ 施药前后 10d 不能使用敌稗。

⑤ 大风天或预计 1h 内降雨请勿施药。

⑥ 建议与其他作用机制不同的杀虫剂交替使用。

⑦ 在水稻上的安全间隔期为 14d，每季最多使用 3 次。

抑食肼

（RH-5849）

$C_{18}H_{20}N_2O_2$, 296.4, 112225-87-3

化学名称 $2'$-苯甲酰基-$1'$-特丁基苯甲酰肼。

其他名称 虫死净。

理化性质 抑食肼工业品为白色粉末状固体，纯品为白色结晶，无臭味。熔点 174～176℃，蒸气压 $0.24×10^{-3}$ Pa（25℃）。在环己酮中溶解度为 50g/L，水中溶解度 50mg/kg，分配系数（正辛醇/水）212。常温下储存稳定，在土壤中的半衰期为 27d（23℃）。在正常贮存条件下稳定。

毒性 抑食肼原药属中等毒性，大鼠急性 LD_{50}（mg/kg）：435（经口），500（经皮）。Ames 试验为阴性。对眼睛和皮肤无刺激。

作用特点 抑食肼是一种非甾类、具有蜕皮激素活性的昆虫生长调节剂，对鳞翅目、鞘翅目、双翅目幼虫具有抑制进食、加速蜕皮和减少产卵的作用。本品对害虫以胃毒作用为主，具有较强的内吸性。施药后 2～3d 见效，持效期长，无残留。对人、畜、禽、鱼毒性低，是一种可取代有机磷农药，是可以取代高毒农药甲胺磷的低毒、无残留、无公害的优良杀虫剂。

适宜作物 蔬菜、水稻、棉花、茶叶、果树等。

防除对象 蔬菜害虫如菜青虫、小菜蛾、甜菜夜蛾、菜青虫等；水稻害虫如黏虫、二化螟、三化螟、稻纵卷叶螟等；果树害虫如食心虫、红蜘蛛、蚜虫、潜叶蛾等；茶树害虫如茶尺蠖、茶毛虫、茶细蛾、茶小绿叶蝉等。

应用技术 以 20％抑食肼可湿性粉剂为例。

（1）防治蔬菜害虫

① 菜青虫、斜纹夜蛾 用 20％抑食肼悬浮剂 65～100g/亩均匀喷

雾。对低龄幼虫防治效果较好，且对作物无药害。

②小菜蛾　于幼虫孵化高峰期至低龄幼虫盛发期，用抑食肼可湿性粉剂 5.3～8.3g/亩均匀喷雾。在幼虫盛发高峰期用药防治 7～10d 后，再喷药 1 次，以维持药效。

（2）防治水稻害虫

①稻纵卷叶螟　在幼虫 1～2 龄高峰期施药，用 20%抑食肼可湿性粉剂 50～100g/亩均匀喷雾。

②水稻黏虫　在幼虫 3 龄幼虫前施药，用 20%抑食肼可湿性粉剂 50～100g/亩均匀喷雾。

（3）防治果树害虫　在食心虫、红蜘蛛、蚜虫、潜叶蛾初孵幼虫或若虫期施药，用 20%抑食肼可湿性粉剂 2000 倍液均匀喷雾。

（4）防治茶树害虫　在茶尺蠖、茶毛虫、茶细蛾、茶小绿叶蝉初孵幼虫或若虫期施药，用 20%抑食肼可湿性粉剂 2000 倍液均匀喷雾。

注意事项

① 施药时遵循常规农药使用规则，做好个人防护。戴手套，还要避免药液溅及眼睛和皮肤。

② 该药作用缓慢，施药后 2～3d 见效。应在害虫发生初期用药，以收到更好效果，且最好不要在雨天施药。

③ 该药剂持效期长，在蔬菜、水稻收获前 7～10d 内禁止施药。

④ 不可与碱性物质混用。

⑤ 避免儿童、孕妇及哺乳期妇女接触，避免污染水源。

⑥ 在水稻上的安全间隔期为 28d，每季最多使用 2 次。

印楝素
（azadirachtin）

$C_{35}H_{44}O_{16}$, 720.7, 11141-17-6

理化性质　原药外观为深棕色半固体，相对密度 1.1～1.3，易溶于甲醇、乙醇、乙醚、丙酮，微溶于水、乙酸乙酯。制剂外观为棕色均相液体，相对密度 0.9～0.98，pH 4.5～7.5。

毒性 急性 LD_{50}（mg/kg）：经口＞1780（雄），＞2150（雌）；经皮＞2150（雌）。

作用特点 本品是从印楝树中提取的植物性杀虫剂，具有拒食、忌避、内吸和抑制生长发育的作用。主要作用于昆虫的内分泌系统，降低蜕皮激素的释放量；也可以直接破坏表皮结构或阻止表皮几丁质的形成，或干扰呼吸代谢，影响生殖系统发育等。对环境、人畜、天敌比较安全，对害虫不易产生抗药性。

适宜作物 茶树、蔬菜、果树、高粱、烟草等。

防除对象 茶树害虫如茶毛虫、小绿叶蝉、茶黄螨等；果树害虫如柑橘潜叶蛾等；蔬菜害虫如小菜蛾、菜青虫、斜纹夜蛾、韭蛆等；高粱害虫如玉米螟等；烟草害虫如烟青虫等。

应用技术 以 0.3％印楝素乳油、0.3％印楝素可溶液剂、1％印楝素微乳剂、1％印楝素水分散粒剂为例。

（1）防治茶树害虫

① 茶毛虫 在卵孵化盛期至低龄幼虫期施药，用 0.3％印楝素乳油 120～150g/亩均匀喷雾。

② 茶黄螨 在盛发期喷雾 1 次，用 0.3％印楝素可溶液剂 125～186g/亩均匀喷雾。

③ 小绿叶蝉 在若虫盛发初期开始施药，用 1％印楝素微乳剂 27～45g/亩均匀喷雾。

（2）防治果树害虫 防治柑橘树潜叶蛾时，用 0.3％印楝素乳油 400～600 倍液均匀喷雾。

（3）防治蔬菜害虫

① 小菜蛾 在卵孵化盛期至低龄幼虫期施药，用 0.3％印楝素乳油 60～90g/亩均匀喷雾；或用 1％印楝素微乳剂 42～56g/亩均匀喷雾。

② 韭蛆 在韭菜收割后 2～3d，用 0.3％印楝素乳油 1330～2660g/亩根部喷淋 1 次。

③ 菜青虫 在卵孵盛期至低龄幼虫盛发期施药，用 0.3％印楝素乳油 90～140g/亩均匀喷雾。

④ 斜纹夜蛾 在卵孵盛期至低龄幼虫盛发期施药，用 1％印楝素水分散粒剂 50～60g/亩均匀喷雾。

（4）防治高粱害虫 在玉米螟卵孵盛期至低龄幼虫期施药，用

0.3%印楝素乳油 80～100g/亩均匀喷雾。

(5) 防治烟草害虫　在烟青虫卵孵盛期至低龄幼虫期施药，用 0.3%印楝素乳油 60～100g/亩均匀喷雾。

注意事项

① 本品为生物农药，药效较慢，但持效期长，不要随意加大施药量。

② 不能与碱性农药混用。

③ 建议与其他作用机制不同的杀虫剂轮换使用。

④ 本品对蜜蜂、鱼类等水生生物、家蚕有毒，周围作物花期禁用，使用时应密切关注对附近蜂群的影响；远离水产养殖区施药，禁止在河塘等水体中清洗施药器具；蚕室及桑园附近禁用；鸟类保护区禁用；赤眼蜂等天敌放飞区禁用。

⑤ 每 7～10d 施药一次，可连续用药 3 次。

相关复配剂及应用

(1) 阿维·印楝素

主要活性成分　阿维菌素，印楝素。

作用特点　本品为微生物源农药阿维菌素和植物源农药印楝素复配而成，具有触杀、胃毒、拒食、忌避和抑制昆虫生长发育的作用。

剂型　0.8%乳油。

应用技术　在小菜蛾卵孵化盛期至低龄幼虫施药，用 0.8%乳油 40～60g/亩均匀喷雾。

注意事项

① 本品对蜜蜂、家蚕有毒，开花作物花期及蚕室、桑园附近禁用；赤眼蜂等天敌放飞区域禁用；对鱼类等水生生物有毒，远离水产养殖区、河塘等水域附近施药，残液严禁倒入河中，禁止在江河湖泊中清洗施药器具。

② 本品不可与呈碱性的农药等物质混合使用。

③ 最后一次施药距收获期 5d，每季最多使用 3 次。

(2) 苦参·印楝素

主要活性成分　苦参碱，印楝素。

作用特点　本产品为两种天然植物源农药混配的杀虫剂。具有触杀、胃毒、拒食及驱避作用。

剂型　1%可溶液剂，1%乳油。

应用技术

① 蚜虫　在甘蓝蚜虫发生期施药，用1‰可溶液剂60～80g/亩均匀喷雾。

② 小菜蛾　在卵孵化盛期至低龄幼虫期施药，用1‰乳油60～80g/亩均匀喷雾。

注意事项

① 本品对蜜蜂、家蚕有毒，开花作物花期及蚕室、桑园附近禁用；赤眼蜂等天敌放飞区域禁用；对鱼类等水生生物有毒，远离水产养殖区、河塘等水域附近施药，残液严禁倒入河中，禁止在江河湖泊中清洗施药器具。

② 建议与其他作用机制不同的杀虫剂轮换使用。

③ 本品不可与呈碱性的农药等物质混合使用。

④ 在甘蓝上的安全间隔期为14d，每季最多使用5次。

茚虫威
（indoxacarb）

$C_{22}H_{17}ClF_3N_3O_7$, 527.83, 144171-61-9

化学名称　7-氯-2,5-二氢-2-[N-(甲氧基甲酰基)-4-(三氟甲氧基)苯胺甲酰]茚并[1,2-e][1,3,4]噁二嗪-4a(3H)-甲酸甲酯。

其他名称　安打，安美，全垒打，恶二唑虫，因得克MP等。

理化性质　熔点88.1℃，蒸气压2.5×10^{-8}Pa，lgKow约4.6。溶解度：水中小于0.2mL/L，丙酮中250g/L，甲醇中3g/L。稳定性：水解$DT_{50} > 30d$（pH 5）。

毒性　低毒。原药大鼠急性经口LD_{50} 1732mg/kg（雄）、268mg/kg（雌）；大鼠急性经皮$LD_{50} > 5000$mg/kg，对兔眼睛和皮肤无刺激性，大鼠吸入毒性$LD_{50} > 5.5$mg/kg，Ames试验阴性。

作用特点　茚虫威是一种噁二嗪类高效低毒杀虫剂，以胃毒作用为主兼有触杀活性，通过阻断昆虫神经纤维膜上的钠离子通道，使神经丧失功能，对环境中的非靶标生物非常安全。在作物中残留量低，尤其适用于蔬菜等多次采收类作物。施药后害虫停止取食，对作物保护效果较好，并具有耐雨水冲刷的特性。

适宜作物　水稻、棉花、十字花科蔬菜、豆科蔬菜、茶树、金银花等。

防除对象　水稻害虫如二化螟、稻纵卷叶螟等；棉花害虫如棉铃虫等；蔬菜害虫如小菜蛾、菜青虫、甜菜夜蛾、豇豆螟等；茶树害虫如茶小绿叶蝉等；药材害虫如金银花尺蠖等。

应用技术　以 150g/L、15%悬浮剂，30%水分散粒剂为例。

（1）防治水稻害虫

① 二化螟　在卵孵始盛期至高峰期施药，用 150g/L 悬浮剂 15～20mL/亩兑水喷雾，重点为靠近水面 6～10cm 的部位。施药后田间要保持 3～5cm 的水层 3～5d。

② 稻纵卷叶螟　在卵孵盛期至低龄幼虫期施药，用 15%悬乳剂 15～20g/亩兑水喷雾，重点是稻株中上部。

（2）防治棉花害虫　在棉铃虫卵孵盛期至低龄幼虫期施药，用 150g/L 悬浮剂 10～18mL/亩均匀喷雾。

（3）防治蔬菜害虫

① 小菜蛾　在低龄幼虫盛期施药，用 150g/L 悬浮剂 10～18mL/亩均匀喷雾。田间喷雾最好在傍晚施用。

② 菜青虫　在低龄幼虫盛期施药，用 150g/L 悬浮剂 5～10mL/亩均匀喷雾。

③ 甜菜夜蛾　十字花科蔬菜上在低龄幼虫盛期施药，用 150g/L 悬浮剂 10～18mL/亩均匀喷雾；大葱上卵即将孵化时用 15%悬浮剂 15～20g/亩兑水喷雾，重点是大葱尖部；姜上的卵孵至低龄幼虫时，用 15%悬浮剂 25～35g/亩均匀喷雾。

④ 豇豆螟　在成虫产卵盛期施药，用 30%水分散粒剂 6～9g/亩重点喷花蕾；在发现有蛀果现象时，豇豆果实也应重点喷雾。

（4）防治茶树害虫　在茶小绿叶蝉低龄若虫盛发期，即每 100 张叶片有 3～5 头若虫时施药，用 150g/L 悬浮剂 17～22mL/亩均匀喷雾。依害虫为害程度可重复施药一次，间隔期为 5～7d。

（5）防治药材害虫

① 棉铃虫　金银花上卵孵盛期至低龄幼虫期施药，用 15%悬浮剂 25～40g/亩均匀喷雾。

② 金银花尺蠖　在卵孵盛期至低龄幼虫期施药，用15%悬浮剂15～25g/亩均匀喷雾。

药剂的使用：在南方害虫密度较高地区，可使用中高剂量；在北方害虫密度较低地区，使用中低剂量。

注意事项

① 不宜与碱性物质混用。

② 对蜜蜂、家蚕有毒，施药期间应避免对周围蜂群的影响；开花植物花期禁用；桑田及蚕室附近禁用；虾蟹套养稻田禁用；施药后的田水不得直接排入水体；远离养殖区施药；禁止在河塘等水体中清洗施药器具。

③ 大风天或预计1h内降雨请勿施药。

④ 建议与其他不同作用机理的杀虫剂交替使用。

⑤ 在棉花上的安全采收间隔期为14d，每季最多使用3次；在十字花科蔬菜上的安全采收间隔期为3d，每季最多使用3次；在水稻上的安全间隔期为21d，每季最多使用2次；在茶叶上的安全间隔期为10d，每季最多使用1次；在姜上的安全间隔期为7d，每季最多使用1次；在金银花上的安全间隔期为5d，每季最多使用1次。

相关复配剂及应用

（1）甲维·茚虫威

主要活性成分　茚虫威，甲氨基阿维菌素苯甲酸盐。

作用特点　茚虫威通过干扰昆虫钠离子通道，使害虫中毒后麻痹致死；甲氨基阿维菌素苯甲酸盐则是促进 γ-氨基丁酸释放，抑制神经传导，最终使氯离子通道活化，使害虫致死；二者具有不同的作用靶标，对防治害虫有很好的效果。

剂型　9%、10%、11%、16%悬浮剂，12%水乳剂。

应用技术

① 稻纵卷叶螟　在卵孵高峰至低龄幼虫期施药，用16%悬浮剂10～15g/亩均匀喷雾。

② 二化螟　在卵孵始盛期至高峰期施药，用9%悬浮剂20～25g/亩均匀喷雾。施药后田间要保持3～5cm的水层3～5d。

③ 小菜蛾　在低龄幼虫盛期施药，用11%悬浮剂9～18g/亩均匀喷雾。

④ 甜菜夜蛾　在低龄幼虫盛期施药，用12%水乳剂16～19g/亩均匀喷雾。

⑤ 斜纹夜蛾　草坪上卵孵盛期至低龄幼虫期施药，用10％悬浮剂20～40g/亩均匀喷雾。

施药最佳时间：晴天的下午近傍晚时。

注意事项

① 避免与其他强碱强酸性物质混用，以免影响药效。

② 家蚕及桑园附近禁用；瓢虫等天敌放飞区禁用；开花植物花期禁用；使用时应密切关注对附近蜂群的影响；水产养殖区、河塘等水体附近禁用；禁止在河塘等水域清洗施药器具。

③ 大风天或预计1h内有雨请勿喷施。

④ 建议与其他作用机制不同的杀虫剂轮换使用。

⑤ 在水稻上的安全间隔期为21d，每季最多使用1次；在甘蓝上的安全间隔期为7d，每季最多使用2次；在草坪上每季仅使用1次。

(2) 阿维·茚虫威

主要活性成分　茚虫威，阿维菌素。

作用特点　为茚虫威与阿维菌素复配而成的杀虫剂，杀虫杀螨效果良好。茚虫威主要是阻断害虫神经细胞中的钠离子通道，导致靶标害虫麻痹、死亡；阿维菌素则可刺激 γ-氨基丁酸释放，干扰害虫神经的生理活动；可有效渗入植物表皮组织，具有较长的残效期。复配制剂对害虫有良好的效果。

剂型　12％悬浮剂，6％微乳剂，8％水分散粒剂。

应用技术

① 稻纵卷叶螟　在卵孵高峰至低龄幼虫期施药，用12％悬浮剂12～20g/亩均匀喷雾。施药后田间宜保持3～5cm的水层3～5d。

② 二化螟　在卵孵始盛期至高峰期施药，用6％微乳剂31.7～44.3g/亩兑水喷雾，重点是稻株的中下部叶丛及茎秆。施药后田间要保持3～5cm的水层3～5d。

③ 小菜蛾　在低龄幼虫盛期施药，用8％水分散粒剂20～40g/亩均匀喷雾。田间喷雾最好在傍晚施用。

注意事项

① 不宜与碱性农药等物质混用。

② 对水生生物、蜜蜂、家蚕有毒，请远离水产养殖区、桑园及蚕室施药；蜜源作物及周围开花植物花期禁用；鱼或虾蟹套养稻田禁用。施药后的田水不得直接排入水体。

③ 作物密度过大，以及在作物生长后期，建议加大喷液量。

④ 大风天或预计 1h 内降雨请勿施药。

⑤ 建议与其他作用机制不同的杀虫剂轮换使用，以延缓害虫抗性的产生。

⑥ 水稻上的安全间隔期为 28d，每季最多使用 2 次。

（3）甲氧·茚虫威

主要活性成分 茚虫威，甲氧虫酰肼。

作用特点 茚虫威以胃毒作用为主，兼具触杀活性，其主要是阻断害虫神经细胞中的钠离子通道，使害虫麻痹、死亡；甲氧虫酰肼则属昆虫生长调节剂类杀虫剂，促进鳞翅目幼虫非正常蜕皮，对高龄和低龄幼虫均有效。施药后害虫迅速停止取食，达到保护作物的目的。二者作用靶标不同，对杀灭害虫有良好的效果，且可延缓害虫抗性的产生。

剂型 25%、35%、40%悬浮剂。

应用技术

① 甜菜夜蛾 甘蓝上低龄幼虫盛期施药，用 35%悬浮剂 8～12g/亩均匀喷雾。

② 稻纵卷叶螟 在卵孵盛期至低龄幼虫期施药，用 40%悬浮剂 10～15g/亩均匀喷雾。

③ 二化螟 在卵孵始盛期至高峰期施药，用 25%悬浮剂 30～40g/亩兑水喷雾，重点是稻株中下部靠近水面的地方。田间保持水层 3～5cm 深，保水 3～5d。

注意事项

① 不宜与碱性农药等物质混用。

② 对水生生物、蜜蜂和家蚕高毒，桑园及蚕室附近禁用；水产养殖区、河塘等水体附近禁用；禁止在河塘等水域清洗施药器具；开花植物花期禁用。

③ 大风天或预计 1h 内降雨请勿施药。

④ 建议与其他作用机制不同的杀虫剂轮换使用。

⑤ 甘蓝上的安全间隔期为 7d，每季最多使用 1 次。

（4）氟铃·茚虫威

主要活性成分 茚虫威，氟铃脲。

作用特点 为茚虫威与氟铃脲的混合制剂。茚虫威属噁二嗪类杀虫剂，为钠离子通道抑制剂；氟铃脲是昆虫生长调节剂类杀虫剂，可抑制昆虫几丁质的合成。二者作用机理不同，使害虫更易死亡。

剂型 22%悬浮剂。

应用技术 在甘蓝上甜菜夜蛾低龄幼虫盛期施药，用22％悬浮剂8～12g/亩均匀喷雾。

注意事项

① 不得与碱性农药等物质混用，以免降低药效。

② 对蜜蜂、家蚕有毒，开花植物花期、蚕室和桑园附近禁用；施药期间应避免对周围蜂群的影响；对鱼类等水生生物有毒，远离水产养殖区施药；禁止在河塘等水体中清洗施药器具。

③ 大风天或预计1h内降雨请勿施药。

④ 建议与其他作用机制不同的杀虫剂轮换使用。

⑤ 在甘蓝上的安全间隔期为7d，每季最多施药2次。

(5) 虫螨·茚虫威

主要活性成分 茚虫威，虫螨腈。

作用特点 茚虫威是一种噁二嗪类高效低毒杀虫剂，以胃毒作用为主兼有触杀活性，通过阻断昆虫神经纤维膜上的钠离子通道，使神经丧失功能；虫螨腈则为吡咯类杀虫剂，通过抑制害虫体内细胞中的线粒体，阻碍ADP转化为ATP，最终导致害虫死亡。复配制剂具有胃毒、触杀作用和一定的杀卵功效，渗透性强，杀虫速度快，耐雨水冲刷，能有效防治甘蓝小菜蛾和甜菜夜蛾。

剂型 15％、35％悬浮剂。

应用技术

① 菜蛾 在低龄幼虫盛期施药，用15％悬浮剂10～20g/亩均匀喷雾。喷雾最好在傍晚。

② 甜菜夜蛾 大白菜上低龄幼虫盛期施药，用35％悬浮剂14～20g/亩均匀喷雾。

注意事项

① 不可与强酸、强碱性物质混用。

② 对鱼类等水生生物、蜜蜂、家蚕有毒，施药期间应避免对周围蜂群的影响；开花作物花期、蚕室和桑园附近禁用；远离水产养殖区施药；禁止在河塘等水体中清洗施药器具。

③ 大风天或预计1h内降雨请勿施药。

④ 建议与其他作用机制不同的杀虫剂轮换使用。

⑤ 在甘蓝上的安全间隔期为14d，每季最多使用2次；在大白菜上的安全间隔期为14d，每季最多使用3次。

（6）多杀·茚虫威

主要活性成分　茚虫威，多杀霉素。

作用特点　为茚虫威和多杀霉素的复配低毒杀虫剂。茚虫威以优良的胃毒作用为主，速效性较差；多杀霉素则具有极强的触杀和胃毒作用，速效性较强。混合制剂兼具二者的优点，对稻纵卷叶螟和小菜蛾有良好的防治效果。

剂型　15%悬浮剂。

应用技术

① 稻纵卷叶螟　在卵孵盛期至低龄幼虫期施药，用15%悬浮剂14~16g/亩兑水喷雾，重点是稻株的中上部。

② 小菜蛾　在低龄幼虫盛期施药，用15%悬浮剂16~22g/亩均匀喷雾。视虫情发生情况，每7d左右施药一次，可连续用药2次。

注意事项

① 不可与碱性物质混用。

② 蚕室、桑园附近禁用；开花植物花期禁用；水产养殖区附近，河塘等水体附近禁用；鱼或虾蟹套养稻田禁用；赤眼蜂等天敌放飞区域禁用；禁止在河塘等水域清洗施药器具。

③ 大风天或预计1h内有雨请勿施药。

④ 为延缓害虫抗性的产生，建议与其他作用机制不同的杀虫剂交替使用。

⑤ 在水稻上的安全间隔期为21d，每季最多使用2次；在甘蓝上的安全间隔期为7d，每季最多使用3次。

（7）丁醚·茚虫威

主要活性成分　茚虫威，丁醚脲。

作用特点　茚虫威为钠离子通道抑制剂，主要是阻断害虫神经细胞中的钠离子通道，使神经细胞丧失功能，导致靶标害虫麻痹，最终死亡，具有胃毒和触杀作用；丁醚脲为硫脲类杀虫、杀螨剂，具有触杀、胃毒作用，且具有一定的杀卵效果。在光的作用下，丁醚脲在体内转化为碳二亚胺，可抑制线粒体的呼吸作用。丁醚·茚虫威兼具二者的优点，有良好的杀虫效果。

剂型　42%、43%悬浮剂。

应用技术

① 茶小绿叶蝉　在低龄若虫发生盛期，在百叶15头以上，且虫量不断增加时施药，用42%悬浮剂23~32g/亩均匀喷雾。

② 小菜蛾　在低龄幼虫盛期施药，用43%悬浮剂20～25g/亩均匀喷雾。田间喷雾最好在晴天早晨或傍晚施用。

注意事项

① 不能与波尔多液、石硫合剂等碱性物质混用。

② 对鱼类等水生生物、蜜蜂、家蚕有毒，蚕室及桑园附近禁用；开花植物花期禁用；水产养殖区禁用；禁止在河塘等水体中清洗施药器具。

③ 大风天或预计1h内有雨请勿施药。

④ 建议与其他作用机制不同的杀虫剂轮换使用。

⑤ 在茶树上的安全间隔期为10d，每季最多使用1次；在甘蓝上的安全间隔期为7d，每季最多使用2次。

（8）苏云·茚虫威

主要活性成分　茚虫威，苏云金杆菌。

作用特点　为苏云金杆菌与茚虫威的复配型杀虫剂，具有杀虫谱广、持效期长、安全低毒等特点。茚虫威属噁二嗪类，通过干扰神经细胞的钠离子通道，使害虫麻痹直至僵死，具有胃毒和触杀作用；苏云金杆菌则是一类微生物杀虫剂，具有胃毒作用，其产生的晶体蛋白在害虫肠道内被激活并与特异受体结合，使其中肠溃烂，从而杀灭害虫。

剂型　5%悬浮剂。

应用技术

① 小菜蛾　在低龄幼虫盛期施药，用5%悬浮剂60～80g/亩喷均匀喷雾。

② 稻纵卷叶螟　在卵孵盛期至低龄幼虫期施药，用5%悬浮剂60～80g/亩朝稻株中上部喷药。药后水稻田保持5～7cm的水层3～5d。

注意事项

① 不宜与碱性物质混用。

② 施药时应避免对周围蜂群的影响；开花植物花期禁用；桑园及蚕室附近禁用；鱼或虾蟹套养稻田禁用，施药后田水不得直接排入水体；禁止在河塘等水体中清洗器具；远离水源、禽畜区和养殖区施药；赤眼蜂等天敌昆虫放飞区禁用。

③ 宜在阴天或晴天早晚施药；如药后6h内遇雨，应在天晴后补喷。

④ 勿在大风天或预计1h内降雨施药。

⑤ 在甘蓝上的安全间隔期为7d，每季最多使用2次；在水稻上的安全间隔期为28d，每季最多使用2次。

右旋烯炔菊酯
（dimetfluthrin）

C$_{18}$H$_{26}$O$_2$，274.4，54406-48-3

化学名称　(E)-(R,S)-1-乙炔基-2-甲基戊-2-烯基-$(1R,S)$-顺、反-2,2-二甲基-3-(2-甲基丙-1-烯基)-环丙烷羧酸酯。

其他名称　炔戊菊酯、烯炔菊酯、百扑灵、empenthrine、Vaporthrin。

理化性质　淡黄色油状液体；沸点 295.5℃；能溶于丙酮、乙醇、二甲苯等有机溶剂中，常温下贮存 2 年稳定。

毒性　大鼠急性经口 LD$_{50}$（mg/kg）：＞5000（雄），＞3500（雌），急性经皮 LD$_{50}$＞2000mg/kg，对皮肤和眼睛无刺激性。

作用特点　右旋烯炔菊酯属于家用杀虫剂，是一种高效、低毒的拟除虫菊酯类杀虫剂，对织物有防蛀作用，能有效防止衣物、皮革、棉、毛、化纤、混纺物品虫蛀，适用于家庭衣柜、抽屉、鞋柜等场所。

防除对象　仓储害虫如黑皮蠹、幕衣蛾等。

应用技术　以右旋烯炔菊酯 30％防蛀片剂、300mg/片右旋烯炔菊酯防蛀片剂、60mg/片右旋烯炔菊酯防蛀片剂为例。

① 黑皮蠹　将 30％防蛀片剂或 300mg/片防蛀片剂挂在衣柜或储物柜内。

② 幕衣蛾　将 60mg/片防蛀片剂挂在大衣柜内。

注意事项

① 必须贮藏在密闭容器中，放置于低温和通风良好处，防止受热，勿受光照。

② 切勿与其他防蛀剂一起使用。

③ 对鱼、蚕有毒，请远离蚕室、鱼塘及其附近使用。

④ 不能与铜制品接触。

⑤ 本品易燃，要远离火源。

鱼藤酮
（rotenone）

$C_{23}H_{22}O_6$, 394.42, 83-79-4

理化性质　本品通用名为鱼藤酮，外观为黄白色结晶粉末，熔点 163℃，蒸气压 2.33MPa（20℃），稳定性：易光解，在水、高温和碱性条件下不稳定。溶解性：可溶于苯、丙酮、乙醚等有机溶剂，不溶于水。

作用特点　本品为从多年藤本植物中提取的纯植物性生物农药，具有触杀、胃毒和驱避作用，主要影响虫体的呼吸代谢而使害虫中毒死亡。杀虫速度较慢，见光易分解，在空气中易氧化，在作物上残留时间短，对天敌安全。

适宜作物　蔬菜。

防除对象　蔬菜害虫如蚜虫、小菜蛾、黄条跳甲、斑潜蝇等。

应用技术　以 2.5％鱼藤酮乳油、2.5％鱼藤酮悬浮剂、5％鱼藤酮可溶液剂为例。

①蚜虫　在若蚜盛发期施药，用 2.5％鱼藤酮乳油 100～150g/亩均匀喷雾；或用 2.5％鱼藤酮悬浮剂 100～150g/亩均匀喷雾。

②斑潜蝇、黄条跳甲　在油菜黄条跳甲和斑潜蝇始盛期施药，用 5％鱼藤酮可溶液剂 150～200g/亩均匀喷雾。

注意事项

① 本剂不能与碱性药剂混用。

② 本剂水溶液易分解，应随配随用，不宜久置。

③ 本品对鱼类等水生生物极为敏感，对蜜蜂、家蚕有毒，施药期间应避免对周围蜂群的影响，禁止在开花植物花期、蚕室和桑园附近使用；赤眼蜂等天敌放飞区域禁用；地下水、饮用水水源地禁用，远离水产养殖区、河塘等水域施药。

④ 在甘蓝上的安全间隔期为 5d，每季最多使用 3 次。

相关复配剂及应用

（1）氰戊·鱼藤酮

主要活性成分　氰戊菊酯，鱼藤酮。

作用特点　本品由拟除虫菊酯类农药氰戊菊酯和植物源类农药鱼藤酮经科学加工复配而成。以触杀和胃毒作用为主，无内吸传导和熏蒸作用。

剂型　1.3％、2.5％、7.5％乳油。

应用技术

① 菜青虫　在 3 龄幼虫前施药，用 1.3％乳油 100～120g/亩均匀喷雾；或用 2.5％乳油 80～120g/亩均匀喷雾。

② 小菜蛾　在小菜蛾发生初期用药，用 7.5％乳油 37.7～75g/亩均匀喷雾，根据虫害发生密度施药，一般连施 2～3 次。

③ 蚜虫　在若蚜盛发期施药，用 1.3％乳油 100～125g/亩均匀喷雾。

注意事项

① 不要与碱性农药混用。

② 建议与不同作用机制杀虫剂轮换使用。

③ 对蜜蜂、鱼虾、家禽等毒性高，施药期间应避免对周围蜂群的影响，开花植物花期、蚕室和桑园附近禁用；远离水产养殖区施药，禁止在河塘等水体中清洗施药器具；鸟类保护区禁用。

④ 在叶菜类上的安全间隔期为 5d，每季最多用药 2 次；在十字花科蔬菜上的安全间隔期为 12d，每季最多用药 3 次。

（2）藤酮·辛硫磷

主要活性成分　辛硫磷，鱼藤酮。

作用特点　本品为有机磷农药和植物性杀虫剂的混配剂，对害虫具有触杀和胃毒作用，无内吸作用。见光易分解，残效期短。

剂型　18％乳油。

应用技术　在斜纹夜蛾害虫发生始盛期施药，用 18％乳油 60～120g/亩均匀喷雾。

注意事项

① 不要与碱性农药混用。

② 本品对玉米、高粱、黄瓜、菜豆、甜菜易产生药害，应避免药液飘移到上述作物上。

③ 对蜜蜂、鱼虾、家禽等毒性高，施药期间应避免对周围蜂群的影响，开花植物花期、蚕室和桑园附近禁用；远离水产养殖区施药，禁止在河塘等水体中清洗施药器具。

④ 在甘蓝、萝卜上的安全间隔期为 7d，在小油菜上的安全间隔期

为 14d，每季最多使用 3 次。

（3）敌百·鱼藤酮

主要活性成分　敌百虫，鱼藤酮。

作用特点　本品由敌百虫和鱼藤酮复配而成，具有触杀和胃毒作用。害虫吸进药液，即停止对作物的破坏，使害虫拒食中毒而死。

剂型　25%乳油。

应用技术　在菜青虫低龄幼虫期施药，用 25%乳油 40～60g/亩均匀喷雾。

注意事项

① 不要与碱性农药混用。

② 本品对鱼、蜜蜂毒性较高，使用时注意不要污染水源、河流、池塘等；避开开花植物花期施药，并远离养蜂场所。

③ 甘蓝、萝卜上的安全间隔期为 14d，在小白菜上的安全间隔期为 7d，每季最多施药 2 次。

仲丁威

（fenobucarb）

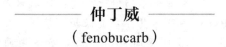

C₁₂H₁₇NO₂, 207.27, 3766-81-2

化学名称　2-仲丁基苯基-*N*-甲基氨基甲酸酯。

其他名称　丁基灭必虱、Bassa、Osbac、Hopcin、Bayer41637、Baycarb、Carvil、Brodan、巴沙、扑杀威、丁苯威。

理化性质　白色结晶，熔点 31～32℃，沸点 106～110℃（1.33Pa）；溶解度（20℃）：水中 42mg/kg，二氯甲烷、异丙醇、甲苯中＞200g/L；在弱酸性介质中稳定，在浓酸、强碱性介质中或受热易分解。工业品为淡黄色、有芳香味的油状黏稠液体。

毒性　原药急性 LD_{50}（mg/kg）：大鼠经口 623（雄）、657（雌）、小鼠经口 182.3（雄）、172.8（雌）；经皮大鼠＞5000；对兔皮肤和眼睛刺激性很小，对鱼低毒；以 100mg/kg 以下剂量饲喂大鼠两年，未发现异常现象；对动物无致畸、致突变、致癌作用。

作用特点 仲丁威通过抑制乙酰胆碱酯酶使害虫中毒死亡，具有强烈的触杀作用，并具有一定的胃毒、熏蒸和杀卵作用。仲丁威对飞虱、叶蝉类有特效，杀虫迅速，但残效期短，只能维持4～5d。

适宜作物 水稻等。

防除对象 水稻害虫如稻飞虱、叶蝉、稻纵卷叶螟等。

应用技术 以20％、50％乳油，20％水乳剂为例。

① 稻飞虱 在低龄若虫发生盛期施药，用20％乳油180～200g/亩朝稻株中下部重点喷雾。

② 稻叶蝉 在低龄若虫发生盛期施药，用50％乳油50～75g/亩喷雾处理，前期重点是茎秆基部；抽穗灌浆后穗部和上部叶片为喷布重点。

③ 稻纵卷叶螟 在卵孵盛期至低龄幼虫期施药，用20％水乳剂150～180g/亩喷雾，重点是稻株中上部。

防治水稻害虫时田间应保持3～5cm的水层3～5d。

注意事项

① 不可与碱性农药等物质混合使用。

② 对鸟类有毒，远离鸟类自然保护区施药；对鱼类等水生生物有毒，远离水产养殖区施药；禁止在河塘等水体中清洗施药器具；对蜜蜂和家蚕高毒，施药期间应避免对周围蜂群的影响；开花植物花期禁用，桑园、蚕室附近禁用。

③ 在水稻上使用前后10d要避免使用敌稗。

④ 建议与其他作用机制不同的杀虫剂轮换使用，以延缓害虫抗性的产生。

⑤ 在水稻上的安全间隔期为21d，每季最多使用4次。

相关复配剂及应用

（1）甲维·仲丁威

主要活性成分 仲丁威，甲氨基阿维菌素苯甲酸盐。

作用特点 为氨基甲酸酯类农药仲丁威和生物源农药甲氨基阿维菌素苯甲酸盐的混配制剂，具有触杀、胃毒和渗透作用，主要通过抑制乙酰胆碱酯酶和阻碍害虫运动神经信息传递而使害虫死亡。

剂型 21％微乳剂。

应用技术 在稻纵卷叶螟卵孵盛期至低龄幼虫期施药，用21％微乳剂80～100g/亩兑水喷雾，重点是稻株中上部。

注意事项

① 不得与碱性农药等物质混用。

② 对蜜蜂、鱼类等水生生物、家蚕有毒，施药期间应避免对周围蜂群的影响；开花植物花期、蚕室和桑园附近禁用；远离水产养殖区、河源等水体施药；禁止在河塘等水体中清洗施药器具；鱼或虾蟹套养稻田禁用；赤眼蜂等天敌放飞区域禁用。

③ 在水稻上使用的前后 10d 要避免使用除草剂敌稗。

④ 瓜、豆、茄科作物对该药敏感，施药时应避免药液飘移到上述作物上。

⑤ 大风天或预计 1h 内降雨请勿施药。

⑥ 建议与其他作用机制不同的杀虫剂轮换使用。

⑦ 在水稻上的安全间隔期为 21d，每季最多使用 2 次。

(2) 阿维·仲丁威

主要活性成分 仲丁威，阿维菌素。

作用特点 为氨基甲酸酯类杀虫剂仲丁威和生物源杀虫剂阿维菌素的复配制剂，通过抑制乙酰胆碱酯酶和阻碍害虫运动神经信息传递而使害虫死亡。阿维·仲丁威具有触杀、胃毒的作用，渗透性较强，对水稻螟虫有较好的防治作用。

剂型 12%乳油。

应用技术

① 稻纵卷叶螟 在卵孵盛期至低龄幼虫期施药，用 12%乳油 50～60g/亩兑水喷雾，重点是水稻的中上部。

② 二化螟 在卵孵始盛期至高峰期施药，用 12%乳油 50～60g/亩兑水喷雾，重点是靠近水面 6～10cm 的部位。施药期间田间保持 3～5cm 的水层 3～5d。

注意事项

① 不能与强酸、强碱等物质混用。

② 最好在傍晚用药，以避免见光分解。

③ 对蜜蜂、鱼类等水生生物、家蚕有毒，施药期间应避免对周围蜂群的影响，开花植物花期、蚕室和桑园附近禁用；赤眼蜂等天敌放飞区域禁用；鱼或虾蟹套养稻田禁用；远离水产养殖区、河塘等水域附近施药，禁止在河塘等水域中清洗施药器具。

④ 瓜、豆、茄科作物对该药较敏感，施药时应避免药液飘移至上述作物上。

⑤ 在稻田用药的前后 10d，避免使用除草剂敌稗，以免发生药害。

⑥ 大风天或预计 1h 内降雨请勿施药。

⑦ 建议与其他作用机制不同的杀虫剂轮换使用。

⑧ 在水稻上的安全间隔期为 21d，每季最多施药 2 次。

（3）吡蚜·仲丁威

主要活性成分　仲丁威，吡蚜酮。

作用特点　为氨基甲酸酯类杀虫剂仲丁威和吡啶类杀虫剂吡蚜酮的复配制剂，前者具有触杀、胃毒和内吸作用，杀虫活性较高，药性迅速；后者具有独特的口针阻塞效应，害虫一经取食迅速被抑制进食，饥饿而死。

剂型　36％悬浮剂。

应用技术　在稻飞虱低龄若虫盛发期施药，用 36％悬浮剂 50～62.5g/亩兑水 50kg 左右对水稻整株喷雾，重点是水稻中下部。田间保持 3～5cm 的水层，药后保水 3～5d。

注意事项

① 不可与碱性农药等物质混用。

② 对蜜蜂、桑蚕有毒，禁止在养蜂地区及开花植物花期施药，使用时密切关注对附近蜂群的影响；禁止用于桑园及蚕室附近；远离水产养殖区施药；禁止在河塘等水体中清洗施药器具。赤眼蜂等天敌放飞区禁用；鱼或虾蟹套养稻田禁用；施药后的水不得直接排入水体。

③ 在水稻上使用的前后 10d 要避免使用除草剂敌稗。

④ 在大风天或预计 1h 内降雨请勿施药。

⑤ 在水稻上的安全间隔期为 21d，每季最多使用 2 次。

（4）吡虫·仲丁威

主要活性成分　仲丁威，吡虫啉。

作用特点　为氨基甲酸酯类药剂仲丁威和新烟碱类药剂吡虫啉的混配杀虫剂，具有较好的触杀、胃毒和内吸作用，对水稻稻飞虱和蚜虫有良好的防治效果。

剂型　10％、25％乳油。

应用技术

① 稻飞虱　在低龄若虫盛期施药，用 10％乳油 120～140g/亩兑水喷雾，重点是稻株中下部；施药后田间要保持 3～5cm 的水层 3～5d。

② 菜蚜　在蚜虫始盛期施药，用 25％乳油 40～60g/亩均匀喷雾。

注意事项

① 不能与碱性农药等物质混用。

② 禁止在河塘等水域内清洗施药器具；远离水产养殖区、河塘等

水体附近施药；鱼、虾蟹套养稻田禁用；蜜源作物花期、蚕室和桑园附近禁用；赤眼蜂、瓢虫等天敌放飞区域禁用。

③ 水稻田用药 10d 前后避免使用敌稗。

④ 大风天或预计 1h 内降雨请勿施药。

⑤ 在水稻、甘蓝上的安全间隔期分别为 21d、14d，每季最多使用均为 2 次。

（5）噻嗪·仲丁威

主要活性成分　仲丁威，噻嗪酮。

作用特点　噻嗪·仲丁威是仲丁威和噻嗪酮的复配制剂。仲丁威对昆虫有速杀和一定的熏蒸作用；噻嗪酮主要抑制昆虫几丁质的合成，有渗透性，但不杀成虫。二者复配，具快速触杀和加长持效期的特性。

剂型　25% 乳油。

应用技术　在稻飞虱低龄若虫盛发期施药，用 25% 乳油 65～75g/亩兑水 50～60kg 均匀喷雾，重点为稻株下部；田间应保持 3～5cm 的水层 3～5d。

注意事项

① 不可与碱性农药等物质混用。

② 对蜜蜂、鱼类等水生生物、家蚕有毒，施药期间应避免对周围蜂群的影响；蜜源作物花期、蚕室和桑园附近禁用；远离水产养殖区施药；禁止在河塘等水体中清洗施药器具。

③ 白菜、萝卜、薯类作物对该药敏感，施药时避免药液飘移到上述作物上，否则将出现褐斑及绿叶白化等药害。

④ 稻田施用前后 10d 避免使用敌稗。

⑤ 大风天或预计 1h 内降雨请勿施药。

⑥ 在水稻上的安全间隔期为 21d，每季最多使用 2 次。

（6）高氯·仲丁威

主要活性成分　仲丁威，高效氯氰菊酯。

作用特点　为氨基甲酸酯类杀虫剂仲丁威和拟除虫菊酯类杀虫剂高效氯氰菊酯的混配制剂。二者均作用于神经，但作用靶标不同；仲丁威能抑制昆虫神经的乙酰胆碱酯酶，高效氯氰菊酯可使昆虫的神经轴突传递紊乱。该药剂残效期较短，可用来防治菜青虫。

剂型　20% 乳油。

应用技术　甘蓝上 2～3 龄菜青虫幼虫发生盛期施药，用 20% 乳油 40～50g/亩均匀喷雾。

注意事项

① 不可与碱性农药等物质混合使用。

② 大风天或预计 1h 内降雨请勿施药。

③ 对蜜蜂、鱼类等水生生物、家蚕有毒，施药期间应避免对周围蜂群的影响；蜜源作物盛花期、蚕室和桑园附近禁用；瓢虫、赤眼蜂等天敌放飞区域禁用；远离水产养殖区施药；禁止在河塘等水体中清洗施药器具。

④ 建议与其他作用机制不同的杀虫剂轮换使用。

⑤ 在甘蓝上的安全间隔期为 14d，每季最多使用 2 次。

（7）敌百·仲丁威

主要活性成分　仲丁威，敌百虫。

作用特点　为氨基甲酸酯类农药仲丁威和有机磷类农药敌百虫的复配杀虫剂，具有胃毒和触杀作用，对植物具有一定的渗透性，主要通过抑制乙酰胆碱酯酶使害虫中毒死亡，可用于防治稻飞虱。

剂型　36％乳油。

应用技术　在稻飞虱低龄若虫盛期施药，用 36％乳油 90～120g/亩兑水 50kg 朝稻株喷雾，重点是稻株中下部。视虫害发生情况，间隔7～10d 施药一次，可连续施药 2 次。田间要保持 3～5cm 的水层 3～5d。

注意事项

① 不可与碱性农药等物质混合使用。

② 对家蚕和蜜蜂有毒，开花植物花期禁止用药；蚕室和桑园附近禁用；对鱼有毒，施药期间应避免污染鱼塘或水源。

③ 玉米、苹果、高粱、豆类对该药敏感，施药时应注意避免药液飘移到上述作物上。

④ 在水稻上使用的前后 10d 要避免使用除草剂敌稗。

⑤ 在水稻上的安全间隔期为 21d，每季最多使用 3 次。

（8）敌畏·仲丁威

主要活性成分　仲丁威，敌敌畏。

作用特点　为氨基甲酸酯类杀虫剂仲丁威和有机磷类杀虫剂敌敌畏的混配制剂，具有触杀、胃毒和熏蒸作用，其杀虫机制为抑制害虫的乙酰胆碱酯酶，能有效防治稻飞虱。

剂型　50％乳油。

应用技术　在稻飞虱低龄若虫为害盛期施药，用 50％乳油 50～

60g/亩兑水喷雾，重点为水稻的中下部叶丛及茎秆；田间应保持 3～5cm 的水层 3～5d。

注意事项

① 不能与碱性农药等物质混用。

② 禁止在河塘等水体中清洗施药器具。

③ 高粱、玉米、豆类、瓜类幼苗、柳树对该药较敏感，不宜使用。

④ 使用药剂前后 10d 要避免使用除草剂敌稗。

⑤ 夏季用药应选早、晚气温低、风力小时进行；高温晴热天气上午 10 时至下午 4 时应停止用药。

⑥ 大风天或预计 1h 内有降雨请勿用药。

⑦ 在水稻上的安全间隔期为 21d，每季最多使用 2 次。

（9）稻丰·仲丁威

主要活性成分 仲丁威，稻丰散。

作用特点 为氨基甲酸酯类杀虫剂仲丁威和有机磷类杀虫剂稻丰散的复配制剂，主要通过抑制乙酰胆碱酯酶活性使害虫死亡，其杀虫迅速，但残效期较短。稻丰·仲丁威能有效防除为害瓜类的蓟马等害虫。

剂型 40％乳油。

应用技术 在蓟马成、若虫发生初期施药，用 40％乳油 75～150g/亩，连续施药 2～3 次，每次间隔 7d 左右。注意：喷药时节瓜以及周围的地面均要喷洒到。

注意事项

① 不宜与碱性农药混用。

② 对蜜蜂、家蚕和鱼有毒。蜜源作物花期禁用；蚕室、桑园以及水产养殖区附近禁用。

③ 葡萄、桃、无花果和苹果的某些品种对有效成分稻丰散敏感，施药时避免药液飘移。

④ 为延缓抗性，建议与其他作用机理的农药交替使用。

⑤ 在节瓜上的安全间隔期不少于 7d，每季最多使用 3 次。

（10）唑磷·仲丁威

主要活性成分 仲丁威，三唑磷。

作用特点 为氨基甲酸酯类杀虫剂仲丁威和有机磷类杀虫剂三唑磷的复配制剂，二者均作用于昆虫的乙酰胆碱酯酶，具有较强的触杀和胃毒作用。

剂型 25％、35％乳油。

应用技术

① 稻纵卷叶螟、二化螟　前者在卵孵盛期到低龄幼虫时期施药，用 35% 乳油 75～125g/亩兑水 50～60kg 均匀喷雾，间隔 7～10d 施药一次，可连续用药 2 次；后者在卵孵盛期进行同样的处理。

② 稻飞虱　在低龄若虫发生盛期施药，用 25% 乳油 180～200g/亩兑水 50～60kg，对准稻株中下部进行全面喷雾处理。

水稻田施药后田间宜保持 3～5cm 的水层 3～5d。

注意事项

① 禁止在蔬菜上使用该药。

② 药液要随配随用，不能与碱性药剂混用。

③ 喷药最佳时间为上午 9 时前，下午 5 时后，以避免高温下和强光下用药。

④ 在水稻上使用的前后 10d 要避免使用除草剂敌稗。

⑤ 对蜜蜂、鱼类等水生生物、家蚕有毒，施药时避免对周围蜂群的影响；蜜源作物花期、蚕室、桑园附近禁用；远离水产养殖区施药；禁止在河塘等水体中清洗施药器具。

⑥ 大风天或预计 2h 内降雨，请勿施药。施药后 2h 内如遇雨，需及时补施。

⑦ 建议与其他不同作用机制的杀虫剂轮换使用。

⑧ 在水稻上的安全间隔期为 30d，每季最多使用 2 次。

（11）辛硫·仲丁威

主要活性成分　仲丁威，辛硫磷。

作用特点　为氨基甲酸酯类农药仲丁威和有机磷类农药辛硫磷的复配制剂，触杀性强，残留期短，对甘蓝菜青虫有良好的防效。

剂型　24% 乳油。

应用技术　甘蓝上菜青虫低龄幼虫发生盛期施药，用 24% 乳油 60～80g/亩均匀喷雾。

注意事项

① 不能与碱性物质混用。

② 对蜜蜂、鱼类等水生生物、家蚕有毒，施药期间应避免对周围蜂群的影响；蜜源作物花期、蚕室和桑园附近禁用；远离水产养殖区施药；禁止在河塘等水体中清洗施药器具。

③ 见光易分解，田间施药最好在早晨或傍晚进行。

④ 烟叶、瓜类苗期、大白菜秧苗、莴苣、甘蔗、高粱、甜菜、玉

米和某些樱桃品种对有效成分辛硫磷比较敏感，施药时应避免药液飘移到上述作物上，以防产生药害。

⑤ 大风天或预计 1h 内降雨请勿施药。

⑥ 在甘蓝上的安全间隔期为 14d，每季最多使用 2 次。

（12）仲丁·吡蚜酮

主要活性成分　仲丁威，吡蚜酮。

作用特点　为氨基甲酸酯类杀虫剂仲丁威和吡啶类杀虫剂吡蚜酮有效成分的复配制剂。吡蚜酮作用机理是阻止昆虫的取食功能，属独特的口针触杀性杀虫剂；仲丁威作用机理是抑制乙酰胆碱酯酶活性，具有触杀、胃毒、熏蒸和杀卵作用，杀虫迅速。

剂型　30%悬浮剂。

应用技术　在稻飞虱低龄若虫发生盛期施药，用 30%悬浮剂 40～60g/亩兑水朝稻株中下部和茎基部，重点喷雾。视虫害情况，每 10d 左右施药一次，可连续用药 2 次。施药后田间宜保持 3～5cm 的水层 3～5d。

注意事项

① 严禁与碱性农药混合使用，以免影响药效。

② 在水稻上使用的前后 10d 要避免使用除草剂敌稗。

③ 对鸟类、大型溞、蜜蜂、家蚕、蚯蚓毒性高，对赤眼蜂高风险性。禁止在鸟类保护区使用；使用时密切关注对附近蜂群的影响，禁止在作物花期、养蜂场所及天敌赤眼蜂活动区域使用；在采桑期间禁止在桑园附近使用；虾蟹套养稻田禁用；禁止在鱼类养殖水体附近施药，施药后的田水不得直接排入水体，不得在河塘等水域清洗施药器械。

④ 大风天或预计 1h 内降雨请勿施药。

⑤ 为延缓抗性产生，可与其他作用机制不同的杀虫剂轮换使用。

⑥ 水稻上的安全间隔期为 14d，每季最多使用 2 次。

唑虫酰胺
（tolfenpyrad）

$C_{21}H_{22}ClN_3O_2$, 383.9, 129558-76-5

化学名称 N-[4-(4-甲基苯氧基)苄基]-1-甲基-3-乙基-4-氯-5-吡唑甲酰胺。

理化性质 纯品为类白色固体粉末,密度(25℃)为 1.18g/cm^3,溶解度(25℃):水 0.037mg/kg,正己烷 7.41g/L,甲苯 366g/L,甲醇 59.6g/L。

毒性 制剂急性毒性大鼠经口 LD$_{50}$（mg/kg）:102（雄）、83（雌）;小鼠经口 LD$_{50}$（mg/kg）:104（雄）、108（雌）。急性经皮毒性相对较低,对大鼠、小鼠 LD$_{50}$ 均＞2000mg/kg。对兔眼睛和皮肤有中等程度刺激作用。

作用特点 唑虫酰胺主要作用机制是阻止昆虫的氧化磷酸化作用。该药杀虫谱很广,还具有杀卵、抑食、抑制产卵及杀菌作用。杀虫谱很广,对各种鳞翅目、半翅目、鞘翅目、膜翅目、双翅目害虫及螨类具有较好的防治效果,该药还具有良好的速效性,一经处理,害虫马上死亡。

适宜作物 蔬菜、果树、花卉、茶树等。

防除对象 蔬菜害虫如小菜蛾、蓟马等。

应用技术 在小菜蛾幼虫发生始盛期施药,用 15％唑虫酰胺悬浮剂 30～50mL/亩均匀喷雾。

注意事项

① 对鱼剧毒,对鸟、蜜蜂、家蚕高毒。蜜源作物花期、桑园附近禁用。不得在河塘等水域清洗施药器具。

② 勿让儿童、孕妇及哺乳期妇女接触本品。加锁保存。不能与食品、饲料存放一起。

③ 在甘蓝上的安全间隔期为 14d,每季最多使用 2 次。

相关复配剂及应用

(1) 虫螨腈·唑虫酰胺

主要活性成分 虫螨腈,唑虫酰胺。

作用特点 本品是唑虫酰胺和虫螨腈复配的杀虫剂,具有抑食、抑制产卵和杀虫杀卵特性。对小菜蛾具有防效高、持效期较长等优点。

剂型 20％悬浮剂。

应用技术 小菜蛾卵孵盛期至低龄幼虫期施药,用 20％悬浮剂 30～40g/亩均匀喷雾。

注意事项

① 不可与呈碱性的农药等物质混合使用。

② 水产养殖区、河塘等水体附近禁用，禁止在河塘等水体中清洗施药器具。

③ 本品对蜜蜂、鱼类等水生生物、家蚕有毒，施药期间应避免对周围蜂群的影响，开花植物花期、蚕室和桑园附近禁用。

④ 赤眼蜂等天敌放飞区域禁用。

⑤ 使用本品时应穿戴防护服和手套，避免吸入药液。施药后应及时洗手和洗脸。

⑥ 孕妇及哺乳期妇女禁止接触。

⑦ 用过的容器应妥善处理，不可做他用，也不可随意丢弃。

⑧ 在甘蓝上的安全间隔期为 14d，每季最多使用 2 次。

（2）甲维盐·唑虫酰胺

主要活性成分　唑虫酰胺，甲氨基阿维菌素。

作用特点　甲氨基阿维菌素苯甲酸盐是由阿维菌素 B_1 合成的一种新型高效半人工杀虫剂，属大环内酯双糖类化合物，具有胃毒和触杀作用。唑虫酰胺为新型吡唑杂环类杀虫杀螨剂，其作用机理为阻碍线粒体的代谢系统中的电子传达系统复合体 I，从而使电子传达受到阻碍，使昆虫不能提供和贮存能量，被称为线粒体电子传达复合体阻碍剂（METI）。

剂型　11.8％可溶粉剂。

应用技术　在茶小绿叶蝉低龄若虫发生始盛期施药，用 11.8％悬浮剂 30～40g/亩均匀喷雾。

注意事项

① 本品不宜与碱性农药混合使用。

② 建议与其他不同作用机制的杀虫剂交替使用，以延缓抗性的产生。

③ 本品对鱼类、大型溞、藻类有毒。应远离水产养殖区、河塘等水体用药；禁止在河塘等水体中清洗施药器具。桑园及蚕室附近禁用，周围开花植物花期禁用。赤眼蜂等天敌放飞区域禁用。鸟类保护区附近禁用。

④ 用药后，包装物及用过的容器应妥善处理，不可做他用，也不可随意丢弃。

⑤ 使用时应穿长衣长裤、靴子，戴帽子、护目镜、口罩、手套等防护用具；施药期间不可吃东西、饮水、吸烟等；施药后应及时洗手、洗脸并洗涤施药时穿着的衣物。

⑥ 孕妇及哺乳期妇女禁止接触。

⑦ 在茶树上的安全间隔期为 7d，每季最多使用 1 次。

唑螨酯
（fenpyroximate）

C$_{24}$H$_{27}$N$_3$O$_4$, 421.5, 134098-61-6

化学名称 （E）-α-（1,3-二甲基-5-苯氧基吡唑-4-亚甲基氨基氧）对甲苯甲酸特丁酯。

其他名称 杀螨王、霸螨灵、Trophloabul、Danitrophloabul、Danitron、fenproximate、Phenproximate、NNI 850。

理化性质 纯品唑螨酯为白色晶体，熔点 101.7℃，溶解度（20℃，g/L）：甲苯 0.61，丙酮 154，甲醇 15.1，己烷 4.0，难溶于水。

毒性 唑螨酯原药急性 LD$_{50}$（mg/kg）：大、小鼠经口 245～480，大鼠经皮＞2000；对兔眼睛和皮肤轻度刺激性；以 25mg/kg 剂量饲喂大鼠两年，未发现异常现象；对动物无致畸、致突变、致癌作用。

作用特点 唑螨酯为肟类杀螨剂，具有击倒和抑制蜕皮的作用，无内吸性，以触杀作用为主。唑螨酯杀螨谱广，杀螨速度快，并兼有杀虫治病的作用。

适宜作物 果树等。

防除对象 红叶螨、全爪叶螨。

应用技术 防治果树害螨，以 5％唑螨酯悬浮剂、8％唑螨酯微乳剂为例。

① 柑橘树红蜘蛛 在卵孵化初期、若螨期施药，用 5％唑螨酯悬浮剂 1000～2500 倍液均匀喷雾，或用 8％唑螨酯微乳剂 1600～2400 倍液均匀喷雾。

② 苹果树红蜘蛛 在苹果树红蜘蛛发生初盛期施药，用 5％唑螨酯悬浮剂 2000～3000 倍液均匀喷雾。

注意事项

① 不能与碱性物质混合使用。

② 对鸟类、蜜蜂、家蚕、鱼类等水生生物和天敌赤眼蜂有毒，使用时注意安全。

③ 应储存于阴凉、通风的库房，远离火种、热源，防止阳光直射，保持容器密封。应与氧化剂、碱类分开存放，切忌混储。配备相应品种和数量的消防器材，储区应备有泄漏应急处理设备和合适的收容材料。

④ 在玉米上每季最多使用一次；在苹果树、柑橘树上的安全间隔期为 14d，每季最多使用 2 次。

相关复配剂及应用

（1）唑螨·三唑锡

主要活性成分　唑螨酯，三唑锡。

作用特点　对成螨、若螨、幼螨、夏卵都有较好的触杀效果。对光和雨水有较好的稳定性，残效期较长。

剂型　20％悬浮剂。

应用技术　在苹果树二斑叶螨盛发初期施药，用 20％悬浮剂 2500～3500 倍液均匀喷雾。

注意事项

① 不能与波尔多液、石硫合剂等碱性农药混用。

② 建议与其他作用机制不同的杀虫剂轮换使用。

③ 对鱼、水蚤、藻类等水生生物有毒，远离水产养殖区、河塘等水体用药。

④ 避免孕妇及哺乳期的妇女接触。

⑤ 在苹果树上的安全间隔期为 28d，每季最多使用 2 次。

（2）唑酯·炔螨特

主要活性成分　炔螨特，唑螨酯。

作用特点　兼具持效性和速效性的优点，对害螨的卵、成螨、若螨均有较好的防效。

剂型　13％水乳剂。

应用技术

① 红蜘蛛　在红蜘蛛发生初期施药，用 13％水乳剂 1000～1500 倍液均匀喷雾。

② 二斑叶螨　在卵孵化初期或若螨期施药，用 13％水乳剂 1000～1500 倍液均匀喷雾。

注意事项

① 建议与其他作用机制不同的杀螨剂轮换使用，以延缓抗性产生。

② 对蜜蜂、鱼类等水生生物、家蚕有毒，施药期间应避免对周围蜂群的影响，开花植物花期、蚕室和桑园附近禁用。

③ 不可与呈碱性的农药等物质混合使用。

④ 孕妇及哺乳期妇女应避免接触。

⑤ 在柑橘树、苹果树上的安全间隔期为 30d，每季最多使用 2 次。

参 考 文 献

[1] 北京农业大学,华南农业大学,福建农学院,等. 果树昆虫学(下册). 北京:中国农业出版社,1999.

[2] 成卓敏. 农药使用手册. 北京:化学工业出版社,2009.

[3] 高立起,孙阁. 生物农药集锦. 北京:中国农业出版社,2009.

[4] 高希武,郭艳春,王恒亮,等. 新编实用农药手册. 郑州:中原农民出版社,2006.

[5] 纪明山. 生物农药手册. 北京:化学工业出版社,2012.

[6] 李照会. 农业昆虫鉴定. 北京:中国农业出版社,2002.

[7] 梁帝允,邵振润. 农药科学安全使用指南. 北京:中国农业科学技术出版社,2011.

[8] 刘长令. 世界农药大全——杀虫剂卷. 北京:化学工业出版社,2012.

[9] 刘绍友. 农业昆虫学. 杨陵:天则出版社,1990.

[10] 时春喜. 农药使用技术手册. 北京:金盾出版社,2009.

[11] 孙家隆. 农药化学合成基础. 3版. 北京:化学工业出版社,2019.

[12] 谭济才. 茶树病虫防治学. 2版. 北京:中国农业出版社,2011.

[13] 石明旺,高扬帆. 新编常用农药安全使用指南. 北京:化学工业出版社,2011.

[14] 仵均祥. 农业昆虫学. 北京:中国农业出版社,2009.

[15] 向子钧. 常用新农药实用手册. 武汉:武汉大学出版社,2011.

[16] 袁峰. 农业昆虫学. 北京:中国农业出版社,2006.

[17] 袁会珠. 农药使用技术指南. 2版. 北京:化学工业出版社,2011.

农药英文通用名称索引

(按首字母排序)